Lehrbuch
der
angewandten Taktik
oder
eigentlichen Kriegswissenschaft.

Mit Beyspielen
auf
wirklichem Terrain
erläutert
von

G. Venturini.

In zwey Theilen und sechs Bänden.

Ersten Theils Erster Band.
Mit 5 Kupfern.

Zweyte und verbesserte Auflage.

Schleswig,
bey J. G. Röhß, 1800.

Lehrbuch der Kriegeskunst.

Mit Beyspielen auf wirklichem Terrain erläutert

von

G. Venturini.

In drey Bänden.

Erster Band.

Die Versorgungs- und Stellungs-Kunst.

Mit 5 Kupfern.

Zweyte und verbesserte Auflage.

Schleswig,

bey J. G. Röhß, 1800.

Vorrede.

Die Entwerfung und Ausführung militairischer Dispositionen, ja die Erlernung der ganzen Kriegeskunst überhaupt, beruht weniger auf Erfahrung als auf Theorie. „Dies hat die Geschichte aller Kriege und die neuste Kriegesgeschichte ins Besondere, unwidersprechlich bewiesen. Allein der größere Theil von Officieren, besonders bey den kleinern teutschen Militairen, hat sowohl von der Kriegeswissenschaft im Großen, als auch von jedem ihrer Theile ins Besondere, oft sehr schwankende, unbestimmte und unrichtige Begriffe. — Es ist bekannt, daß selbst helle Köpfe, große Mathematiker und andere Gelehrte, aus den kriegerischen Begebenheiten unseres Jahrzehends, Beweise haben herleiten wollen, daß gegen einen stürmisch wilden und weit überlegenen Feind, alle Kriegeskunst unnütz werde. Natürlich wird von jungen Militairen das Ansehen solcher Männer benutzt, um die vernachlässigte Bildung und Erweiterung ihrer Kenntnisse in der Kriegeswissenschaft, zu entschuldigen, — oder wohl gar zu rechtfertigen.

Es ist auch nicht zu leugnen, daß ausgezeichneter Fleiß, ausdauernde Thätigkeit und vorzügliche Kenntnisse dazu gehören, sich in Ermangelung eines systematischen Lehrbuchs durch die große Anzahl militairischer Schriften dergestalt durchzuarbeiten, daß man gleichsam sein eigenes System entwerfen und es daraus ableiten könnte. Die Ausarbeitung eines wohlzusammenhängenden und systematisch-richtigen Lehrbuchs der Kriegeskunst, ist daher ein wahres und nothwendig zu befriedigendes Bedürfniß.

Längstens hat man dieses Bedürfniß zwar gefühlt, aber bisher weit mehr auf Sammlung der Materialien zu einem solchen Lehrbuche, als auf die systematische Ordnung derselben gedacht.

Ein St. Genies, Nikolai, Espagnac, der neue Uebersetzer des Feuquieres, Krebs, Fäsch und andere mehr, erkannten bereits sehr deutlich, daß, um die erfundenen Regeln und Grundsätze der Kriegeskunst, dem Lehrlinge recht nutzbar und faßlich zu machen, es hauptsächlich auf Erfindung eines sichern und einfachen Systems ankomme, damit alle Theile des großen Ganzen harmonisch könnten verknüpft, und die Schüler zu einer wahrhaft praktischen Benutzung der Kriegesgeschichte angeführt werden.

Der

Der Werth eines Lehrbuchs der Kriegeskunst beruht also vorzüglich auf folgenden Stükken: zweckmäßige Erfindung der Materienfolge, Aushebung der nutzbarsten und nothwendigsten Gegenstände und — Gründung eines einfachen und dabey sichern Systems dieser Wissenschaft. Uebrigens ist es in der That gleichgültig, ob die Einkleidung der Sachen neu ist, oder ob Jemand vorher bereits dieselbe Sache mit denselben Worten gesagt habe. Es ist immer sicherer, die Sprache derjenigen zu gebrauchen, welche gewisse Grundsätze und Regeln der Kriegeskunst, entweder selbst erfunden, oder doch ihre praktische Anwendung recht anschaulich gemacht haben, — als — ängstlich darauf zu sinnen, wie man den Sachen, um den Schein der Originalität zu haben, ein neues Kleid anziehen könne, welches vielleicht nicht einmal recht für sie paßt. Der Werth meines Lehrbuchs der Kriegeswissenschaft beruht also nach meiner besten Einsicht, eigentlich darauf: in wiefern ich ein bündiges und sicheres System der ganzen Wissenschaft gegründet habe. — Die Erreichung dieses Zwecks ist das Haupterforderniß der Nutzbarkeit der Kriegeswissenschaft. Nur dieß fehlte ihr noch, um würklich einen Platz unter den menschlichen Kenntnissen einzunehmen, den ihre Wichtigkeit so sehr fordert. Selbst in den sonst vortreflichsten Werken ist dieser Zweck unbeachtet geblieben, und scheint nur aus Mangel einer hinlänglich mathematischen Bildung von ihren Verfassern verfehlt zu seyn. — Sollte es mir also gelungen seyn, das Ganze der Kriegeskunst in einem leicht zu übersehenden Zusammenhange dem jungen Militair vor Augen zu legen, so daß er den Ankauf und das mühselige Studium mancher anderer militairischer Schriften ersparen könnte; so glaube ich der Kriegswissenschaft einen eben so großen Nutzen geleistet zu haben, als wenn eine dreyßigjährige schadenklnge Erfahrung mich dann vielleicht zur Anpreisung einiger Militairregeln vermögte; denn durch Erfahrung die der ganzen Wissenschaft zu erproben und zu erfinden, ja dazu gehört mehr, als Methusalems Alter und Newtons Geist. Ob ich also meinem Zwecke, bey dieser neuen Auflage etwas näher gerückt bin, werde ich bald durch die Stimme der billigen Kunstrichter erfahren, und dieser Beyfall des Publikums ist die ehrenvollste Belohnung meiner Arbeit.

Braunschweig, den 1sten May
1800.

G. Venturini.

Der Verleger

an die

Pränumeranten und Käufer dieses Werks.

Endlich bin ich im Stande, den resp. Herren Pränumeranten dieses schätzbare Werk des Herrn Venturini über die Taktik zu überliefern. Es kommt mir nicht zu, über das, was es bey dieser neuen Ausgabe am innern Werthe gewonnen hat, zu urtheilen; nur ein Paar Worte über das Merkantilische derselben mögen mir erlaubt seyn. Als ich vor vierzehn Monaten diese neue Ausgabe ankündigte, waren die letzten Theile der ersten Ausgabe noch nicht gedruckt. Ich berechnete das Ganze aber höchstens auf 8 Alphabete nebst 23 Kupfertafeln. Allein das Werk ist dem Herrn Verfasser, bey Befleißigung möglichster Kürze, dem ungeachtet auf 11 Alphabete angewachsen, wozu noch drey ganz neue Kupfer gekommen sind, und wovon ich zwey getuscht liefere. Dadurch hat das Werk ungemein gewonnen, mir aber hat dies einen Kostenaufwand von reichlich 1350 Thlr. mehr erzeugt; ferner habe ich alle Kupfer, bis auf drey Stück, von dem geschickten Künstler Herrn Schleuen in Berlin ganz neu stechen lassen; die Arbeit macht dem Künstler Ehre, und das Werk hat auch von dieser Seite gewonnen.

Da ich nun den Herren Pränumeranten 70 gedruckte Bogen und 3 Kupfertafeln mehr liefere, als ich in Rücksicht des Pränumerationspreises für 1½ Friedrichsd'or liefern kann und

 wo=

wofür 2 Friedrichsd'or Pränumerationspreis noch immer nicht zu viel sind, weil ich eigentlich keine Vorausbezahlung, sondern erst jetzt bey der Ablieferung des Werks, das Geld erhalte: so wird man es hoffentlich nicht unbillig finden, wenn ich noch ½ Friedrichsd'or pr. Exemplar Nachzahlung verlange; zusammen also 2 Friedrichsd'or pr. Exemplar, und ich bin überzeugt, die Herrn Pränumeranten werden billig genug denken und diesen ½ Friedrichsd'or noch gerne an denjenigen Herrn nachzahlen, bey dem sie unterzeichnet haben. Der Ladenpreis des Werks ist 16 Thlr. wofür alle Buchhandlungen es liefern können. Dabey bemerke ich aber noch, daß einzelne Theile von dieser neuen Ausgabe nicht gegeben werden können, sondern, daß das ganze Werk ungetrennt verkauft wird. Will jemand einzelne Theile haben, so sind solche noch von der ersten Ausgabe bey mir zu haben.

Da es mir wahrscheinlich ist, daß meine Ankündigung dieser neuen Auflage, nicht so wie ich wünsche bey allen Regimentern bekannt geworden ist, so will ich durch möglichste Wohlfeilheit den Liebhabern dadurch entgegen kommen, daß ich solche bis zur Leipziger Ostermesse 1802 noch um folgende Preise ablasse:

1) Wer 5 Exemplare und darunter von mir directe verschreibt, sendet für jedes 11 Thlr. in Golde, Louisd'or à 5 Thlr. bey der Bestellung zugleich mit.

2) Wer 10 Exemplare nimmt, erhält ein halbes frey für die Mühe des Sammelns, so z. E. daß wer 23 Stück Friedrichsd'or einsendet, 11 Exemplare erhält.

3) Wer für 16 Exemplare 35 Stück Friedrichsd'or einsendet, erhält 1 Exemplar ganz frey, also 17 in allen.

4) Wer für 25 Exemplare 55 Stück Friedrichsdo'r einsendet, erhält 2 Exemplare ganz frey, also 27 in allen.

5) Die:

5) Diese Preise können nur dann statt finden, wenn man sich directe an mich wendet und das Geld entweder baar einsendet oder in sichern Wechseln auf ein Hamburger oder Leipziger Haus übermacht. Andere Buchhandlungen können es nur zu dem Preise von 16 Thlr. liefern.

6) In den Ostermessen 1801 und 1802 vom Sonntag Jubilate an bis Himmelfarthstag kommen Briefe und Gelder mir in Leipzig unter folgender Addresse sicher zu Händen:

An den Buchhändler Röhß
aus Schleswig
der Zeit
in
Leipzig.

Außer dieser Zeit bitte ich alle Briefe und Gelder hierher nach Schleswig per Hamburg zu senden, und ich versichere die promteste Bedienung, dabey werde ich die Einrichtung treffen, daß ich entweder von Schleswig oder von Leipzig aus absenden lasse, je nachdem der Besteller einem von diesen beyden Orten am nächsten wohnt.

7) Alle Herrn Inspections- oder Regiments-Adjutanten werden hierdurch ergebenst ersucht, dieses in Ihrem Würkungskreise bestens bekannt zu machen, und mir recht bald den Erfolg einzuberichten, wofür ich besonders dankbar seyn werde.

Schleswig, im October
1800.

Johann Gottlob Röhß.

Ver-

Verzeichniß der Herren Pränumeranten.

A. Königlich-Preußische Armee.

I. Magdeburgische Inspektion von der Infanterie.

a) Regiment Herzog v. Braunschweig.

Herr Major v. Herwarth. 1 Ex.
— — v. Hund. 1 =
— Capit. v. Dewitz. 1 =
— — N. N. 1 =
— Lieut. v. Bülov. 1 =
— — v. Wartenberg. 1 =
— — v. Oppell. 1 =
— — und Adj. v. Alvensleben. 1 =
— Fähnrich v. Restorf. 1 =

b) Reg. v. Kalkstein.

Herr Capit. v. d. Marwitz. 1 Ex.

c) Reg. Rénouard.

Herr Obrist v. Zweiffell. 1 Ex.
— Maj. v. Heyden. 1 =
— Capit. v. Dieskau. 1 =
— — v. Sacetôt. 1 =
— Lieut. v. Lietzen. 1 =
— — Graf v. Einsiedel. 1 =
— — — v. Hinke. 1 =

Herr

Herr Lieut. Graf v. Tiling			1	Ex.
— — — v. Göchhausen			1	=
— — — v. Geusau.			1	=

d) Füsilier = Bataillon v. Ernest.

Herr General Maj. und Brigadier v. Ernest.		1	Ex.
— Maj. v. Sobbe.		1	=
— Capit. v. Trützschler I.		1	=
— — v. Trützschler II.		1	=
— — George.		1	=
— Lieut. v. Cardell		1	=

e) Füsilier = Bataillon v. Ivernois.

Herr Obristlieut. v. Ivernois	1	Ex.
— Major von Gaza.	1	=
— Capit. v. Benningsen.	1	=

f) Grenadier = Bataillon v. Lucadou bey der Armee in Westphalen.

Herr Obristlieut. v. Lucadou, Regiment Prinz Louis		1	Ex.
— Capit. Stael v. Holstein,	Reg. v. Brehmer	1	=
— — v. Hanstein,	Reg. Prinz Louis	1	=
— — v. Froreich.	ditto	1	=
— — v. Löwenstern,	Reg. v. Brehmer	1	=
— Prem. Lieut. v. Bar.	ditto	1	=
— — — v. Schönfeld,	Reg. Prinz Louis	1	=
— — — v. Brantenstein	ditto	1	=
— Second = Lieut. v. Lipinsky,	Reg. v. Brehmer	1	=
— — — v. Pichowsky	ditto	1	=
— — — v. Bornstedt,	Reg. Prinz Louis	1	=
— — — v. Korff	ditto	1	=
— — — v. Konitz	ditto	1	=
— — — v. Ernest.	ditto	1	=

Her

Herr Junker v. Blomberg, Reg. v. Brehmer 1 Ex.

g) Grenadier-Bataillon v. Braun bey der Armee in Westphalen.

Herr Major v. Braun. 1 Ex.
— Capit. v. Korr. 1 =
— — v. Borstell. 1 =
— — Brohm 1 =
— — v. Mellersky. 1 =
— Lieut. v. Arnim. 1 =
— — und Adjut. v. Luck. 2 =
— — v. Hollwede. 1 =

II. Ostpreußische Inspektion von der Infanterie.

Se. Excellenz der Herr General v. Brünneck.
1 Ex. auf Velinp.
Herr Capit. und Inspektions-Adjut. v. Schliefen.
1 = ditto

a) Grenadier-Bataillon v. Below.

Herr Major v. Below. 1 Ex.

b) Grenadier-Bataillon v. Ebra.

Herr Major v. Ebra. 1 Ex.
— Capit. v. Borlasch. 1 =
— — v. Mirbach. 1 =
— — v. Wrancke. 1 =
— — v. Boguslawsky. 1 =
— Lieut. v. Seeckt. 1 =
— — v. Wilamowitz. 1 =

c) Gre=

c) Grenadier-Bataillon v. Fabecky.

Herr Major v. Fabecky. 1 Ex.
— Capit. v. Niesewandt. 1 =

d) Regiment v. Courbiere.

Herr Major v. Neumann. 1 Ex.
— — v. Schmettau. 1 =
— — v. Brauchitsch. 1 =
— Capit. v. Zydowitz. 1 =
— — v. Kamptz. 1 =
— — v. Stutterheim. 1 =
— — v. Dobeneck. 1 =
— — v. Hopfgarten. 1 =
— — v. Horn. 1 =
— — v. Bolschwingh. 1 =
— Lieut. v. Tippelskirch. 1 =
— — v. Kauffberg. 1 =
— — v. Hofen. 1 =
— — v. Lyncker. 1 =
— Fähnrich v. Wienskowsky. 1 =
— — v. Legat. 1 =

e) Regiment v. Brünneck.

Herr Oberstlieut. v. Linten. 1 Ex.
— — v. Hamilton 1 =
— Capit. v. Treyden. 1 =
— — v. Lubath. 1 =
— — v. Neitzschütz. 1 =
— Lieutenant Graf v. Dönhoff. 1 =
— — v. Goltz. 1 =
— — v. Mirbach. 1 =
— — v. Scharden. 1 =
— — Graf v. Finkenstein. 1 =
— — v. d. Trenck. 1 =

Herr

Herr Fähnrich Graf v. Meuron 1 Ex.
— Major v. Herrmann. 1 =
— — v. Sarbsky. 1 =
— — v. Tiedemann. 1 =
— Capit. v. Frankenberg. 1 =
— Lieut. v. Lindekamm. 1 =
— — v. Billerbeck. 1 =

f) Regiment v. Reinhart.

Herr General=Major v. Reinhart. 1 Ex.
— Obrister v. Krajewsky. 1 =
— Major v. Freywald. 1 =

g) Regiment Prinz George v. Hohenlohe.

Se. Hochfürstl. Durchl. Pr. George v. Hohenlohe, Generalmajor. 1 Ex.
Herr Obrister v. Klüchzner. 1 =
— Major v. Kleist. 1 =
— Capit. v. Blomberg. 1 =
— — v. Fesin. 1 =
— Lieut. v. Lange. 1 =
— — v. Hülsen. 1 =
— — v. Leugefeld. 1 =
— — v. Steuben. 1 =

h) Regiment v. Schöning.

Herr General Major v. Schöning. 1 Ex.
— Major v. Strachwitz. 1 =
— — v. Schmude. 1 =
— — v. Hamilton. 1 =
— — v. Wunck. 1 =
— Capit. v. Pestel. 1 =
— — v. Brunnow I. 1 =
— — v. Roggenbuck. 1 =

Herr

Herr Capit. v. d. Burg. 1 Ex.
— Lieut. v. Ruskowsky. 1 =
— — v. Schilinsky. 1 =
— Fähnrich Graf v. Meuron. 1 =

i) Regiment v. Diericke.

Herr General = Major v. Diericke. 1 Ex.
— Obrister v. Hamberger. 1 =
— — v. d. Mülbe. 1 =
— Major v. Süwerck. 1 =
— — v. Bronsart. 1 =
— Capit. v. Wegnern. 1 =
— — v. Sternenfels. 1 =
— — v. Grumbkow. 1 =
— — v. Budberg. 1 =
— — v. Ciesielsky. 1 =
— Fähnrich v. Helden. 1 =
Für die Herren Officiere der Leibcompagnie. 1 =

k) Füsilier = Bataillon v. Rembow.

Herr Obrister v. Rembow. 1 Ex.
— Lieut. Firnhaber v. Eberstein. 1 =
— — v. Rembow. 1 =
— — v. Thülen. 1 =

l) Füsilier = Bataillon v. Wakenitz.

Herr Major v. Wakenitz. 1 Ex.
— Capit. v. Werner 1 =
— — v. Wichert. 1 =

m) Füsilier = Bataillon v. Stutterheim.

Herr Obrister v. Stutterheim. 1 Ex.
— Major Graf v. Hordt. 1 =
— Capit. v. Trützschler. 1 =

Herr

Herr Lieut. v. Both. 1 Ex.

n) Füsilier-Bataillon v. York jetzt Schachtmeyer.

Herr Major v. York. 1 Ex.
— — v. Schachtmeyer. 1 =
— — v. Witzleben. 1 =

o) Füsilier-Bataillon v. Bülow.

Herr Major v. Weltzien. 1 Ex.

III. Warschauer Inspektion von der Infanterie.

Se. Excellenz Herr General-Lieut. General-Inspekteur und Commandant v. Rüts 1 Ex. Velinpp.
Herr Obrist und Platz-Major v. Brodowsky. 1 Ex.
= Lieut. und Inspections-Adjut. v. Pirch. 1 =

a) Grenadier-Bataillon v. Norrmann.

Herr Hauptmann v. Thiesenhausen. 1 Ex.

b) Grenadier-Bataillon D'Albedyhll.

Herr Hauptmann v. Oberland. 1 Ex.

c) Regiment v. Oldenburg.

Herr Major v. Lüttwitz. 1 Ex.
— Hauptmann v. Plater. 1 =
— Lieut. und Adjut. v. Feilitsch. 1 =

d) Regiment v. Rüts.

Herr Hauptmann v. Lorch. 1 Ex.
— Lieut. und Adjut. v. Zepelin. 1 =

e) Regiment v. Thile.

Herr Lieut. v. Briesen. 2 Ex.

f) Re-

f) Regiment v. Plötz.

Herr Generalmajor v. Plötz. 1 Ex.
— Major v. Briex. 1 =

g) Füsilier=Bataillon Ledebur.

Herr Obrist und Chef v. Ledebur 1 Ex.

h) Reitende Artillerie.

Herr Hauptmann v. Holtzendorff. 1 Ex.

i) Füsilier=Bataillon v. Oswald.

Herr Obrist und Chef v. Oswald. 1 Ex.

k) Füsilier=Bataillon v. Greiffenberg.

Herr Obrist und Chef v. Greiffenberg. 1 Ex.
— Major v. Obernitz. 1 =
— Hauptmann v. Küchmeister v. Sternberg. 1 =

IV. Oberschlesische Inspektion von der Infanterie.

a) Regiment v. Sanitz.

Se. Excellenz Herr General=Lieut. v. Steensen. 1 Ex.
Herr Obrister und Command. v. Schimonsky. 1 =
— Major v. Eberhard. 1 =
— Capit. v. Montieres. 1 =
— — v. Crousatz. 1 =
— — v. Kleist. 1 =
— — v. Lessel. 1 =
— — v. Lagardy. 1 =
— Lieut. de Constant=Rebecque. 1 =
— — Graf v. Reichenbach. 1 =

b) Re=

b) Regiment v. Malschitzky.

Herr Obrister und Command. v. Cornerut. 1 Ex.
— Lieut. v. Kessel I. 1 =
— — v. Elster. 1 =
— — v. Schmerfeld. 1 =
— Fähnrich v. Wachholz. 1 =

c) Regiment v. Grawert.

Herr Generalmajor v. Grawert. 1 Ex.
— Major v. Freyburg. 1 =
Die Regiments = Bibliothek. 1 =

d) Regiment v. Marwitz.

Herr Lieut. v. Delius. 1 Ex.

e) Inspektions = Adjutant.

Herr Capitain v. Borck. 1 Ex.

V. Westphälische Inspektion von der Infanterie.

a) Regiment v. Brehmer.

Herr Generalmajor v. Brehmer. 1 Ex.
— Major v. Seel. 1 =
— — v. Barendorff. 1 =
— — v. Hallmann. 1 =
— Capit. v. Puttkammer. 1 =
— — v. Medem. 1 =
— — v. Löwenstern. 1 =
— — v. Selasinsky. 1 =
— — v. Rabenau. 1 =
— Lieut. v. Paschwitz. 1 =
— — v. Bernuth. 1 =

Herr

Herr Lieut. und Generaladjut. v. Hymmen. 1 Ex.
— — v. Budritzky. 1 =
— — v. Michalkowsky. 1 =

b) Verschiedene Herren Officiere bey der Königl. Preuß. Armee in Westphalen.

Herr Hauptmann v. Engelbrecht, vom Ingenieur=Corps. 1 Ex.
— — v. Laßberg von der Armee in Bielefeld. 1 =
— — v. Beust, Regiment von Schladen. 1 =
— Lieut. und Generaladjut. v. Zastrow. ditto 1 =
— Major v. Manteufel, Reg. Knobelsdorf. 1 =
— Lieut. v. Bock. ditto 1 =
— Generalmajor v. Besser. 1 =
— Hauptmann v. Winkelmann, Artillerie. 1 =
— Lieut. v. Colson. ditto 1 =
— Generalmajor v. L'Estocq. 1 =
— Major v. Winning, Reg. Göcking. 1 =
— — v. d. Marwitz. ditto 1 =
— Rittmeister v. Probst. 1 =
— — v. Teschen. 1 =
— Major und Chef eines Füsilier=Bataillons v. Carlowitz. 1 =
— Lieut. und Adjut. v. Klüx. 1 =
— Hauptmann v. Neitschütz, Grenad. Bataill. v. Sobbe. 1 =

Ferner:

Herr v. Chambaud, Königl. Preuß. Hauptmann von der Armee in Halle. 1 Ex. Velinpapp.

VI. An-

VI. Anspach-Baireutsche Inspektion.

a) Regiment v. Unruh.

Herr Generalmajor v. Unruh. 1 Ex.

b) Anspach-Baireutsches Husaren-Bataillon.

Herr Obrister und Commandeur v. Bila. 2 Ex.

VII. Märkische Inspektion von der Cavallerie.

a) Garde du Corps.

Herr Major v. Prittwitz. 1 Ex.

b) Regiment Gens d'armes.

Se. Excell. Herr Generallieut. v. Elsner. 1 Ex.
Herr Obrister und Commandeur v. Reitzenstein. 1 =
— — Graf v. Henckel. 1 =
— — Graf v. Schwerin. 1 =

VIII. Magdeburgische Inspektion von der Cavallerie.

a) Regiment Leibcarabiniers.

Se. Excell. Herr Generallieut. v. Bismark. 1 Ex.
Herr Obrister und Commandeur v. Wobeser. 1 =
— — v. Holzendorff. 1 =
— Major v. Winning. 1 =
— — Baron v. Lentulus. 1 =
— Rittmeister v. Zieten. 1 =
— Lieut. v. Heugel. 1 =
— — und Generaladjut. v. Norrmann. 1 =
— — v. Oppel. 1 =

b) Re=

b) Regiment v. Borstel.

Se. Excell. Herr Generallieut. v. Borstel. 1 Ex.
Herr Obrister und Commandeur v. Schleinitz. 1 =
— Obristlieut. v. Kleist. 1 =
— Rittmeister v. Manstein. 1 =
— Lieut. und Adjut. v. Rohr. 1 =
— — v. Pentz. 1 =
— — v. Ledebur II. 1 =
— — und Generaladj. v. Derschau. 1 =
— Cornet v. Platow. 1 =
— — v. Reiche. 1 =

c) Regiment v. Byern.

Herr Generalmajor v. Byern. 1 Ex.
— Lieut. v. Windheim. 1 =

IX. Oberschlesische Inspektion von der Cavallerie.

Se. Excellenz Herr Generallieutenant und Gouverneur v. Köhler. 1 Ex. Velinpapp.
Herr Premierlieut. v. Schmidt. 1 Ex.

a) Regiment v. Holtzendorff in Oppeln.

Herr Generalmajor und Chef v. Holtzendorff. 1 Ex.
— Obrister und Commandeur v. Elster. 1 =
— — v. Krafft. 1 =
— Major Baron v. Keller. 1 =
— — v. Sydow. 1 =
— — v. Seidlitz. 1 =
— Rittmeister v. Podewils. 1 =
— — v. Mittrowski. 1 =
— — v. Raczeck. 1 =
— Prem. Lieut. Baron v. Altenstein. 1 =
— — Baron v. Lynker I. 1 =

Herr

Herr Second-Lieut. v. Nimtsch. 1 Ex.
— — — v. Prittwitz. 1 =
— — — v. Strachwitz. 1 =
— — — Marschall v. Bieberstein. 1 =
— — — v. Ohlen. 1 =
— — — Baron v. Lynker III. 1 =
— Cornet v. Porembsky. 1 =
— — v. Knobelsdorff. 1 =
— — Graf v. Oppersdorff. 1 =
— — v. Gilgenheim. 1 =
— — v. Schweinchen. 1 =
— Junker v. Koschützky. 1 =
— — v. Ohlen. 1 =

b) Regiment v. Werther in Ratibor.

Herr Generalmajor und Chef v. Werther. 1 Ex.
— Second-Lieut. v. Hautcharmoy. 1 =

c) Regiment Herzog Eugen v. Würtemberg in Namslau.

Herr Obrister und Command. v. Usedom. 1 Ex.
— Major v. Schmude. 1 =
— Rittmeister v. Haugwitz. 1 =
— Lieut. v. Stößel. 1 =
— Cornet Graf v. Pinto. 1 =
— — v. Ziegesar. 1 =

d) Regiment Schulz in Bernstadt.

Herr Major v. Schmidt. 1 Ex.
— Rittmeister v. Uklansky. 1 =
— Lieut. Graf v. Henkel. 1 =

e) Re-

e) Reg. v. Schimmelpfennig in Gleiwitz.

Herr Obrister und Command. v. Froreich. 1 Ex.
— Major v. Wiertzbitzky. 1 =
— — v. Kaphengst. 1 =
— — Freyherr v. Dalwig. 1 =

X. Artillerie = Inspektion.

Herr General = Major v. Tempelhoff. 1 Ex. Velinp.
— Obristlieut. v. Puttkammer. 1 Ex.
— Major Decker. 1 =
— Hauptmann v. Stockhausen. 1 =
— — Lange. 1 =
— Lieut. Heyden. 1 =
— — Ziegler. 1 =
— — König. 1 =
— — Klapperbein. 1 =
Die Regiments = Bibliothek. 4 =

B. Churfürstlich-Sächsische Armee.

Se. Excellenz der Herr commandirende General von Lindt in Dresden. 1 Ex. Velinp.
— Excellenz der Herr General v. Gersdorf, General = Inspektor der Cavallerie. 1 Ex. Velinp.
— Excellenz der Herr General v. Reitzenstein, Gouverneur der Stadt Dresden. 1 Ex.
— Excellenz der Herr Generallieut. v. Zezschwitz, General = Inspektor der Cavallerie. 1 Ex. Velinp.
Herr Generalmaj. v. Low, General = Inspekt. der Infanterie. 1 Ex. Velinp.
— Premier = Lieut. v. Low, vom Regim. Prinz Friedrich August, General = Inspektionsadj. der Infanterie. 1 Ex.
— Generalinspektions = Sekretair der Cavallerie Weise. 1 =

Chev. Leg. Reg. Prinz Albrecht.

Herr Obristlieut. v. Emerich. 1 Ex.
— Hauptmann v. Bünau. 1 =
— — v. Berge. 1 =
— Lieut. v. Rabenau. 1 =
— — Graf v. Hopffgarten. 1 =
Die Regimentsbibliothek. 1 =

Karabinier = Regiment.

Herr Generalmaj. v. Zezschwitz. 1 Ex.
— Obrister v. Reizenstein. 1 =
— Obristlieut. v. Besser. 1 =
— Major v. Heydte. 1 =
— — v. Goldacker. 1 =
— Rittmeister v. Sastot. 1 =
— — v. Vitzthum. 1 =
— — v. Witzleben. 1 =
— — v. Nostitz. 1 =
— — v. Rottenburg. 1 =
— Prem. Lieut. und Adjut. v. Falkenstein. 1 =
— Sous = Lieut. v. Zezschwitz. 1 =
Die Regimentsbibliothek. 1 =

Infanterie = Regiment Churfürst.

Herr Obrister v. Biela. 1 Ex.
— Obristlieut. Donat. 1 =
— Capitain v. Luttitz. 1 =
— — v. Ciski. 1 =
— — v. Burgsdorf. 1 =
— — v. Bölzig. 1 =
— — v. Steindel. 1 =
— — v. d. Planitz. 1 =
— Prem. Lieut. und Adjut. v. Hake. 1 =
— — — — — v. Boblick. 1 =

Herr

Herr Prem. Lieut. v. Strauwitz. 1 Ex.
— — — v. d. Lühe. 1 =
— — — v. Wolframsdorf. 1 =
— Sous=Lieut. v. Bernewitz. 1 =
— — — v. Egidy. 1 =
— — — v. Bünau. 1 =
— — — v. Lindemann. 1 =
— Fähndrich v. Kommerstädt. 1 =
— — v. Bünau. 1 =
— — v. Brandenstein. 1 =
Die Regimentsbibliothek. 1 =

Kürassier=Regiment Churfürst.

Herr Generalmaj. und Commandeur v. Malmberg. 1 Ex.
— Obristlieut. v. Gordon. 1 =
— Major v. Kiesenwetter. 1 =
— Rittmeister v. Reibold. 1 =
— — v. Wiedebach. 1 =
— — Edler v. d. Planitz. 1 =
— — v. Selmnitz. 1 =
— Prem. Lieut. v. Gutbier. 1 =
— — — v. Ponickau. 1 =
— — — Freyherr v. Ferber. 1 =
— — — v. Stieglitz. 1 =
— Sous=Lieut. Frohnhoffer. 1 =
— — — v. Rüdiger. 1 =
— — — v. Taucker. 1 =
— — — v. Ziegesar. 1 =
— — — v. Ziesky. 1 =
— — — Graf v. Löben. 1 =
— — — v. Below. 1 =
— — — v. Hartitzsch. 1 =
Die Regimentsbibliothek. 1 =

Infanterie=Regiment Prinz Clemens.

Herr Obrister v. Bünau. 1 Ex.

Herr

Herr Obristlieut. v. Glaffey. 1 Ex.
— Hauptmann v. Rockenthien. 1 =
— — Kaendler. 1 =
— — v. Koppenfels. 1 =
— — v. Bosse. 1 =
— — v. Eschwege. 1 =
— — v. Wolffersdorff. 1 =
— — Puttlitz. 1 =
— Priem. Lieut. und Adj. v. Wangenheim. 1 =
— — — v. Römer. 1 =
— — — und Adj. v. Mandelsloh. 1 =
— — — v. Steindel. 1 =
— — — Sohn. 1 =
— Sous=Lieut. v. Einsiedel. 1 =
— Fähndrich Moritz. 1 =
— Artillerie=Lieut. Langbein. 1 =

Chev. Leg. Reg. v. Dehn Rothfelser.

Herr Obrister und Commandeur v. Kirchbach. 1 Ex.
Die Regimentsbibliothek. 1 =

Infanterie=Reg. Prinz Friedrich August.

Herr Obrister Bevilaqua. 1 Ex.
— Obristlieut. v. Mazani. 1 =
— Major v. Reschwitz. 1 =
— — v. Hartitzsch. 1 =
— Hauptmann v. Klengel. 1 =

Garde du Corps.

Herr Premier=Lieutenant v. Nostitz. 1 Ex.

Chev. Leg. Reg. v. Gersdorff.

Herr Obrister und Commandeur v. Monro. 1 Ex.

Herr

Herr Major v. Poncet. 1 Ex.
Die Regimentsbibliothek. 1 =

Husaren = Regiment.

Herr Major v. Hartmann. 1 Ex.
— — v. Planitz. 1 =

Infanterie = Regiment v. Heyde.

Herr Obrister v. Gerstenberg. 1 Ex.
— Obristlieut. v. Brandenstein. 1 =
— Major v. Thümmel. 1 =
— — v. Gablenz. 1 =
— Hauptmann v. Dehn = Rothfelser. 1 =
— — Kuhlow. 1 =
— — v. Sperl. 1 =
— — Walter. 1 =
— — v. Könitz. 1 =
— — v. Römer. 1 =
— — v. Einsiedel. 1 =
— — v. Sichart. 1 =
— — v. Jagemann. 1 =
Die Regimentsbibliothek. 1 =

Leib = Grenadier = Garde.

Herr Generallieutenant und Commandant v. Rechten. 1 Ex.
— Prem. Lieut. und Generaladjutant v. Bose. 1 =
— Obristlieut. v. Cerrini. 1 =
— — v. Dreßler. 1 =
— Prem. Lieut. v. Löben. 1 =

In=

Infanterie=Regiment von Lindt.

Herr Obrister und Commandeur v. Schönberg. 1 Ex.
— Major v. Brunst. 1 =
— — v. Metzsch. 1 =
— Prem. Lieut. und Adjut. v. Sahr. 1 =
— — — — — v. Wolan. 1 =
— Hauptmann v. Friederici. 1 =
— — Dreverhoff. 1 =
— — v. Dieskau. 1 =
— — v. Lehmann. 1 =
— — v. Heintz. 1 =
— — v. Römer jun. 1 =
— Prem. Lieut. v. Petrikowskj. 1 =
— — — v. Schindler. 1 =
— — — v. Römer. 1 =
— Sous=Lieut. v. Spiegel. 1 =
— — — v. Brunst. 1 =
— — — v. Globig. 1 =
— Fähndrich Rotier. 1 =

Infanterie=Regiment v. Low.

Herr Obristlieut. v. Brunst. 1 Ex.
— Hauptmann v. Römer. 1 =
— — v. Stutterheim. 1 =
— — v. Boxberg. 1 =
— — v. Lindemann. 1 =
— Prem. Lieut. und Adjut. v. Polenz. 1 =
Die Regimentsbibliothek. 1 =

Infanterie=Regiment Prinz Maximilian.

Die Regimentsbibliothek. 1 Ex.

In=

Infanterie-Reg. v. Niesemeuschel.

Herr Obrister v. Barneckow. 1 Ex.
— Hauptmann v. Klüa. 1 =
— — v. Tettenborn. 1 =

Infanterie-Reg. v. Nostitz.

Herr Generalmaj. und Chef v. Nostitz. 1 Ex.
— Obrister v. Schönberg. 1 =
— Obristlieut. v. Bronikowsky. 1 =
— Major v. Stutterheim. 1 =
— — v. Chiappone. 1 =
— Hauptmann Graf v. Mottet. 1 =
— — Michaelis. 1 =
— Prem. Lieut. und Adjut. C. E v. Egidy. 1 =
— — — — — A. G. v. Egidy. 1 =

Chev. Leg. Reg. v. Roßler.

Herr Obristlieut. v. Feilitzsch. 1 Ex.
— Hauptmann v. Eychelberg. 1 =
— — v. Marschall. 1 =
— — v. Breitbarth. 1 =
Die Regimentsbibliothek. 1 =

Infanterie-Regiment Sänger.

Herr Generalmaj. und Chef Sänger. 1 Ex.
— Major v. Brochowsky. 1 =
— Hauptmann v. Larisch. 1 =
— — v. Mühlen. 1 =

Küraſ-

Küraßier=Regiment v. Zezschwitz.

Herr Major v. Pflugk. 1 Ex.
— — v. Schlieben. 1 =
— Rittmeister v. Pappenhagen. 1 =

Berlin.

Herr Buchhändler Sander. 1 Ex.

Danzig.

Herr Buchhändler Troschel. 2 Ex.

Dessau.

Herr Major v. Chambaud, Commandeur des Hochfürstl. Dessauisch. Jägercorps. 1 Ex.

Loitmark im Herzogthum Schleswig.

Herr Christian v. Warnstedt. 1 Ex.

Dem

Allerdurchlauchtigsten Großmächtigsten

Könige von Preußen

Friedrich Wilhelm dem dritten.

Meinem allergnädigsten Könige und Herrn.

Allerdurchlauchtigster,

Großmächtigster König und Herr!

Indem ich Ew. Majestät diese Schrift unterthänigst zueigne, fühle ich sehr tief, wie viel ihr noch an der erforderlichen Vollkommenheit fehlt, um ein würdiges Opfer meiner unbegränzten Ehrfurcht und Bewunderung der königlichen Tugenden zu seyn, wovon Ew. Majestät täglich so viele redende Beweise geben. — Da es aber meine vorzüglichste Absicht bey Verfertigung dieses Werks war, jungen Militairen das mühsame Studium der Kriegeswissenschaften zu erleichtern; so habe ich geglaubt, eine gnädige Nachsicht hoffen zu dürfen, wenn es auch nicht ganz die Prüfung eines so

großen

großen Kenners der Kriegswissenschaft aushalten könnte. Diese Rücksicht wird vielleicht mein gewagtes Unternehmen entschuldigen, und bey Ew. Majestät meine beste Fürsprecherin seyn. Mit unbegrenzter Verehrung und tiefster Ergebenheit, bin ich

Ew. Königlichen Majestät

unterthänigster Knecht
G. Venturini.

Einleitung und allgemeines System der militairischen Wissenschaften.

1. Diese Wissenschaften oder allgemeiner, die ganze sogenannte Kriegeskunst, lehrt, wie eine Armee selbst in ihren kleinsten Theilen den Krieg am vortheilhaftesten, in jeder Lage, worin sie durch Zeit und Umstände versetzt werden kann, gegen ihre Feinde zu führen im Stande ist.

2. Der Krieg ist aber der Streit zweyer Völker, in welchem sie durch eine Anzahl dazu bewafneter Männer, welche man das Heer nennt, einander zur Befolgung ihres Willens mit Gewalt zwingen, oder sich gegen diesen Zwang zu sichern suchen.

3. Hieraus entspringen also gleich die beyden Hauptarten eines Krieges und eines jeden andern Streites, nämlich der Angriffs- und der Vertheidigungskrieg, welcher letztere gewöhnlich das Loos des Schwächern ist.

4. Da nun aber alle Menschen ihre Bedürfnisse des Lebens, und die kriegenden Menschen, noch zur Ausführung ihrer Bestimmung, ganz eigene haben, so muß daher das erste Augenmerk im Kriege, immer auf die Erhaltung derjenigen Quellen gerichtet seyn, aus welchen die Erhal-

haltung und der Ersatz dieser unumgänglich nöthigen Bedürfnisse fließen.

5. Da nun ferner diese Quellen sich in den eigenen Wohnsitzen der Nation befinden, und auf der Volksmenge und dem Reichthume derselben beruhen, so folgt hieraus, daß wenn auch nicht schon die kriegende Nation die Armee, als einen Theil ihres Ganzen zu der Verfechtung ihrer Rechte und blos zu ihrer und ihres Eigenthumes Beschützung bestimmt hätte, es außerdem schon zur nöthigen Fortdauer des Heeres unumgänglich erfordert wird, den Landstrich, auf welchem die eigene Nation wohnt, vor allem feindlichen Eingriffe, Verwüsten und Plündern, also überhaupt vor feindlicher Besitznehmung, oder sogenannter Eroberung zu schützen.

6. Der angreifende Theil aber, der gern seinen Gegner schwächen will, um ihn zur Annahme seines Willens zu zwingen, muß also, damit er ihm seine Kräfte raube, oder damit er vielmehr einen Theil seines Selbstes unter seine Befehle bringe, Land erobern. Der sich vertheidigende Theil hingegen, eben dies Land auf alle mögliche Art gegen die feindliche Eroberung zu behaupten suchen.

7. Der Haupt-Zweck und alle Neben-Zwecke eines jeden Krieges, bestehen also entweder darin, daß man ein gewisses Terrain gegen seinen Feind behauptet, oder daß man ihn von einem solchen zu verjagen, und die Gegend selbst zu besetzen sucht. Terrain ist also dasjenige, was den Streit entscheidet.

8. Da aber die Gegenstände des Terrains so unendlich verschieden sind, und oft den auszuführenden Handlungen, besonders den Bewegungen, entscheidende Hindernisse entgegen setzen, so sann man dieserhalb in allen Zeiten darauf, wie man gewisse Mittel erfinden mögte, durch deren Anwendung man den Feind, des zum vorhabenden Zwecke, nachtheiligen Terrains ungeachtet, an der Ausführung seiner Absicht, das heißt: entweder an der Vertheidigung, oder an der Eroberung eines Terrains, hindern könnte.

9. Durch diese Anstrengungen erfand man denn die zwey nothwendigen Sachen auf verschiedene Art.

Erstens: Werkzeuge oder sogenannte Waffen, welche im Gebrauche gegen den Feind uns wieder den Ersatz derjenigen Kräfte verschaffen, die wir durch nachtheiliges Terrain verlieren.

Zweytens. Maschienen, welche uns unmittelbar die Nachtheile des Erdbodens überwinden lassen.

10. Es ist nun leicht einzusehen, daß zwischen diesen Mitteln zur Vergrößerung der anwendbaren in der Natur des Menschen liegenden Streitkräfte, und den, durch Terrain-Gegenstände der vollen Anwendung eben dieser Streitkräfte, entgegen gesetzten Hindernisse, eine gewisse gegenseitige Beziehung statt findet. Denn jetzt lassen sich nun dieselben um so mehr vermehren, da man zu ihrer Vergrößerung nicht allein die erfundenen Hülfsmittel, sondern auch die, durch besondere Terrain-Arten entstehenden Vortheile anwenden kann.

11. Die Anwendung der Waffen dient also zur Behauptung des Terrains, während dieses den Waffen selbst Sicherheit verschaft oder eigentlich den Gebrauch derselben sichert, indem es den Gebrauch der feindlichen Waffen schwächt.

12. Hieraus folgt also, daß die Militairwissenschaft die Lehre der vortheilhaften Anordnung dieser verschiedenen Waffen, auf den verschiedenen Terrain-Arten, zur Erreichung eines gewissen Zweckes, in jeder vorkommenden kriegerischen Handlung ist.

13. Die ganze Militair-Wissenschaft enthält also drey Haupt-Lehren, nämlich:

A. Die Lehre von der Kenntniß aller jetzt üblichen Waffen, überhaupt aller Streitkräfte eines Heeres, ihrer Erhaltung und den Mitteln zu ihrer Ergänzung.

B. Die Lehre von der Kenntniß aller Kriegesvorfälle, und der Anordnung der Waffen dabey.

C. Die Lehre von der Ausführung aller dieser Kriegsvorfälle zur Erreichung eines gewissen Zweckes.

14. Unsere jetzige Hauptwaffe ist das Schießgewehr, dessen genaue Zergliederung in allen seinen verschiedenen Arten und Theilen eine so große, viel umfassende Kenntniß erfordert, daß daraus mit Inbegriff alles dessen, was zu seiner Erhaltung und Ersetzung nöthig ist, eine besondere Wissenschaft entstanden ist, welche man die Artillerie nennt.

15. Die erste Hauptlehre der ganzen Kriegskunst kann man also in zwey Haupt-Theile, und jeden in zwey Unterabtheilungen zerlegen.

Erstens. Die Waffenlehre.

a. Geschütz-Wissenschaft oder Artillerie.

b. Die besondere Kenntniß der andern Waffen.

Zweytens. Die Heerversorgung.

a. Kenntniß aller Armeenbedürfnisse.

b. Die Lehre der Anordnungen zur Erhaltung und Ersetzung dieser Bedürfnisse.

16. Alle Handlungen, welche die Menschen, und also auch die Armeen vornehmen können, lassen sich im Allgemeinen nach dem Zustande, in welchem sich das handelnde Wesen befindet, in zwey Abschnitte bringen, nämlich:

Erstens. Handlungen, welche geschehen, während der Handelnde sich in Ruhe, auf einem gewissen Standorte befindet.

Zweytens. Handlungen, welche ausgeführt werden, während der Handelnde selbst in Bewegung bleibt.

17. Da aber die regelmäßige Bewegung aus der regelmäßigen feststehenden Anordnung fließt, so müssen also alle Kriegesvorfälle und das Betragen dabey, sowohl in der zweyten als dritten allgemeinen Hauptlehre, nach dieser Folge abgehandelt werden.

18. Die Vertheidigung und der Angriff eines Landes wird durch die bewafnete Menschenzahl, das heißt: durch die

die Armee ausgeführt. Jedes der beyden kriegenden Heere wird also suchen, die feindliche Armee zu zernichten.

19. Dieß kann aber entweder dadurch geschehen, daß man ihr die Mittel zu ihrer Fortdauer, also die mögliche Erhaltung ihrer Bedürfnisse raubt, oder daß man sie im offenbaren Streite unterdrückt und sie dadurch so schwächt, daß eine baldige Ersetzung der verlornen Streitkräfte unmöglich wird.

20. Da aber denn doch dieser offenbare Streit zwischen zwey Heeren, den man Schlacht nennt, immer die entscheidendste und gewagteste Handlung einer Armee ist; so folgt aus allem diesem, daß man die eigene Armee, während der Ausführung aller übrigen kriegerischen Handlungen, niemals, in keiner Lage, einem nachtheiligen Gefechte aussetzen muß; und die Erreichung dieses Zweckes, macht also die eigentliche Sicherheit der Armee aus.

21. Daher umfassen die Lehren von der Ausführung aller übrigen Kriegesvorfälle, nichts anders, als die Anordnungen, welche zur Erreichung des oben genannten Zweckes nöthig sind.

22. Da sich nun alle Kriegesvorfälle, und also auch der Streit oder die Schlacht, in die zwey allgemeinen Handlungen des Ruhens und Bewegens rubriziren lassen, so sieht man hieraus, daß man so ruhen und so sich bewegen muß, wie es in jeder Lage, zur Ergreifung eines vortheilhaften Gefechtes dienlich ist.

23. Die Ausführung desselben hängt nun von der guten Anordnung der Waffen auf den verschiedenen Terrains, und dann von der planmäßigen Bewegung derselben ab.

24. Man muß daher das Gefecht als die dritte allgemeine Handlung einer Armee betrachten, und sie erst nach Auseinandersetzung der beyden erstern, nämlich des Ruhens und des Bewegens der Armee, sowohl in der zweyten als dritten Hauptlehre, folgen lassen.

25. Die Versuche, die Sicherheit der Armeen in ihrer Stellung durch vermehrtes Terrain oder künstliche Hindernisse zu vergrößern, haben eine besondere Wissenschaft, nämlich die Befestigungskunst und diese wieder insbesondere den Festungsbau hervorgebracht. — Diese neue Wissenschaft trennt sich also ihres jetzt schon großen Umfanges wegen, gänzlich von den übrigen Theilen der Stellungskunst.

26. Die zweyte Hauptlehre, nämlich: die Lehre von der Kenntniß der Kriegesvorfälle und der Anordnung der Truppen zu ihrem vortheilhaftesten Gebrauche in denselben, heißt: die Taktik und zerfällt

Erstens. In die Lehre von der Anordnung der Truppen an und für sich betrachtet, während des Ruhens, Bewegens und Fechtens, ohne viele Rücksicht auf Terrain. Diese Lehre nennt man die reine Taktik.

Zweytens. In die Lehre von der Anordnung der Truppen in allen Terrain-Arten, in allen Fällen der Ruhe, der Bewegung und des Gefechtes. Dieß ist die angewandte Taktik im engern Verstande, oder die eigentliche Kriegskunst.

27. Die dritte Hauptlehre, von der Anordnung der Truppen in allen Kriegsvorfällen, mit Rücksicht auf die Erreichung des großen Zweckes des Krieges macht die Strategie oder die besondere Wissenschaft des Feldherrn aus; indem darin gezeigt wird, wo, und wann die Anordnungen gebraucht werden müssen, welche die Kriegeskunst aus der reinen Taktik, für alle die Fälle der drey militairischen Haupthandlungen entlehnte, und auf den verschiedenen Terrain-Arten zu Verhütung eines nachtheiligen Gefechtes anwandte.

Die Strategie selbst aber theilt sich ein:

Erstens

Erstens. In die Strategie an und für sich, oder in die Wissenschaft der Anordnung der Truppen in allen dreyen Haupt-Kriegshandlungen abgesondert betrachtet, doch aber mit Rücksicht auf die Ausführung eines, in den Hauptplan des Krieges gehörigen Zweckes.

Zweytens. In die Krieges-Dialektik, oder in die Wissenschaft der Anordnung, Folge und Verbindung aller Kriegshandlungen im Großen, zur Erreichung des Hauptzweckes des ganzen Krieges, der entweder die Beschützung oder Eroberung eines ganzen Landes seyn kann.

28. Hieraus sieht man, daß sich auch im Allgemeinen die ganze Strategie mit unter dem Namen der angewandten Taktik begreifen läßt, indem sie wirklich die Sätze der reinen Taktik, so wie die Kriegeskunst, und nur in einer noch allgemeinern Rücksicht als diese, zur Erreichung eines Zweckes anwendet.

29. Die reine Taktik lehrt also: wie die Truppen an und für sich genommen, am besten in allen Kriegsvorfällen zu ordnen sind.

30. Die Kriegskunst, als der erste Theil der angewandten Taktik lehrt, wo und wann die Grundsätze der reinen Taktik in Rücksicht auf Terrain in allen Militairhandlungen angewandt werden müssen.

31. Die Strategie lehrt, wo und wann ich die, durch die Mittel der reinen Taktik und der Kriegeskunst sicher gestellten Militairhandlungen einzeln genommen gebrauchen muß, um damit eine Absicht zu erreichen, die die Sicherheit des ganzen Landes bezweckt.

32. Die Kriegesdialectik, als der zweyte und höhere Theil der Strategie, ist der Zusammenfluß aller übrigen Militairwissenschaften, indem sie die Combination aller Kriegshandlungen auf einmal, und ihre Folge zur Erreichung des Kriegeszweckes bestimmt.

33. Die reine Taktik und Kriegskunst beschäftigt sich also nur mit der Sicherheit der Truppen insbesondere. Die beyden Theile der Strategie aber blos mit der Sicherheit des Landes.

34. Da nun das Land ohne Armee nicht beschützt werden kann, so folgt hieraus: daß jede kriegerische Handlung eines Beschützungs-Corps, nicht allein nach den Regeln der Strategie, sondern auch nach allen Grundsätzen der reinen Taktik und Kriegeskunst angeordnet seyn muß.

35. Da die reine Taktik und die Kriegeskunst auf der Waffenlehre beruhen, und diese durch Erfindungen sehr verändert, wohl gar ganz umgebildet werden kann, wie dieses durch die Erfindung des Pulvers schon der Fall gewesen ist, so ist vieles von diesen beyden Wissenschaften in Wahrheit nur eine Kunst zu nennen.

36. Man muß hiermit aber ja nicht die Logistik, oder die tactische Rechenkunst vermengen, diese bleibt freylich beständig eine Wissenschaft, da sie sich auf Zeit und Raum gründet, und in ihr die Grundgedanken aller Dinge bey allen Stell- und Bewegordnungen existiren.

37. Gefecht gründet sich auf Bewegung, diese auf Stellung und diese auf den vortheilhaftesten Gebrauch der eingeführten Waffen; ist nun die besondere Kenntniß derselben bis zu einer Wissenschaft ausgebildet, so kann man auch die hierauf gegründete Taktik eine Wissenschaft nennen.

38. Betrachtet man aber die Waffenlehre in der Ausdehnung, daß sie sich auch mit Erfindung anderer vortheilhafterer Waffen beschäftigen soll, so wird sie zur Kunst, und dieß wird dann auch der Fall mit der, diese Erfindungen nutzenden Kriegeskunst und Taktik.

39. Die Strategie hingegen ist eine wahre Wissenschaft, indem nur die bleibende Natur deren Grundsätze zu bestimmen vermag, und sie nicht durch Erfindungen verändert, wohl aber ihre Lehrsätze wie bey jeder anderen Wissenschaft, von einem großen Genie eine unerwartete Anwendung bekommen können, die man oft ganz falsch für eine

Er-

Erfindung ansieht, da sie doch eigentlich eine auf Erfahrung gegründete Ausbildung ist, die auch bey einer Sache nur statt finden kann; welche sich auf die Grundeinrichtung der Natur stützt.

40. Man muß sich ja immer noch im Ganzen genommen aus denselben Gründen lagern, bewegen oder schlagen, welche Türennen, Gustav Adolfen, Cäsarn oder Alexandern zur Ausführung dieser Handlungen vermocht haben. Denn von jeher hat eine Armee Bedürfnisse gehabt, und von jeher hat der Besitz gewisser Posten die Sicherheit der Länder, als die Axe, worum sich der Lauf eines jeden Krieges drehen muß, entschieden.

41. Aus diesem Systeme aller Kriegswissenschaften, und aus der Bemerkung, wie sie eine aus der andern entstehen, läßt sich nun leicht die Ordnung festsetzen, wie sie nach einander gelehrt werden müssen.

42. Die Artillerie, Waffen- und Provisionirungs-Lehre müssen den Anfang machen; indem sich hier die ganze Maschiene und ihre Bedürfnisse schon so zeigen, daß man im Folgenden gleich gewahr wird, ob die Veränderungen, die mit ihr vorgenommen werden, ihrer Natur entsprechen. Ueberdieß sind die folgenden Lehren auf die Artillerie gebauet, und man muß daher ihre Grundlage wohl kennen, ehe man selbst zu ihnen übergeht.

43. Nun folgt die reine Taktik als diejenige Anordnung der Truppen, die noch auf weiter nichts als auf eigene Sicherheit Rücksicht nimmt, und die unmittelbar zum vortheilhaftesten Gebrauche, der jedesmal erfundenen und gewöhnlichen Waffen eingerichtet ist.

44. Die Fortification, als die Sammlung und nutzbarste Anwendung aller derjenigen Arbeiten, die zur Sicherstellung eines postirten Corps erfunden sind, ist zwar nur der Zweig eines Theiles der Kriegeskunst, nämlich der Stellung eines Corps in Rücksicht des Terrains, und müßte daher eigentlich auf diese Lehre erst folgen. Da sie aber schon eine so große Ausbreitung hat und also in dieser Stelle die

Theile der Kriegskunst gänzlich von einander trennen würde, sie sich auch in ihren Haupttheilen mit Befestigung postirter Truppen, oder überhaupt eines jeden Punktes beschäftigt, ohne Rücksicht aufs Terrain zu nehmen; so ist es vortheilhafter sie gleich nach der reinen Taktik folgen zu lassen; indem sie hier einen vortreflichen Uebergang zur ersten Lehre der Kriegskunst, nämlich zur Sicherstellung eines ruhenden Corps macht.

45. Die Kriegeskunst, als die Anwendung der erfundenen, und auf die gebräuchlichen Waffen gegründeten reinen Taktik zur Gründung der Sicherheit der Armee in den militairischen Vorfällen auf allen Terrains, folgt nun auf die Fortification.

46. Auf diese folgt die Lehre ihrer eigenen Anwendung, zur Sicherstellung des ganzen Landes, nämlich: die Strategie; und zwar

Erstens: in einzelner Anwendung der Fälle.

Zweytens in der allgemeinen Combinirung derselben zur Erreichung des Kriegszweckes, d. h. die Kriegs-Dialektik, welche dann von der Kriegesgeschichte begleitet werden muß, macht also den Schluß aller militairischen Wissenschaften.

Das folgende Werk als Lehrbuch der ganzen angewandten Taktik, theilt sich also von selbst schon in zwey Theile, nämlich: in die Kriegeskunst und Strategie oder Kriegeswissenschaft. Da man aber die Lehre von der Armeeprovisionirung gewöhnlich, doch unrichtig, mit zur Kriegeskunst und Strategie rechnet, und sie also jedesmal vor der Fortification vergißt, da sie doch so gut in einer Festung wie im Felde angewandt werden muß: so habe ich mich genöthigt gesehen, dieser wichtigen Grundlage aller militairischen Calculs, die erste Abtheilung des ersten Theiles zu widmen und mit ihr also die eigentliche Kriegeskunst anzufangen. Der Plan und Inhalt, nach welchen dieselbe, wie ich glaube, nun in einem ziemlich festen Systeme vorgetragen werden kann, sind folgende:

Die

Die angewandte Taktik.

Erster Theil.

Die Kriegeskunst.

Die Heerversorgung.

Erster Grundsatz. Nach den ordnungsmäßigen Bestandtheilen eines Heers, und nach der Natur, der von demselben auszuführenden Zwecke, bestimmen sich die Bedürfnisse des Heers.

Zweyter Grundsatz. Die nöthigen Bedürfnisse des Heers, und die Natur der Lagen, worein der Krieg sowohl die agirenden Streitmassen selbst, als die Quellen zur Erhaltung ihrer Würksamkeit, versetzt, bestimmen die Anordnungen zur Ergänzung der Heer- und Kriegesbedürfnisse.

Folgerung. Die Lehre der Heerversorgung zerfällt also in die drey Hauptabschnitte: Betrachtung der Theile eines Heers: Hieraus hergeleitete Angabe ihrer Bedürfnisse: Bestimmung der Anordnungen zur Erhaltung dieser Bedürfnisse.

Erster Abschnitt.

Von den Bestandtheilen eines Heeres.

Zwey-

Zweyter Abschnitt.

Von den Bedürfnissen der Armee.

I. Oekonomische Bedürfnisse im Kriege.

II. Militairische Bedürfnisse.

Dritter Abschnitt.

Von der Verpflegungsart der Armee mit ihren Bedürfnissen.

I. Von den Oekonomischen Bedürfnissen.

E. Mit=

Vierter Abschnitt.

Von dem Etat der Armee, ihrer Regierung und den Beobachtungen eines jeden zur Erhaltung der Ordnung.

I. Bestand einer Armee.

II. Regierung des Heers und aller seiner Theile.

3. Dienst

Erklärung. Die Kriegeskunst ist die Wissenschaft der Truppenanordnung nach den Vortheilen des Terrains, um um in jeder kriegerischen Lage ein nachtheiliges Gefecht zu verhindern.

I. Grundsatz. Alle kriegerische Lagen, in die Truppen gerathen können, fallen entweder vor, während sie in Ruhe auf einem gewissen Standorte stehen, oder in der Ausführung einer Bewegung begriffen sind.

II. Grundsatz. Die Anordnung zum vortheilhaften Gefechte, beruht auf der Anordnung der Truppen in der Ruhe; da nun die Bewegung auch zum vortheilhaften Gefechte geschickt machen soll, so beruhen ihre Gesetze ebenfalls auf die Anordnung während der Ruhe.

III. Grundsatz. Aus der feststehenden Anordnung der Truppen, d. h. aus der Ruhe geht man in die Bewegung, und aus dieser zum Gefechte über. Hieraus folgt also, daß man sich in solcher Ordnung ruhen müsse, als man sich bewegen oder fechten will, und daß man sich so bewegen müsse, als man fechten oder ruhen will.

IV. Grundsatz. Die Handlung des Gefechtes ist eine Mischung von Zeitpunkten der Ruhe und der Bewegung; ihre Gesetze können also ohne die Kenntniß der Gesetze der Ruhe und Bewegung nicht verstanden werden. Die Anordnung während der Bewegung richtet sich aber nach der während der Ruhe; woraus also folgt, daß die Kenntniß der letztern die Grundlage der ganzen Kriegeskunst ist; ferner, daß sich diese nur in drey Theile zerlegt; nämlich in die Kenntniß der Anordnung während der Ruhe, der Bewegung, und des Gefechts.

Erklärung. Die Lehre von der Kenntniß der Anordnungen während der Ruhe, nennt man Stellungskunst;

kunst; die der Anordnungen während der Bewegung, Bewegungskunst, und die während des Gefechts, die Gefechtslehre.

V. Grundsatz. Die Stellungskunst lehrt die Vortheile das Terrain zu benutzen, um ein vortheilhaftes Gefecht im Stande der Ruhe beginnen zu können. Die Kenntniß der Terrain-Vortheile ist also die Grundlage der Stellungskunst.

Erklärung. Ein Terraingegenstand hat militairische Vortheile, wenn er die Fechtart unserer Truppen, die ihn besetzt haben, begünstigt, sichert und würksamer macht, während die Fechtart des Feindes unsicher und die Würkung davon geschwächt wird.

VI. Grundsatz. Die Terrainvortheile richten sich nach den allgemeinen Kräften der Menschen und Pferde, nach der Fechtart derjenigen der drey Waffen, die das Terrain durch Besetzung benutzet und nach der Fechtart der uns angreifenden feindlichen Waffe. — Die Terrainvortheile müssen also nach der Fechtart der Infanterie, Cavallerie und Artillerie betrachtet werden.

VII. Grundsatz. Die Stellung der drey Waffen nach den Terrainvortheilen, muß nicht allein in Rücksicht der Würkung einer jeden besonders genommen, sondern auch in Betracht der Summe der gesammten Würkung am zweckmäßigsten geordnet seyn. — Man kann also die Stellung der drey Waffen jede einzeln genommen, und auch in Verbindung mit den andern betrachten.

VIII. Grundsatz. Die Benutzung der Terrainvortheile, zur zweckmäßigsten Stellung der drey Waffen, sowohl einzeln als in Verbindung mit einander, richtet sich nach den Besonderheiten derjenigen Lagen, in

wel-

welchen die Truppen im Felde ihre Ruhe zu suchen pflegen.

Erklärung. Je mehr die Theile des Heers in einem ordnungsvollen Zusammenhange nahe bey einander sind, je schneller kann man eine zweckmäßige Würkung davon erwarten. Um daher diesen Zweck zu befördern, läßt man die Heertheile, wo möglich, unter selbst gemachten Hütten oder Zelten, nahe bey einander wohnen, und eine solche Menge Feldwohnungen heißt Lager.

Erklärung. Besitzt man aber solche Feldwohnungen nicht, oder macht es die Beschwerlichkeit der Witterung unmöglich, darin auszuhalten, so müssen die Theile des Heers in die gewöhnlichen, aber bequemern Wohnungen der Landeseinwohner verlegt werden, die dann die Quartiere der Truppen heißen.

Erklärung. Die Benutzung der Terrainvortheile bey der Ruhe der Truppen in einem Lager, heißt die Lagerkunst. Die Lehre von der Benutzung der Terrainvortheile zur Sicherung eines vortheilhaften Gefechts, wenn die Truppen in Quartiere zerstreuet sind, heißt die Lehre von der Quartierstellung.

Folgerung. Die Stellungskunst zerfällt also in die drey Hauptabschnitte, von welchen der erstere ihre allgemeinen Grund- und Lehrsätze, der zweyte die Anwendung derselben bey der Ruhe der Truppen im Lager, oder die Lagerkunst, und der dritte die Anwendung derselben bey der Quartierstellung zeigt.

Folgerung. Der erste Abschnitt giebt zum Resultat, die Lehre von der Anordnung aller drey Waffen zur gemeinschaftlichen Würkung nach den Terrainvortheilen. Hierzu wird aber erst die Kenntniß der zweckmäßigsten Anordnung einer jeden Waffe einzeln genommen,

men, zur Erreichung dieses Zwecks, erfordert; und diese Kenntniß stützt sich wieder bey jeder Waffe auf die Kenntniß der eigenthümlichen Vortheile, die ein jeder Terraingegenstand in der Würkung der denselben besetzten Waffe gewährt. — Mit dieser Kenntniß muß daher die Abhandlung der Stellungskunst anfangen, und also folgendes System dabey zum Grunde liegen.

Die Stellungskunst.

Erster Abschnitt.

Allgemeine Grund- und Lehrsätze der Stellungskunst.

A. Er-

Dritter Abschnitt.

Von der Quartierstellung.

I. Hauptgrundsatz. Die Front der Quartierstellung muß solche Eigenschaften besitzen, daß ihre Benuzzung den Truppen ein vortheilhaftes Gefecht gegen den sie angreifenden Feind gestattet.

Folgerung. Die Quartiere müssen also so wie das Lager durch eine förmliche Position gedeckt werden. Da aber die Quartiere die Heertheile noch mehr auseinander ziehen,

4. Re-

Die Heerversorgung.

In vier Abschnitten.

Ersten Theils Erster Band.

Erste Abtheilung.

Inhalt

Die Heerversorgung.

Erster Abschnitt.

Bestandtheile einer Armee.

§. 1.

Allgemeine Eintheilung der Armee.

Man kann die Armee im Allgemeinen füglich in vier besondere Hauptcorps eintheilen, nämlich:

1. In Infanterie, oder solche die zu Fuß streiten;

2. in Cavallerie, oder solche die zu Pferde streiten;

3. in Artillerie oder solche, welche die großen Kriegs-Maschienen, als bey uns Kanonen, Haubitzen und Mörser regieren;

4. In Ingenieurs oder diejenigen Leute, welche alles dasjenige besorgen und einrichten, was zur Führung, Stellung, Anordnung und künstlichen Befestigung aller 3 Waffen in allen kriegerischen Vorfällen nöthig ist.

5. Da hierzu die tiefsten und weitumfassendsten Kenntnisse gehören, und ohne dieß auch die Ingenieurs im ausgedehntern Sinne des Wortes, die Regierung der übrigen Theile des Heeres bilden, so verdienen sie, wie billig, den ersten Rang in der Armee.

I. Von der Infanterie.

A. Bewaffnung und Fechtart der Infanterie.

§. 2.

1. Das Fußvolk oder die Infanterie der Armee, hat vermöge ihres Gewehres eine doppelte Art zu fechten. Entweder kann sie ihren Feind durch das Feuer zum Weichen zu bringen suchen, oder sie nutzet ihr Bajonet, geht mit gefälltem Gewehre auf ihn zu, um seine Schlachtordnung zu brechen und ihn nieder zu stoßen.

2. Das Feuer tödtet aber gewöhnlich schon einen so großen Theil des feindlichen Corps oder des unsrigen, daß ein Theil sich gegen den Gegner zu schwach fühlt und weicht, ehe sich die Truppen so nahe kommen, daß sie sich mit dem Bajonete anfallen können.

3. Nähern sich Truppen einander ohne große Würkung des Feuergewehres, oder ist die Absicht des einen Theiles den Platz, worauf der andere steht, zu erobern, so kann es der Fall werden, daß man das Bajonet gegen einander gebraucht.

4. Uebrigens ist es gewiß, daß der Gebrauch des Bajonets gleich die Sache entscheidet, daher man, so viel wie möglich, bey jeder Gelegenheit ihn nicht aus der Acht lassen muß.

5. Im Allgemeinen genommen, schickt sich also das Feuer hauptsächlich für diejenige Truppe, welche ein Terrain besetzt hält, und dasselbe gegen den anrückenden Feind behaupten will; das Bajonet aber für diesen Feind selbst oder für eine Truppe, welche ihrem Gegner den Besitz eines Terrains entreißen will.

B. Eintheilung derselben.

§. 3.

a. In Rücksicht ihres Gebrauches.

1. Das Fußvolk wird in Rücksicht der kriegerischen Vorfälle, in zwey verschiedene Arten abgetheilt:

a) In

a) In Rücksicht ihres Gebrauchs;

b) in Rücksicht der leichtern Erhaltung der Ordnung des Ganzen, im gewöhnlichen Leben und bey Ausübung der Kriegs=Begebenheiten.

2. In Rücksicht ihres Gebrauchs theilt man sie in schwere und leichte, oder in regulaire und irregulaire, und dieß aus folgenden Gründen: Man fand, daß die Sicherheit des Ganzen verschiedene, immer bereite Wachen und Durchsuchungen an den gefährlichsten Punkten nöthig machte, auch viele kleine Vortheile, die zusammen genommen entscheidend werden konnten, aus Mangel naher und leicht in Bewegung zu setzender Truppen verloren gingen.

3. Da nun die Infanterie bey solchen Vorfällen beständig getrennt, und kleine Theile sich selbst überlassen fechten mußten, so war die Folge: daß diese beständige Unruhe nicht allein die Truppen äußerst ermattete, und ihnen bey entscheidenden Vorfällen keine Kräfte mehr übrig ließ; sondern daß dieser Dienst sie auch sehr verschlechtern, und der nöthigen Ordnung bey Ausführung großer Bewegungen, ungewohnt machen mußte.

4. Man trennte also vom Ganzen einen besondern Theil und trug diesem den besonders beschwerlichen Dienst auf, für die Sicherheit des übrigen Ganzen, während seiner Ruhe, während seiner Bewegung und selbst im Gefechte, zu wachen und alle kleine, gegen den Feind zu unternehmende, Expeditionen, die Geschwindigkeit oder auch nur kleine Haufen erfordern, auszuführen.

5. Hieraus sieht man, daß die Einrichtung und Fechtart dieser Truppen, hauptsächlich Einfachheit zur Grundlage und wenig Bedürfnisse haben müssen.

6. Dieses ist der Grund, warum man sie leichte, und weil sie gewöhnlich einzeln für sich fechten und selten zur Ausführung Ordnung erfordernder, tactischer Bewegungen geschlossen werden, auch wohl irregulaire Truppen nennt.

7. Allein weil es indeß oft der Fall seyn kann, wenn ein Corps solcher Truppen sich selbst überlassen ist, daß sie solche Manövers mit Ordnung gegen den Feind ausführen müssen, so wird bey ihnen, außer der Kenntniß ihrer besondern Fechtart, auch die der schweren Infanterie erfordert; und es ist höchst billig, daß, da sie in Absicht der ihnen anvertrauten Sicherheit des Heeres und der besondern Wichtigkeit, der oft ihnen zur Ausführung überlassenen Unternehmungen, die treuesten und entschlossensten Leute seyn müssen; daß, sage ich, man diesem Corps gleichen Rang mit dem übrigen Theile des Fußvolkes, oder den sogenannten Feldregimentern, einräumt.

§. 4.

b. Eintheilung zur Erhaltung der Ordnung.

1. Der Zweck der andern Abtheilung, muß bey beyden Arten der Infanterie erreicht werden; daher ist auch die Eintheilung in besondere Schlachthaufen oder Bataillons beyden gemein.

2. Die Erfahrung hat gelehrt, daß ein solches Bataillon, ohne sich im Marsche mit ganzer Fronte zu brechen, nicht über 800 Mann betragen muß. Um aber die Zertheilung nicht unnütz zu mehren und um noch eine entscheidende Würkung von demselben erhalten zu können, muß es nicht unter 500 Mann enthalten.

3. Die vortheilhafteste Eintheilung eines solchen Bataillons, zur Ausführung der nothwendig zu machenden Bewegungen, lehrt uns die reine Tactik. Wir brauchen hier nur noch zu bemerken, daß die Führung eines Bataillons nothwendig zwey Leute erfordert, welche man Staabs-Officiere nennt, und von denen der erste (der Obriste oder Obristlieutenant) der Befehlshaber desselben ist, der andere aber seine Hauptbeschäftigung, die beständige Erhaltung der Ordnung des Bataillons seyn läßt.

4. Die-

4. Dieser 2te Staabsofficier, welcher Major heißt, ist auch deswegen noch nöthig, um sogleich das Commando des Bataillons übernehmen zu können, wenn etwa der erstere getödtet würde.

5. Uebrigens muß der Commandeur noch einen berittenen Officier bey sich haben, der alle Augenblicke bereit ist, seine Befehle in der größten Geschwindigkeit allen Theilen des Bataillons bekannt zu machen. Dieser Officier ist der Adjudant.

6. Stellt man mehrere Bataillons neben einander, so läßt man zwischen zweyen immer 20 Schritte frey, um nicht allein die in diesen Intervallen stehenden zwey Regiments-Kanonen gehörig bewegen zu können, sondern auch bey entstehender Unordnung Platz genug zu haben, die Ordnung wieder herzustellen, und für die Staabsofficiers eine Gasse zum durchreiten zu lassen.

7. Die reine Tactik lehrt, daß nur eine gewisse Anzahl Bataillons für sich mit einander verbunden, in gerader Linie vorrücken können. Man nennt eine solche Abtheilung Brigade, und macht sie nicht über 5, und nicht unter 3 Bataillons stark.

8. Sind die Bataillons ansehnlich, so ist 3 die beste Zahl, meines Erachtens, zur Formirung einer Brigade, da dieselbe unter denen, die man nimmt, die möglichst einfachste Abtheilung gewährt. Sind diese Bataillons zwischen 7 bis 800 Mann stark, so hat man in der Brigade hinlängliche Kraft, um die von ihr zu fordernden Unternehmungen ausführen zu können.

9. Zwey bis 4 Brigaden nennt man eine Generallieutenants-Division, weil derjenige, welcher ihr allgemeines Oberhaupt ist, Generallieutenant heißt.

10. Mehrere solcher Divisionen bilden den Flügel einer Linie, welcher die größte Abtheilung derselben ist; wenn man nicht eine besondere Abtheilung der beyden Flügel von der Mitte getroffen hat.

 11. Der,

11. Der, einen von diesen Hauptttheilen commandirende, Officier heißt: General, und dieser muß wenigstens zwey Adjudanten haben.

12. Uebrigens hat sowohl der Divisions-General oder Generallieutenant, als der Brigade-General (der Befehlshaber einer Brigade) oder General-Major, nur einen besondern Adjudanten nöthig.

C. Stärke der Infanterie.

§. 5.

1. Wegen des vorzüglichen Gebrauchs der Infanterie in allen kriegerischen Vorfällen, auf allen vorkommenden Terrain-Arten, macht sie bey weitem den größten Theil eines Heeres aus.

2. Sie ist daher die Seele desselben, da durch ihren richtigen und zweckmäßigen Gebrauch die meisten Unternehmungen entschieden werden, oder doch entschieden werden könnten.

3. Ueber die Zahl des Fußvolks läßt sich im Allgemeinen nichts sagen, da dieß von der besondern Beschaffenheit des zu vertheidigenden oder des zu erobernden Terrains abhängt, und dieß bey jeder Grenze verschieden ist. Gemeiniglich ist es hinlänglich, wenn die Infanterie $\frac{3}{4}$ bis $\frac{5}{6}$ eines Heeres ausmacht.

4. Was die Zahl der leichten Infanterie ins Besondere betrifft, so muß diese bey allen Gelegenheiten stark genug seyn, den Rest des Heeres in jeder Lage genug sichern zu können.

5. Dieß kommt nun zwar auch wieder auf die Beschaffenheit der nahen Terrain-Gegenstände an, doch wenn die leichte Infanterie $\frac{1}{4}$ bis $\frac{1}{2}$ der Feldinfanterie ausmacht, so wird dieß hinreichend seyn.

II. Von

II. Von der Cavallerie.

A. Fechtart der Cavallerie, und ihre Bewaffnung.

§. 6.

1. Die Cavallerie hat die Hauptstärke ihres Angriffs in der Geschwindigkeit und der Kraft ihres Anfalls, mit welchem sie die Ordnung ihres Gegners zersprengt, und die auf diese Art getrennten und in Unordnung gerathenen Feinde mit dem Pallasche niederhauet.

2. Um diesem sogenannten Choc den größtmöglichsten Nachdruck zu geben, muß sie suchen, in ihren immer mit Geschwindigkeit gegen den Feind, auszuführenden Bewegungen, geschlossen zu bleiben.

3. Sie könnte zwar auch mit Schießgewehre fechten, allein da die Cavallerie hauptsächlich zu schnell auszuführenden entscheidenden Unternehmungen erfunden ist, so lehrt die Natur der Sache, daß man es nur die einzelnen Reiter in besondern Gefechten, Mann gegen Mann etwa, gebrauchen läßt.

4. Nie muß ein Trupp Reiter gegen einen Trupp Infanterie das Feuergewehr gebrauchen, da er sonst sich seiner eigenthümlichen Vortheile begäbe und doch seiner Natur nach, nicht die Vortheile des ihm entgegenstehenden Infanterie-Trupps, dafür annehmen kann.

B. Eintheilung.

§. 7.

a. In Rücksicht des Gebrauches.

1. Die Cavallerie wird, so wie die Infanterie und derselben Absichten wegen eingetheilt. Die leichte Reiterey leistet in Absicht des Terrains dieselben Dienste, als die leichte Infanterie, und ist daher, so wie diese, dem durch sie zu erfüllenden Zwecke gemäß, eingerichtet.

2. Die leichten Reiter sind eigentlich diejenigen Truppen, welchen man die Ausführung, der am meisten Ge-

schwindigkeit erfordernden Unternehmungen, aufträgt, indem sie würklich die leichtesten und am geschwindesten in Bewegung zu setzenden Truppen-Corps sind.

3. Die Schlachthaufen der Cavallerie heißen Esquadrons, und sind zwischen 120 und 200 Reiter stark, weil die Erfahrung gezeigt hat, daß eine größere Anzahl zusammen in eins verbunden, nicht gut ohne Unordnung einen Choc gehörig ausführen könne.

4. Es ist hinlänglich, wenn bey einer Esquadron, weil sie doch ungleich kleiner als ein Bataillon ist, sich nur ein Staabs-Officier als Commandeur befindet.

§. 8.

b. Eintheilung in Rücksicht der Ordnung.

1. Werden nun mehrere solcher Esquadrons bey einander gestellt, so muß man zwischen ihnen, so wie bey den Bataillons, und aus derselben Absicht wie da, Intervallen lassen.

2. Uebrigens machen 3 bis 5 Esquadrons ebenfalls eine Brigade Cavallerie aus, die, so wie bey der Infanterie, durch einen Generalmajor, der einen Adjudanten bey sich hat, commandirt wird.

3. Zwey bis vier Brigaden bilden eine Generallieutenants-Division, und mehrere solcher Divisionen einen ganzen Flügel Cavallerie, der nur von einem General befehligt wird.

4. Man muß bemerken, daß, wenn die, zum Commando eines Theiles der Armee von gewisser Größe, nöthigen Generals-Grade nicht vorhanden sind, jedesmal der im Dienste älteste General, von dem Grade, welcher gleich auf den fehlenden folgt, dessen Stelle versieht, und also wie einer von dem fehlenden Grade betrachtet werden muß.

C. Stärke der Cavallerie.

§. 9.

1. Die außerordentlichen Kosten eine gute Reiterey zu unterhalten, und der nur in besondern Fällen mögliche Gebrauch derselben, schränken ihre Zahl ein. Ueberhaupt kommt es hier, so wie bey der Infanterie auf die Beschaffenheit des Landes an, in welchem man Krieg führt.

2. Allein man wird in jedem Terrain den Bestand der Reiterey immer nach dem übrigen Heere einrichten können, wenn man denselben, im Allgemeinen, zwischen $\frac{1}{6}$ und $\frac{1}{3}$ des ganzen Bestandes der Infanterie seyn läßt.

3. Bey der Abtheilung der leichten von der schweren Cavallerie, muß man bemerken, daß man dieselbe weit mehr als die leichte Infanterie nach Verhältniß gebrauchen kann; daß man sie in vielen Fällen weit vortheilhafter, weit geschwinder anwenden kann, daß sie also in einem andern Verhältnisse gegen die schwere stehen müsse, als wie dieß zwischen der leichten und der Feld-Infanterie statt findet.

4. Die leichten Reiter erfüllen gewissermaaßen in manchen Fällen, weit besser als die schweren, die eigentliche Bestimmung der Cavallerie überhaupt; daher wird es, wenn die leichte Cavallerie nun noch überdieß darauf geübt ist, geschlossen zu agiren, gewiß vortheilhaft und nöthig seyn, sie wenigstens eben so stark zu machen, als die schwere Reiterey.

III. Von der Artillerie.

A. Fechtart und Bewaffnung der Artilleristen.

§. 10.

1. Das Artillerie-Corps einer Armee muß Bombardiers, Canoniers und Mineurs enthalten. Die erstern sind zur Bedienung des Wurfgeschützes ins Besondere, die andern zur Regierung der Kanonen, und die letzteren zur Verfertigung der Minen bestimmt.

2. Da

2. Da die Artillerie nur zum Gebrauche und zur Regierung des schweren Geschützes bestimmt ist, so werden ihr nur darum Säbel und Pistolen oder eine kleine leichte Flinte gegeben, um sich etwa im Falle der Noth, gegen die Angriffe einzelner Reiter oder Infanteristen, vertheidigen zu können.

3. Den Mineurs giebt man nur Dolche und Pistolen, weil es bey ihnen nicht sowohl darauf ankommt, durch ihre Handwaffen den Feind zu tödten, als vielmehr dem Tode selbst Trotz zu bieten, und es ihnen in manchen Gelegenheiten ihres unterirdischen Krieges beschwerlich fallen müßte, größere Gewehre zu handhaben.

B. Eintheilung der Artillerie.

§. 11.

1. Da der Angriff der Festungen das schwerste, nur mit sehr großen Schwierigkeiten fortzubringende Geschütz erfordert, bey Schlachten und allen kleinern Vorfällen man aber sehr gut leichteres Geschütz brauchen kann, auch das erstere den Bewegungen des Heeres unmöglich folgen könnte; so hat man den ganzen Artillerie-Train in den Belagerungs- und Feld-Train eingetheilt. Die Benennungen dieser beyden Theile zeigen ihren Gebrauch schon hinlänglich an.

2. Allein selbst das leichteste Geschütz des Feldtrains, hat man oft zur geschwinden Transportation zu beschwerlich gefunden, hauptsächlich in solchen Fällen, wo nur die Cavallerie Geschwindigkeit genug besaß, den noch zu erreichenden Punct zu besetzen; allein aus Mangel der dem Feinde entgegen zu setzenden Artillerie, ihren vorgehabten Zweck nicht erreichen oder nicht ausführen konnte.

3. Da nun auf diese Weise viele, oft entscheidende Vortheile verlohren gehen mußten, so fiel man auf den Gedanken, einen Theil der Feldartillerie so einzurichten und so zu bespannen, daß derselbe der Cavallerie in allen ihren Bewegungen folgen könnte.

4. So

4. So entstand also die reitende Artillerie, oder geschwinde Artillerie, welche daher hauptsächlich dann gebraucht wird, wenn es zu langsam geht, die gewöhnliche Feldartillerie zu transportiren, und die auszuführende Unternehmung dennoch den Gebrauch des Geschützes heischt. —

5. Zur bessern Verwaltung der militairischen Ordnung und der Oekonomie, theilt man die Artilleristen, eben so wie die Infanterie, in besondere Corps, die aus Compagnien, Bataillons und Regimentern bestehen.

6. Allein da die Artillerie im Felde nicht nach diesen Eintheilungen ficht, und es meines Erachtens immer sehr vortheilhaft ist, die militairische Eintheilung einer Waffe mit ihrer ökonomischen Eintheilung, so viel als möglich zu verbinden, so müßte man hierauf bey der Formirung der Artillerie- und Mineur-Corps, auch Rücksicht nehmen.

7. Man nennt die Anzahl Geschütze, die bestimmt sind im Felde gewöhnlich mit einander zu feuern, entweder: Brigade oder Batterie, und macht sie, um noch eine entscheidende Würkung von ihnen erhalten zu können, nicht unter 6 Stücke und um ihre Bewegung nicht zu schwerfällig zu machen, nicht gern über 10 Stücke stark.

8. Da man nun aber eine jede Batterie aus Caliber von einerley Art bestehen läßt, und eine jede zum Commando 1 Capitain, und auf 2 bis 3 Stücke einen Subaltern, für jedes Stück aber 1 Unterofficier, und jedes Caliber seine besondere Anzahl Artilleristen erfordert, so müßte man es so einrichten: daß man für jede zu bedienende Batterie eine Compagnie Artilleristen besäße und über zwey Batterien jedesmal einen Stabsofficier setzen könnte.

9. Die Artillerie eines jeden Flügels, in jeder Linie, wird wieder von einem höhern Officiere und diese endlich von einem, welcher den ganzen Park befehligt, commandirt.

10. Ein solcher höchster General der Artillerie, heißt Feldzeugmeister, und hat mit den Generals der Infanterie und Cavallerie den Rang. Er muß also auch, so wie diese, wenigstens zwey Adjudanten haben.

C. An-

C. Anzahl.

§. 12.

1. Was die Zahl der Artillerie bey einer Armee betrifft, so hängt diese gänzlich von der durch sie zu erreichenden Absicht ab. Denn die Bestimmung des Belagerungstrains gehört ganz in den Festungskrieg. Bey Festsetzung des Feldtrains kömmt es aber darauf an, ob der Kriegsschauplatz durchschnitten oder frey, und ob er mit vielen ummauerten Städten versehen ist.

2. Doch nimmt man, außer den beyden, an ein jedes Battaillon attaschirten 3 oder leichten 6 Pfündern, noch für jedes Bataillon 2 bis 3 Stück Geschütz an, und formirt die zu einer ganzen Brigade gehörigen, in eine Batterie.

3. Man rechnet also für jede Infanterie=Brigade 1 Batterie, und etwa für jeden Flügel eine, höchstens zwey reitende Batterien.

4. Es ist vortheilhaft, wenn man den 5ten oder 4ten Theil einer jeden Batterie, aus Haubitzen bestehen läßt. Bey den 12 Pfündern können es 16 bis 25 pfündige, bey den 6 Pfündern 7 oder 10 pfündige seyn. Uebrigens kann man etwa eben so viel 6 Pfünder=als 12 Pfünder=Batterien haben.

IV. Von dem Generalstaabe.

A. Eintheilung des dazu gehörigen Personale.

§. 13.

1. Nimmt man das Wort Ingenieur im ausgedehntesten Verstande, so ist der ganze Generalstaab mit darunter begriffen.

2. Insbesondere bezeichnet man aber damit nur diejenigen Leute, welche den Bau, den Angriff und die Vertheidigung der Festungen und der Feldverschanzungen besorgen, die militairischen Karten aufnehmen, die Länder in Rücksicht militairischer Ereignisse betrachten, und ihre gegenseitigen Vortheile und Nachtheile beschreiben müssen.

3. Bil=

3. Billig sollte man den commandirenden Feldherrn, so wie alle übrigen Generale als Ingenieurs betrachten, da die ihnen nöthigen Kenntnisse sie zu diesem, durch die Wissenschaft ertheilten Vorzuge, berechtigen. Auch zeigt der Name General nicht einen Mann an, der nur die Kenntniß einer Waffe, sondern die Kenntniß aller besitzen sollte.

4. Aus dieser Betrachtung fließt nun die Abtheilung des Generalstaabes in zwey Hauptzweige. Den ersten bildet der Generalstaab an sich, den zweyten aber der Generalquartiermeisterstaab und das Ingenieur-Corps. Das Personale eines jeden und die besondern Beschäftigungen sind folgende:

§. 14.

a. der Generalstaab.

I. Der Feldherr.

1. Der Feldherr. Er ist der Befehlshaber des ganzen Generalstaabes, des ganzen Heeres und aller seiner kleinsten Zweige. Er stellt den Souverain vor, welchem er dient; sein Befehl ist daher Gesetz für alle Theile des Heeres.

2. Man sieht leicht ein, daß, da der Feldherr nicht allein alle Triebräder des Krieges an sich, in beständiger Bewegung zu erhalten, sondern dieselben nun auch mit der schnellsten Gegenwart des Geistes, zugleich zur Erreichung des vorhabenden Zweckes, selbst bey den mislichsten Umständen auf die möglichst vortheilhafteste Art anordnen muß; ein solcher Mann, um den ungeheuren Umfang seines Thätigkeits-Kreises mit seinem Geiste würklich zu füllen, ein wahrhaft großer Mann seyn muß.

3. Seine vorzüglichsten Eigenschaften müssen daher: Eifer für den Dienst seines Vaterlandes, Unerschrockenheit, Standhaftigkeit, Erfahrung, Klugheit, Gerechtigkeit und Mäßigkeit seyn.

4. Uebrigens müßte eigentlich der Feldherr unter allen Officiers des Heeres der erste, größte Meister in allen Theilen

len der Kriegswissenschaften seyn: daher enthält die ganze Kriegskunst keinen Satz, der nicht Lehre für denselben wäre.

5. Der Feldherr führt entweder das Commando über das Heer willkührlich nach seinem besten Wissen und wie er es sich zu verantworten getrauet; oder er kann ohne Zuziehung eines festgesetzten Kriegsrathes keine besondere wichtige Unternehmung ausführen.

6. Diese Methode ist höchst nachtheilig. Denn ohne der Weitläufigkeit des ganzen Geschäfts zu gedenken, kann die Zeit zur glücklichen Ausführung des Vorsatzes schon längst verschwunden seyn, wenn erst die Bewilligung zu seiner Ausführung anlangt.

§. 15.

2. Die Generalität.

1. Die Generale, Generallieutenants und Generalmajors, haben ins Besondere bey den ihnen anvertrauten Theilen des Heeres, eben das zu beobachten, was der Feldherr, in Rücksicht des ganzen so künstlich zusammen gesetzten Körpers, zu thun schuldig ist.

2. Da sie weit kleinere Theile, als dieser, zu übersehen haben, so hängt von ihnen hauptsächlich die Ordnung und die Pünktlichkeit im Dienste, der unter ihrem Befehle stehenden Treffen, Divisionen und Brigaden ab, und es ist daher billig, daß sie dafür verantwortlich seyn müssen.

§. 16.

3. Adjudantur.

1. So wie jeder andere General ins Besondere, so hat auch der Feldherr seine Adjudanten. Einer oder zwey sind Generaladjudanten; die übrigen heißen Flügeladjudanten und stehn unter ihren Befehlen.

2. Diese Männer sind dazu bestimmt, die Befehle des Feldherrn zu überbringen. Daher müssen es scharfsichtige

und

und entschlossene Männer seyn: denn da sie in allen möglichen Vorfällen Aufträge erhalten, so müssen sie zugleich Einsicht haben, um den Sinn der Befehle schnell fassen, und ihn den jedesmaligen, während ihrer Verschickung vielleicht veränderten Umständen, anpassen zu können.

3. Dieses alles setzet eine große Kenntniß in allen Theilen der Militairwissenschaft, und den zur Anwendung unentbehrlichen schnellen Ueberblick der gegenwärtigen Lage, voraus.

§. 17.

b. Der Generalquartiermeister=Staab.

I. Der Quartiermeister=Staab an sich.

1. Die Generalität überhaupt, nebst den General= und Flügeladjudanten, machen also den ersten Theil des Generalstaabes aus. Den zweyten formirt der Generalquartiermeister=Staab ins Besondere.

2. Der Generalquartiermeister und die ihm untergebenen Officiers sind nun aber hauptsächlich dazu bestimmt, für die Sicherheit und Bequemlichkeit der ganzen Armee und ihrer besondern Theile, in jeder von dem Feldherrn unternommenen Kriegesoperation, zu sorgen.

3. Daher muß der Generalquartiermeister nicht allein alle Anschläge des Feldherrn kennen, indem es sonst unmöglich wäre, vorher für die Sicherheit der Armee, während ihrer Ausführung, zu sorgen; sondern er muß selbst mit ihm, bey Entwerfung eines jeden Planes, zu Rathe gehen, da es sehr wohl möglich ist, daß der Generalquartiermeister, bey würklicher Ausführung irgend eines Entwurfs, seine Obliegenheiten zu leisten sich nicht im Stande sieht.

4. Hieraus sieht man, wie wichtig die Stelle eines Generalquartiermeisters ist, und daß er eben so gut, wie der Feldherr selbst, die genaueste Kenntniß des Heeres und aller den Krieg angehenden Sachen, haben muß.

5. Dieser Wichtigkeit seiner Bestimmung gemäß, muß er auch eine sehr hohe Charge besitzen, und ich halte dafür, daß er, in gewissem Betrachte, einer der Ersten nach dem Feldherrn, seyn müßte.

6. Die dem Generalquartiermeister untergebenen Officiers, theilen die Geschäfte, die er ihnen giebt, nach seinem Befehle, unter sich.

7. Einige besorgen die Aufnehmung des Landes, die Zeichnung der besondern Stellungen, Märsche und andere Kriegsvorfälle; andere helfen dem Generalquartiermeister in Anordnung der Stellung und Bewegung der Truppen und Aufrechthaltung der Ordnung während denselben, und wieder andere besorgen die Befestigung der gewählten Stellungen, nach Anordnung des Generalquartiermeisters, und entwerfen mit ihm die Dispositionen zu ihrer Vertheidigung oder zum Angriff feindlicher Verschanzungen.

8. Diese Abtheilung Officiers, macht das eigentliche Feldingenieur-Corps aus, und man sieht zugleich, daß billiger Weise der Generalquartiermeister der erste Chef davon seyn müßte.

9. Allein auch die andern Officiers des Generalstaabs müssen zu den Geschäften der Feldingenieurs, so wie diese zu den Geschäften jener zu gebrauchen seyn.

§. 18.

2. Das Feldingenieur- und die dazu nöthigen Arbeiter-Corps.

1. Man übergiebt, außer dem Generalquartiermeister, unter diesem, noch einem besondern Officiere, den Befehl über die Ingenieurs, und einem zweyten den Befehl über den andern Theil des Generalstaabes.

2. Diese beyden ersten Officiers, sind also auch die ersten Gehülfen des Generalquartiermeisters. Diese Abtheilung erleichtert die Ordnung in der ganzen Führung und Sicherung der Armee ungemein, indem nun beide Fächer

des

des Generalquartiermeister-Staabes, ihre besondere Abtheilung und Anweisung haben.

3. Denn der eigentliche Ingenieur braucht nun jezt blos für die richtige Befestigung oder Zubereitung des Terrains zu einem gewissen zu erreichenden Zwecke, zu sorgen, welches ihm von dem erstern Theile des Generalquartiermeister-Staabes, zur Erlangung eben dieses Zweckes, angewiesen wird.

4. Es ist nöthig, daß der Generalquartiermeister, so wie alle andern Generale, einen oder zwey Adjudanten habe.

5. Um die vom Generalquartiermeister und dem Ingenieur-Corps angegebenen Verschanzungen und andere Arbeiten, sogleich erbauen und ausführen zu können, hat man ein montirtes Corps Arbeiter, die etwa blos mit Säbeln bewaffnet sind und unter den besondern Befehlen der Ingenieurs stehn, welche auch die eigentlichen Officiers dieses bewaffneten Arbeiter-Corps sind.

6. Man theilt dieß Corps, so wie andere Truppen-Arten, in Compagnien und Bataillons ein, welche auch ihre gewisse Anzahl Unterofficiers haben müssen.

7. Da der Fall eintreten kann, daß man zur Gemeinschaft zweyer Heertheile oder zu andern Zwecken, über einen ansehnlichen Fluß, Brücken, und zwar zuweilen selbst in Gegenwart des Feindes, schlagen muß, man aber nicht immer im günstigen oder entscheidenden Augenblicke, die zur Brücke nöthigen Sachen, in den nahen Wohnorten findet: so ist man gezwungen, diese Mittel beständig bey der Armee mitzuführen.

8. Aus der Lehre von dem besten Gebrauche dieser Sachen, ist also die mit zur Artillerie gerechnete Pontonier-Wissenschaft entstanden.

9. Daher wird ein besonderes, zur Schlagung der Brücken in allen Fällen geübtes Corps, bey der Armee erfordert, welches man das Pontonier-Corps nennt, und dessen Individuen, selbst bey der größten Gefahr, eine be-

ständige Gegenwart des Geistes, bey der Ausführung ihrer, unter dem feindlichen Feuer, gewiß sehr viel Muth erfordernden Geschäfte, beybehalten müssen.

10. Das ganze Pontonier-Corps steht übrigens unter dem besondern Befehle des obersten Befehlshabers der Artillerie.

B. Stärke eines Generalstaabs.

§. 19.

1. Die Zahl der zu einer Armee nöthigen Individuen vom Generalstaabe, und dem Ingenieur-Corps, läßt sich nicht genau bestimmen; denn es kommt hier darauf an, ob das Land viele oder wenige Befestigung nöthig hat, ob die Armee sehr getrennt agiren muß, und in Absicht des Ponton-Trains, ob viele Flüsse zu passiren sind.

2. Uebrigens kann ein Pionnier-Bataillon von etwa 4 bis 600 Gemeinen, 24 bis 32 Unterofficieren, 2 Staabsofficieren, 4 Capitainen und 8 Lieutenanten bey einer mäßig, das heißt nicht über 50 bis 60000 Mann starken Armee, wohl die vorkommenden schleunigen Dienste verrichten.

3. Zu einer solchen Armee gehörten etwa noch doppelt so viel zum Generalstaabe als Ingenieur-Officiere. Dabey sind also hier: 1 Oberster, 1 Oberstlieutenant, 2 Majors, 8 Capitains und 16 Lieutenants. Hat nun der Feldherr außer dem noch 4 General- und etwa 8 Flügeladjudanten, so ist für ein solches Heer der Generalstab hinlänglich stark.

Zweyter Abschnitt.

Von den Bedürfnissen der Armee.

I. Oekonomische Bedürfnisse im Kriege.

A. Bekleidung.

§. 20.

1. Der Mensch kann, seiner jetzigen verzärtelten Natur nach, nackt nicht alle das Ungemach ertragen, welches die Witterung und die Vorfälle des Krieges insbesondere hervorbringen. Eine Bekleidung wird also nothwendig.

2. Sie muß aber Militärisch seyn und ihrem Zweck entsprechen; daher nichts Ueberflüssiges und auch nichts Unbequemes haben. Ihre nähere Bestimmung gehört in die reine Taktik.

3. Nicht allein der Mensch, sondern auch das Pferd hat einige Bekleidung nöthig, und dieses Thier ist um so wichtiger, da ohne seine Beyhülfe es beynahe unmöglich wäre, nach unserer jetzigen vortheilhaften Art, Krieg zu führen.

4. Zur Kleidung der Pferde kann man auch gewissermaaßen ihre Anschirrung, in den besondern von ihnen zu fordernden Diensten, rechnen. Die übrigen zu ihrer Reinigung und Bequemlichkeit nöthigen Sachen, machen den andern Theil ihrer Wartung aus.

B. Unterhalt.

§. 21.

1. Da aber sowohl Menschen als Lastthiere lebende Geschöpfe sind, so müssen sie auch wie alle andere, Mittel zu ihrem Unterhalte und zur Fristung ihres Lebens haben.

2. Allein außerdem, daß zum Unterhalte der Menschen, die bey uns im gemeinschaftlichen Leben eingeführten feinern Bedürfnisse nicht nöthig sind, so ist es auch unmöglich, dieselben den Soldaten in jeder kriegerischen Lage zu ertheilen.

3. Der höchste Nachtheil würde also aus der Gewohnheit des Genusses selbst in denjenigen Gelegenheiten, wo er möglich ist, entspringen.

4. Um so nöthiger ist es also, den Krieger nur immer in jeder Lage seines kriegerischen Lebens, mit den allernöthigsten und zur Erhaltung der Gesundheit, unentbehrlichsten Bedürfnissen zu versorgen.

5. Brod und Wasser ist daher für Menschen, und Fourage und Wasser für die Lastthiere der nöthdürftigste Unterhalt.

6. Allein dieß ist auch würklich nur der allernothdürftigste, der allerunentbehrlichste Unterhalt; denn nach einiger Zeit würde der Mensch bey beständigem Genuß desselben, ohne andere Stärkungs-, ohne andere Erquickungs-Mittel, seine ihm so nöthigen Kräfte und Gesundheit verlieren.

7. Man giebt daher den Soldaten, wenn es sich irgend thun läßt, auch Fleisch, da dieses die vortreflichste Nahrung gewährt. Außerdem sind ihm die sogenannten Feld- und Gartenfrüchte, als reifes Obst, Erbsen, Linsen, Bohnen, Kohl, Wurzeln u. s. w. auch sehr vortheilhaft. Man muß also auch hiermit so viel als möglich ist suchen, den Soldaten zu versorgen.

8. Aber wie schon gesagt, nicht allein alle diese Sachen, sondern auch Wein, Bier, Brantewein, Tabak, Wurst, Käse und Butter, sind nicht sowohl ganz unentbehrliche, als vielmehr nützliche Bedürfnisse.

9. Die Fourage ist entweder grün oder trocken. Zu ersterer gehört das auf den Feldern noch stehende Gras und Getreide. Zum andern oder rauhen Futter, gehört das Heu, Stroh, Haber, Gerste, Korn in den Dorfscheunen.

C. Mögliche Lebensbequemlichkeit.

§. 22.

1. Nicht so aber Stroh und Holz. Denn das erstere dient nicht allein den Leuten zu ihrer bequemern Ruhe, sondern sie können auch Hütten daraus bauen, Ställe für die Pferde daraus verfertigen und selbst diese Thiere, indem sie es zu sogenanntem Heckerling machen, damit auf wohlfeile Art füttern, wenn etwa das Bessere nicht so leicht zu haben ist.

2. Holz aber ist eben so nothwendig, indem bey seinem Brande, der oft der strengsten Kälte ausgesetzte Krieger sich vor derselben schützen kann, und er hierdurch auch das Mittel erhält, seine vielleicht ganz durchnäßte Kleidung wieder zu trocknen.

3. Beydes ist zur Gesundheit des Soldaten unentbehrlich; überdieß kann er sich auch durch den Gebrauch des Holzes die ihm zugetheilten Speisen auf eine vortheilhafte, schmackhaftere, der Gesundheit und der Erhaltung seiner Kräfte mehr entsprechendere Art, zurichten.

4. Außer Kleidung und Nahrung muß der Soldat aber auch Wohnung und Geschirre haben, in welchen er seinen Unterhalt bereiten kann. Die Officiere haben auch wohl außer dem noch einige andere Stücke des nothdürftigsten Hausrathes, als etwa ein Feldbette, einen Tisch, Stuhl u. s. w.

5. Die Zelte geben den Soldaten den nothdürftigsten Schutz gegen die nächtlichen Unbequemlichkeiten. Sie müssen überhaupt leicht und auf eine einfache Art zusammen zu

setzen seyn. Man legt 5 bis 7 Mann in ein Zelt. Ein Unterofficier gilt für zwey.

6. Uebrigens hat eine jede Zeltcameradschaft zwey Zeltdecken, eine Casserolle und einen Feldkessel. Ein jeder Soldat aber eine Feldflasche, worin er sein Getränk, einen Brodbeutel, in welchem er das Brod und einen Tornister, worin er seine nothdürftige Wäsche mit sich führt.

D. Erhaltung der Ordnung und Sittsamkeit.

§. 23.

1. Außer diesen Mitteln zur Wiederherstellung der Gesundheit, wird aber auch eine Anstalt erfordert, durch welche einem jeden im Heer sein Eigenthum geschützt, und in andern Fällen zwischen streitenden Partheyen, Gerichtspflege ausgeübt, und die erkannten Strafen vollzogen werden können.

2. Es müssen also nicht allein Männer zu diesem Geschäfte, und eine Schreiberey zur Ausfertigung der Schlüsse, sondern überdieß noch Leute angestellt seyn, welche das Heer zur Religion, Ruhe, Gehorsam und überhaupt zur Ausführung aller seiner Pflichten ermuntern, und durch ihre feuervollen Reden bis zum höchsten Grad entflammen.

II. Militairische Bedürfnisse.

A. Waffen und Abtheilung der bewaffneten Menschenzahl nach ihrer Streitart.

§. 24.

1. Sind nun die das Heer bildenden Menschenhaufen versammelt und denen von ihnen zu leistenden Diensten nach, zweckmäßig bekleidet, so theilt man jetzt an jeden die Waffen aus, mit welchen er gegen den Feind streiten soll, und zieht nun diejenigen, welche gleich bewaffnet sind, in besondere Haufen zusammen.

2. Will man auf die kleinern Verschiedenheiten sehen, so hat beynahe jedes Volk vom andern verschiedene Waffen; allein

allein da die Hauptvortheile oder Nachtheile des Terrains, die Erfindung der verschiedenen Waffen veranlaßten, so mußten diese letztern im Allgemeinen bey jedem Volke wohl, zur Ausführung eines und desselben Zweckes, einerley seyn.

3. Daher kann man sie im Ganzen eintheilen:

a) In schweres Geschütz, oder diejenige Waffe, welche bestimmt ist, den Feind schon in der Weite und über Gegenstände weg, zu bekämpfen, welche ein lebendes Geschöpf nicht ohne Schwierigkeit im Angesichte des Feindes passiren kann.

b) In Infanterie oder diejenige Waffe, welche nun die, durch die Artillerie vorher in den feindlichen Truppen angefangene Unordnung oder Vertheidigungslosigkeit benutzt und sie durch ihren Anfall außer Stand setzt zuwider zu würken.

c) In Cavallerie oder diejenige Waffe, welche jezt, nach den Würkungen der beyden erstern, durch ihren, in der größtmöglichsten Geschwindigkeit ausgeführten Angriff, dem Feinde keine Möglichkeit verstattet, die allgemeine Unordnung wieder in Ordnung umzuschaffen, sondern ihn nun gänzlich darnieder wirft, und also den Sieg entscheidet.

4. Das schwere Geschütz besteht bey uns aus Mörsern, Haubitzen und Kanonen. Die Waffen der Infanterie sind: Flinte und Säbel; die der Cavallerie: Säbel und Pistolen.

5. Alle diese Waffen, so wie die zu ihrem Gebrauche noch außerdem nöthigen Werkzeuge und Materien sind also unentbehrliche Bedürfnisse der streitenden Menschen.

B. Ersetzung des Abgangs der Menschen und Pferde.

§. 25.

1. Die großen Beschwerlichkeiten des Krieges und die Gefechte aller Art, können nicht anders als der Gesundheit

der Menschen und Thiere höchst nachtheilig seyn, sie oft zerstören und die Geschöpfe verstümmeln und tödten.

2. Es wäre unmenschlich gehandelt, wenn man nicht alles anwenden wollte, die Kranken und verwundeten Krieger vom Tode zu retten. Ueberdieß ist es höchst vortheilhaft nach diesem edlen Zwecke, mit allen, in den gezwungenen Lagen des Krieges anwendbaren Kräften, hinzuwürken, da ein schon gedienter erfahrner Soldat, nur nach vieler bey einem Rekruten angewandten Mühe und nach beträchtlicher Zeit, erst wieder ersetzt werden kann.

3. Die Erreichung dieses Zweckes macht also eine hinlängliche Versorgung der Armee, mit allen nöthigen Arzneymitteln und der Anordnung einer genauen und sichern Kranken-Wartung höchst nothwendig; ja ganz unentbehrlich.

C. Kenntniß feindlicher Entschlüsse und Gegenden.

§. 26.

1. Alle diese Bedürfnisse hat der ökonomische Theil der Armeeführung, der Militärische bedarf aber noch die Kenntniß feindlicher Bewegungen, feindlicher geheimer Absichten und Entschlüsse, und fremder unbekannter Landstriche, in welchen das Heer oder Theile desselben zu stehen kommen.

2. Diese Kenntniß des Landes kann nun auf vielerley Art erlangt werden. Wir bemerken hier nur die Art durch Wegweiser dieselbe zu erhalten.

3. Wegweiser sind also beständig bey einem jeden Heere und seinen Theilen, ein nie zu vernachlässigendes Bedürfniß, und man muß Anordnungen treffen, um die Armee in jedem Zeitpunkte und in jeder Lage damit versorgen zu können.

4. Die Spione sind das Mittel, durch welches man oft die geheimsten feindlichen Entschlüsse und Anordnungen

gen erfahren kann. Ein kluger und vorsichtiger Gebrauch dieser Leute, kann daher dem Heere die größesten, die entscheidendsten Vortheile gewähren, und dem Feinde oft den Untergang bringen.

5. Der kommandirende Officier muß nichts sparen, um sich solcher Menschen zu versichern, und hauptsächlich nicht geizig in seinen Geschenken seyn.

6. Allein da kein Mensch verlangen kann, daß er diese und andere oft große Ausgaben aus seinem eigenen Beutel hergeben soll, und nicht allein zur Besoldung der Spione, sondern auch zur Herbeyschaffung aller übrigen Bedürfnisse, unumgänglich ein beständiger Cassenvorrath erfordert wird; so muß die Versorgung des Heeres mit dem nöthigen Gelde, eines der ersten Hauptaugenmerke bey seiner Verpflegung seyn.

7. Außerdem würde nicht allein den Soldaten ihr Sold oft fehlen, sondern selbst auch wohl die Ausführung der wichtigsten Zwecke aufgeschoben, verzögert, oder gar zernichtet werden.

8. Geld ist also die große Schwungfeder, durch welche nur allein, die Armee, dieser ungeheure, so künstlich zusammen gesetzte Körper, in Bewegung und zur Ausführung der vorhabenden Zwecke, in Thätigkeit zu setzen ist.

§. 27.

Uebersicht aller Bedürfnisse.

1. Uebersehn wir nun jezt im Ganzen alle die Bedürfnisse, welche die militairische Existenz eines Heeres nothwendig machen, so finden wir, daß Anstalten getroffen werden müssen, um die Armee zu versehn

a) Mit Kleidung.
b) Mit Waffen.
c) Mit Zeltgeräthe.

d) Mit

d) Mit Munition.

e) Mit Geld.

f) Mit Lazarethanstalten.

g) Mit Proviant, als Brod, Fourage, Fleisch und übrigen Stärkungsmitteln.

2. Außer diesen muß aber die Armee versehn werden: Mit Justiz, Religionslehre, Rechnungsführung, Landeskenntniß; Kenntniß feindlicher Vorhaben und Mittel, beschwerliche Terrains schnell passiren zu können, und mit einer Anstalt, die Befehle des Feldherrn jedem Theil des Heers leicht mittheilen zu können.

3. Nachdem wir so die Bedürfnisse eines Heers kennen gelernt haben, wollen wir nun auch in dem folgenden die Art betrachten, wie dasselbe mit diesen Bedürfnissen versehn werden kann, und muß.

Dritter Abschnitt.

Von der Verpflegungs-Art der Armee mit ihren Bedürfnissen.

I. Von den ökonomischen Bedürfnissen.

A. Versorgung der Armee mit Kleidung und Feldgeräthe.

§. 28.

1. Um die Armee zu jeder Zeit mit Kleidung aller Art, Zeltgeräthe und Waffen versehen zu können, errichtet man in den Zeughäusern der Festungen und in andern sichern Städten Magazine von allen den Sachen, woraus sie bestehen; als: Schuhe, Strümpfe, Hemden, Beinkleider, Westen, Röcke, Stiefel, Hüte, Zeltdecken, alle Arten des Riemwerks und Sattelzeugs, Kessel, Flinten, Säbel, Patrontaschen u. s. w.

2. Diejenigen Leute, durch welche das Einkaufen der zu allen diesen Sachen nöthigen Materialien, oder die Verarbeitung derselben geschieht, müssen von der strengsten Redlichkeit und nicht unwissend in dem Fache seyn, welches man ihnen aufträgt; da dessen ordnungsmäßige Betreibung von der größesten Wichtigkeit ist, indem die Gesundheit, Ausdauer und der Muth der Soldaten großentheils davon abhängt.

3. Derjenige Mann, welcher über die ganze Lieferung gesetzt ist, und unter dem alle dabey angesetzte Commissarien stehen, ist der Generalcapitain d'Armes.

4. Er

4. Er muß nicht allein ein kluger, vorsichtiger Mann seyn, sondern auch die höchste Treue gegen seinen Souverain besitzen, und selbst die genauste Aufsicht über seine Untergebenen; den Einkauf und die Verarbeitung der Materialien, nicht vernachläßigen.

5. Sein beständiges Augenmerk muß übrigens auf die Treffung solcher Maaßregeln gerichtet seyn, daß er den Abgang der Kleidung und der Waffen bey der Armee sogleich zu ersetzen im Stande ist, und alle die verschiedenen Artikel, woraus seine Magazine bestehen, für das dazu bestimmte Geld, in der bestmöglichsten Art geliefert werden.

B. Versorgung der Armee mit Unterhalt.

§. 29.

a. Brod.

1. Anlage der Magazine und Mittel daraus den Unterhalt zu erhalten.

1. Die Armee findet entweder einen Theil ihres Unterhalts in der Gegend, in welcher sie sich befindet, zum Beyspiel das Futter und öfters auch das Korn; oder sie muß denselben von weiten herkommen lassen, wie das Brod, das Schlachtvieh und die übrigen geringern Bedürfnisse. Das Holz und Stroh sind hingegen unentbehrliche Bedürfnisse.

2. Die allerwesentlichsten Bedürfnisse bey einer Armee sind das Brod und das Futter. Nur sehr selten ereignet sich der Fall, daß man mit der Armee in eine Gegend kommt, in welcher sich so viel Korn oder Mehl vorfindet, daß die Armee so lange, als sie sich zur Ausführung ihrer Entwürfe in derselben aufzuhalten genöthiget ist, mit Brod versehen werden könnte. Und wäre auch dieses, so wird vielleicht die Armee durch die Bewegungen des Feindes nach einer von Korn und Mehl ganz entblößten Gegend hingerufen.

3. Um daher weder dem Mangel ausgesetzt zu werden, noch sich außer Stande zu befinden, in einer von Lebensmitteln entblößten Gegend den Unternehmungen des Feindes sich zu widersetzen, errichtet man in den sichern Orten, welche

welche nahe hinter der Armee und den Gegenden liegen, in welche sie versetzt werden kann, auch Magazine von Mehl und Fourage, und führt aus denselben der Armee beständig einen gewissen Vorrath davon nach.

4. Zugleich befinden sich auch bey der Armee eine gewisse Anzahl Bäcker, welche sogleich das Mehl verbacken; und da man nicht immer die hierzu nöthigen Backöfen in genugsamer Anzahl vorfindet, so werden auch diese der Armee zugleich nachgefahren.

5. Alles dieses wird unter dem Proviantfuhrwesen und der Feldbäckerey verstanden.

§. 30.

2. Stärke des Proviantfuhrwesens.

1. Man pflegt die Armee immer auf 18 Tage mit Brod zu versehn. Auf 3 Tage wird den Soldaten Brod ausgegeben. Auf 6 Tage wird der Armee auf den Wagen Brod nachgefahren, von welchen eine jede Compagnie oder Esquadron einen hat, und welche man die Compagnie-Brodwagen nennt. Auf 9 Tage wird der Armee Mehl nachgefahren.

2. Da man nun die Anzahl Compagnien und Esquadronen einer Armee kennt, so kann man leicht berechnen, wie viel solcher Brodwagen dabey erforderlich sind.

3. Man giebt deswegen nur einer jeden Compagnie oder Esquadron einen Brodwagen, weil die Erfahrung gelehrt hat, daß ein Berliner Scheffel oder 75 Pfund Mehl 100 Pfund Brod geben; und da nun 2 Pfund Brod eine tägliche Portion sind, auf einem vierspännigen Wagen 18 Scheffel, oder 18 × 75 Pfund also 1350 Pfund Mehl oder 1800 Pfund Brod, und folglich 900 oder 6 mal 150 Portionen geladen werden können, und eine Compagnie oder Esquadron meistens nicht stärker als 150 Mann ist.

4. Sollte dieses aber statt finden, so muß auf jeden Fall, für jede 150 mit Brodportionen zu versehende Personen, ein vierspänniger Brodwagen da seyn.

5. Da

5. Da ein solcher Wagen 1800 Pfund Brod oder 900 Portionen fährt, so reicht er hin 100 Mann auf 9 Tage mit Brod oder was einerley ist mit dem dazu gehörigen Mehle zu versehen.

6. Will man daher die zum Proviantfuhrwesen nöthige Anzahl Mehlwagen berechnen, so braucht man nur die ganze Anzahl der mit Brod zu versehenden Personen mit 100 zu dividiren.

§. 31.

3. Stärke der Bäckerey.

1. Die nöthige Anzahl Backöfen einer jeden Armee findet man auf folgende Art: In einem gewöhnlichen eisernen Backofen, können 150 Brode, das Brod zu 6 Pfund, auf einmahl gebacken, und wenn es die Noth erfordert, täglich 5 mal gebacken werden. Dieß giebt daher 4500 Pfund Brod. Da nun ein Mann in 3 Tagen 6 Pfund Brod braucht; so können durch einen solchen Ofen 750 Mann in einem Tage auf 3 Tage mit Brod versehen werden.

2. Dividirt man also die Anzahl Menschen, welche bey einer Armee mit Brod verpflegt werden müssen, mit 750; so hat man die Anzahl Backöfen, wodurch eine Armee in einem Tage auf 3 Tage mit Brod versehen werden kann.

3. Dividirt man aber mit 1500, so erhält man die Anzahl Oefen, die man bey einer Armee haben muß, die in 2 Tagen auf 3 Tage mit Brod versehen werden soll.

4. Zur Aufbauung eines Backofens werden, wenn alles bey der Hand ist, 4 Gesellen und 2 Handlanger erfordert, welche ihn in 5 Stunden erbauen.

5. Zu einem Backofen gehören 6 Bäckerknechte, die sich alle 24 Stunden ablösen. Also werden zu einem solchen Ofen 12 Mann erfordert.

6. Ueber 30 Bäckerknechte wird ein Oberknecht, über mehrere Oberknechte ein Backmeister, und über die

die ganze Feldbäckerey ein Oberbackmeister gesetzt. Diese Bäcker haben alle Gewehr, und sie müssen daher auf dem Marsche ihren Train mit decken.

§. 32.

4. Nöthige Erfordernisse dazu. Bestand der Speisen.

1. Einen neuen Backofen auszuheitzen, werden 8 Stunden und eine Klafter Holz gerechnet. Sonst aber rechnet man auf zweymal zu backen anderthalb Klafter Holz.

2. Ein solcher Backofen wird auf einen mit 6 Pferden bespannten Wagen transportirt, wobey sich 2 Knechte befinden. Bey 2 Oefen wird ein Backzelt gegeben.

3. Bey der Bäckerey müssen sich Maurer, Zimmerleute und Tischler, und beym Proviant-Train Schneider, Stellmacher und Sattler befinden.

4. Außerdem gehören zu 50 Bäckerey-Wagen: 1 Inspector, 2 Wagenmeister, 6 Schirmeister und 110 Knechte, wobey 10 Ueberzählige, und 310 Pferde, wobey ebenfalls 10 Ueberzählige sich befinden.

5. Da sich Zwieback weit länger als Commißbrod genießbar erhalten läßt, so ist dieß eine sehr nützliche vortheilhafte Brodart, hauptsächlich bey langwierigen Unternehmungen, in denen man nicht gut frisches Brod erhalten kann.

6. Bey geschwind und mit vieler Bewegung auszuführenden Unternehmungen, ist hingegen ein gewisser Teig sehr nützlich, da er sehr nahrhaft ist und den Soldaten nicht im geringsten beschwert.

7. Man knetet nämlich 3 Pfund Mehl, 30 Eyer, 1 Pfund Butter, 2 Loth Pfeffer und 5 Loth Salz durcheinander; dann wird es ganz dünne auseinander getrieben und in kleine Stückchen geschnitten. Damit diese aber nicht wieder zusammenkleben, so werden sie in ein mit Mehl bestreutes Tuch gewickelt. Ferner breitet man den Teig auf Bretter aus, die alsdann in einen mäßig heissen Ofen geschoben und hinlänglich abgetrocknet werden.

8. Das Ganze beträgt etwa in allem 5 Pfund Teig; und 4 Loth in Wasser gekocht, reichen zur Mahlzeit eines Mannes zu. Von 5 Pfund können also 40 Mann einen ganzen Tag leben.

9. Dieß Nahrungsmittel ist gesund, hält vor, ist leicht fortzubringen und erhält sich viele Jahre hindurch unverdorben.

10. Die Einrichtung, daß man einer jeden Compagnie eine Handmühle giebt, damit durch Soldaten das vorgefundene Getreide mahlen, dann aber an die Magazine abliefern und dafür Brod zurückgeben läßt, ist äußerst vortheilhaft; indem man dadurch die Magazine sehr schont und in den Stand gesetzt wird, länger an einer Stelle sich aufzuhalten.

§. 33.

5. Standort der Feldbäckerey und Entfernung von den Truppen.

1. Die Feldbäckerey bleibt immer in einiger Entfernung von der Armee, damit man nicht Gefahr lauft, die Mehlwagen und das Mehl zu verlieren, welches bey einem Rückzuge oder nach einer verlornen Schlacht, leicht geschehen könnte; denn selten hat man Zeit dieselben früh genug weg zu schicken.

2. Ueberdieß würde man bey dem mindesten Anscheine einer feindlichen Unternehmung auf die Sicherheit derselben bedacht seyn und sie folglich weit zurück schicken müssen; dieß würde aber Pferd und Wagen zu Grunde richten. Oefters würden sie abfahren müssen, wann gebacken werden sollte, wodurch aber sehr leicht ein Brodmangel entstehen könnte.

3. Die Feldbäckerey muß daher so weit von der Armee entfernet bleiben, daß sie in allen möglichen Fällen auf die Nachricht, daß die Armee ihre Stellung verlassen, noch Zeit genug übrig hat, ebenfalls aufzubrechen und nach einem andern Orte, von welchem der Armee in ihrer neuen Stellung

das

das Brod sicher zugeführt werden kann, zu marschieren, ohne daß sie zu befürchten hat, den Marsch der Armee aufzuhalten oder in des Feindes Hände zu gerathen.

4. Sie darf sich aber auch nicht zu weit von der Armee entfernen, weil die Brodwagen, welche bey ihr das Brod empfangen, sonst nicht zeitig genug bey der Armee wieder ankommen könnten. Denn hierdurch könnte ebenfalls ein Brodmangel entstehen.

5. Da nun die Brodwagen nur auf sechs Tage Brod laden, so müssen dieselben in dieser Zeit hin und her von der Armee nach der Bäckerey fahren können: wonach also die Entfernung der Feldbäckerey von der Armee zu bestimmen ist.

6. Rechnet man einen Tag fürs Aufladen, einen Tag fürs Abladen, (welche beyde man als die nöthigen Rasttage zugleich betrachten muß), und setzt man nun den Marsch eines Tages zu 2½ bis 3 Meilen fest: so darf die erwähnte Entfernung nicht über 5 bis 6 Meilen betragen.

7. Da nun aber auch die Bäckerey 4 Tage braucht, um der Armee wieder auf 6 Tage das nöthige Brod zu verschaffen, so kann die Armee auch nicht gut mehr als 6 auf einander folgende Märsche thun, damit sie am 9ten Tage wieder den 6 tägigen Vorrath erhalten kann.

§. 34.

6. Standort des Magazins.

1. Aus eben dem Grunde darf auch die Bäckerey, von dem Magazine, aus welchem ihr das Mehl zugefahren wird, nicht allzuweit entfernt seyn. Denn ist der Weg zu groß, den die Mehlwagen zurück zu legen haben, um den Abgang des Mehls bey der Bäckerey wieder zu ersetzen, so kann hierdurch ebenfalls ein Brodmangel entstehen.

2. Da nun das Proviantfuhrwesen so eingerichtet ist, daß es der Armee auf 9 Tage das nöthige Mehl nachfahren kann, so muß auch, wenn einmal ein solcher Transport

bey der Bäckerey angekommen ist, derselbe in 9 Tagen wieder ersetzt werden können.

3. Die Proviantwagen müssen also den Weg nach dem Magazine und von da wieder zurück, in eben dieser Zeit, zurücklegen können. Ist nun ein jeder Tagemarsch $2\frac{1}{2}$ bis 3 Meilen groß, so betrüge der ganze von den Mehlwagen zu machende Marsch $22\frac{1}{2}$ bis 27 Meilen.

4. Das Magazin kann daher von der Bäckerey nicht über 10 bis 12 Meilen entfernt seyn, indem man den Pferden eine kleine nöthige Ruhe nicht entziehen darf.

5. Ist z. B. die Bäckerey am 5ten Tage des Ausmarsches 12 Meilen von dem Magazine angelegt, so ladet die Hälfte des Proviantfuhrwesens den 5ten daselbst ab, und geht zurück. Sobald sie bey dem Magazine angelangt ist, ladet die 2te Hälfte ab und geht ebenfalls zurück. Ist nun jeder Tagemarsch 3 Meilen, und 1 Tag zum Auf- und Abladen; so ist es in 9 Tagen wieder zurück.

6. Dadurch ist also die Armee den 14ten auf $22\frac{1}{2}$ Tage, den 17ten auf 27, den 23sten auf $31\frac{1}{2}$ und am 26sten auf 36 Tage mit Mehle versehn. Es ist also immer auf 13 Tage Mehl vorräthig.

7. Wollte man aber die Bäckerey so weit von dem Magazin anlegen, daß das Proviantfuhrwesen 12 und mehrere Tage zum Ersatze gebrauchte, so würde bald Mangel entstehen.

8. Gesetzt die Entfernung zwischen beyden Orten betrüge so viel, daß der Mehlabgang erst den 12ten ersetzt würde, also die Entfernung 16 Meilen ausmachte, so würde die Armee den 18ten, wenn die Bäckerey den 7ten angelegt wäre, auf $22\frac{1}{2}$ Tag, den 24sten auf 27, den 30sten auf $31\frac{1}{2}$ und den 36sten auf 36 Tage, mit Mehl versehen seyn; woraus also folgt: daß sich nun der Mangel gleich zeigen würde.

9. Will man nun noch dazu Magazine vorwärts bringen, so muß die Entfernung der Bäckerey vom Magazine noch weit kleiner seyn; indem das Proviantfuhrwesen zur Errichtung

tung der vordern Magazine beständig außer dem nöthigen Mehlvorrathe für die Armee, noch einen Ueberschuß zum Aufhäufen mitbringen oder vielmehr zufahren muß, ehe das Heer wieder etwas bedarf.

10. Ist das Proviantwesen so eingerichtet, daß es dem Heere auf 10 Tage Mehl nachfahren kann, so könnte das Magazin wohl 2 bis 3 Meilen weiter von der Bäckerey entfernt liegen.

11. Da die Bäckerey selbst aber schon 6 Meilen von der Armee entfernt ist, so ist 20 Meilen die größte Entfernung, die zwischen einer agirenden Armee und dem Magazine, aus welchem sie versorgt wird, statt finden kann, womit doch schon Ermattung des Proviant-Trains verbunden ist.

12. Folgende Tabelle zeigt bey jeder erforderlichen Portionenzahl, den Bestand des Magazins.

Erforderliche Portionen auf einen Tag, für ein Corps von 1000 M. & cet.	Wispel.	Scheffel.	Metzen.
1000 — —	—	20	—
2000 — —	1	16	—
3000 — —	2	12	—
4000 — —	3	8	—
5000 — —	4	4	—
6000 — —	5	—	—
7000 — —	5	20	—
8000 — —	6	16	—
9000 — —	7	12	—
10000 — —	8	8	—
11000 — —	9	8	—
12000 — —	10	—	—
15000 — —	12	12	—
20000 — —	16	16	—
30000 — —	25	—	—
40000 — —	33	8	—
50000 — —	41	16	—

13. Wenn die Anzahl Portionen gegeben ist, so findet man die nöthige Anzahl Scheffel Mehl, wenn man die Anzahl Portionen mit 2 mulriplicirt und mit 100 dividirt; will man Wispel haben, so muß man noch mit 24 dividiren. Wenn A die Anzahl Portionen ist, so sind $\frac{A}{1200}$ die Anzahl Wispel Mehl.

§. 35.

b. Versorgung mit Wasser.

1. Das erste Erfoderniß zur Unterhaltung der Armee nächst dem Brode, ist das Wasser. Dieses sowohl als das nöthige Holz und Stroh, muß die Gegend liefern, in welcher sich die Armee befindet; daher kann sich keine Armee lange in einer solchen Gegend aufhalten, die daran Mangel leidet; da man überdieß auch wegen der Pferde Rücksicht auf die Güte des Wassers nehmen muß.

2. Das fließende Wasser ist das beste und der Gesundheit am zuträglichsten; daher muß man sich ja vorsehen, wenn man sich in der Nähe eines Bachs befindet, daß derselbe nicht abgegraben wird und daß auch selbst die eigenen Leute keine Unreinigkeiten hinein werfen.

3. Ein Fluß kann nur mit der ungeheuersten Mühe abgegraben werden. Dieß ist also so leicht nicht zu befürchten.

4. Allein um denselben reinlich zu erhalten, muß man dafür sorgen, daß die Tränken und Zugänge zu dem Flusse für Menschen und Pferde bequem gemacht werden.

5. Zu Brunnen muß man nur in der Nothwendigkeit seine Zuflucht nehmen, wenn man zu weit von fließendem Wasser entfernt ist: denn das Brunnenwasser wird leicht, durch die große Anzahl derjenigen, die aus den Brunnen schöpfen, trübe und unrein.

§. 36.

c. Mit Fourage.

1. Aus dem Magazin.

1. Das Stroh so wie der ganze noch übrige Theil der Fourage, nämlich alle Arten von Getreide, als: Hafer, Rocken, Gerste und außer diesen, Heu und Heckſel, sind ein unumgängliches Bedürfniß einer Armee, und es bedarf der größesten Vorsichten, dieselbe in jeder Lage damit zu versehen.

2. Die Armee erhält die ihr nöthige Fourage, entweder durch Fouragiren in dem Lande, in welchem sie sich befindet, oder durch Transporte aus ihren rückwärts liegenden Fourage-Magazinen.

3. Da die letzte Art der Versorgung großen Unbequemlichkeiten ausgesetzt ist, wie wir nachher sehn werden, so nimmt man sobald als möglich zum eigenen Fouragiren seine Zuflucht; und dieß kann bereits in der Mitte des Junius geschehn, da man dann schon hinlänglichen Unterhalt auf dem Felde findet.

4. Im Herbste ist zwar die Fourage vom Felde, allein sie ist in den Scheunen der Dörfer desto mehr zusammengehäuft, und es hat also dann auch keine Schwierigkeit, die Armee in dieser Zeit damit zu versehn.

5. Holt man nun die Fourage vom Felde selbst, so nennt man dieß grün, und holt man sie aus den Dörfern, so heißt dieß: trocken Fouragiren.

6. Eine Ration, das heißt: der Unterhalt eines Pferdes auf einen Tag, beträgt 3 Metzen das ist 8 Pfund Hafer, oder 2 Metzen Rocken, oder 2½ Metzen Gerste; und zu jeder Art von Getraide 7 bis 8 Pfunde Heu, und zu Heckſel und Streu 10 Pfunde Stroh. Die ganze Ration hat also ein Gewicht von 24 bis 26 Pfunden.

7. Nehmen wir nun z. E. einmal eine Arme mit 48000 Pferden an, so werden, wenn wir auch die Hälfte der Fourage nur aus dem Magazine nehmen, indem man vielleicht die andere Hälfte noch aus dem Lande und durch die grüne Futterung auf-

auftreiben könnte, doch schon täglich 72000 Metzen oder 4500 Berliner Scheffel Hafer erfordert.

8. Rechnet man nun, daß ein gewöhnlicher Bauerwagen 18 Scheffel fährt, so braucht man zum Gebrauche für 1 Tag einen Transport von 250 Fouragewagen.

9. Sollte nun diese Armee nur 6 Märsche von ihrem Magazine sich weg begeben, so müßte sie sich auf 20 Tage mit Korne versehn; weil sie nicht allein während dem Marsche, sondern auch noch 12 Tage nach demselben, Fourage haben muß.

10. Denn die Wagen können nicht eher abfahren, bis sie ihr Futter abgeladen haben, und dieß geschieht erst, wenn die Armee an Ort und Stelle ist. Nun müssen sie nach dem Magazine und wieder her fahren, welches aber, das Aufladen mit gerechnet, gewiß 14 Tage erfordert.

11. Bey der angenommenen Armee, werden daher bey dieser Voraussetzung 20 ⋊ 250 Fourage-Wagen allein für den nöthigen Hafer erfordert, also 5000 Wagen. Oft kann eine ganze Provinz nicht eine solche Anzahl Wagen aufbringen.

12. Man sieht also hieraus, da diese Wagen denn doch unmöglich bey der Armee immer vorräthig seyn können, sondern aus dem Lande selbst herbeygeschaft werden müssen, was für großen Hindernissen der Transport auf der Achse unterworfen ist.

13. Eine Expedition, bey welcher man nach 10 Tagen zu seinem Magazine wieder zurückkehrt, läßt sich noch eher unternehmen; denn auf 5 Tage kann zur Noth so wohl die Artillerie als die Cavallerie ihre Fourage mit nehmen, und 1250 Wagen führen die andere Hälfte der Fourage auf die andern 5 Tage.

§. 37.

§. 37.

Fortsetzung.

14. Folgende Tabelle zeigt den Bestand eines Magazins bey jeder nöthigen Rationen-Zahl.

Erforderliche Anzahl Rationen auf einen Tag.	Hafer.			Heu.		Stroh.	
	Wispel.	Scheffel.	Metzen.	Centner.	Pfund.	Schock.	Bund.
5	—	—	15	—	40	—	2½
10	—	1	14	—	50	—	5
20	—	3	12	1	50	—	10
30	—	5	10	2	20	—	15
40	—	7	8	2	100	—	20
50	—	9	6	3	70	—	25
60	—	11	4	4	40	—	30
70	—	13	2	5	10	—	35
80	—	15	—	5	90	—	40
90	—	16	—	6	60	—	45
100	—	18	—	7	30	—	50
1000	7	19	8	72	80	8	70
2000	15	15	—	145	50	16	40
3000	23	10	8	218	20	25	—
4000	31	6	—	290	100	33	20
5000	39	1	8	363	70	41	40
6000	46	4	—	436	40	50	—
7000	54	16	8	509	10	58	20
8000	62	12	—	571	90	66	40
9000	70	7	8	654	60	75	—
10000	78	3	—	727	30	83	20
20000	156	6	—	1454	60	166	40
30000	234	9	—	2181	90	280	—
40000	312	12	—	2909	10	333	20
50000	390	15	—	3636	40	416	40
60000	468	18	—	4063	70	500	—
70000	546	21	—	4090	100	583	20
80000	625	—	—	5818	20	666	40
90000	703	3	—	6545	50	750	—
100000	781	6	—	7272	80	833	20

15. Wenn man die Zeit finden will, wie lange eine Anzahl Pferde von einer Anzahl Wispel Hafer leben kann, so muß man die Wispel in Metzen verwandeln, das heißt: mit 24 = 16 = 384 multipl. und dieses Product mit der dreyfachen Anzahl der Pferde dividiren.

16. Es sey der in Wispel gegebene Vorrath Hafer = a, die Anzahl der Pferde = b, so ist $\frac{384 \cdot a}{3 \cdot b}$ die Zeit, während welcher die Pferde verpflegt werden können; wenn jedes 3 Metzen Hafer bekömmt.

17. Es sey der Vorrath Heu in Centner ausgedrückt = a. Man multipl. dieses mit dem Bruche $\frac{55}{4}$, so ist $\frac{54 a}{4}$ der Vorrath an Heu in Rationen; und wenn b die Anzahl der Pferde ist, wovon jedes täglich 8 Pfund bekömmt, so ist $\frac{55}{4} \cdot \frac{a}{b}$ die Zeit, während welcher die Pferde davon verpflegt werden können.

18. Wenn das Bund Stroh zu 18 bis 20 Pfund gerechnet wird, so braucht ein Pferd täglich $\frac{1}{2}$ Bund zu Heckfel und Streu. Wenn nun die Anzahl Stroh in Schock ausgedrückt ist = a, und die Anzahl Pferde, welche davon verpflegt werden sollen = b, so ist $\frac{120 a}{b}$ die Zeit, wie lange diese Pferde von dem Vorrathe verpflegt werden können. Zeit bedeutet allemal Tage.

19. Wenn grün fouragirt wird, so rechnet man auf jedes Pferd täglich 3 Garben. Auf ein Fouragier-Bund rechnet man höchens 12 Garben. 5 Fouragier-Bunde machen ein Schock Körner.

§. 38.

2. Fourage vom Felde.

1. Ist die Jahreszeit nun schon so weit vorgerückt, daß man bereits Futter auf dem Felde antrift, so kann man sich doch nicht immer versprechen die ganze Zeit, welche man in einer Gegend zubringt, von der Fourage derselben leben zu können. Denn dieß hängt nicht allein von der Fruchtbarkeit

des Landes, sondern auch von der Entfernung des Feindes und den Anordnungen ab, welche er trift, um unsere Fouragierung zu erschweren.

2. Ist er nahe und uns überlegen, so wird er nicht zugeben, daß wir unsere Cavallerie weit nach Fourage ausschicken; und in diesem Falle muß man sich, mit der in der Nähe des Lagers befindlichen Fourage, begnügen, welche aber bald aufgezehrt seyn wird.

3. Man kann im Durchschnitte annehmen, daß die Hälfte einer Quadrat-Meile zu Acker genutzt wird, und daß die andere Hälfte zu Holzung, Wiesen, Teichen, Flüssen, Seen, und Dörfern übrig bleibt.

4. Von dieser Hälfte läßt der Landmann einen Drittheil brach liegen; ein Drittheil besäet er mit Weitzen oder Rocken; ein Sechstheil mit Hafer und ein Sechstheil mit andern Sommer-Früchten.

5. Rechnet man nun auf eine deutsche Meile 2000 Rheinländische Ruthen, so enthält eine Quadrat-Meile 4000000 und die Hälfte 2000000 Quadrat-Ruthen oder beynahe 11112 Morgen, (den Morgen zu 180 Quadrat-Ruthen gerechnet;) wovon der sechste Theil mit Hafer besäet ist. Dieses giebt 1852 Morgen.

6. Auf jeden Morgen wird wenigstens 5 Scheffel gerechnet: also giebt eine Quadrat-Meile 9260 Scheffel.

7. Nehmen wir nun die obige Armee von 32000 Reit- und 16000 Zug- oder Packpferden, welche keinen Hafer bekommen dürfen, an; so werden täglich 96000 Metzen oder 6000 Berliner Scheffel Hafer erfordert.

8. Folglich würde eine Quadrat-Meile hinreichend seyn, die Cavallerie und die andern Reitpferde, auf $1\frac{1}{2}$ Tag mit Hafer zu versehen. Die Zug- und Packpferde würden auch in dem übrigen Getreide hinlänglichen Unterhalt finden.

9. Kann also die Cavallerie von dem Mittelpunkte ihrer Stellung an gerechnet, zwey Meilen weit rings um denselben herum, nach Fourage ausgeschickt werden: so kann

kann die angenommene Armee, da sie dann einen Umkreis von 12 Meilen in ihrer Gewalt hat, 18 Tage; und will man die Reitpferde auch mit Rocken füttern, 36 Tage in ihrer Stellung bleiben, ohne daß sie nöthig hat das Magazin anzugreifen.

10. Da auf einen Quadratschritt etwa eine Garbe Getreide wächst, und zu einer Ration, wie der folgende Paragraph zeigt, zwey bis drey Garben gehören, so kann man nach diesen Angaben sehr leicht nach Schritten die Breite und Länge eines Kornfeldes bestimmen, welches eine gewisse Anzahl Rationen liefern soll.

11. Man braucht nemlich nur 2 Zahlen zu suchen, die zusammen multipl. die geforderte Anzahl Rationen doppelt geben. Dann zeigt die eine dieser beyden Zahlen die Länge, und die andere die Breite des nöthigen Fourageplatzes an.

12. Da ein Pferd höchstens nur 8 Rationen grüner Fourage tragen kann, und man noch überdieß auf die Pferde rechnen muß, welche im Dienste oder krank sind, so gewährt eine Fouragierung höchstens nicht mehr als auf 3 Tage Futter.

13. Diese dreytägige Fourage muß man stets zu erhalten suchen, und daher der Klugheit gemäß, immer an dem Fouragierungstage, noch auf einen Tag Futter haben; weil, wenn die Fouragierung gestört würde, die Pferde am folgenden Tage nicht ohne Nahrung seyn können.

§. 39.

3. Fourage aus den Ortschaften.

1. Bey einer trockenen Fouragierung, zählt man die Tennen und die ungedroschenen Garben der Dörfer, und regulirt hiernach, verbunden mit der Kenntniß der Hufenzahl, welche zu ihnen gehört, die Fouragierung. Wenn dieß geschehen ist, so werden die Rationen in Garben und Fouragier-Bunden zusammen vertheilt.

2. Hier-

2. Hierbey muß man wissen, daß ein Schock Rocken-Garben 4 Scheffel geben, und da eine Ration 2 Metzen beträgt, zu derselben also 2 Rocken-Garben nöthig sind.

3. Ein Schock Gersten-Garben geben 5½ Scheffel; die Ration besteht aus 2½ Metzen, folglich werden zu derselben 2½ Gersten-Garben erfordert.

4. Ein Schock Hafer-Garben geben 6 Scheffel, die Ration bestehet aus 3 Metzen, folglich gehören hierzu 3 Hafer-Garben.

5. Im Allgemeinen kann man also 3 Garben von allerley Getreide für jede Ration rechnen. Auf ein gewöhnliches Fouragier-Bund kann man höchstens 12 Garben rechnen.

6. Obgleich diejenigen Pferde, welche Packsättel haben, zuweilen 14 bis 16 Garben tragen können, so können doch öfters auf andere Sättel, nur 10 Garben geladen werden.

7. Die obige Armee braucht also täglich 12000 Fouragier-Bunde; folglich in 3 Tagen 36000 Fouragier-Bunde; und da nun 5 solcher Bunde ein Schock Körner geben, so hat die Armee in 3 Tagen 7200 Schock Körner nöthig.

8. Rechnet man nun auf jedes Dorf eins ins andere 2000 Schock Körner, so gehörten in dem oben festgesetzten Umkreise von höchstens 2 Meilen in der Runde um die Stellung des Heeres, 3 bis 4 Dörfer dazu, um durch eine trockene Fouragierung, die Armee auf 3 Tag mit Futter zu versehen.

9. Sollte die Armee aber 30 Tage oder einen Monat in dieser Stellung bleiben, so wären hierzu in dem bemerkten Distrikte 36 Dörfer nöthig.

10. In einer sehr bewohnten Gegend könnte die Armee zur Noth wohl noch einmal so stark seyn, und würde doch noch wohl einen Monath sich darin halten können; wozu alsdann 72 Dörfer erfordert würden, welches auf die 12 Quadrat-Meilen gerechnet, welche das, in dem benannten Umkreise von 2 Meilen in der Runde, eingeschlossene

Stück

Stück Land enthielte, 6 Dörfer auf jede Quadrat=Meile betrüge.

§. 40.

d. Hindernisse, welche durch die Unterhaltung des Heeres allen Operationen in den Weg gelegt werden.

1. Aus allem dem bisher Gesagten erhellet nun, daß ein General öfters durch die Sorgfalt, welche er auf die Anschaffung der Fourage verwenden muß, ungemein in seinen Unternehmungen eingeschränkt wird.

2. Er darf sich von seinem Magazine nicht entfernen, und die Anlegung neuer Magazine, oder das Vorrücken alter, erfordert so viel Zeit, daß oft ein ganzer Feldzug darüber verstreicht.

3. Mit äußerster Sorgfalt muß man daher ein solches, von Fourage entblößtes Terrain vermeiden; und den Feldzug, wenn man anders nicht durch die unumgängliche Nothwendigkeit gezwungen wird, dem Feinde in irgend einer Sache zuvor zu kommen, nicht eher eröffnen, bis man Korn auf dem Felde findet.

4. Ein vortrefliches Mittel den Transport aller Bedürfnisse außerordentlich zu erleichtern, sind die schiffbaren Flüsse.

5. Denn wenn die Stellung der Armee so ist, daß sie denselben schützen, und davon Gebrauch machen kann, so erhält sie nicht allein auf einem solchen Flusse die Lebensmittel und alle übrige Bedürfnisse, weit geschwinder und sicherer als auf der Achse, und wodurch sie sich also weiter von ihren Magazinen entfernen kann, als dieß bey dem Transporte zu Lande möglich war; sondern man ist nun auch gänzlich der Sorge überhoben, die ungeheure Wagenzahl anzuschaffen, die zum Transporte nöthig war.

6. Man spart daher drittens, eine große Summe Lebensmittel; indem man nun nicht nöthig hat, die Knechte und

und Pferde dieses Proviant- und Fourage-Trains zu unterhalten.

7. Indessen so beträchtlich alle diese Vortheile sind, welche man durch den Gebrauch der schiffbaren Flüsse erlangt, so darf man dennoch nicht während eines ganzen Feldzugs Rechnung darauf machen, denn ehe man sich es versieht, nimmt oft der Krieg eine solche Wendung, daß man genöthiget wird, den bisher benutzten Fluß zu verlassen, und nun in eine, von einem solchen Flusse entblößte Gegend zu eilen, entweder zu ihrer Vertheidigung, oder um die über den Feind erlangten Vortheile zu benutzen.

8. Man sieht hieraus, daß man daher in jedem Falle doch bey der Organisirung einer Armee das nöthige Proviant-Fuhrwesen nie vergessen muß.

§. 41.

e. Benutzung der Weiden.

1. Die Weiden längst den Bächen, die sich etwa in der Gegend der Armee befinden, können von einer neuen, oder mit vielen jungen Pferden versehenen Cavallerie sehr gut zur Erhaltung ihrer Magazine, im Anfange des Feldzuges genutzt werden. Nur müssen die Pferde vor feindlichen Beunruhigungen gesichert seyn.

2. Durch den Genuß dieser Weiden werden nicht allein die Pferde während des Feldzuges ungemein erhalten; sondern sie werden auch das schlechte Futter wieder los, welches sie etwa während des Winters genossen haben.

3. Den Hafer kann man den Pferden rein oder auch mit klein-geschnittenem Häckerlinge vermischt, geben. Beym Haferfutter müssen die Pferde wenigstens täglich 6 mal gefüttert werden; doch dürfen sie jedesmal nur wenig erhalten, indem sie sonst ihr Futter durch das Schnaufen heiß machen und es dann nicht fressen.

4. Giebt man den Pferden Rocken, so muß solcher mit Heckerling zur Hälfte vermischt, und wenn es die Zeit erlaubt,

erlaubt, naß gemacht werden. Viel Rocken ist schädlich; denn er erhitzt die Pferde, und trocknet die Lunge.

5. Heu kann ein Pferd nicht zu viel fressen; es muß aber gut seyn, und dann muß auch darauf gesehen werden, daß die Pferde nicht schon zu Streu gebrauchtes Stroh und anderes verdorbenes Futter bekommen.

§. 42.

f. Austheilung des Fleisches.

1. Das Fleisch wird den Soldaten, und zwar jedem täglich ein halbes Pfund unentgeldlich geliefert.

2. Um es so viel als möglich ist, in jeder Lage zu erhalten, muß bey einer jeden Brigade ein guter Schlächter angestellt werden, welcher für diesen Artikel zu sorgen hat, und wenn es nöthig ist, Vorschuß erhalten muß.

3. Man muß ihm aber zugleich anbefehlen, daß er von keinem Soldaten Vieh kaufen darf, damit sich diese nicht aufs Plündern legen.

4. Zweymal, und wenn es die Umstände erfordern, muß dreymal in der Woche geschlachtet werden.

5. Da bey dem Fleische, wegen des Gewichts der Knochen, große Betrügereyen vergehen können, so müssen hierauf hauptsächlich mit, die dazu angestellten Commissarien ihr Augenmerk richten, und dafür sorgen, daß ein jeder die ihm zugetheilte Portion richtig erhalte.

§. 43.

g. Versorgung mit andern Lebensmitteln.

1. Bier, Brantewein, Tabak und übrige minder nothdürftige Lebensbedürfnisse, erhält der Soldat für sein Geld.

2. Um sie ihm denn doch aber, so viel wie möglich ist, verschaffen zu können, wird bey einer jeden Brigade ein

Staabs=

Staabs-Marketender, und bey jeder Compagnie ein Compagnie-Marketender angestellt.

3. Der erste muß vermögend seyn, allerhand Victualien anzuschaffen und beständig zu haben. Mit ihm muß eine Taxe gemacht, und sein Gewicht und Maaß mit dem Regiments-Siegel gestempelt werden. Man muß ihn mit Pässen versehen, und ihm bey jeder Gelegenheit hülfreiche Hand leisten.

4. Den Compagnie-Marketendern muß aufs schärfste anbefohlen werden, daß sie von keinem andern als vom Staabs-Marketender, ihre Sachen kaufen und ihren Standort beständig bey ihren Compagnien behalten.

5. Kein Soldat muß marketendern, wenn es auch seine Frau thut, sondern beständig in Reihe und Gliede bleiben.

6. Sind Marktplätze im Corps angewiesen, so muß von jedem Regiment täglich ein Unterofficier da seyn, welcher, da der Gewinnst Kaufleute mit allen Lebensbedürfnissen, in hinlänglicher Zahl nach dem Lager zieht, dem Regimente meldet, was für Lebensmittel etwa zu haben sind.

7. Er muß auch darnach sehen, daß die Marketender nicht die Lebensmittel hier einkaufen, und sie hernach im Corps wieder theurer verkaufen. Frisches Bier und unreifes Obst muß nicht gelitten werden. Ist aber gutes Bier da, so muß Vorschuß geleistet, und dasselbe im Regimente ausgeschenkt werden.

8. Ist keine Zufuhr zu hoffen, und hat man mehr Freyheit als gewöhnlich, so kann man durch Commandirte, die einige Wagen mit nehmen, aus den nahe liegenden Orten, allerley Victualien herbey holen lassen.

9. Nur müssen Excesse verhütet und keine Plünderung gestattet werden. Das Erlangte, so wie die um die Stellung der Truppen anzutreffenden Kräutereyen müssen egal vertheilt werden.

10. In Feindes Lande kann der Soldat auch den vortheilhaften Genuß der Feldfrüchte haben; nur muß man ihm

nicht gestatten, sie sich selbst zu holen, sondern er muß hierzu wie zu jeder andern Sache gehörig angeführt werden.

C. Versorgung mit den möglichsten Bequemlichkeiten.

§. 44.

a. Eintheilung des Armee-Fuhrwesens in 4 Trains.

1. Aus dem bisher Gesagten erhellet nun, daß aller Einschränkung ungeachtet, die Bedürfnisse einer Armee immer noch vielfältig sind, und daß ihre Nothwendigkeit den Heeren eine große Hinderung in ihren Bewegungen ist.

2. Der ganze ungeheure Train des Fuhrwesens, welches sich bey einer thätig seyn sollenden Armee befinden muß, nennt man die Bagage derselben, und giebt ihr 4 Abtheilungen.

3. Die erste macht der ganze Artillerie-Train, die zweyte der Ponton-Train aus, welcher mit dem erstern zusammen unter dem Befehle des ersten Artillerie-Officiers, der letztere besonders aber noch unter dem Befehle des Pontonier-Chefs steht.

4. Die 3te Abtheilung der Bagage macht der Proviant- und Bäckerey-Train und die 4te Abtheilung die eigentliche Bagage, die Geldwagen, oder die Kriegskasse, und die Kriegskanzley aus.

5. Das, was man unter dem besondern Namen der Bagage versteht, sind die Fuhrwerke und Last- oder Packpferde, welche dem Heere die zu seiner Oekonomie gehörigen Sachen, als die Zelte, das übrige Zeltgeräthe aller Art, die nothwendige Kleidung und Effecten der Officiere, die zur schleunigen Ersetzung fehlender Sachen, nöthigen kleinen Compagnie-Gewehr- und Mondierungs-Vorräthe; die den höhern Officieren zugestandenen Chaisen, Küchen- und Packwagen, und endlich die Compagnie-Brodwagen fortschaffen.

6. Je

6. Je weniger der Luxus in einer Armee eingerissen ist, je weniger der Soldat im Frieden an zu große Bequemlichkeit gewöhnt ist, desto einfacher wird die Einrichtung der Bagage im Felde seyn, und dadurch der größern Bewegbarkeit des Heeres kein geringer Vortheil verschaft werden.

§. 45.

b. Eintheilung der Bagage in schwere und leichte. Nutzen davon.

1. Man theilt auch noch im Ganzen genommen die Bagage in schwere und leichte, und rechnet zu letzterer alle Packpferde; zu ersterer alle Fuhrwerke.

2. Ein jeder Subaltern-Officier hat außer seinem Reitpferde noch ein Packpferd und einen Knecht. Die höhern Officiere haben mehr oder weniger, nachdem es das Reglement bestimmt.

3. Die Zelte der Soldaten werden durch Packpferde, so wie ein großer Theil der Bagage fortgeschaft. Ein jedes Pferd trägt 5 Zelte, und auf jede Compagnie werden 2 Pferde gerechnet, welche die Zeltdecken und Feldkessel tragen. Bey 2 Packpferden befindet sich ein Knecht zu ihrer Führung und Wartung.

4. Ueber den ganzen Bagage-Train und alles übrige Fuhrwesen, wird ein Generalwagenmeister gesetzt, dessen Sorge es ist, über die Erhaltung desselben, und vorzüglich der Pferde, wie auch auf die Ordnung im Marsche genau zu achten.

5. Unter ihm stehen Inspektoren und Wagenmeister, welche über einzelne Theile des Fuhrwesens, so wie der Generalwagenmeister über das Ganze gesetzt sind. Ihre Zahl ist schon bey der Abtheilung des Proviantwesens bemerkt.

6. Die Erhaltung der Bagage ist von der äußersten Wichtigkeit, indem sonst das Heer gezwungen wird, unter freyem Himmel sich den üblen Folgen der ungünstigen Witterung auszusetzen.

7. Es wird dadurch außerordentlich ermattet und ist also dann nicht mehr im Stande, sich dem raschen Andringen eines noch frischen und ausgeruheten Feindes zu widersetzen; das Heer muß sich also weit ins Land zurück, und in Wohnörter ziehen, damit der Feind dasselbe aus Mangel an Unterhalt nicht zu verfolgen, und wenn es aus seinen einzelnen Quartieren aufbricht, ehe es den allgemeinen Waffenplatz erreicht hat, nicht anzugreifen im Stande ist. Auf diese Art muß man aber auf alle Unternehmungen Verzicht thun, und dem Feinde ein oft sehr großes Stück Landes preis geben.

8. Sollte die Armee ihre Proviantwagen verlieren, so ist dieß von den wichtigsten Folgen, indem sie nun nicht gehörig mit den ihr doch nöthigen Lebensmitteln versehen werden kann.

9. Es folgt also aus allem diesem, daß die Bagage der Armee in allen Kriegesvorfällen vollkommen gesichert seyn muß. Allein ohne Noth dürfen denn doch dem Heere gewisse Bequemlichkeiten nicht entzogen werden.

10. Daher behält man die leichte Bagage in allen den Fällen bey sich, in welchen man kein Treffen zu befürchten hat. Denn wollte man sich auch im Falle eines Treffens damit beschweren, so würde man sie unausbleiblich bey einer Niederlage ohne Noth aufopfern müssen, indem sie zum Siege selbst nichts beytragen kann.

§. 46.

c. Versorgung der Truppen mit Holze.

1. In Absicht des Bauholzes, welches zum Brennen gebraucht wird, wäre es zu wünschen, daß mehr Ordnung beobachtet würde und daß man Verschwendung desselben zu verhüten suchte.

2. Das Niederreißen der Häuser, müßte nur in der äußersten Noth erlaubt seyn; außerdem der Soldat aber schlech-

schlechterdings dazu angehalten werden, das ihm zum brennen nöthige Holz, aus den nächsten Waldungen zu holen.

3. Denn wenn schon die Arbeit des Soldaten dadurch etwas vermehrt wird, so hat man doch dagegen durch die Schonung des Landes wieder den großen Vortheil, sich länger und vielleicht selbst zu mehreren Zeiten an derselben Stelle aufhalten zu können; indem der seine Hütte noch besitzende Landmann, immer noch gern in der Hoffnung des Friedens, die Felder wieder bebauet und die Gegend also nicht so geschwind verwüstet wird.

II. Von den Militärischen Bedürfnissen.

A. Versorgung mit Munition und Geschütz.

§. 47.

1. Die Versorgung der Armee mit der nöthigen Munition, geschieht ebenfalls aus dazu aufgehäuften Magazinen.

2. Die Verarbeitung und Transportirungs-Art des Pulvers, der zu schießenden Sachen und die Aufzählung aller dazu gehörigen Werkzeuge, gehört übrigens in den Umfang der Artillerie-Wissenschaft und die Besorgung dieser Bedürfnisse ist die Pflicht des ersten Artillerie-Officiers.

3. Nicht allein aber die Herbeyschaffung der nöthigen Munition, sondern auch die Verfertigung aller Geschütz-Arten, Munitions-Wagen und Karren und aller übrigen Sachen, die zum Park der Feld- und Belagerungs-Artillerie und zur Equipage des Heers gehören, sind seiner Einsicht, seiner Anordnung und Betriebsamkeit untergeben.

4. Dieser Mann muß, indem er in allen kriegerischen Vorfällen die beste Anordnung und Würkung des Geschützes zu treffen sucht, zugleich die größeste Thätigkeit anwenden, es der Armee in jeder Lage, so viel als möglich, nicht an

dem nöthigen Geschütze und allen zu dessen Gebrauche unentbehrlichen Erfordernissen, fehlen zu lassen.

5. Außer denen im Parke, für jeden Infanteristen und Cavalleristen mitzunehmenden 60 Stück Patronen, und für jedes schwere Geschütz mitzunehmenden 200 Schüssen, werden noch einem jeden Soldaten 60 Stück Patronen gegeben, von denen er 30 in der Patrontasche hat und die übrigen 30 zusammen gebunden in seinen Tornister steckt.

6. Zur Verfertigung der nöthigen Geschütze, Munitions- und andern Wagen, werden an bequemen und sichern Orten Zeughäuser und Stückgießereyen angelegt, die also als hervorbringende Magazine dieser Sachen anzusehen sind, deren Einrichtung aber die Artillerie lehrt.

B. Versorgung mit Geld.

§. 48.

1. Das Geld darf, wie wir gesehen haben, der Armee nie fehlen. Ein großer Theil desselben wird mit ins Feld genommen und die Kriegskasse genannt. Dieselbe versieht alle Monate die Regimenter mit dem nöthigen Gelde, um den Officieren und Soldaten den Sold auszuzahlen, und das, was man Regiments-Unkosten nennt, zu bestreiten.

2. Die Kriegeskasse besoldet alle bey dem Proviantwesen, dem Commissariate, den Lazarethen und bey den Magazinen angestellten Leute.

3. Aus der Kriegskasse werden alle im Felde nöthigen Arbeiten, und die geheimen Ausgaben als für Spione, bezahlt; kurz in der Kriegskasse muß so viel Geld seyn, daß alles, was im Felde befriedigt werden muß, auf der Stelle ohne Verzug befriedigt werden kann, und daß niemals der Mangel an Gelde eine Unternehmung verzögere, oder gar rückgängig mache.

4. Der Bestand der Kriegskasse muß, wie hieraus folgt, nach der ganzen Einrichtung des Heers und seiner Stärke, bestimmt werden.

C. Er-

C. Ersatz der Menschen.

§. 49.

a. Durch Lazarethe.

1. Entstehung der Krankheiten.

1. Die Unbrauchbarkeit des Soldaten kann entweder durch Krankheiten der Jahreszeit oder durch Verwundung entstehen. Die Krankheiten lassen sich in Sommer- Herbst- und Winterkrankheiten, und in Krankheiten des Lazareths eintheilen.

2. Die beyden ersten Jahreszeiten verursachen gallichte Krankheiten, und diese nehmen gewöhnlich mit Ausgang Juli oder Anfang Augusts ihren Anfang, haben ihre Abnahme im Herbste, wenn das Laub abfällt, und ihr Ende, wenn die Nachtfröste eintreten.

3. Die Ruhr, und die gallichten Durchfälle und das Erbrechen gehören hauptsächlich hierzu. Von denen zu jeder Jahrszeit weit um sich fressenden Krankheiten ist die Krätze die gewöhnlichste.

4. Im Herbste ist die nasse Kälte gefährlicher als die strenge trockne Kälte des Winters: da zu ersterer der Soldat weniger vorbereitet ist als zu dieser, und diese die Theile des Körpers vielmehr stärket als erschlafft. Inzwischen ist der Uebergang der Herbst- und Winterkrankheiten unmerklich, und sie sind fast alle mit Husten, Seitenstechen, Lungenentzündungen, hitzigen Flüssen, Entzündungen des Gehirns und der Gedärme, und mit einem Fieber verknüpft.

5. Die Fäulniß der Luft ist beynahe die schädlichste aller dazu würkenden Ursachen. Diese Fäulniß kann entstehen: durch anhaltende Hitze und eine feuchte stille Luft, durch stillstehende verdorbene Gewässer, durch die Ausdünstung vieler Sümpfe, durch die Ausdünstung eines grossen Lagers und durch zu große Ueberhäufung des Lazareths mit Kranken, die hitzige faule Krankheiten haben.

6. So wie Moräste ungesund sind, so ist es auch die Nähe der Wälder; weil hier die Luft aufgehalten wird durchzustreichen und der Luftkreis an sich also schädlich ist.

7. Auch entstehn die Winterkrankheiten oft dadurch, daß der Soldat aus der strengsten Kälte in die größte Hitze, und umgekehrt, tritt.

8. Der Herbst ist desto fruchtbarer an gefährlichen Krankheiten, je länger die Hitze dauert und nicht durch öftern Regen gemäßigt wird. Auf sandigten Gegenden und Landhöhen, sind reine gesunde Winde und weniger Ausdünstungen, welche auch nie faul sind.

§. 50.

2. Mittel um ihnen vorzubeugen.

1. Um diesen Krankheiten vorzubeugen, muß der Märsch nicht in der Hitze geschehen; der Soldat nach der Erhitzung sich nicht gleich ausziehen; nicht kalt trinken oder sich der kühlen Luft aussetzen; nicht ausser dem Zelte schlafen; bey nassem Wetter sich am Feuer trocknen, und bey heißem Wetter alle Stunden abgelößt werden.

2. Der Soldat muß öfters Lagerstroh erhalten und des Nachts vorzüglich im Herbste mit einer guten Decke versehen seyn. Beym Regenwetter müssen die Zelte stark ausgespannt, und um dieselben kleine Gräben gezogen werden, damit kein Wasser ins Zelt kommt.

3. Der Soldat muß sich oft das Gesicht, die Hände und Füße waschen, und wenn ein guter Fluß in der Nähe und das Wetter schön ist, sich oft baden.

4. In sehr niedrigen und sumpfigten Gegenden muß man das Lager oft verändern; auch muß man in den Quartieren nicht dulden, daß in den Ofentöpfen gekocht wird. Sobald man eingerückt ist, muß in den Quartieren und Wachen mit Pulver, Wacholderbeeren oder Strauch geräuchert werden.

5. Man muß den Soldaten keine unreine Betten oder unreines Stroh geben, worauf Kranke gelegen sind, auch

müssen

müssen die Stuben nicht zu warm seyn; und die Gesunden so wenig als die Kranken, oft zusammen liegen.

6. Das Mehl muß rein und das Brod gut gebacken seyn. Unreifes und saures Obst ist sehr schädlich; reifes Obst, frische Kräuter und Gemüse hingegen verhüten viele faule Krankheiten. Mäßiges Brantewein trinken dient auch dazu, die Krankheiten abzuwenden. Im Sommer ist Wasser mit Essig vermischt ein sehr gesunder kühlender Trank.

7. Bey der Ausbreitung der Ruhr im Lager müssen der Ort, die Abtritte und das unreine Stroh verlassen werden. Ist es aber nicht möglich das Lager zu verändern, so müssen die Abtritte sehr tief gemacht, und täglich eine Lage Erde hineingeworfen werden.

8. Das alte Zeltstroh muß oft außer dem Zelte gerüttelt, getrocknet oder besser durch neues ersetzt werden. Die mit der Ruhr behafteten Kranken, müssen bey ihren Regimentern durch ihre Feldscherer in geräumigen luftigen Gebäuden, für sich behalten und nicht zu andern Kranken geschickt werden.

§. 51.

3. Versorgung mit Curmitteln. Lazareth.

1. Außer den bey jeder Compagnie angestellten Chirurgis, und dem bey einem jeden Regimente über sie gesetzten Regiments-Chirurgus, welche die kleinern Krankheiten und leichtern Wunden gleich besorgen, versammelt man an einem dazu bequemen und sichern Orte, noch eine Anzahl solcher Leute, Aerzte und aller der Bedürfnisse, welche zur Curirung der Krankheiten, Heilung der Wunden und bestmöglichsten Pflegung der Kranken nöthig sind.

2. Diese mit Doctoren, Wundärzten, Apothekern und Krankenwärtern versehene Anstalt nennt man ein Lazareth. Man hat fliegende und Stand-Lazarethe.

3. Erstere bleiben beständig zum schleunigen Gebrauch ohnweit der Armee an einem sichern Orte. Das Stand-

Lazareth bleibt aber beständig an einem Orte; der jedoch nicht zu weit von der Armee entfernt seyn darf; da der weite Transport die Kranken verschlimmert und ihnen oft den Tod zuzieht.

4. Die im Herbste krank gewordenen, können die Bewegungen eher ertragen und werden durch die Luftveränderung weit eher besser, weswegen selbige bey den Regiments-Lazarethen bleiben können.

5. Die im Frühjahre und im Sommer mit hitzigen Fiebern und Entzündungskrankheiten befallenen Soldaten, müssen nicht lange herum geschleppt, sondern gleich ins Lazareth gebracht werden.

6. Man muß die Lazarethe vor Eröfnung des Feldzugs anordnen, damit sie nachher, wenn sie gebraucht werden sollen, schon im völligen Stande sich befinden.

7. Die Wundärzte haben ihre Staabs-Chirurgi und einen Ober-Feld-Chirurgus, unter welchem sie alle stehen. Die Aerzte haben ihren Oberfeld-Medicus, der zugleich der Anordner und Chef aller Lazarethe ist.

8. Bey einem jeden Lazarethe setzt man nun außerdem einen Lazareth-Direktor und eine commandirte Wache; ins Stand-Lazareth einen Staabs-Officier; ins fliegende Lazareth einen Capitain und in jedes die nöthige Anzahl von Officiers, Unterofficiers und Gemeinen.

9. Der Lazareth-Medicus sorgt für die Güte und Anzahl der Medicin, für die Pünktlichkeit und Vertheilung der Chirurgen und der gehörigen Behandlung der Verwundeten und Kranken; der Lazareth-Direktor für die Güte der Nahrung, für die Feuerung und Reinigung.

10. Der Lazareth-Commandant aber, für die Ordnung, für die Folgsamkeit der Kranken, für die gehörige Pflegung derselben, und für die monatlichen Regiments-Kranken- und Reconvalescirten-Listen. Auch muß eine gehörige Anzahl Krankenwärter zur Reinigung der Zimmer und Wartung der Kranken vorhanden seyn.

§. 52.

§. 52.

4. Behandlung der Leute im Lazarethe.

1. Die Aerzte und Staabs-Chirurgi müssen täglich sich mit einander über die Umstände und fernere Wartung der Kranken besprechen.

2. Der Lazareth-Commandant und der Lazareth-Direktor müssen ebenfalls täglich, mit allen ihren ersten Untergebenen, das Lazareth und die Kranken visitiren, und jeder Officier muß täglich wegen der Verpflegung und Behandlung der ihm anvertrauten Kranken, an den Chef, so wie die Chirurgi an ihre Befehlshaber rapportiren; damit der Commandant die nöthigen Kranken-Tabellen richtig dem Feldherrn einschicken und nebst dem Lazareth-Direktor und Oberfeldmedicus um die Herbeyschaffung der nöthigen Erforderniße, ansuchen könne.

3. Die Weiber der im Lazareth liegenden Soldaten, können für Bezahlung zur Reinigung der Zimmer und der Wäsche sehr nützlich seyn.

4. Der Lazarethmedicus muß dem Commandanten die Liste der jedesmaligen Reconvalescirten übergeben; denn nur nach dieser muß derselbe bey Verabfolgung derselben sich richten, nachdem er sie vorher selbst in Augenschein genommen hat.

5. Uebrigens muß dem commandirenden Officier ein genaues Verzeichniß aller der Waffen und Kleidungsstücke übergeben werden, welche der Soldat mit ins Lazareth bringt, damit er Anordnungen treffen könne, um dem Soldaten bey seiner Wiederherstellung, alle diese Sachen gehörig wiedergeben zu können.

§. 53.

5. Abtheilung und Transport der Kranken.

1. Ueberhaupt genommen, kommen alle diejenigen Kranken in das Stand-Lazareth, welche nur nach Verfluß

einer langen Zeit kurirt werden können; ins Feld-Lazareth aber werden die Kranken gebracht, die entweder leicht oder gar nicht kurirt werden können.

2. Der Transport der Kranken nach dem Lazarethe geschieht gemeiniglich auf den Brodwagen; allein da dieses wegen der vielen Ausdünstung dem Brode selbst schädlich ist, so wäre es besser, wenn das Lazareth ein eigenes Fuhrwerk zu diesen Transporten besäße.

3. Aber auch diese Wagen würden nach einer blutigen Action, wo oft 6 bis 8000 Verwundete fortzubringen sind, lange nicht hinreichen. In diesem Falle treibt man daher aus den nahen Gegenden, so viel Bauerwagen zusammen, als man nur immer kann.

4. Auch müssen an einem solchen Tage alle Aerzte mit ihren Bandagen bereit, und die Compagnie- und Regiments-Chirurgi versammelt hinter ihren Regimentern seyn, um sogleich den Schwächsten den ersten Verband geben zu können.

5. In den Lazarethen selbst müssen die Kranken nach den Arten ihrer Krankheiten von einander abgesondert werden.

6. Der Regiments-Feldscherer untersucht nach einem Marsche oder einem Treffen, oder im Lager und im Quartiere, die sich krank angebenden Soldaten und bestimmt, ob sie blos ins Regiments-Lazareth, ins fliegende, oder ins Stand-Lazareth gebracht werden müssen.

7. Für die gute Etablirung der Regiments-Lazarethe muß der Regiments-Chirurgus sorgen; man erlaubt ihm daher einen Karren, auf welchem er seine Medicin hat, die aber doch zuweilen unvermuthet durch eine Commission untersucht werden muß.

8. Bey der Besetzung einer feindlichen Stadt muß der Regiments-Chirurgus sogleich die Apotheken in Be-

Beschlag nehmen, damit die nöthige Medicin für die Kranken sicher erhalten werden könne.

9. Dieß Regiments-Lazareth muß täglich von einem Officier, und wöchentlich von einem Staabs-Officiere, jedoch zu verschiedenen Tagen visitirt werden; und diese müssen darnach sehn, daß die Kranken gehörig von ihren Capitains unterstützt, und es ihnen nicht an reinem Stroh, Decken, Matratzen, Betten und den andern erforderlichen Geräthschaften fehle.

10. Die Kranken müssen ihre ordentliche Menage halten, und es darf ihnen keine Unordnung gestattet werden.

§. 54.

6. Ort des Lazarethes.

1. Der Oberfeldmedicus sucht den Ort aus, wo sich die Lazarethe befinden sollen.

2. Das Standlazareth muß an einem, vor feindlichem Ueberfalle völlig sichern Orte angelegt werden. Das fliegende Lazareth muß ebenfalls sicher seyn. Man kann hierzu ein großes bequemes Dorf oder eine Stadt aussuchen, die eine große Anzahl Kranke fassen kann, gute Luft und gutes Wasser hat.

4. Die Gebäude müssen beständig mit frischer Luft versehen werden können, da diese in den Lazarethen nöthiger ist, als die Wärme und hierdurch das Lazarethfieber verhütet wird.

4. Scheunen, Ställe, Kornböden, Kirchen sind hierzu am tauglichsten. Werden aber Stuben dazu genommen, so müssen diese nicht klein, niedrig und dumpfig seyn, und es müssen nur wenig Kranke in ein Zimmer gebracht werden.

5. Giebt es keinen solchen schicklichen Ort zum Lazarethe in der Weite von ein paar Tagereisen von der Armee, so müßte man andere gute Einrichtungen treffen, und diese gehörig mit offenen Fenstern und guten Thüren versehn.

D. Kennt-

D. Kenntniß feindlicher Gegenden und Entschlüsse.

§. 55.

a. Versorgung mit Spionen.

1. Wo sie zu erhalten sind.

1. Wir haben schon oben gesagt, daß die Kenntniß feindlicher Entschlüsse und Bewegungen durch Spione, und die Kenntniß der nahen Gegenden, auch durch Wegweiser am besten erlangt werden kann. Es kommt also nur darauf an, die Spione ausfindig zu machen, da sie sich in allen Ständen befinden.

2. Man findet welche in den Cabinettern der Fürsten, ihrer Minister und Generale; unter den Officieren der Armee, in den feindlichen Städten, auf dem flachen Lande und in den Klöstern.

3. Einige bieten sich von selbst an, andere wissen sich der Minister, der General oder diejenigen, welchen die Besorgung der einzelnen Angelegenheiten anvertraut ist, zu verschaffen. Alle aber werden durch die Begierde nach Gelde dazu verleitet.

4. Das Ministerium des Feindes zu bestechen, ist die Sache des Fürsten und seiner Minister. Der General und diejenigen, welche mit ihm das allgemeine Beste besorgen, müssen die übrigen Spione ausfindig zu machen wissen.

5. Ueberhaupt muß man durch ein kluges Verhalten, von den Spionen beständig Nachrichten einzuziehen suchen, sich ihnen aber niemals selbst entdecken.

§. 56.

2. Behandlung derselben.

1. Man muß sich mit einem jeden Spione insbesondere, und öfters über ganz gleichgültige Dinge unterhalten.

2. Man muß wenig mit ihnen reden, und sie dagegen selbst viel sprechen lassen, um ihre eigne Denkungsart und Fähigkeiten beurtheilen zu können.

3. Man

3. Man muß sie selbst auskundschaften lassen, damit man weiß, ob sie auch wohl nicht auf beyden Seiten spioniren, welches öfters zu geschehen pflegt.

4. Stimmen sie in ihren Nachrichten überein und ist man überzeugt, daß ihre Aussage wahr ist, so muß man sie dessen ungeachtet, jeden besonders bewachen lassen.

5. Läßt man sich nun auf ihre Nachricht in eine Unternehmung ein, so muß man sie einzeln mitnehmen, sie oft ausfragen und zusehn, in wie fern ihre Aussage mit der Wahrheit übereinstimmt.

6. Erkennt man aber unter den Spionen einen Verräther, so kann man sich seiner doch gut bedienen, wenn man sich stellt, als hielte man ihn für treu, und ihm nun solche Verrichtungen aufträgt, die dem Feinde ein ganz entgegengesetztes Vorhaben vermuthen lassen.

7. Niemand als diejenigen, welche die Spione gebrauchen, müssen sie kennen. Sie müssen sich unter einander selbst nicht kennen, und alle ihre Aussagen müssen nieder geschrieben werden, damit man dieselben mit den Nachrichten der Gefangenen, und der Deserteure vergleichen könne.

8. Einen ertappten Spion muß man nur dann am Leben strafen, wenn der Feind die Uebermacht besitzt. Ist man selbst der Stärkste, so zeigt man ihm alles, und schickt ihn ruhig wieder zurück.

9. Nie muß einem Spion etwas von seiner Forderung abgezogen, oder ihm nicht Wort gehalten werden. Im Gegentheil muß er über seine Bezahlung noch ein Geschenk erhalten, damit der Reitz zu dem gefährlichen Handwerke immer neu und groß bleibe.

§. 57.

3. Ihr Gebrauch und Vorsichten dabey.

Wenn die Spione klug und treu genug sind, daß sie mündlich die Nachricht, die man ihnen aufträgt, ausrichten kön-

können, so ist es genug, daß man ihnen ein Losungs-Wort zum Kennzeichen mitgiebt. Giebt man ihnen aber Briefe, so müssen sie so eingerichtet seyn, daß, sollten sie in des Feindes Hände fallen, derselbe sie nicht verstehen kann.

2. Auch die Postmeister kann man gebrauchen, nicht allein um durch sie Nachrichten zu erhalten, sondern auch um die Geschwindigkeit der, durch die Spione zu ertheilenden Nachrichten zu befördern.

3. Ein Officier kann niemals bessere und treuere Spione erhalten, als wenn er einige sichere Soldaten, welche die Sprache und Sitten des Landes kennen, verkleidet unter verschiedenem Vorwande zum Feinde überschickt, und sie, nachdem sie alles bemerkt haben, wieder zurück kommen läßt.

4. Es giebt unter den Einwohnern besonders eines neutralen Landes noch eine Art Spione, von welchen man ebenfalls Nachrichten einziehen kann, indem man sich mit ihnen in ein Gespräch einläßt, wenn sie ihrer eigenen Angelegenheiten wegen nach dem Aufenthalte der Truppen kommen.

5. Nur muß man sie niemals mit Gewalt ausfragen, sondern sie durch vernünftige Leute, welche nicht die mindeste Neugier verrathen, unterhalten lassen und auf so verschiedene Unterredungen bringen, daß sie endlich dasjenige, was man wissen will, von selbst entdecken.

6. Die Gefangenen können in Rücksicht ihres Charakters mehr oder weniger scharf ausgefragt werden. In allen Fällen müssen sie einzeln vorgenommen und nur durch große Umwege zu dem was man von ihnen wissen will, geführt werden, damit sie nicht selbst auf das, was sie gesagt haben, Achtung geben, und im Falle sie zurück geschickt würden, ihren General nicht selbst auf die Spur unserer Absichten bringen können.

7. Denn in diesem Falle würde der feindliche General, durch doppelte Spione und Ueberläufer uns von dem, was wir von den Gefangenen erfahren haben mögten, ganz verschiedene Nachrichten zu hinterbringen, und uns also zu falschen Maaßregeln zu verleiten suchen.

8. In

8. In einigen Ländern sind die Spione, welche man aus den Klöstern erhält, die besten und sichersten. Dergleichen Spione werden in Städten, welche einem Fürsten von einer andern Religion gehören, oder in einem Staate bey Veränderung der Herrschaft, mit unfehlbarem Nutzen gebraucht.

9. Da man auf Frauenzimmer nicht so leicht Verdacht wirft als auf Männer, so bedient man sich derselben zuweilen auch, um etwas zu erforschen oder Briefe durch sie bestellen zu lassen.

10. Alle Fälle anzuführen, in welchen man Spione brauchen kann, ist unmöglich. Nur soviel ist gewiß, daß man in keiner Sache ihrer zu viele und sie zu sehr geprüft haben kann.

11. Der Spion mag indessen noch so treu seyn, so kann er sich doch täuschen, und schon dieserhalb ist es nothwendig, keine der Vorsichtsregeln zu vernachläßigen.

§. 58.

b. Benutzung der Deserteure zum Auskundschaften.

Die Fragen, welche man an einen Deserteur thun muß, sind:

1. Wie er heißt; woher er gebürtig ist; was für Religion, wie lange er gedient, bey welchem Regimente, und ob er schon bey der Armee gedient habe.

2. Die Zeit, den Ort und die Ursache seiner Desertion; auf welche Art er durchgekommen und wo die Vorposten stehen.

3. Wann sein Regiment auf den jetzigen Standort hingekommen ist.

4. Wie stark dasselbe, und wie stärk eine Compagnie ist, und wer es commandirt.

5. Wie viel Mann täglich zur Wache gegeben werden, und wie viel Nächte ein Mann frey hat?

6. Wie stark die Wache ist, was für Posten besetzt werden, ob Pickete da sind, und wo?

7. Ob sie außerdem noch Extra-Posten und Wachen geben und wohin?

8. Ob noch mehrere Bataillons und Commando's an dem Orte stehen? Ob sie immer da bleiben oder abgelößt werden.

9. Was für Regimenter, Bataillons oder Commando's auf den nächsten Ortschaften stehen?

10. Ob die Grenadiere beym Regimente sind, aus wie viel Bataillons es besteht und wo es sein Depositorium hat?

11. Wie der Brigade-General heißt, und unter welchem Commando sie stehen.

12. Ob Kanonen da sind; wie viele; von welchem Caliber und wo sie stehen?

13. Ob Verschanzungen angelegt sind oder werden, und wo?

14. Wo sie ihren Sammelplatz haben, wenn sie angegriffen würden, und ob sie mit Anbruche des Tages sich angezogen und gesattelt haben müssen?

15. Wo sich ihre Bagage befindet.

16. Ob sie ihr Brod, Tractament und ihre Mondirungs-Stücke richtig erhalten und in welcher Münzsorte sie bezahlt werden.

17. Ob es ihnen an Fleisch und Lebensmitteln fehlt? Woher sie die Zufuhr erhalten, und was ihnen ihr Wirth zu geben schuldig ist?

18. Aus welchem Magazin sie verpflegt werden; auf welche Art der Transport geschieht, und ob der Feind neue Magazine anlegt?

19. Ob der Feind die Wege rück- oder vorwärts bessern läßt?

20. Ob sie viele Kranke beym Regiment haben und wo ihr Lazareth ist?

21. Ob

21. Ob bey ihnen rekrutirt wird, und wo die Leute herkommen?

22. Was bey ihrer letzten Musterung vorgefallen?

23. Ob sie viele Deserteure von uns erhalten und was sie mit selbigen vornehmen?

24. Ob kürzlich keine Regimenter zugekommen oder abmarschirt sind, und ob keine Veränderung in ihren Quartieren vorgefallen ist?

25. Was bey ihnen gesprochen werde?

§. 59.

c. Desgleichen der Gefangenen und Reisenden.

Ein Gefangener ist außerdem zu befragen:

1. Wie stark das Commando oder das Corps gewesen ist, von welchem er herkommt?
2. Ob Succurs oder Soutien da gewesen ist?
3. Wer ihn commandirt hat?
4. Wann sie ausmarschiret sind, und wie sie sich formiret haben?
5. Nach den Umständen muß wegen der Stellung und wegen des Terrains befragt werden.
6. Was ihre Instruction gewesen ist?
7. Wie viel Geschütz sie gehabt haben?
8. Auf welche Art er gefangen worden?
9. Ob wir ihnen viel Abbruch gethan, und ob welche von den hohen Officieren bleßirt, oder getödtet sind?

Bey Reisenden untersucht man:

1. Die Richtigkeit des Passes.
2. Wo er herkommt, und wohin er reiset?
3. Was seine Beschäftigung ist und was er geladen?
4. Wie die Wege und Brücken beschaffen sind?
5. Ob er über die Landstraße oder über Nebenwege gereiset ist, und ob er Hindernisse angetroffen hat.

6. Was er vom Feinde gesehen oder erfahren, wie der Feind die Oerter, welche er passirt, besetzt hatte; bey welchen Officieren er sich gemeldet, und ob er angehalten worden?

7. Nach Beschaffenheit der Umstände muß man sich nach den Marktpreisen erkundigen.

§. 60.

d. Versorgung der Armee mit Wegweisern.

1. Um zu allen Zeiten die Armee, ein jedes einzelnes detaschirtes Corps, eine für sich marschierende Colonne, oder einen die Gegend untersuchenden Officier mit den nöthigen Wegweisern zu versehen, trägt man einem Officiere, der allein dazu bestimmt ist und Weghauptmann heißt, die Sorge auf, beständig eine hinlängliche Anzahl solcher Bothen, welche die Gegend aufs genaueste kennen, in Bereitschaft zu haben.

2. Diesen Leuten müssen die Wege nach allen Seiten bekannt seyn, wohin man marschieren will; und wenn man sie zu Spionen machen kann, so ist es desto besser.

3. Rückt man in ein feindliches Land, so muß der Weghauptmann solche Leute, während man vorrückt, theils durch Drohungen, theils durch Geschenke zu Wegweisern zu überreden suchen.

4. Vor allen Dingen muß er sich aber ihrer Treue versichern, welches am besten durch Geißeln aus ihrer Familie geschieht. Er muß sie einzeln über die Wege befragen, um zu sehen, ob sie in ihren Aussagen mit einander übereinstimmen. Findet er einige, welche ihm vorsetzlich falsche Nachricht geben, so müssen diese als Spione bestraft werden.

5. Man muß beständig ein wachsames Auge auf sie haben, damit sie nicht entwischen können; denn sie werden sich so viel wie möglich der Gefahr zu entziehen suchen. Demjenigen, welcher eine Colonne führt, muß beständig ein Comman-

mandirter zur Seite seyn, damit man ihn sogleich fest halten kann, wenn er sich entfernen wollte.

6. Es ist gut, bey einer Colonne oder bey einem Detaschement mehr als einen Wegweiser zu haben, damit man nicht in der Irre herumläuft, im Falle dieser getödtet würde oder sonst verloren ginge.

7. Die Wegweiser müssen mit Pferden versehen seyn, wenn sie Cavallerie oder einen recognoscirenden Officier führen.

8. Es ist billig und höchst nützlich, daß man die Wegweiser übrigens mit der größten Gelindigkeit behandelt, und sie gut bezahlt, da sonst die Furcht ihnen die nöthige Geistesgegenwart sehr leicht rauben kann, und der Vortheil, den man durch sie zu erlangen hofft, größtentheils verloren geht.

9. Hat man sie über eine Sache abgetheilt befragt, und sie nicht einstimmig gefunden, so muß man sie nun zusammen verhören und sich bemühen, mit Gelindigkeit die Wahrheit herauszubringen.

10. Es ist nöthig, daß der Weghauptmann ein vernünftiger, leutseliger Mann sey, damit er auf eine gute Art die Neigung der Leute zu gewinnen suchen, und hierdurch erfahren kann, welche von den Einwohnern, des Landes am besten kundig sind.

11. Indessen muß er selbst das Land so viel wie möglich kennen, damit ihn keiner in Hauptsachen mit Unwahrheiten hintergehen kann.

12. Um sogleich reitende Bothen schaffen zu können, ist es gut, wenn einige Bothenpferde beständig dazu bereit stehen.

13. Uebrigens verstehet es sich von selbst, daß man die Bothen wechseln muß, so bald man in eine Gegend kommt, die ihnen nicht mehr bekannt oder wenigstens nicht so genau mehr bekannt ist.

14. Soll eine Kompagnie Wegweiser aufgerichtet werden, so müssen Leute dazu ausgesucht werden, die das Land,

worin der Krieg geführt wird, genau kennen, und es mehrere male durchstrichen haben.

15. Jäger, Kontrebandiers, Banditen und Soldaten, die schon in diesen Gegenden bey Freycorps, oder bey Truppen gedient haben, welche Räuber aufsuchen mußten, sind hierzu die besten Leute; doch müssen sie treu, klug und nüchtern seyn.

E. Mittel zur Verringerung der Kosten durch Contributionen.

§. 61.

a. Was Contribution ist.

1. Der Krieg würde einem Staate sehr lästig werden, wenn er ihn ganz auf eigene Kosten führen sollte. Man sucht zwar durch Einschränkung der Finanzen etwas zu erübrigen, allein man hat auch außerdem noch andere gute und sichere Wege, um dem Heere die ihm nöthigen, vielfältigen Bedürfnisse zu verschaffen; ja sogar wohl den Schatz des Landes auf eine, durch die Kriegsgesetze gebilligte Art zu vermehren.

2. Die Mittel um diesen wichtigen Zweck zu erreichen, sind die Brandschatzungen, die man einem eroberten Lande auflegt, und die, wie der Ausdruck selbst anzeigt, eigentlich ihren Grund in der Gewohnheit haben, durch ein vielleicht im Anfange freywilliges Geschenk den Feind von der Einäscherung und der Verwüstung, des von ihm besetzten oder doch sehr wahrscheinlich zu erreichenden Landes, abzuhalten.

3. Dieses ist der Grund, warum nur wenige Leute hinreichen, einer Gegend die Brandschatzung aufzulegen. Diese Zusage muß respectirt werden, wenn es wahrscheinlich ist, daß der Feind kommen kann, indem er sonst die Brechung des gegebenen Wortes, mit der Ausführung des grausenden Vorsatzes vergelten kann.

4. Uebrigens könnte freylich die Schatzung so groß seyn, daß der Einwohner selbst nicht mehr, oder vielleicht nicht

nicht einmal ganz so viel verlöre, wenn ihm auch seine Hütte zernichtet würde. Vernunft und Billigkeit gebieten aber hier Schonung, da es eigener höchster Schaden ist, das Land, in welchem man den Krieg führt, sogar unnöthigerweise zu einer allgemeinen Brandstätte und Einöde zu machen.

5. Auf diese Art wälzt man also die große Last des Krieges von dem eigenen Lande, doch wenigstens zum Theil, auf das feindliche Land, und es ist daher ein Grundsatz der Kriegskunst, dieß in jeder Lage auszuführen, wo es nur irgend möglich ist. Der Vortheil ist doppelt, indem man einmal den Feind schwächt, und sich dagegen verstärkt.

§. 62.

b. Mehrere Arten der Contributionen.

1. Es giebt zwey Arten der Contributionen, welche in Bedürfnissen zum Unterhalte oder zur Bequemlichkeit, und im Gelde bestehen. Die ersteren sind: Korn von allerley Art, Fourage, Fleisch, Fuhren zu Lande und zu Wasser, Holz u. s. w.

2. Bevor man aber irgend etwas eintreibt; muß man einen vollständigen Ueberschlag auf das Land machen, um die Forderungen verhältnißmäßig, und dem Lande so leicht als möglich einrichten zu können.

3. Es wäre zum Exempel ungerecht, von Oertern, die nur Korn und Wiesenland haben, Schiffe, und von andern, die nur zu Wasser fahren, Wagen zu fordern. Sogar müssen Eintreibungen einen Vorwand haben, der dem Volke seine Last ein wenig versüßen kann.

4. Die Eintreibungen an Unterhalt geschehen entweder würklich oder an Gelde.

5. Die Bedürfnisse zur Bequemlichkeit bestehen in Wohnung, Betten, Fourage, Stroh und kleinem Geräth: als Holz, Licht und dergleichen. Sind keine Kasernen in dem Orte, wo sich die Truppen befinden, so muß dieß alles der Wirth liefern.

6. Die Geldauflagen dienen zur Einrichtung und Besoldung der Truppen, und diese sogenannte Brandschatzung wird über das feindliche Land vermittelst eines Tractates angestellt, den man mit den vornehmsten Einwohnern des Landes macht.

7. Wenn ein erobertes Land mit der guten Mannszucht der Truppen zufrieden ist, so erweiset es den Soldaten oft verschiedene kleine Gefälligkeiten.

8. Uebrigens darf kein Officier für seine Leute etwas verlangen, was ihm zu fordern nicht aufgetragen ist.

§. 63.

c. Erhebung derselben.

1. Gemeiniglich rechnet man dem Lande die Natural-Lieferungen ab, und vermindert darnach die Auflage der General-Repartition, damit die Last gleich vertheilt bleibt.

2. Unter Natural-Lieferungen versteht man übrigens, wenn es die Armee nöthig hat, auch Tuch, Wagen, Gewehre, Kanonen und überhaupt alle Arten der fehlenden, und vom Lande zu liefernden Krieges-Bedürfnisse.

3. Es gehört dieses Geschäft dem Intendanten der Armee. Die Kenntniß des Landes ist ihm äußerst nöthig, um die verschiedenen Gegenden des feindlichen Landes nur nach der Art ihres Vermögens zu brandschatzen. Zugleich erfordert es die Billigkeit des Generals, die Vertheilungen in feindlichen Ländern mit eben der Ordnung, wie in eigenen vollführen zu lassen.

4. Wenn man aber nicht Zeit hat, die Brandschatzung ordnungsmäßig einzutreiben, so müssen anstatt derselben andere kostbare Sachen, als: Silberzeug und dergleichen oder auch Wagen und Pferde, ja selbst Geißeln mitgenommen werden.

5. Weiß man, daß sich der Krieg in diese Gegend wenden wird, so muß man alles Zugvieh wegnehmen, wodurch

durch der Feind alsdann in sehr große Verlegenheit versetzt werden kann.

§. 64.

Fortsetzung.

6. Die Korn-Auflage geschieht nur in einem Lande, das eine ruhige Erndte gehabt hat, und in Gestalt einer Erkenntlichkeit für die gute Mannszucht, die ihm diese Ruhe verschafte. Man füllt damit die Magazine der festen Plätze an. Die Eintreibung der Fourage geschieht nur in Ländern, die solche hervorbringen oder doch herbeyschaffen können.

7. Man muß aber die Magazine frühzeitig, und wenn die Fuhren bequem sind, errichten, nur müssen sie nicht zu nahe an die Wohnhäuser gelegt werden, um Feuersbrunst zu verhüten.

8. Fleisch fordert man nur im Nothfalle, und auch alsdann hält man sich nur an das Vieh desjenigen Landes, wo man nicht überwintern will, weil es hier die Einwohner leicht wieder ersetzen können, und man in den Winterquartieren allen Mangel zu verhindern suchen muß.

9. Man muß dieß auch unter dem Vorwande einer strengen Mannszucht fordern, weil es würklich schwer ist dieselbe zu erhalten; wenn der Soldat kein Fleisch hat, wenn die Unterstützungen für die Armee entfernt sind, so fordert man Brod für die Soldaten.

10. Ist man diesem Mangel in einem neutralen Lande ausgesetzt, so bittet man dasselbe um eine Anzahl Brodte, jedes zu zwey Pfunden für baare Bezahlung.

11. Man fordert auch Transport zu Lande und zu Wasser für die Krieges- und Mundprovision, für Kranke und Verwundete, und für die erforderlichen Materialien.

12. Diese Auflage muß wohl eingerichtet seyn, um die Bauern und ihre Pferde nicht zu stark anzugreifen, oder sie gar vor Hunger und Elend umkommen zu lassen, wenn man sie außer der Zeit braucht.

§. 65.

Fortsetzung.

13. Man macht Holzauflagen zu Palisaden oder zu andern Arbeiten, und zum Brennholze. Das Detail von dem Empfange dieser und der Fourage-Lieferung, muß rechtschaffnen Leuten anvertraut werden, weil eben dabey die stärksten Ränke und Bübereyen vorgehen, vor denen die Menschlichkeit erröthen muß.

14. Man nöthigt auch wohl das besetzte Land, Schanzgräber herzugeben, wenn man Verschanzungen zu bauen, Wege zu bessern oder Transcheen auszufüllen hat. Diese müssen dann unter Aufsicht wachsamer und unbestechlicher Unterofficiere arbeiten.

15. Die Geld-Auflagen müssen so weit ausgedehnt werden als möglich ist. Man macht sie auf zweyerley Art: in Güte auf das eroberte Land, was an den festen Plätzen oder an dem künftigen Winteraufenthalte liegt. Mit Gewalt, wenn die Armee vorgerückt ist, entweder vermittelst starker Detaschements, die eigentlich dazu abgeschickt werden, oder durch einige kleine Partheyen, die einige ansehnliche Leute des Landes aufheben, welche man dann so lange in Verhaft behält, bis das Geforderte geliefert ist.

16. Oft ist man genöthigt mit Feuer zu drohn; oft auch wirklich gezwungen die Drohung zu erfüllen. Dann muß man aber ein abgelegenes Haus dazu wählen, um den andern vorher Furcht einzujagen.

17. Selten geht man so weit, da jetziger Zeit nicht mehr auf eine so barbarische Art Krieg geführt wird. Muß es indessen geschehen, so wählt man irgend ein elendes Dörfchen dazu, mehr um Schrecken zu verbreiten als zu schaden.

F. Anordnung zur Erhaltung der Ordnung und der Sitten.

§. 66.

a. Eintheilung der Armee zur ordnungsmäßigen Justizpflege.

1. Damit man eine Armee besser übersehen und so wohl zum militairischen Gebrauche, als auch zur Ausführung einer ordnungsmäßigen Oekonomie gehörig regieren könne, ist

ist es nothwendig, daß man sie zur Erreichung dieser beyden Zwecke in gewisse kleinere Haufen eintheile.

2. Die Größe, Einrichtung und besondere Zusammensetzung dieser Haufen zum militairischen Gebrauche, bestimmt die reine Tactik.

3. Bey der ökonomischen Einrichtung, hängt dieß aber vorzüglich von den nöthigen Bedürfnissen der Menschen überhaupt, und der Soldaten ins Besondere, bey ihren zu verrichtenden Geschäften, und einer ordnungsmäßigen bürgerlichen Regierung ab.

4. Soll also ein Truppen-Corps außer der guten Zusammensetzung des Ganzen bey einem Gefechte, eine vortheilhafte Einrichtung besitzen, welche es in den Stand setzt, die vortheilhafte Anordnung augenblicklich und zu jeder Zeit gegen den Feind anzuwenden und würksam zu machen, so ist es am besten, daß man die gänzliche Aufsicht über eine nicht zu große Anzahl Krieger sowohl im ökonomischen als Justizsache einem erprobten und rechtschaffenen Manne übertrage, doch mit der Einschränkung, daß er verbunden ist, alles was Einfluß auf das Ganze haben kann, seinem militairischen Obern zu melden.

5. Aber doch muß ein solcher Mann in der Führung seines sehr schweren Amtes noch Unterstützer haben, durch deren genauere Aufsicht, der Chef eine Kenntniß des Ganzen und aller seiner Theile erlangen kann.

6. Dieserhalb sind einem solchen Chef, Leute beygegeben, deren einige sich nur blos mit der militairischen Einrichtung des Dienstes und der genauen Zergliederung aller, mit den Truppen vorgenommenen oder eingetretenen Veränderungen und Vorfälle beschäftigen.

7. Andere, welche sich aber nur mit dem Rechnungsführen und der genauen Besorgung, der für den Gebrauch der Truppen unentbehrlichen Bedürfnisse, und endlich solche, die sich nur allein mit der Führung, Ausübung der Justiz, mit der Religionsermunterung, oder der Heilung und Kur der Kranken und Verwundeten, abgeben.

8. Ein

8. Ein solches zur gemeinschaftlichen ökonomischen Regierung vereinigtes Corps, nennt man ein Regiment, und da die Theile eines solchen Regimentes durch die militairische Eintheilung in Bataillons und Brigaden, leicht von einander getrennt werden, so siehet man schon hieraus den großen Vortheil der Vereinigung beyder Abtheilungen zur Führung der ökonomischen Regierung, welche nur durch ihre gute Einrichtung, der militairschen, Kraft und Würkung geben kann.

9. Da denn die militairische Eintheilung, Brigaden von 2000 bis 3000 Mann; Bataillons von 500 bis 800 Mann; Divisions von 100 bis 200 Mann; Pelotons oder Züge von 30 bis 50 Mann; Sections von 12 bis 18 Mann bey der Infanterie, bey der Cavallerie eben diese Abtheilungen, aber von geringerm Inhalte erfodert.

10. Die ökonomische Eintheilung erheischt aber Regimenter, höchstens von 3000 Mann; Unterabtheilungen von höchstens 1000 Mann; Compagnien von höchstens 200 Mann, die man als große Familien betrachten kann, deren Vorstehern die Führung des eigenlichen Details aller dieser Leute übertragen ist, und welche ihren Oberbefehlshabern für die gute Führung desselben haften müssen; und Corporalschaften von höchstens 20 Mann bedarf; so ist es nach meiner Meinung sehr vortheilhaft, die Eintheilungen zu beyden Zwecken auf folgende Art zu vereinigen.

11. Ein jedes Regiment macht eine Brigade für sich aus, und besteht daher wenigstens aus 3 Bataillonen, welche zugleich die großen Unterabtheilungen des Regimentes geben, und von denen jede wenigstens 700 Mann beträgt.

12. Jedes Bataillon besteht aus einer gewissen Anzahl, am besten aus 4 Compagnien, deren jede eine Division ausmacht, und wenigstens 160 Mann beträgt.

13. Jede Compagnie besteht aus einer gewissen Zahl Zügen oder Pelotons, jedes Peloton aus einer

ner gewissen Anzahl Sectionen oder Corporalschaften.

14. Alle Corporalschaften oder Sectionen, alle Pelotons oder Züge, alle Divisionen oder Compagnien, alle Bataillone und alle Brigaden oder Regimenter sind sich also gleich, und man kann das Heer bis auf seine kleinsten Theile, nach mehreren Zahlen zerlegen, wenn man die Eintheilungen nach der Reihe von 2, 4, 8, 16 u. s. w. formirt.

§. 67.

b. Erfoderliche Personen und Einrichtungen, zur Erhaltung der Ordnung und Justitz.

1. Zur Besorgung aller Dienstaffairen, und der genauen Notierung aller Vorfälle, werden die Adjudanten der den großen Abtheilungen vorgesetzten Chefs gebraucht, und ihnen in diesen Geschäften die Majors zur Aufsicht gegeben.

2. Zur bessern Kenntniß und zur Ausübung der Rechte, stellt man bey jedem Regimente einen Rechtsverständigen an, welcher den Namen Auditeur führt, und der in den Kriegesrechten, den dasselbe ausmachenden Individuen, die Streitfrage auseinander setzt, das nach den Rechten darauf folgende Urtheil vorlegt und es nach dem Ausspruche des Kriegesgerichtes den vor demselben stehenden Personen anzeigt.

3. Damit selbst der Feldherr seinen Ausspruch in großen entscheidenden Angelegenheiten, den Rechten gemäß einzurichten im Stande sey, so wird ihm ebenfalls ein solcher Rechtsverständiger beygegeben, welcher General-Auditeur heißt, und den Rang über alle andere Auditeure hat.

4. Ueberdieß befindet sich im Haupt-Quartiere, das heißt: im jedesmaligen Aufenthalte des commandirenden Feldherrn, noch ein besonderer Generalstaabs-Auditeur,

diteur, welcher zwar mehr als ein gewöhnlicher Regiments-Auditeur, aber nicht so viel als der General-Auditeur ist, und dem die Schlichtung der Sachen aufgetragen wird, welche im Haupt-Quartiere und unter den Personen des Generalstaabes sich ereignen. Dieser Staabs-Auditeur hat auch wohl außerdem noch seinen besondern Gerichtsschreiber.

5. Bey einer jeden Regimentsgerichtsbarkeit, sind überdieß noch ein Gewaltiger und ein sogenannter Stekkenknecht nöthig, deren Geschäft die Bewachung der Gefangenen ist, oder welche eigentlich die zur Ausführung der erkannten Strafen nöthigen Handlanger sind.

6. Zur noch genauern Ausführung der bekannten Ordnungsbefehle und der bessern Ausübung der Policey im Großen, wird bey der Armee ein Staabs-Officier zu dieser besondern Verpflichtung angestellt, und der Generalgewaltiger genannt.

7. Er hat einige Untergebene als: Polizeylieutenants und einige Freymänner unter seinen Befehlen, und besitzt die Vollmacht, im Falle es der Feldherr befohlen hat, sogleich die auf jede Art Unordnung erkannte und öffentlich publicirte Strafe, auf der Stelle an dem Uebertreter vollstrecken zu lassen. Sowohl der Generalgewaltiger, als die ihm untergebenen Leute, müssen aus leicht zu ersehenden Gründen beritten seyn.

§. 68.

Fortsetzung.

8. Damit der Feldherr im Stande sey, in seinem Namen sogleich alle die Schriften ausfertigen zu lassen, welche wegen Capitulationen, Cartellen, Waffenstillestånden, überhaupt wegen irgend einer Sache, die mit dem allgemeinen Kriegs- und Völkerrechte in Verbindung steht, abzufassen, so erhält er noch eine gewisse Anzahl Schreiber zu dieser Besorgung, welche zusammen genommen, die

einem

einem jeden Feldherrn nöthige Kriegskanzley ausmachen.

9. Zur Erhaltung der Religion, überhaupt zur Ermunterung zu allen dem Krieger nöthigen und doch so schweren Pflichten, stellt man auch bey einem jeden Regimente einen Geistlichen als Feldprediger an, untergiebt ihn aber nicht der Gerichtsbarkeit des Regiments-Chefs, sondern eines Feldprobstes, (welcher bey der Armee noch besonders angestellt wird, und sich immer im Hauptquartier befindet,) und der Gerichtsbarkeit eines dazu zu errichtenden geistlichen-Gerichts.

10. Da der Prediger unser moralischer Lehrer seyn soll, so müssen wir ihn billig auch nur blos der Gerichtsbarkeit seines eignen Standes unterwerfen.

11. Um die ökonomische Einrichtung besser in Ordnung zu erhalten, wird dieses Fach einem dazu angestellten Manne aufgetragen, der alle dabey vorfallende Rechnungen besorgen muß, und blos an den Chef des Regiments angewiesen ist.

12. Bey einem jeden Regimente befindet sich ein solcher Mann, welcher Regiments-Quartiermeister heißt, und sich so wie der Chef zur bessern Ausfertigung der beym Regiment abzufassenden Schriften, des bey jedem Regimente angestellten Schreibers oder sogenannten Musterschreibers, bedienen kann.

13. Um dieselben Absichten im Hauptquartiere bey den Personen des Generalstaabes zu erlangen, wird nun auch noch ein besonderer Staabsquartiermeister und Generalstaabs-Musterschreiber bey demselben angestellt.

14. Man muß hier noch bemerken, daß sowohl die Geistlichen bey einer Armee, als auch die Auditeure, und Quartiermeister als Officiere betrachtet werden, und außer ihren Reitpferden, also auch nach ihrem Range mehr oder weniger Packpferde und Knechte erhalten.

15. Die bey einzelnen Regimentern in diesen Aemtern angestellten Männer, kann man als Subaltern-Officiere ansehen. Die aber, welche im Hauptquartiere und beym Feldherrn diese Geschäfte versehen, und theils die Obern der andern ihres Standes und Amtes sind, muß man höher und beynahe als Staabsofficiere betrachten.

16. Diese, bey den Regimentern angestellten, nicht streitenden, und zur Aufrechthaltung der Sittlichkeit, Ordnung, Polizey und Oekonomie nöthigen Leute, sind der Feldprediger, der Auditeur, Regimentsquartiermeister, Musterschreiber, Profoß und Steckenknecht, und machen mit Einschluß des Regiments-Chirurgus und Regiments-Tambours, das aus, was man gewöhnlich den Unterstaab des Regimentes nennt. Den Oberstaab hingegen, bilden der Chef und die Staabsofficiere desselben.

17. Eine bessere Eintheilung des Staabes ist aber, wenn man die Staabs-Officiere den Ober-, den Feldprediger, Auditeur, Adjudant, Regimentsquartiermeister und den Regiments- und Bataillons-Chirurgus den Mittel-, die Compagnie-Chirurgi, den Musterschreiber, Regiments-Tambour, Profoß, Wagenmeister, die Hautboisten, und den Steckenknecht den Unterstaab nennt.

G. Mittel zur schnellen Befehlüberbringung.

§. 69.

1. Damit der Feldherr, so wie die andern Oberbefehlshaber ihren ihnen untergebenen Officieren, die nöthigen Befehle auf die möglich schnellste Art mittheilen können, so hat man mehrere Erfindungen gemacht, die noch außer gewissen, zur Befehlüberbringung, bestimmten Leuten gebraucht werden.

2. Die vorzüglichsten Befehlüberbringer der wichtigen Orders der Befehlshaber, sind ihre Adjudanten, die ihnen zugegebenen Ordonanzen, und die Guides zu Pferde.

Für

Für die Weiterbringung der gewöhnlichen Befehle vom Hauptcorps zu den verschiedenen Detaschements, wird aber eine besondere Anstalt erfordert, die man Feldpostamt nennt.

3. Zu einem solchen Feldpostamte wird bey einer schon etwas ansehnlichen Armee, ein Oberpostmeister, einige Postmeister für die großen detaschirten Corps, eine gehörige Zahl Postschreiber oder Postsecretairs, und mehrere reitende Bothen oder Postillons mit einer hinreichenden Anzahl stets bereit stehender Pferde zur schleunigen Abwechselung erfordert.

4. Die Geschäfte bey diesem Feldpostamte sind denen völlig ähnlich, wie sie in dem Landespostamte betrieben werden. Der Oberpostmeister bleibt mit einem Postmeister, einen oder zweyen Secretairen und 3 bis 6 Postillons stets im Hauptquartier, um die Befehle des Feldherrn sogleich an die Postmeister zu befördern, die den detaschirten Corps mitgegeben sind.

5. Wenn das Postamt besondere Befehle empfangen soll, so geschieht dieß vom Generalquartiermeister, an welchen derjenige, welcher die Postgeschäfte beym Corps versieht, den Rapport giebt und unter dessen besonderm Befehle er steht. Der Quartiermeister muß also auch stets für die schnelle Brauchbarkeit des Postamtes mit Sorge tragen; und ihm die gehörigen Gebäude zur Expedierung und Quartiere der Postbedienten, so wie Stallung zu den immer fertig stehenden Kourierpferden, im Hauptquartiere anweisen.

6. Wenn das Feldpostamt bey einer schnellen und häufigen Verschickung der Kouriere nicht Leute und Pferde genug hat, so requirirt es die Hülfe der Landespostämter, so daß auf keinen Fall der Gang und die Sicherheit der Versendung gehemmt wird. Ist es im feindlichen Lande, so können im höchsten Nothfall wohl die Postpferde in Beschlag genommen, aber nie die Postillons desselben selbst gebraucht werden, da man sich auf ihre Treue nicht im Geringsten verlassen darf.

7. Im eigenen Lande muß diese Maaßregel doch so lange als möglich vermieden werden, denn durch die Hemmung der Posten zum Gebrauch der Einwohner, stockt das Commerz, und der Schaden ist also am Ende der Staatskasse.

8. Eine außerordentlich vortheilhafte, jedoch immer noch etwas kostbare Erfindung zur schnellen Befehlüberbringung, ist die des Telegraphens, oder der Maschiene, vermittelst welcher man in kurzer Zeit, durch von Weite zu Weite wiederholte Zeichen, in einer großen Distanz eine Ordre oder Nachricht fortpflanzen kann. — Die ganze Kunst besteht also gewissermaaßen in der Signalisirung gewisser Nachrichten, durch die möglichst einfachsten Zeichen.

9. Da man nun auf keine Weise eine Nachricht auf eine große Distanz schneller fortpflanzen kann, als durch Signale, und in vielen Fällen die schnelle Benachrichtigung von einer gewissen Sache, entscheidend seyn kann, so ist es eigentlich von der größten Wichtigkeit, zwischen den Corps einer Armee, an sichern und erhabenen Orten, gute Telegraphen anzuordnen.

Vierter Abschnitt.

Von dem Etat der Armee, ihrer Regierung und den Beobachtungen eines jeden zur Erhaltung der Ordnung.

I. Bestand der Armee.

A. Etat der Abtheilungen einer ganzen Armee.

§. 70.

a. Bestand der Infanterie- und Cavallerie-Corps.

Hier folgt nun der Etat einer ganzen Armee; ihre Regierungsart wollen wir nachher aus einander setzen.

1. Die Armee besteht aus 4 Divisionen. Eine Division besteht aus 2 Brigaden schwerer und 2 Brigaden leichter Reiter; aus 4 Brigaden Feld-Infanterie; aus 1 Brigade leichter Infanterie; 1 Batterie reitender Artillerie, 2 Batterien 12pfünder und 2 Batterien 6pfünder, außer dem zu diesem Corps gehörigen Generalstaabe. Eine Brigade Infanterie oder Cavallerie macht zugleich ein Regiment aus.

2. Ein Infanterie-Regiment besteht aus 3 Bataillonen und diese haben:

3 Commandeurs	6 Reit-	12 Packpferde	9 Knechte.
3 Majors	6 =	6 =	6 =
3 Adjudanten	3 =	3 =	3 =
1 Feldprediger	1 =	1 =	1 =
1 Auditeur	1 =	1 =	1 =
1 Reg. Quart. Meister	1 =	1 =	1 =

1 Reg. Chirurgus	1 Reit=	2 Packpferde	1 Knechte.
1 Reg. Tambour	— =	— =	— =
2 Bataillonstamb.	— =	— =	— =
6 Hautboisten	— =	— =	— =
1 Profoß	— =	— =	— =
12 Capitains	12 =	48 =	30 =
36 Subalternen.	36 =	36 =	36 =
12 Comp. Chirurgi	— =	— =	— =
6 Art. Unterofficiere	— =	— =	— =
144 Inf. Unteroff.	— =	— =	— =
48 Canoniere	— =	— =	— =
48 Zimmerleute	— =	— =	— =
120 Schützen	— =	— =	— =
1800 Gemeine	— =	— =	— =
36 Tambours	— =	— =	— =
1 Büchsenschäfter	— =	— =	— =
1 Wagenmeister	1 =	— =	— =
1 Reg. Marquetender	1 =	4 =	2 =
12 Comp. —	— =	— =	— =
2300 Personen; hierzu	69 Reit=	114 Packpf.	90 Knechte.
15 Brodwagen	60 Zug=	— =	30 =
6. 3pfünd. Kanonen	24 =	— =	— =
6 Munit. Wagen	24 =	— =	12 =
Jede Compagnie zu Zelten und Kesseln 7 Pferde also		84 Packpf.	42 Knechte
Jedes Bataillon zum Feld= und Brandwachen=Zelte 1 Pferd		3 =	2 =

3. Ein ganzes Infanterie=Regiment oder eine Brigade besteht demnach aus 2300 Personen und erhält 188 Knechte nebst 378 Pferden.

4. Ein Cavallerie=Regiment besteht aus 5 Esquadronen und hat:

5 Staabs=Officiere	30 Pferde	15 Knechte
2 Adjudanten	6 =	2 =
1 Feldprediger	3 =	1 =

1 Au-

1 Auditeur	3 Pferde	1 Knechte.
1 Reg. Chirurgus	3 =	1 =
1 Oberschmidt	1 =	— =
1 Staabstrompeter	1 =	— =
1 Wagenmeister	1 =	— =
1 Profoß	1 =	— =
1 Reg. Marquetender	5 =	2 =
10 Rittmeister	60 =	— =
30 Subalternen	90 =	30 =
5 Esquadron = Chirurgi	5 =	— =
5 — Schmiede	5 =	— =
10 — Trompeter	10 =	— =
60 Unterofficiere	60 =	— =
800 Gemeine	800 =	— =
935 Personen	1084 Pferde	82 Knechte
7 Brodwagen	28 Pferde	14 =

5. Das ganze Regiment erhält also 96 Knechte und 1112 Pferde.

6. So wohl die schweren als leichten Reiter = Regimenter sind so, und eine Brigade oder ein Regiment leichter Infanterie eben wie eine Brigade Feldinfanterie eingerichtet, nur daß sie keine Kanonen und keine Zelt = Pferde haben.

7. Es gehen also 135 Pferde und 68 Knechte von 378 Pferden und 188 Knechten ab. Daher erhält eine Brigade leichter Infanterie nur 243 Pferde und 122 Knechte.

§. 71.

b. Bestand der Artillerie = Corps.

1. Zu einer Batterie 12pfünder gehören:

1 Staabsofficier	6 Pferde	3 Knechte
1 Kapitain	5 =	2 =
2 Subalternen	4 =	2 =

1 Zeugschreiber	1	Pferd	—	Knechte.
1 Chirurgus	—	=	—	=
1 Wagenmeister	1	=	—	=
2 Schirrmeister	2	=	—	=
8 Unterofficiere	—	=	—	=
1 Schmidt	—	=	—	=
1 Wagenbauer	—	=	—	=
1 Sattler	—	=	—	=
1 Tambour	—	=	—	=
96 Gemeine	—	=	—	=
1 Marquetender	—	=	—	=
118 Personen.				
2 — 25pfünd. Haubitzen	24	=	8	=
6 — 12pfünd. Kanonen	72	=	24	=
1 Reserve = Laffete mit 2 Rädern beladen	6	=	2	=
6 Haubitz = Munitions= Wagen	24	=	12	=
18 Kanonen — —	72	=	36	=
1 Wagen mit Schanzzeuge	4	=	2	=
1 — — Laboratorium	4	=	2	=
1 — — Wagenschmier und andern Sachen	4	=	2	=
15 Wagen mit 10000 Flinten=Patronen und Flintensteinen	60	=	30	=
1 Feldschmiede	4	=	2	=
1 Kohlen = und Eisen= Wagen	4	=	2	=
1 Wagen zu glühendem Kugel = Geräthe	4	=	2	=
2 Brodwagen	8	=	4	=
Zelt = und Kessel = Pferde	10	=	5	=
2 Fourage = Wagen	8	=	4	=
58 Fuhrwerke	327	Pferde	144	Knechte

Ueber=

Ueberzählige	10 Pferde	6 Knechte.
also in Summa	337 Pferde und	150 Knechte.

2. Eine Batterie 6pfünder hat:

	Pferde	Knechte
1 Capitain	5 Pferde	2 Knechte
2 Subalternen	4 =	2 =
1 Zeugschreiber	1 =	— =
1 Wagenmeister	1 =	— =
2 Schirrmeister	2 =	— =
8 Unterofficiere	— =	— =
1 Schmidt	— =	— =
1 Wagenbauer	— =	— =
1 Sattler	— =	— =
1 Tambour	— =	— =
64 Gemeine	— =	— =
1 Chirurgus	— =	— =
1 Marquetender	— =	— =
85 Personen.		
2 — 7pfündige Haubitzen	8 =	4 =
6 — 6pfündige Kanonen	24 =	12 =
1 Reserve-Laffete	4 =	2 =
4 Munitionswagen für die Haubitzen	16 =	8 =
6 — — Kanonen	24 =	12 =
1 Wagen mit Schanzzeuge	4 =	2 =
1 — zum Laboratorium	4 =	2 =
1 — zu Wagenschmier und andern Sachen	4 =	2 =
15 — mit 10000 Flinten-Patronen und Feuersteinen	60 =	30 =
1 — zum Brodte	4 =	2 =
Zu Zelten und Kesseln	8 =	4 =
Ueberzählige	10 =	5 =
38 Fuhrwerke	183 Pferde	89 Knechte.

3. Eine reitende Batterie hat:

		Pferde	Knechte
1	Capitain	6 Pferde	3 Knechte.
2	Subalternen	6 =	2 =
1	Zeugschreiber	1 =	— =
1	Wagenmeister	1 =	— =
2	Schirrmeister	2 =	— =
1	Chirurgus	1 =	— =
8	Unterofficiere	8 =	— =
1	Schmidt	1 =	— =
1	Wagenbauer	1 =	— =
1	Sattler	1 =	— =
64	Gemeine	64 =	— =
83	Personen.		
2	— 7pfündig Haubitzen	12 =	4 =
6	— 6pfündige Kanonen	36 =	2 =
1	Reserve = Laffete	6 =	2 =
4	Haubitz = Munitionswagen	16 =	8 =
6	Kanonen	24 =	12 =
1	Wagen zu Wagenschmier und andern Sachen	4 =	2 =
1	— zum Laboratorium	4 =	2 =
1	— — Brodte	4 =	2 =
	Zu Zelten und Kesseln	8 =	4 =
	Uebelzählige	10 =	5 =
22	Fuhrwerke	216 Pferde.	58 Knechte.

§. 72.

c. Stärke der Armee selbst.

1. Die Armee besteht nun aus 4 Divisionen, jede Division aus:

2	Brigaden schwerer Reiter		1870 M.	192 Kn.	2224 Pf.
2	—	leichter	1870 =	192 =	2224 =

4 Bri=

4	Brigaden Feldinfanterie	9200 M.	752 Kn.	1512 Pf.
1	— leichter	2300 =	122 =	243 =
2	Batterien 12 Pfünder	236 =	300 =	674 =
2	— 6 pfünder	170 =	178 =	366 =
1	Brigade reitender Artillerie	83 =	58 =	216 =
	Summa der Divisionen	15729 M.	1794 Kn.	7459 Pf.

2. Die Armee besteht daher aus:

8	Brigaden schwerer Reiter	7480 M.	768 Kn.	8896 Pf.
8	— leichter	7480 =	768 =	8896 =
16	Brigaden Feldinfanterie	36800 =	3008 =	6048 =
4	— leichter	9200 =	488 =	972 =
8	Batterien 12pfünder	944 =	1200 =	2696 =
8	— 6pfünder	680 =	712 =	1464 =
4	Brigaden reitender Artillerie	332 =	232 =	864 =
	Summa der Armee	62916 M.	7176 Kn.	29836 Pf.

B. Stärke und Einrichtung des Generalstaabs.

§. 73.

a. Generalität.

Zu dieser Armee gehört nun folgender Generalstaab.

I. Generalität.

1	Feldmarschall	60 Pferde.	30 Knechte.
2	Generale der Infanterie	80 =	40 =
2	— — Cavallerie	80 =	40 =
1	— — Artillerie	40 =	20 =
4	— Lieut. der Infant.	120 =	60 =
4	— — der Cavall.	120 =	60 =
2	— — der Artillerie	60 =	30 =

16 General Maj. der Infant.	320	Pferde	160 Knechte.
16 — — der Cavall.	320	=	160 =
4 — — der Artillerie	80	=	40 =
52 Generale	1280	Pferde.	640 Knechte.

2. Adjudantur.

2 Obersten als General-Adjudanten	24	=	12 =
8 — Lieut. General-flügeladjudanten	80	=	40 =
20 Maj. als Adjud. der Generale	160	=	80 =
20 Capitains -- der Gen. Lieut.	120	=	60 =
36 Lieut. — der Gener. Major	144	=	72 =
86 Adjudanten.	528	Pferde.	264 Knechte.
138 Personen.	1808	Pferde.	904 Knechte.

§. 74.

b. Generalquartiermeister-Staab.

1. Die Quartiermeister.

1 Generalquartiermeister	30 Pf.	15 Knechte.
1 Generalstaabsquartiermeister	12 =	6 =
1 Oberster	12 =	6 =
1 Obristlieutenant	10 =	5 =
2 Majors	16 =	8 =
8 Capitains	48 =	24 =
24 Lieutenants	96 =	48 =
8 Fouriers	8 =	— =

2. Die

2. Die Ingenieure.

	Pf.		Knechte.	
1 Obristlieutenant der Ingenieurs	10 Pf.		5 Knechte.	
1 Major	8	=	4	=
4 Capitains	24	=	12	=
12 Lieutenants	48	=	24	=
1 Bataillons = Chirurgus	3	=	1	=
4 Compagnie = Chirurgi	—	=	—	=
32 Unterofficiere	—	=	—	=
8 Spielleute	—	=	—	=
40 Zimmerleute	—	=	—	=
400 Pioniers	—	=	—	=
1 Wagenmeister	1	=		=
1 Regimentsquartiermeister	2	=	1	=
1 Feldprediger	2	=	1	=
1 Auditeur	2	=	1	=
1 Profoß	—	=	—	=
Zu Zelten	24	=	12	=

3. Die Wegweiser.

1 Capitain de Guides	6	=	3	=
4 Lieutenants	16	=	8	=
8 Unterofficiere	8	=	—	=
48 reitende Bothen	48	=	—	=

4. Die Pontoniers.

1 Pontonier = Chef	10	=	5	=
1 — Major	8	=	4	=
4 — Capitains	24	=	12	=
12 Pontonier = Lieutenants	48	=	24	=
32 Unterofficiere	—	=	—	=
8 Spielleute	—	=	—	=
1 Zeugschreiber	1	=	—	=
4 Zeugdiener	—	=	—	=
24 Zimmerleute	—	=	—	=

4 Schmie-

	Pf.	Knechte.
4 Schmiede	— Pf.	— Knechte.
4 Wagenbauer	— =	— =
4 Sattler	— =	— =
240 Pontoniers	— =	— =
1 Batt. Chirurgus	3 =	1 =
4 Compagnie = Chirurgi	— =	— =
1 Feldprediger	2 =	1 =
1 Regimentsquartiermeister	2 =	1 =
1 Auditeur	2 =	1 =
1 Wagenmeister	1 =	— =
1 Profoß	— =	— =
60 Pontons	360 =	120 =
12 Reserve = Wagen	72 =	24 =
4 Werkzeug — —	24 =	8 =
8 Wagen mit übrigen Erfordernissen	48 =	16 =
12 Portativ = Brücken	72 =	24 =
2 Feldschmieden	8 =	4 =
2 Wagen dazu	8 =	4 =
Zu Zelten	24 =	12 =
Ueberzählige	10 =	5 =

5. Der Generalquartiermeister = Staab an sich ist demnach, wenn man noch 4 Brigade = Majors nebst 32 Pferden und 16 Knechten dazu gezählt hat, stark:

	50 Pers.	128 Kn.	264 Pf.
Das Ingenieurcorps	508 =	61 =	124 =
Corps de Guides	61 =	11 =	78 =
Pontoniers	349 =	266 =	721 =
Summa	968 Pers.	466 Kn.	1187 Pf.

§. 75.

c. Die dem Generalquartiermeister untergeordneten Aemter.

1. Generalwagenmeister = Amt:

	Pf.	Knechte.
1 Generalwagenmeister oder Major	8 Pf.	4 Knechte.
4 Unter — — Capitaine	24 =	12 =

8 Ober=

8	Oberwagenmeist. oder Lieutenants	24 Pf.	8 Knechte.
1	Ober=Staabswagenmeister	3 =	1 =
4	Staabes=Wagenmeist. Unteroffic.	4 =	— =

18 Personen. 25 Knechte. 63 Pferde.

2. Auditorial=Amt.

1	General=Auditeur	6 Pferde.	3 Knechte.
4	— — Lieutenants	16 =	8 =
1	Staabes — —	2 =	1 =
5	Gerichtsschreiber	5 =	— =
1	Generalgewaltiger	6 =	3 =
4	Oberprofoße	12 =	4 =
1	Oberstaabesprofoß	3 =	1 =
8	Unterprofoße	8 =	— =
8	Freymänner	8 =	— =
1	Feldprobst	6 =	3 =
4	Oberfeldprediger	16 =	8 =

38 Personen. 31 Knechte. 88 Pferde.

3. Feldpost=Amt.

1	Oberpostmeister	6 Pferde	3 Knechte.
4	Postmeister	12 =	6 =
4	Postsecretairs	8 =	4 =
12	Postillions	24 =	4 =

21 Personen. 50 Pferde. 17 Knechte.

§. 76.

d. Unmittelbare Aemter bey dem Heere.

1. Kriegs=Zahlamt und Krieges=Kanzley.

1	Krieges=Zahlmeister	4 Pferde	2 Knechte.
4	Zahlmeister	12 =	4 =
4	Schreiber	4 =	— =
1	Registrator	4 =	2 =

4 Gehei=

4 Geheime Kanzellisten	12 Pferde	4 Knechte.	
4 Schreiber	4 =	— =	
4 Bothen	4 =	— =	
4 Actenwagen	16 =	8 =	
8 Geldwagen	48 =	16 =	
22 Personen 12 Wagen	36 Knechte	108 Pferde.	

2. Lazareth.

1 General=Lazarethdirector	8 Pferde	4 Knechte
1 Adjudant	3 =	1
2 Lazareth=Commandanten	8 =	4 =
8 Inspectoren	24 =	8 =
2 Oberfeldmedici	12 =	6 =
8 Feldärzte	24 =	8 =
2 Oberfeld=Chirurgi	12 =	6 =
8 General=Chirurgi	24 =	8 =
24 Lazareth — —	— =	— =
24 Wärter	— =	— =
6 Apotheker	12 =	6 =
16 Lazareth=Wagen	64 =	32 =

86 Personen 83 Knechte 191 Pferde.

3. Kommissariat.

1 General=Intendant der Armee	30 Pferde	15 Knechte.
2 Adjudanten	12 =	6 =
4 Oberproviant=Commissaire	24 =	12 =
8 Proviant=Commissaire	24 =	8 =
4 Schreiber	4 =	— =
1 General=Capitain d'Armes	20 =	10 =
1 Adjudant	4 =	2 =
4 Oberkrieges=Commissaire	24 =	12 =
8 Krieges=Commissaire	24 =	8 =

4 Schrei=

4 Schreiber	4 Pferde		—	Knechte.
8 Pedelle	—	=	—	=
1 Oberproviant = Director	6	=	3	=
4 Proviant = Directoren	12	=	4	=
4 Wagenmeister	4	=	—	=
24 Schirrmeister	24	=	—	=
8 Schmiede	—	=	—	=
4 Stellmacher	—	=	—	=
4 Sattler	—	=	—	=
4 Feldschmieden	16	=	8	=
4 Wagen dazu	16	=	8	=
4 — mit Werkzeuge und andern Sachen	16	=	8	=
200 Proviant = Wagen	800	=	100	=
Ueberzählige	40	=	20	=
1 Bäckerey = Inspector	6	=	3	=
4 Backmeister	12	=	4	=
24 Ober = Bäcker	—	=	—	=
720 Bäckerknechte	—	=	—	=
32 Maurer	—	=	—	=
32 Zimmerleute	—	=	—	=
4 Tischler	—	=	—	=
1 Wagenmeister	1	=	—	=
4 Schirrmeister	4	=	—	=
60 Backöfen	360	=	120	=
24 Wagen mit Backzelten	96	=	48	=
Ueberzählige	10	=	5	=

Summa des Commissariats	41 Pers.	73 K.	170 Pf.
Proviant = Fuhrwesen	49 =	151 =	934 =
Bäckerey	822 =	180 =	489 =
Summa des Comissariats	912 Pers.	404 K.	1593 Pf.

C. Stärke des ganzen Heers, und Angabe der nöthigen täglichen Lebensmittel.

§. 77.

1. Das ganze Heer beträgt also:

Generalität	138	Pers.	904	Kn.	1808	Pf.
Generalquart. M. St.	968	=	466	=	1187	=
Wagenmeister = Amt.	18	=	25	=	63	=
Auditorial = Amt	38	=	31	=	88	=
Feldpost = Amt	21	=	17	=	50	=
Kriegskanzley	22	=	36	=	108	=
Lazareth	86	=	83	=	191	=
Kommissariat	912	=	404	=	1593	=
G. St.	2203	Personen	1966	Knechte	5088	Pferde
Armee	62916	Mann	7176	=	29836	=
Total	65119	Mann	9142	Knechte	36924	Pferde.

2. Das ganze Heer braucht demnach täglich: 36924 Rationen und 65119 + 9142 = 74261 Portionen. Der ganze Generalstaab der Armee ist nun so eingerichtet, daß, wenn man die Chefs der verschiedenen Departements, aus welchen er besteht, davon nimmt, man den Rest in 4 vollkommen gleiche Theile zerlegen kann, von welchen jeder zu einer der 4 Divisionen gehört, aus denen die Armee besteht.

II. Regierung des Heers und aller seiner Theile.

A. Allgemeine Grundsätze der Heerregierung.

§. 78.

a. Festgesetzte Stellordnung der Armee.

1. Um die Regierung der Armee in allen vorkommenden Fällen, sowohl in Civil = als Militair = Sachen nach der gehörigen Ordnung einrichten zu können, muß man irgend eine besondere Abtheilung aller Theile des Heeres annehmen und diese Einrichtung, als die einmal gesetzmäßige Grundlage

lage aller übrigen Veränderungen, die etwa in der Folge mit dem Heere vorzunehmen nöthig sind, ansehen.

2. Von dieser einmal vom Feldherrn bestimmten Grundeintheilung der Armee, geschiehet die Bekanntmachung an alle Generalofficiers; und da hiernach, wenn sonst nichts zur Abänderung zwingt, den Corps, Brigaden und Bataillons, so wie deren Chefs die Stelle und die Folge angewiesen wird, in welcher sie wider den Feind fechten sollen, so wird diese Grundlage aller Veränderungen und der ordnungsmäßigen Regierung des Heeres, die Schlachtordnung oder die Ordre de Bataille desselben, genannt.

3. Man wird leicht einsehn, daß, da ihre Bestimmung von der Willkühr des Feldherrn abhängt, dieselbe unendlich verschieden seyn kann.

4. Doch sind beynahe wesentlich dabey angenommene Stücke: daß sie aus 2 Treffen und einer Reserve besteht, und die Cavallerie gewöhnlich auf die Flügel; die Artillerie aber dergestalt vor die Front gesetzt wird, daß die schwersten Stücke auf die Flügel kommen; alle leichte Truppen aber noch über diesen hinaus oder hinter denselben sich befinden.

5. Die nähern Gründe dieser gewöhnlich angenommenen Einrichtung werden in der folgenden Abtheilung deutlicher werden.

§. 79.

b. Pflichten eines jeden Gesellschaftsgliedes.

1. Die ganze Regierung einer Armee kann man in folgende Abschnitte zerlegen:

a) Ordnung, in welcher der Militair-Dienst geschieht.

b) Ordnung bey der Verpflegungsart.

c) Ordnung der Justizpflege. Beydes betrift eigentlich nur den besondern Dienst des General-Staabes, und seiner angehängten Corps.

2. Was den ersten Punkt betrift, so ist hier hauptsächlich der Vortheil entscheidend, daß das Heer bis auf seine

seine kleinsten Theile zerlegt werden kann und jeder seine ihn treffende Pflichten, genau kennt. Aus diesem Grunde theilt man die Compagnien in Corporalschaften, deren Chef ein solcher Unterofficier ist.

3. Ein jeder Soldat muß aber mit den Pflichten, wozu ihn sein Stand antreibt, zugleich die der Religion und eines Weltbürgers zu verbinden wissen. Er muß ebenfalls alle die Gesellschaftspflichten leisten, welche von einem jeden Staatsbürger besonders gefordert werden, und die ihm die jedesmalige Einrichtung seiner Landes-Regierung vorschreibt.

4. Hauptsächlich ist der obere Chef eines jeden Corps, so wie alle übrigen Officiere zur möglichsten Ausübung dieser Pflichten verbunden; indem sie die Regierer ihrer Untergebenen sind, und ihr Beyspiel das meiste zur Ausführung ihrer ertheilten Vorschriften bewürken muß.

5. Daher ist es auch das erste Grundgesetz des Militairstandes, daß der Obere in jedem Falle für die Vergehungen des ihm Untergebenen zu stehen hat; es wäre denn, daß derselbe bereits seine Pflicht vollkommen erfüllt hätte, in welchem Falle er von den Fehlern des Untergeordneten keine Rechenschaft zu geben braucht.

§. 80.

c. Nothwendigkeit der Subordination.

1. Die besondern Pflichten aber, welche jede Militairperson der andern zu leisten schuldig ist, vorzüglich die der Untergebenen gegen ihre Vorgesetzten, werden durch die Subordination bestimmt, vermöge welcher jeder den Befehlen desjenigen, der im Range oder in der Ancienität über ihm ist, im Dienst gehorsamen muß.

2. Der Untere muß dem Obern selbst ohne allen Widerspruch gehorchen, wenn er auch schon den ihm ertheilten Befehl nach seinen Begriffen fehlerhaft findet.

3. Selbst

3. Selbst nur Beurtheilung, wie vielmehr Widerspruch wird Verbrechen; auch ist der Untergebene für die genaueste Ausrichtung des ihm ertheilten Befehls verpflichtet, und da ihm der Obere in keinem Falle Rechenschaft schuldig ist, so kann ersterer nur nach vollzogener Ausrichtung der Ordre, den Obern mit Bescheidenheit um Erläuterung bitten; oder betrift es das Wohl des Dienstes oder eine persönliche Ungerechtigkeit, auch Beschwerden führen.

4. Allein sowohl eine Beschwerde als jedes andere Gesuch muß zwar in Person, aber immer nur an den nächsten Obern angebracht, und durch die Stufenleiter der militairischen Grade, vor das entscheidende Gericht kommen. Darum wird auch das Vorbeygehn der Obern strafbar.

5. Derselbe Fall wäre es im Commando, wenn ein Unterer in Gegenwart seines Obern Befehle austheilte, die er nicht von jenem erhalten hat, oder irgend einen Vorgang schlichten wollte, welchen er nicht vorher dem Obern angezeigt hat.

6. Diese Grundregeln der Subordination gelten aber nicht allein nur unter den Mitgliedern einer Truppengattung, oder einer Abtheilung derselben, sondern unter allen Militair-Graden der ganzen, einem Staate dienenden Armee.

§. 81.

d. Befugniß der Vorgesetzten in Rücksicht derselben.

1. Da die Subordination nur zum Nutzen und zur höchst nöthigen Ordnung des Militair-Dienstes abzweckt, so darf der Obere auch nur dann von der ihm ertheilten Gewalt die volle Anwendung machen, wenn der Dienst, oder was damit in Verbindung steht, solches verlangt.

2. Es erhält also niemand durch die Subordination eine unumschränkte Herrschaft über den ihm Untergebenen, und darf diesen nicht knechtisch behandeln.

3. Daher muß auch ein jeder Befehl niemahls mehr als nachdrücklicher Ernst seyn, und der Obere in jedem Gra-

de dem Untern seine Achtung nicht entziehen, sobald derselbe seinen Pflichten nachkommt.

4. Die Bildung einer ganzen Truppen-Abtheilung hångt von ihren Vorgesetzten grösstentheils ab. Der Obere muß also das nachahmungswürdige Beyspiel seiner Untergebenen seyn.

5. Er muß den Officiers hauptsächlich das Gefühl der wahren Ehre beyzubringen suchen, und ihnen dieselbe in der genauen Ausübung aller ihrer Pflichten zeigen; durch Schimpfen oder durch Misbrauch der Strafaustheilung seine Leute nicht gefühllos machen, und sich selbst nicht in einem so kleinlichen Lichte zeigen, in welchem jeder da steht, der seinen Leidenschaften den Zügel schießen läßt.

6. Um dieß noch sicherer zu erhalten, muß sich ein jeder Oberer vor einer zu nahen Vertraulichkeit mit den Untern hüten: da dies jedesmal in Gemeinheit ausartet, und die höchstnöthige Achtung vor der Würde des Obern untergraben muß.

§. 82.

e. Nutzen und Zweck der Rapport-Einrichtung.

1. Damit alle Befehlshaber vom Feldherrn bis zum Unterofficier, die genaue Lage der ihnen anvertrauten Haufen kennen, so sind die sogenannten Rapporte eingeführt.

2. Die Rapporte müssen aber von allem, was im Regimente vorgeht, von den Untern bis zum höchsten Obern abgestattet werden, und eine genaue Erzählung alles desjenigen enthalten, was vorgegangen oder vorgefunden worden ist.

3. Sie werden mündlich und schriftlich abgegeben; jene heißen Meldungen, diese aber im eigentlichsten Verstande Rapporte, und entstehen größtentheils aus den Meldungen und dem Visitiren.

4. Da der Obere sich auf einen jeden Rapport in den weitern Anzeigen gründet, so muß auch jeder für den von ihm abgegangenen Rapport haften.

5. Alle

5. Alle Meldungen und Rapporte müssen daher nach der Ordnung der Subordination an die höhern Chefs gelangen, indem sie erst durch die Hände der niedern Grade gingen.

6. Uebrigens ist ein jeder verpflichtet, alles dasjenige seinem nähesten Vorgesetzten zu melden, was entweder in irgend einem Vorfalle oder Ereignisse auf ihn selbst oder auf seinen Dienst den mindesten Einfluß haben kann.

7. Der Soldat ist daher schuldig, alles dasjenige, was seine Person, und die Zerbrechung oder Abnutzung seiner ihm anvertrauten Armatur- oder Equipage-Stücke betrifft, anzuzeigen.

B. Ordnung zur Erhaltung des Dienstes.

§. 83.

a. Dienst im Regimente.

1. Aufsicht über die Soldaten, und besondere Bekanntmachung der Befehle an solche.

1. Der nächste Aufseher des Soldaten ist der Corporal. Durch öfteres Visitiren der ihm untergebenen Abtheilung, muß er sich von allen häuslichen und militairischen Umständen des Soldaten genau unterrichten und darnach sehen, daß der Soldat auch außer Dienste reinlich und ordentlich gekleidet sey, auch nicht seinem Dienste zuwiderlaufende und seine Montur beschädigende Arbeiten unternehme.

2. Was der Corporal dienstwidriges bey dem Soldaten findet, muß er ohne Aufschub dem Feldwebel, d. h. dem ersten Unterofficier der Compagnie, melden, damit dieser es weiter anzeige.

3. Dieser richtet nun eigentlich den ganzen Dienst der Compagnie ein, und giebt dem Capitaine derselben alle Tage und gleich nach wichtigen Vorfällen, die genaueste Kenntniß des Details der ganzen Compagnie.

 4. Die-

4. Dieserhalb hat der Feldwebel eine Liste der Compagnie, in welcher sich nicht allein die Mannschaft aller Grade, sondern auch die ganze Zahl und Specification der Armatur, der Pferde, Knechte, Wagen und Karren befindet.

5. In diese Liste trägt er nun den Zu- und Abgang aller dieser Artikel gehörig und zu rechter Zeit ein, damit der Capitain zu jeder Zeit den ganzen Bestand der Compagnie daraus ersehn könne.

6. Die besondere Besorgung und Aufsicht über die Armatur- und die verschiedenen Montirungs-Stücke, übergiebt man einem besonders dazu bestimmten Unterofficier, welchen man Capitain d'Armes nennt, und der von diesen Artikeln also eine genaue Rechnung und eine Austheilungs-Liste führen, und sie dem Capitain im Ganzen alle Monate vorlegen muß.

7. Da der Corporal alle Vorfälle seiner Leute und also auch die Kranken meldet, so wird es nach dieser Meldung dem Capitain d'Armes zur besondern Pflicht gemacht, für die gehörige ökonomische Verpflegung der Kranken zu wachen.

8. Da der Capitain auch hiervon die genaueste Nachricht haben muß, so ist es sehr nöthig, daß der Capitain d'Armes eine hierzu dienliche genaue Krankenliste führt.

9. Außer diesen beyden Unterofficieren giebt es noch einen andern bey der Compagnie, welchen man Fourier nennt, nud der alle Rechnungen bey derselben führt, die Austheilung der Quartiere und der Rationen und Portionen hat, und also zur richtigen Besorgung dieses seines Amtes einer genauen Liste aller Theile der ganzen Compagnie bedarf, welche er jedesmal vor dem Empfange der Lebensmittel dem Capitain zur Unterzeichnung vorlegen muß.

§. 84.

§. 84.

2. Dienst der Compagnie-Officiere.

1. Der Compagnie-Officier hat die sämmtlichen Unterofficiers und Soldaten unter sich. Ihm ertheilt der Capitain die Befehle, die in der Compagnie ausgerichtet werden sollen, und wenn er solche den Unterofficiers zur würklichen Ausübung anvertrauet, so sorgt er zugleich dafür, daß sie im vorgeschriebenen Maaße geschehen, und hält diese besonders zu ihrer Schuldigkeit an.

2. Der erste Compagnie-Officier muß indessen besonders darauf achten, daß die Compagnie gut disciplinirt, exercirt und in Ordnung sey. Er muß das fleißige Visitiren der Unterofficiere befehlen, selber nachvisitiren und überhaupt auf die ganze Diensttüchtigkeit derselben achten.

3. Daher ist er es auch vorzüglich, unter dessen besonderer Aufsicht der Feldwebel die verschiedenen Dienste in der Compagnie vertheilt oder commandirt.

4. Er muß zwar die Meldung der Unterofficiere anhören und sie dem Capitaine überbringen, aber sich doch selbst durch eigene Aufmerksamkeit und fleißiges Nachvisitiren, von der Richtigkeit der Rapporte überzeugen, und von dem, was er besonders findet, eigenen Rapport abstatten.

5. Der Zweyte Compagnie-Officier ist hauptsächlich schuldig, für die Ordnung der Armatur- und Montur-Stücke in der ganzen Compagnie zu sorgen.

6. Er muß also die erhaltenen Rapporte an den Capitain überbringen, und außer der Visitation dieser Artikel bey der Mannschaft, auch für die gehörige Anzeige und Pflege der Kranken sorgen.

7. Der Capitain d'Armes ist daher an diesen Officier besonders angewiesen, welchem also die Aufsicht über alle die Artikel anvertraut ist, die von dem Capitain d'Armes in Ordnung zu erhalten sind.

8. Der Capitain gebietet ohne Ausnahme der ganzen Compagnie. Er muß für die ganze Compagnie haften.

Von ihm werden Disciplin, Uebung in den Waffen, Mannszucht und die ganze Lage der Compagnie gefordert.

9. Es stehet ihm daher frey, nicht nur die Geschäfte der Compagnie auf jede Weise in Obacht zu nehmen, sondern auch jeden zu seiner Schuldigkeit anzuhalten; außerdem muß er sich aber von allem selbst unterrichten, die Mannschaft befragen, selbst visitiren und sich so überzeugen, daß alles in der Compagnie nach der Ordnung geschieht.

§. 85.

3. Oberaufsicht eines ganzen Schlachthaufens und Regierung desselben.

1. Die Staabs=Officiers haben die Aufsicht über das ganze Regiment und je zwey und zwey die über ein Bataillon insbesondere, und unter der allgemeinen Aufsicht des Regiments=Chefs, welchem sie also auch für den richtigen Gang des Ganzen mit ihrer Person haften müssen.

2. Von ihnen fordert man die Disciplin des Ganzen und das Verhalten der Capitains, die ihren Befehle in allen Dienstsachen und was damit in Verbindung stehet, unterworfen sind.

3. Besonders haftet aber einem jeden Bataillons=Chef, der ihm zur Unterstützung gegebene Major, für die ganze Diensttüchtigkeit seines Bataillons.

4. Er muß daher allen Fleiß darauf wenden, dasselbe auf jede Weise durch eigene Thätigkeit, durch Ermahnen und Bestrafen zu bessern, und zu dem Ende die Compagnien des Bataillons von Zeit zu Zeit selbst und ungewarnt, in ihren größern und geringern Verhältnissen, nachvisitiren und seinem Bataillons=Chef, von der vorgefundenen Ordnung Rechenschaft geben.

5. Dieser letztere ist dann derjenige, welcher sie von seinem ganzen Bataillon dem Obersten des ganzen Regiments zu ertheilen schuldig ist.

6. Der

6. Der Oberste ist eigentlich derjenige, welcher dem ganzen Regimente Befehle ertheilt, und in allen Angelegenheiten des Regiments von niemanden als vom commandirenden General abhängt.

7. Daher ist auch das Regiments-Gericht die höchste Instanz, und da seinen Befehlen unbedingt in Verwaltung der Justiz, und der ganzen Haushaltung in allen ihren Theilen, Folge zu leisten ist, so muß derselbe auch für die ganze Lage seines Regiments, dem commandirenden Generale haften.

8. Er muß daher auch seinem vorgesetzten General von allem genauen Rapport abstatten, und da von demselben die Befehle einholen, wo die ihm verliehene Gewalt nicht hinreicht zu entscheiden.

9. Betrift es Sachen von Wichtigkeit, die im Regimente abgethan werden sollen, so muß er seine ihm beygegebenen Unterstützer, die Bataillons-Chefs und Majors, mit zu Rathe ziehen; indem auch von diesen im Ganzen die Einrichtung und Sorgfalt fürs Regiment gefordert wird.

10. Diese müssen daher auch dem Obristen auf alle mögliche Weise zur Hand gehen, damit die ergangenen Befehle in den verschiedenen Compagnien der Bataillone, genau ausgerichtet werden.

§. 86.

4. Besorgung der Kranken.

1. In Absicht der Kranken ist zu bemerken, daß der Regiments-Chirurgus schwere Kranke selbst, die Compagnie-Chirurgi aber leichte Kranke kuriren.

2. Der Regiments-Chirurgus muß die schweren Kranken täglich oder so oft es thunlich ist visitiren und die Compagnie-Chirurgi anweisen.

3. Der erstere giebt den Staabs-Officieren täglichen Rapport von schweren Kranken, bemerkt dabey

das dem Kranken nöthige und ob er besonderer Wartung bedarf.

4. Die Compagnie-Chirurgi geben von ihren Kranken dem Regiments-Chirurgus, welcher nachvisitirt, und dem Capitaine Rapport, und müssen den Kranken nach Vorschrift ihres Regiments-Chirurgus die nöthige medicinische Wartung, in allen Theilen genau besorgen.

5. Der Regiments-Chirurgus ist blos dem Obersten subordinirt, und wird von demselben wie ein Compagnie-Officier behandelt.

6. Der Regiments-Chirurgus meldet die Vergehungen der Compagnie-Chirurgi an den Obersten. Letztere aber sind besonders ihren Capitains subordinirt.

7. Die Corporals und Unterofficiers visitiren den Kranken täglich, und der zweyte Compagnie-Officier wöchentlich zweymal. Letzterer muß besonders auf die Kur und Wartung achten.

8. Der Capitain und erste Compagnie-Officier müssen aber deß ungeachtet von Zeit zu Zeit nachvisitiren und sich von der Lage der Kranken selbst überzeugen.

9. Die militairischen Obern haben nun zwar die Aufsicht der ordnungsmäßigen Pflege der Kranken, sie brauchen aber keine Rapporte von der Krankheit und der Wirkung der Medicin selbst abzustatten, da dieß lediglich der besondern Fürsorge und Meldung des Regiments-Chirurgus überlassen ist.

10. Dieser letztere ist es auch daher, von welchem die eigentliche Bestätigung der Dienstfähigkeit des Kranken erwartet werden muß. Daher darf auch kein Capitain ohne dessen Bewilligung, den Kranken wieder zum Dienste anhalten.

11. Uebrigens müssen aber die Officiere durch genaue Aufsicht dafür sorgen, daß der Soldat, hauptsächlich in seiner häuslichen, und auch der im Dienste höchst nöthigen Rein-

Reinlichkeit aufs genaueste visitirt wird, indem man dadurch am besten den Krankheiten vorbeugt.

12. In eben dem Maaße wie hier die Kur, Wartung und das Visitiren der Soldaten, und das Verhalten der Chirurgen bestimmt ist, so wird auch verhältnißmäßig von dem Kurschmiedte und dem Regiments-Pferde-Arzte die Wartung, Kur, Meldung und das Visitiren der kranken Pferde, bey den mit Pferden versehenen Corps, unternommen.

§. 87.

5. Verfertigung der Rapporte; und allgemeine Diensteinrichtung.

1. Damit die ganze Diensteinrichtung der Armee und ihrer Theile, und die Bekanntmachung aller ergangenen Befehle ordnungsmäßig und sicher geschehe, so wird zur Verrichtung aller dieser Geschäfte, eine gewisse bestimmte Zeit des Tages festgesetzt, in welcher alle dienstfreye Ober- und Unterofficiers zum Empfange der Befehle versammelt seyn müssen.

2. Es erfordert aber die Ordnung und militairische Sicherheit, daß dieß zugleich bey der Ablösung der Wachen geschieht.

3. Man hat also die Paradezeit zugleich zur Ausgebung der Befehle und der verschiedenen Dienstbestimmungen festgesetzt. Daher denn auch die Officiers eines jeden Regimentes eine besondere Parade haben, wenn schon der Platz derselben der Platz mehrerer Paraden seyn kann.

4. Allein da noch vor der Parade die Officiers die Lage ihrer untergebenen Heertheile kennen müssen, um darnach vielleicht Befehle zu ertheilen oder zu verändern, so muß alle Abend nach der Retraite, und alle Morgen ein Corporal die Compagnie visitiren und dem Feldwebel davon Rapport geben.

5. Dieser macht nun hieraus den Compagnie-Rapport, und giebt ihn den Compagnie-Officiers und eine Abschrift davon dem Adjudanten.

6. Die Compagnie-Officiere geben ihn dem Capitain, und der Adjudant macht aus den Compagnie-Rapports den Rapport vom ganzen Bataillon, und giebt ihn einmal dem Major, von welchem ihn der Bataillons-Chef erhält; das zweytemal an den Brigade-Adjudanten, welcher den Rapport der Brigade einmal seinem Generale, ein andermal an den Divisions-Adjudanten einreicht.

7. Dieser macht für seinen General nun den Rapport der Division, und schickt denselben auch einmal an den Brigade-Major, welcher daraus den Rapport des ganzen Flügels entwirft, und denselben außer seinem Generale, auch dem General-Adjudanten mittheilt, durch dessen General-Rapport, der Feldherr also alle Morgen, noch vor der Paradezeit, den Zustand der Armee ersieht.

8. Noch geschwinder wird der General-Rapport fertig, wenn die Brigaden gleich eine Abschrift ihres Rapportes, an den General-Adjudanten senden.

9. Den Rapport über die Kranken und die Armaturstücke, empfängt der zweyte Compagnie-Officier besonders von dem Compagnie-Chirurgus und dem Capitaine d'Armes, indem derselbe über beyde Artikel die besondere Aufsicht hat.

10. Dieser Officier giebt nun dem Capitaine in der Zeit, wo ihm der älteste Compagnie-Officier den Rapport der Compagnie abstattet, und wobey alle dienstfreye Unterofficiers gegenwärtig seyn müssen, auch den Rapport von den schadhaften Sachen.

11. Der Capitain sieht diese Liste nach, und schickt sie zur Genehmigung dem Major ein. Uebrigens giebt der Capitain nun seine Befehle, die keiner Genehmigung eines höhern Chefs bedürfen.

12. Ist nun dieser Rapport früh Morgens, oder auch nur vor der Abgebung des General-Rapports, an den Regiments-

giments = Chef bey dem Capitaine geschehen, so müssen sich bey der Parade alle dienstfreye Ober = und Unterofficiers zum Hauptrapporte, bey dem Generale der Brigade einfinden, woselbst die Capitains ihren Majors und durch diese ihren Bataillons = Chefs, von dem Zustande der Compagnien Nachricht geben.

§. 88.

6. Fernere Meldungen und Ausgebung der Parole und übrigen Befehle.

1. Da jezt der Bataillons = Adjudant in Betreff des ganzen Bataillons, dem Chef desselben eben das leisten muß, was der Feldwebel in Absicht der Compagnie dem Capitaine anzuzeigen schuldig ist, und die Feldwebel es sogleich an ihn mit aller Genauigkeit melden müssen, sobald ein besonderer Fall bey ihrer Compagnie eintritt, so ist er ebenfalls verbunden, denselben sogleich durch eine besondere Meldung dem Chef des Bataillons wissen zu lassen, und nicht bis auf die Rapport = Zeit zu warten.

2. Doch müssen alle Meldungen an den Feldherrn, auf dem beschriebenen Wege, durch die Adjudanten gemacht werden, es müßte denn eine sehr wichtige Sache seyn, in welchem Falle derselbe erst nach ihrer unmittelbaren Anzeige die obige Bekannmachung erhält.

3. Alle Monate, gleich nach einer vorgefallenen Action, oder wenn es sonst verlangt wird, müssen die Brigade = Majors einen genauen Rapport außerdem noch einsenden; in welchem nicht allein die Zahl der streitbaren Soldaten angegeben ist, sondern auch alle Kranke, Verwundete, Fehlende, Commandirte, kurz die genaueste Anzeige der Personalien der Soldaten, und eine Specification der kleinsten Vertheilungen aller Divisionen, Brigaden, Bataillons und Compagnien, in allen beym Militaire vorkommenden Gradationen der Chargen.

4. Außerdem muß aber in einem solchen Rapporte, noch der ganze Bestand der Wagen, Pferde, Kanonen,

Karren

Karren und übrigen Requisiten, und die Anzeige der zur Zeit nöthigen Portionen und Rationen angegeben seyn.

5. Unter demselben müssen nun die Brigade-Majors noch alle die Veränderungen anzeigen, welche sich mit allen den Corps ihres Flügels seit dem letzten Rapporte zugetragen haben, und welche sie selbst, wie ganz natürlich ist, so wie die übrigen im Rapporte nöthigen Anzeigen, nach der vorher bemerkten Stufenleiter durch Meldungen und Rapporte der Adjudanten von den Bataillons, Brigaden und Divisionen vorher sich anzeigen lassen.

6. Die Befehle holet der Adjudant eines jeden Bataillons, von dem Brigade-Adjudanten und von seinem Bataillons-Chef ein, und ruft alsdann nach der Parade zu einer bestimmten Zeit alle Feldwebel und dienstfreye Unterofficiers zusammen, dictirt denselben die Befehle und theilt an die Feldwebel das Dienstquantum aus, welches er nach dem Roster aufgesetzt hat.

7. Zugleich giebt er auch die vom Brigade-Adjudanten erhaltene Parole aus, indem er von den Unterofficiers und den Gefreiten der Wachen einen Kreis schließen läßt, und Parole! sagt; auf welches Wort jeder die Honneur macht.

8. Der Adjudant sagt nun dem ersten Feldwebel die Parole, und läßt sie so im Zirkel herum gehen, bis sie wieder an ihn kommt und er dadurch hört, ob sie richtig verstanden sey.

9. Sobald die Feldwebel Befehle und Parole haben, überbringen sie beydes ihren Capitains und Compagnie-Officiers.

10. Wenn ein Oberer die Parole einem Untern giebt, so muß sie dieser gleich wieder zurückgeben, damit er wisse, ob sie richtig sey.

11. So wie nun der Adjudant die Officiers, Unterofficiers und Soldaten in Betreff des Bataillons commandirt, so thut dieß der Feldwebel in Rücksicht der Compagnie; indem er den Corporals die zu commandirende Mannschaft nament-

namentlich angiebt, und diese nun den Leuten, bey oder vor der Visitation des Abends, den Nachmittag, den sie auf morgen treffenden Dienst, anzeigen.

§. 89.

7. Einrichtung in Rücksicht der verschiedenen vorkommenden Dienste.

1. Zur ordnungsmäßigen Einrichtung des Dienstes ist es nöthig, daß bey der Zusammenrückung der Armee und bey jedem neuen Feldzuge, die Adjudanten den Brigade-Majors den genauen Bestand und die Anciennität ihrer Officiere und Bataillone überschicken, damit diese den Roster für die Armee darnach einrichten können.

2. Alle Dienste, wozu aber ein jeder im Regimente verpflichtet ist, werden nach ihrer Dauer und Wichtigkeit in 4 Klassen getheilet, und für jede Nummer dieser Klassen, muß sich in dem Dienst-Roster der Adjudanten und in der Commandier-Rolle der Feldwebel, eine besondere Rubrik finden.

3. Den Dienst-Roster für jedes Bataillon, führt jeder Bataillons-Adjudant unter der Aufsicht des Majors; die Commandier-Rolle der Compagnie führt der Feldwebel, unter Aufsicht des Lieutenants.

4. Die Oberofficiers sind in dem Adjudanten-Roster namentlich, doch in Rücksicht der Compagnie-Officiers so aufgeführt, daß die jüngern ebenmäßig mit den ältern abwechseln. Die übrigen niedern Grade stehen nach den Compagnien, nur summarisch darin.

5. In den Compagnie-Commandierrollen der Feldwebel, sind jedoch alle Mitglieder der Compagnie namentlich aufgeführt, die Gemeinen aber so, daß die alten mit den jungen abwechseln.

6. Die Staabsofficiers und Officiers commandirt also der Adjudant namentlich, indem er es den Staabsofficiers

und

und Capitainen selbst, den Subalternofficiers aber durch ihre Feldwebel anzeigt.

7. Die Unterofficiers und Gemeinen giebt er jedem Feldwebel, in jeder besondern Diensttour, nur summarisch, der alsdann die Leute selbst nach seiner Rolle commandirt.

8. Von den Hautboisten führt der Adjudant einen besondern Roster; von den Chirurgen der Regiments-Chirurgus; von den Tambouren, der Regiments-Tambour unter Anleitung des Adjudanten.

9. Bey Antritt eines jeden Commandos oder Dienstes, läßt der Adjudant es demjenigen Officiere wissen, welcher das nächste Commando in dieser Art thun muß, damit dieser dazu in Bereitschaft seyn könne.

10. Wird aber ein Officier krank, so muß er es sogleich dem Adjudanten wissen lassen, damit dieser davon die weitere Meldung thun könne.

11. Uebrigens ist es keinem Officier erlaubt, seine Diensttour ohne Vorwissen seines Chefs zu vertauschen, oder gar seinen Posten in irgend einem Falle zu verlassen, wenn er nicht eine schriftliche Ordre seines Commandeurs dazu erhält, von einem General oder dessen Adjudanten persönlich abgefordert, oder durch die große Uebermacht der Feinde dazu gezwungen wird.

12. Kein Commandeur irgend einer Wache, oder eines Commandos, darf sich darüber beschweren, wenn er einen von niedrigerm Grade ablösen muß, doch kann er die Meldung von einem Unterofficier annehmen lassen, wenn der Commandeur des alten Commandos kein Officier ist.

13. In Rücksicht der Vorzugsposten bey dem Dienste einer Armee, ist zu beobachten, daß dieß immer die nächsten am Feinde sind, indem man diese als Ehrenposten betrachtet, und dieselben immer den ältern Regimentern, Officiers oder Unterofficiers zu Theil werden.

14. Doch verstehet es sich von selbst, daß der höchste Befehlshaber gewöhnlich seinen ersten Posten bey dem größten Theile seiner Untergebenen zu nehmen hat.

15. Die

15. Die Commandos werden nach ihrer Stärke von höheren oder geringeren Befehlshabern angeführt. Wird aber irgend einem Befehlshaber ein Commando gegeben, welches entweder zu groß oder zu klein für seine Charge ist, so hängt dieß vom Feldherrn ab.

16. Ein auf Commando gehender Oberster kann einen Subalternofficier zur Verrichtung des Adjudanten-Dienstes und seinen Regiments-Chirurgus mit nehmen. Ein Capitain bekommt einen Compagnie-Chirurgus und zwey Tambours; ein Subalternofficier aber nur einen Tambour mit, wenn solche schon nicht mit in dem Dienstdetail begriffen sind.

17. Die Generale und Bataillon-Chefs können in dem Dienste der Officiers Ausnahmen, die Capitains in denen der Unterofficiers, und die Feldwebel in denen der Gemeinen, doch nur bey Anzeige sehr wichtiger Gründe machen. Indessen müssen diese Befehlshaber sobald als möglich ist, den Dienst wieder gleich zu machen suchen.

§. 90.

Fortsetzung.

18. Unter großem Commando werden alle über 24 Stunden dauernde, auswärtige Verrichtungen verstanden, und zwar: alle ausrückende Pickets, alle Feldwachen, Vorposten, Detaschements, Recognoscirungen, Partheyen, Eskorten, Bedeckungen der Fourageurs und Bagage und alle ähnliche mit Gewehr ausgehende Commandos.

19. Unter kleinem Commando werden alle die Touren verstanden, welche zwar auch mit dem Gewehre geschehen, wobey aber nicht leicht Gefahr vom Feinde zu befürchten ist, und die nicht über 24 Stunden dauern.

20. Unter Commando de Fatigue oder kleinen Touren, sind alle diejenigen Commandos verstanden, welche ohne Gewehr geschehen, und blos eine Fatigue erfordern, als: Wasser, Holz und Stroh holen.

21. In der Tour der Generalwachen werden übrigens auch die Magazin- und Artilleriewachen commandirt, weil beyde 48 Stunden dauern.

22. Die Fahnen- Brand- und Wagenwachen stehen bey den Unterofficiers und Soldaten in einer Tour.

23. Das gewöhnliche oder Reservepicket und das ausrückende, stehen in zwey besondern Klassen.

24. Das Reservepicket wird aber zu der Klasse des ausrückenden Pickets gerechnet, wenn es würklich bis über die Feldwachen hinausgerückt gewesen, oder hinter der Armee eine Stunde Weges von ihr entfernt gewesen ist. Einem solchen Picket wird aber, da es vorher Reservepicket gewesen ist, zugleich ein solches Reservepicket gut gethan.

25. Alle Dienste gehen in ihrer Tour von oben an, und werden mit Anfang eines jeden Feldzuges, von vorne an commandirt.

26. Hiervon sind jedoch alle Touren der beyden ersten Klassen ausgenommen, welche immer in der Reihe fortgethan werden.

27. Die Verhör- und Fatigue-Commandos nehmen ihre Tour von unten auf.

28. Wenn zwey Diensttouren zugleich an jemanden stehen, so geht der schwerste Dienst vor, wie solches in der beygefügten Tabelle durch Nummern bezeichnet ist.

29. Wer einmal in einen Dienst eingetreten ist, muß nicht während desselben abgelößt und zu einem andern gezogen werden.

30. Doch bleibt dieß bey Officieren Ausnahme, wenn sie in einem Dienst der 3ten und 4ten Klasse im Regimente stehen. Hiervon können sie nämlich zum Behuf eines höhern Dienstes, als zum großen Commando abgelößt werden.

31. Wer einen Dienst höherer Klasse verrichtet, den gehen die Dienste aller untern Klassen vorbey, und er ist nicht schuldig solche nachzuholen. Wer hingegen einen Dienst unterer Klasse verrichtet, muß die ihn zugleich treffenden Dienste der höhern Klasse nachholen.

32. Eben

32. Eben dieß gilt auch in Rücksicht der verschiedenen Dienste einer Klasse. In der 3ten und 4ten Klasse werden jedoch die gleichtreffenden Dienste dieser selben Klasse, in welcher der stehende Dienst ist, nicht nachgeholt.

33. Alle Commandos werden als nicht gethan angesehen, und in der sonst auf sie fallenden Tour vergütet, wenn sie noch vor Paßirung der Feldwachen abbestellt werden.

34. Außer den Posten, welche die Regiments-Artilleristen bey ihren Kononen zu geben haben, sind sie von allen übrigen Touren frey; desgleichen alle Fourierschützen, außer ihrer speciellen Obliegenheit.

35. Die Adjudanten und Feldwebel müssen übrigens die genauesten Bemerkungen, aller, die verschiedenen Commandos betreffenden Details, aufzeichnen.

36. Daher müssen sie den Datum des Aus- und Einrückens, die Namen der Commandeurs und der übrigen Leute, die Namen und das Datum der Erkrankten, und Reconvalescirten, ihren Abgang und ihre Zurückkunft vom Hospitale in den Commandier-Rollen notiren, damit nur derjenige einen Dienst verrichtet, an dem mit Recht die Reihe steht.

37. Hiernächst muß jeder Adjudant unter der Aufsicht des Majors ein Ordrebuch halten, in welchem die täglichen Parolen, das Feldgeschrey, Ordres und Regiments-Befehle bemerkt sind; und außerdem noch ein Journal, in welchem genau und nach der Wahrheit angezeigt ist, was täglich zwischen dem Bataillon und dem Feinde vorgefallen ist; was es besonders zum Glücke einer Action beygetragen oder was es gelitten hat, und die Namen der sich besonders ausgezeichneten Leute, des Ortes, das Datum, und die Namen, das Alter und die Geburtsörter der Gebliebenen.

38. Alle vom Bataillon detaschirte Commandos, müssen ebenfalls ein solches Buch halten, und dasselbe bey ihrer Zurückkunft dem Major ausliefern, der es nach Vorzeigung an den Chef, dem Regiments-Journale hinzufügt.

39. Dieses wird nachher im Winter, oder zur Zeit der Ruhe von dem Auditeur und einem ihm beygegebenen Unterofficier in Ordnung gebracht und nach Unterschrift der Staabsofficiere in die Regiments-Registratur gelegt.

§. 91.

b. Dienst im Generalstaabe.

1. Ausgebung der Befehle im Hauptquartiere.

1. Jeden Tag werden nur die Befehle ausgegeben, welche eigentlich auf den folgenden Tag ausgeführt werden sollen.

2. Der Feldherr hat an dem Orte, wo er sich befindet, und welchen man, wie schon gesagt, das Hauptquartier nennt, (das in unsern bewohnten Gegenden immer in einem Dorfe ist) von jeder Truppenart einen sogenannten Ordonanz-Officier in der Nähe, welchem die Ueberbringung derjenigen schleunigen Befehle aufgetragen wird, die das Corps betreffen, von welchem er geschickt ist.

3. Außerdem hat aber der Feldherr, so wie auch die unter ihm stehenden Generals, die Adjudanten zur Ueberbringung der schriftlichen und mündlichen Befehle an andere unter ihnen stehende Corps und Personen.

4. Oft wird auch solchen Männern die unmittelbare Aufsicht der Ausführung solcher Befehle selbst aufgetragen; doch nur in dem Fall, wenn sich das Commando einer solchen Sache für ihre Charge paßt.

5. Ist dieß nicht der Fall, so muß doch der höhere Officier die Anordnungen des Adjudanten respectiren, weil dieser im Namen des Feldherrn spricht.

6. Da zur Sicherheit des Heeres immer ein gewisser Theil desselben in völliger Bereitschaft seyn muß, so werden zu dem Commando desselben, immer den Tag vorher, ein General-Lieutenant und zwey General-Majors, zwey Obersten, zwey Oberst-Lieutenants, zwey Majors ohne Unterschied der Waffen dazu bestimmt, und deren Dienst nennt man:

man: den Tag haben. Auf diese kommen nun die Rapports und Meldungen aller Arten von Wachen und Bereitschaften.

7. Und dieses sind, nebst dem Chef der Artillerie, dem Generalquartiermeister, dem Chef der Reserve und dem Chef des Ingenieur-Corps die einzigen Generals-Personen, welche sich, außer den Adjudanten aller Generale, gewöhnlich täglich zu dem commandirenden Generale, in das Hauptquartier verfügen müssen.

§. 92.

Fortsetzung.

8. Der Feldherr selbst giebt nun den Generalen, dem Generalquartiermeister, dem Chef der Ingenieure und der Artillerie und dem ersten General-Adjudanten die Befehle, und diese geben sie auf folgende Art weiter:

9. Die Generale machen sie denen unter ihnen stehenden, den Tag habenden Generalen ihrer Waffen bekannt. Der General-Adjudant giebt sie seinen Cameraden und den Flügeladjudanten und Brigade-Majors. Dann nimmt ein Flügel-Adjudant der Infanterie alle Adjudanten der Generale der Infanterie, und ein Flügel-Adjudant der Cavallerie alle Adjudanten der Cavallerie zusammen, und beyde geben nun die Befehle den Adjudanten ihrer Waffen.

10. Da bey dieser Gelegenheit auch alle Diensttouren ausgemacht werden müssen, so bemerkt der General-Adjudant die Namen der Generals und Staabsofficiers, welche für jede bestimmt sind, den Brigade-Majors, welchen sie von ihrem Flügel es anzuzeigen haben; die Zahl der Capitaine und übrigen Mannschaften, bemerkt er nur jeden im Allgemeinen.

11. Die Brigade-Majors schlagen alsdann die nöthige Zahl wieder zurück auf die Brigaden, wobey die Officiers und Unterofficiers nach dem Register, die Gemeinen aber nach der Repartition commandiret werden.

 12. Daher

12. Daher muß auch das Register wenigstens alle 8 Tage übersehen und corrigirt, und alle 14 Tage oder nach starkem Abgange, alle 8 Tage, die neue Repartition über das gemeine Dienstquantum verfaßt werden.

13. Der General der Artillerie theilt nun in seinem Parke, eben so wie der General der Reserve seine erhaltenen und eigenen Befehle, auf dieselbe Art an die Untergebenen aus, wie es im Hauptquartiere geschehen ist.

14. Eben so geschiehet dieß auch mit den Adjudanten der Bataillons von den Adjudanten ihrer Brigade-Generals. Denn diese reiten nach ihrer Abfertigung im Hauptquartiere, mit den Generals vom Tage nach dem Lager, und theilen hier den Bataillons-Adjudanten, die sie betreffenden Befehle aus.

15. Eben so machen es die 4 General-Majors mit allen Majors ihres Flügels, welche sich zu dieser Zeit versammelt haben müssen.

16. Diese ganze Abfertigung muß so geschwind als möglich geschehen, damit ein jeder die ihn betreffende Ordres früh genug erhält.

17. Die Chefs der Wachen erhalten ihre Ordres vom General-Adjudanten und melden auch an denselben alle wichtige Vorfälle.

§. 93.

2. Dienst der General-Adjudanten.

1. Die Adjudanten eines jeden Generals, oder wenn derselbe nur einen hat, dieser Eine, hätten also folgendes zu beobachten: Sie überbringen ihren Generals die sie betreffenden Befehle, werden mit Befehlen, Rapports und andern Aufträgen abgeschickt, müssen nach der vorgeschriebenen Art, die unter ihnen stehenden Adjudanten abfertigen, und den ihre Corps treffenden Dienst ausmachen.

2. Sie

2. Sie müssen auch den genauen Stand dieser ihren Generalen untergebenen Corps wissen, und von demselben ein richtiges Register führen.

3. Ferner müssen sie alle Diensttabellen, Rapporte, Eingaben, Befehle und alles das, was in ihres Generals Dienst einschlägt, richtig protocolliren, damit dieser sogleich alles was er verlangt, daraus ersehen könne.

4. Uebrigens müssen sie ihren Generals bey allen Vorfällen und feindlichen Angriffen beständig zur Seite seyn, damit sie denselben in allen Dienstsachen bestmöglichst an die Hand gehen können.

5. Die Flügel-Adjudanten werden sämmtlich nach den ersten General-Adjudanten abgefertigt. Zwey von ihnen haben immer den Tag und die Abfertigung der übrigen Adjudanten.

6. Diese zwey müssen beständig zum Verschicken bereit, und bey dem commandirenden Generale im Quartiere seyn. Sobald einer krank oder sonst im Dienste abwesend wäre, so muß sogleich einer seiner Cameraden den Dienst desselben übernehmen.

7. Hat der commandirende General mehrere General-Adjudanten, so hat einer von ihnen beständig den Tag: aber auch die andern müssen das gehörige tägliche Detail der ganzen Armee kennen.

8. Der erste General-Adjudant hat aber hauptsächlich die Führung dieses Details der ganzen Armee zu besorgen, so wie ein jeder erster Adjudant, eines jeden andern Generals, dieß ebenfalls von denen unter seinem Generale stehenden Corps verrichtet.

9. Ein solcher Adjudant muß daher ein beständiges Ordrebuch führen, in welchem bemerkt ist

a. Alle ausgestellten Sauvegarden.

b. Alle von Tage zu Tage ausgegebenen Befehle und Parolen; die extra ergangenen Befehle, die täglichen Dienste, desgleichen die Marschzettel, Fouragierordnung, und alle übrigen ertheilten Ordres.

c. Alle Haupt-Stand- und Diensttabellen, Dienstextracte, Rapporte und übrige Eingaben.

d. Was von Tage zu Tage mit dem Feinde oder sonst passirt ist. Die Ordre de Bataille; wo und wie die Armee passirt und vertheilt ist; alle ausgeschickte Partheyen, wann und wohin sie geschickt, wer sie commandirt, was sie verrichtet, wann sie wieder eingerückt. Alle Recognoscirungen, wer solche gethan und überhaupt alle sonstige Veränderungen, welche in der Lage oder in dem innern Zustande der Armee vorfallen.

10. Fällt diese ganze Arbeit für einen zu schwer, so kann man sie bey großen Corps unter zwey so vertheilen, daß der eine alle Dienstbestimmungen und die Protocollirung aller den Dienst betreffenden Eingaben zu besorgen; der andere aber besonders das Ordrebuch und die Bemerkung der Vorfälle, zu führen hat.

§. 94.

3. Austheilung der Befehle im Generalquartiermeister-Staabe.

1. Sobald der Generalquartiermeister seinen täglichen Befehl vom Feldherrn erhalten hat, so giebt er denselben den Chefs der Pontoniers, der Ingenieurs und seinem Adjudanten.

2. Dieser giebt nun ferner die täglichen Befehle an den Capitain de Guides, welcher letztere die besondern Befehle vom Generalquartiermeister selbst erhält, und auch an diesen rapportirt.

3. Der Generalwagenmeister erhält ebenfalls den täglichen Befehl vom Adjudanten des Generalquartiermeisters und die besondern Ordres von diesem selbst, an welchen er auch zu rapportiren hat.

4. Der Generalwagenmeister theilt nun wieder die gehörigen Befehle an die Oberstaabs, Staabswagenmeister und an die Wagenmeister der Brigaden aus.

5. Der

5. Der Staabsquartiermeister erhält eine Liste vom Generalquartiermeister, nach welcher er dem ganzen Generalstaabe die Quartiere anweißt, und welche er nicht überschreiten darf. Den täglichen Befehl erhält er auch vom Adjudanten des Generalquartiermeisters.

6. Der Generalgewaltiger muß täglich dem Generalauditeur und dem Generalquartiermeister den Rapport von allen Arrestanten geben, mit der Anmerkung, wie lange ein jeder im Verhaft ist, die Art seines Verbrechens, die Zeit der Loslassung und wie jeder unterhalten wird; ob er bereits verhört worden, und wie solches geschehen sey.

7. Auch muß er demselben von der Verwahrung, der unter seiner Aufsicht stehenden Gefangenen rapportiren. Außerdem hat er dieß auch von allen Vorfällen, und wenn sie von Erheblichkeit sind, gleich zu thun.

8. Ferner überbringt er dem Generalauditeur die Befehle und wird selbst vom Adjudanten des Generalquartiermeisters abgefertigt. Alle Extra-Befehle erhält er übrigens von dem Generalquartiermeister selbst, an den er auch angewiesen ist.

9. Uebrigens muß er für die Sicherheit der Gefangenen bey Zeiten gehörig sorgen, da er für diese ganz allein verantwortlich ist.

10. Er theilt allen im Lager oder Standorte der Armee verkaufenden Personen die gehörigen Plätze aus; muß nach gehörigem Maaße und Gewichte sehen, und die Ordnung und Reinlichkeit, sowohl im Lager, als im Hauptquartiere gehörig zu erhalten suchen.

11. Er muß eine ordnungsmäßige Taxe aller Lebensmittel festsetzen, und die Ruhe durch fleißiges Patroulliren, wozu er vom Generalquartiermeister den Befehl erhält, zu erhalten suchen.

12. Der Feldprobst hat die Aufsicht über alle übrigen Geistlichen bey der Armee, und erhält zwar die Dienstbefehle von dem Feldherrn, muß aber nicht nur an ihn, sondern auch an sein besonderes Gericht rapportiren, wenn es Sachen

seines Fachs betrift, von woher er denn auch die gehörigen Befehle empfängt.

13. Der Generalauditeur ist besonders an den Generalquartiermeister angewiesen, von welchem er auch die täglichen Befehle, durch den Generalgewaltiger empfängt.

14. Er hat die Administration, sowohl in Criminal- als Civilsachen, nach den erhaltenen Befehlen, und zwar über solche Personen, welche unter keiner besondern Jurisdiktion stehen.

15. Ueber alle ankommende Arrestanten, muß er sobald wie möglich das Verhör veranstalten, und das Kriegsrecht verlangen, damit das Stockhaus nicht zu sehr anwachse.

16. Alle Kaufleute müssen von ihm genau examinirt werden, und keiner ist von ihnen zu dulden, welcher nicht einen, von ihm unterzeichneten und von dem Generalquartiermeister vidimirten Erlaubnißschein vorzuzeigen hat.

17. So wie der Generalauditeur besonders auf die gehörige Verwaltung der Justiz und die ordnungsmäßige Handthierung zu sehen hat, so ist es auch seine Schuldigkeit, über die genaue Befolgung, der dem Generalgewaltiger übertragenen Ausführung der Polizey-Befehle zu wachen, und die Ordnung sowohl im Hauptquartiere als im Lager zu erhalten.

18. Auch muß er ein richtiges Protocoll über die Kriegsgefangenen führen, in welchem er ihre Namen, Charge, Regimenter, und den Tag der Gefangennehmung, und an welchem sie in die diesseitige Verpflegung gekommen sind, bemerkt, damit die Auswechselung richtig geschehen kann.

19. Ebenfalls muß er ein Protocoll über alle einkommende Arrestanten, ihre Verbrechen und andere besondere Umstände und Eigenheiten, den Tag der Loslassung und der Bestrafung führen.

20. Die Staabsauditeure und Gerichtsschreiber sind ihm untergeben, und zur gehörigen Befolgung ihrer Dienste, so wie die der Brigaden anzuhalten.

21. Uebri-

21. Uebrigens haben die Brigade-Auditeurs in Absicht ihrer Corps, und der Generalstaabs-Auditeur in Absicht der Individuen des Generalstaabes dasselbe zu verrichten, was hier vom General-Auditeur in Rücksicht der ganzen Armee gesagt ist.

C. Dienst in den Verpflegungsämtern.

§. 95.

a. Dienst des Commissariats.

1. Des Oberkriegskommissairs.

1. Ein jeder Capitain führt einen Vorrath kleiner Montirungsstücke und Armaturtheile mit sich, aus welchen der augenblickliche kleine Verlust ersetzt werden kann.

2. Doch schickt er davon alle Monate die Berechnung an den Chef des Bataillons, und dieser schickt dieselbe an den Regimentsquartiermeister, welcher dann die monatliche Berechnung der ganzen Brigade zusammen faßt und sie mit Bescheinigung der Capitains-Rechnungen an das Commissariat einsendet.

3. Das Personale dieses Commissariats ist so eingetheilt, daß der Flügel eines jeden Treffens, das heißt: eine jede der 4 Divisionen eine besondere Berechnungskammer aller erforderlichen Nothwendigkeiten hat.

4. Der oberste Kriegskommissair hat über das Ganze die Aufsicht, und legt dem Feldherrn die abgeschlossenen Rechnungen zur Unterschrift vor, welche ihm alsdann zur Legitimation bey der Landesregierung dient.

5. Eine dieser Commissions-Kammern ist wieder in Unterabtheilungen eingetheilt, von welchen eine jede nur für gewisse Montirungsstücke zu sorgen hat, und deren Lieferung genau von den dazu bestellten Commissairen untersucht, und das Untaugliche nicht angenommen werden muß.

6. Da es sehr vortheilhaft ist, beständig einen hinlänglichen Depot, aller militairischen Requisiten, sicher in der

der Nähe der Armee zu besitzen, so wird daselbst auch gewöhnlich das Commissariat etablirt.

7. Alles, was vom Commissariat an die Truppen geschickt wird, nimmt der Regimentsquartiermeister eines jeden Corps in Empfang, und bescheiniget dem Commissariate denselben.

8. Der Regimentsquartiermeister aber theilt nun die erhaltenen Sachen an die Compagnien seiner Brigade aus, und läßt sich den Empfang der Stücke durch die Capitains und Bataillons-Chefs bescheinigen, womit er dann, seine monatlich an das Commissariat abzulegende Rechnung legitimirt.

§. 96.

2. Magazinverwaltung.

1. Sobald ein Magazin aufgebraucht ist, wird die Rechnung desselben geschlossen, wenn es auch mitten im Monate vorfällt, dem Feldherrn zur Unterschrift vorgelegt, und dann durch den Obersten Kriegscommissair der Regierung überschickt.

2. Geht ein Magazin verloren, so muß die Rechnung bis zum Zeitpunkte des Verlustes abgeschlossen, und der wahre Verlust, so viel als möglich, genau angegeben werden.

3. Der Oberste Kriegscommissair muß es dem Feldherrn sogleich anzeigen, wenn an irgend etwas Mangel ist, damit dieser die nöthigen Verfügungen zum Ersatz des Fehlenden treffen kann.

4. Das Commissariat muß auch eine genaue Berechnung aller eroberten Magazine, Kanonen, Gewehre und Rüst-Sorten; der Kriegsgefangenen und der Auswechselungs-Commission derselben halten.

5. Auch muß der Oberste Kriegescommissair oft unversehens Revisionen, in den Brigaden anstellen lassen, in Absicht der Rekruten und aller vom Commissariat abgeliefer-

ten

ten Sachen, und sich den wahren Zustand aller Theile des Heeres soviel wie möglich ist, genau bekannt machen, damit er die etwa nöthig abzufassenden Anschläge neuer Erfordernisse, mit Richtigkeit, und ohne daß man ihn in den Angaben hintergehen kann, zu entwerfen im Stande ist.

§. 97.

3. Austheilung des Soldes und Dienst des Commissariats.

1. Was den Sold der Truppen und alles übrige nöthige Geld zur Bezahlung der Nothwendigkeiten anbetrift, so empfangen dieß die Fouriers der Compagnien alle Montage, nach einer von ihren Capitains unterschriebenen Rechnung von dem Regiments-Quartiermeister, und zahlen es in Gegenwart der Capitains und ihrer Officiers an die Compagnien aus.

2. Der Regiments-Quartiermeister empfängt das Geld aber von der Kriegskasse, mit welcher er auch einen monatlichen Abschluß seiner Rechnung macht, den er so wie bey dem Montirungs-Wesen, mit den unterschriebenen Listen der Capitains und Bataillons-Chefs belegt.

3. Eben so verfährt er auch mit dem Proviant-Wesen, welchem er den bey der Bäckerey erhaltenen Empfang der Brodte, und die von den Magazinen erhaltenen Rationen alle Monat berechnet, und sich zu seiner Legitimation ebenfalls der unterschriebenen Listen der Chefs bedienet.

4. Der Regiments-Quartiermeister bestimmt dann den Fouriers den Ort der Austheilung, und verrichtet darauf dieselbe nach den von ihnen geschriebenen, und mit des Capitains Unterschrift versehenen Brod- und Fourage-Listen.

5. Wie oft und wie viel jedesmal den Truppen täglicher Unterhalt ausgetheilt werden soll, hängt von dem Befehle des Feldherrn ab, welcher denselben mit den andern Befehlen zugleich ausgiebt.

6. Uebri-

6. Uebrigens muß aber der Indendant der Armee dem Feldherrn täglich von der zeitigen Verpflegung der Armee, und von den jedesmaligen Vorräthen der Magazine rapportiren.

7. Die Rapports von den entfernten Magazinen werden demselben alle Posttage, die von den Feldmagazinen, alle Tage eingeschickt.

8. Der Oberste Kriegscommissair hat hingegen dem Feldherrn den jedesmaligen Kostenbestand und die Art zu melden, wie die Zuflüsse eingehen; damit dieser im Falle eines Mangels Mittel ersinnen könne.

9. Der erstere empfängt auch alle Rapporte der bey dem Corps bestehenden Geldvorräthe, und formirt daraus den monatlichen Zahlungs-Etat der ganzen Armee. Wenn eine Kasse verfällt, so muß der letzte Rapport von derselben die Bestimmung der verlornen Summe geben.

10. Was das Proviant-Fuhrwesen anbetrift, so sammelt der Proviant-Director alle Rapporte der Wagenmeister, und reicht dem Oberst-Kriegscommissair einen monatlichen General-Rapport ein. Uebrigens muß er aber demselben so oft von dem Zustande des Proviant-Fuhrwerks Bericht abstatten, als es sich während der Zertheilung desselben thun läßt.

11. Der Intendant besorgt auch allen accordirten Vorspann, und erhält die Rapporte der Hospitäler, in welchen er die ganze Oekonomie einzurichten hat.

12. Die Rechnungen der Hospitäler werden, so wie die andern Montirungs-, Armatur-, Brod-Fourage-, und übrige Requisitions-Rechnungen, alle Monat abgeschlossen.

13. Uebrigens müssen auch von denen, durch den Obersten Kriegscommissair dazu bestellten, Beamten alle Inventarien der in feindlichen Oertern eroberten Sachen- und Magazin-Bestände treulich aufgenommen, durch die dabey commandirten Officiers unterschrieben, und dann dem Feldherrn überreicht werden.

14. Für

14. Für die gehörige und pflichtmäßige Behandlung der Kriegsgefangenen bis zu dem Augenblicke ihrer Ablieferung, muß noch immer von dem Commissariate gesorgt werden.

15. Da der Oberst-Kriegescommissair dem Feldherrn, so oft es dieser verlangt, von dem ökonomischen Zustande seines Heeres zu rapportiren schuldig ist, so muß sich derselbe auch beständig mit dem ihm nöthigen Personale eines Theils des Commisseriates, so wie die Kriegskasse, im Hauptquartiere oder an dem Orte aufhalten, wo sich der Feldherr befindet.

§. 98.

b. Lazareth-Ordnung. Dienst der Chirurgen.

1. Da der Capitain nur für die ökonomische, der Regiments-Chirurgus aber für die medicinische Wartung der Kranken zu sorgen hat, so ist auch letzterer verpflichtet, den Bataillons- und Brigade-Chefs anzuzeigen, welche Kranke, entweder in das fliegende, oder in das große Stand-Lazareth gebracht werden müssen.

2. Es wird alsdann eine von den Chefs vidimirte Liste, und die Armatur- und Montierungs-Stücke der Lazarethfähigen aufgesetzt, und dieselben unter einer dazu commandirten Bedeckung, wobey von jedem Regimente ein Chirurgus ist, der für die Pflege der Mannschaft während dem Transporte sorgt, in das Lazareth gebracht.

3. Die Listen werden dann dem Commandeur des Lazareths überreicht. Dieser hat nun eine genaue Specification aller sich im Lazareth befindlichen Leute und ihrer mitgebrachten Sachen, die er in ein besonderes dazu bestimmtes Zimmer mit dabey gefügten Namen und Nummern ihres Inhabers aufbewahren läßt.

4. Der Oberfeldmedicus theilt alsdann die Kranken nach der Art ihrer Krankheiten in verschiedene Stuben ab, und sieht darauf, daß ihre sowohl medicinische als übrige

War-

Wartung, durch die Chirurgi, Aerzte und Gehülfen geschehe.

5. Das Commissariat ernennt einige Commissaire, welche sich in dem Lazarethe befinden, und die besondere Rechnung der Oekonomie führen, die monatlichen Rapporte aber an das Commissariat einsenden.

6. Die Rapporte der Feldhospitäler gehen nicht gleich zur Armee, sondern erst nach dem Hauptlazarethe, und von hier aus wird dann der General-Rapport, alle Monat an den Feldherrn abgestattet, und durch den Lazareths-Commandanten und ersten Medicus unterzeichnet.

7. Der Feldherr befiehlt darauf, wie die Genesenen zu ihren Regimentern gelangen, welchen man den Abschied, und was man ihnen mitgeben soll.

8. Da den Corps von der Zeit an die Portionen der ins Lazareth abgehenden Leute abgezogen werden, in welcher die denselben mitgegebene Verpflegung zu Ende gehet, so muß der Lazareth-Commandant eine genaue Rechnung und Rapport von allen den zu- und abgehenden Leuten halten, und jedem derselben zwey Scheine zufertigen, den ersten über die ihm ertheilte Löhnung, Brod oder etwa erhaltene kleine Montur, damit dieß alles von den Compagnien durch den Regimentsquartiermeister vergütet werde. Den zweyten Schein über die Zeit, in welcher er in der Hospital-Verpflegung würklich gestanden ist.

9. Der Lazareth-Commandant ist eigentlich zur Sicherheit des Lazarethes mit seinen Subaltern-Officiers und Soldaten bestellt; er muß also auch keine der militairischen Regeln unterlassen, welche diese befördert, und seinen Untergebnen die pünktliche Verhinderung aller Unordnungen genau und scharf anbefehlen.

10. Einer dieser Subaltern-Officiere hat wöchentlich die Aufsicht über die Küche; ein anderer über die Diät der Kranken.

11. Jedem werden zwey Unterofficiers und Chirurgi beygegeben, welche auf die Zurichtung der Speisen und auf die genaue Reichung desjenigen an die Kranken sehen, welches von dem Arzte vorgeschrieben ist.

12. Die ins Hospital commandirten Geistlichen, müssen die Kranken und Blessirten täglich besuchen und über die Ausübung der Religion wachen.

13. Täglich hält der Commandant mit allen seinen Subalternen, und im Lazarethe befindlichen Aerzten und Chirurgen, Visitation und befiehlt hierbey das Nöthige.

14. Auch müssen die Officiers und Chirurgen täglich dem Commandanten und erstem Medicus von dem Zustande, der ihnen anvertrauten Kranken rapportiren.

15. Der Commandant kann eher keinen Genesenen wieder zu der Armee abschicken, als bis ihn der Medicus dazu tüchtig befunden hat.

16. Liegt nun das Lazareth einige Tagemärsche von der Armee entfernt, so muß der Lazareth-Commandant so lange warten, bis er eine genugsame Anzahl Reconvalescirte hat, welchen er dann ihre mitgebrachten Montirungsstücke, und einen Officier nebst einiger Mannschaft mitgiebt.

17. Dieser stattet dem Feldherrn den Rapport ab, und überreicht ihm die Liste der mitgebrachten Mannschaft. Auch wird einer jeden Brigade eine Specification der ihr zugeschickten Mannschaften, ihrer Montursstücke, und wie lange sie im Lazarethe verpflegt sind, zugefertigt.

D. Besondere Beobachtungen des obersten Befehlshabers zur Erhaltung aller bisher gezeigten Nothwendigkeiten.

§. 99.

a. Beobachtungen des Befehlshabers, um sich die gehörige Kenntniß zu verschaffen.

1. Besonders des Kriegsschauplatzes und der vorräthigen Bedürfnisse.

1. Alle Nothwendigkeiten, die ein Heer bedarf, um in allen Fällen würksam zu seyn, werden, wenn sie auch anfänglich in hinlänglicher Summe vorhanden sind, dennoch nicht hinreichen, diesen Zweck zu erlangen, sobald nicht die verschiedenen Theile der großen Maschine, die sie mit würkender Kraft beleben sollen, selbst nicht auf die zweckmäßigste Art zu diesem Handeln ausgewählt sind, und einander zur rechten Zeit unterstützen.

2. Diese Erhaltung aller Federkräfte der Maschine in ihren gehörigen Gängen, und ihre passendste Anwendung zur Erreichung des allgemeinen Zwecks, liegt besonders dem obersten Befehlshaber ob. Sein Charakter, sein Betragen in den verschiedenen Fällen, wo es auf die Auswahl, auf die Anwendung der verschiedenen Heertheile, ihrer Erhaltungsmittel, und auf die Stimmung der herrschenden Meinung ankommt; sind hier die einzigen Erhaltungsmittel der Ordnung und einer zweckmäßigen Betriebsamkeit.

3. Diese ganze Materie läßt sich also in folgende Betrachtungen zerlegen:

a. Besonderes Betragen des Oberbefehlshabers, um sich die nöthige Achtung, Kenntniß und Freundschaft zu erwerben.

b. Anordnungen, um Ruhe und Ordnung zu erhalten und schädliche Widersetzlichkeiten abzustellen, damit der Gang des Ganzen in zweckmäßiger Verbindung bleibe.

4. Der

4. Der Oberbefehlshaber muß die Gewöhnung an Ermüdung und Wachen seine erste Sorge seyn lassen, denn die Arbeit ist dem Befehlshaber nöthiger, als dem Soldaten; der Soldat ist nur verbunden, auf seine eigene Person zu denken; der Befehlshaber hingegen muß für alle denken.

5. Seine Wachsamkeit muß den Soldaten Schlaf; seine Arbeit ihre Ruhe; seine Sorge ihr Vergnügen befördern, und seine Beschäftigung ihnen erlauben, daß sie selbst unschädliche Freyheit in ihren Handlungen haben. Der Befehlshaber sammelt den Lorbeer um seine Stirn, die seine Untergebenen pflücken, er mag also auch immer mehr Arbeit, als diese tragen.

6. Doch selbst der gute Wille des Befehlshabers bey allen diesen Sachen, ist nicht hinlänglich, wenn er nicht diejenigen Triebfedern genau kennt, welche zur Würksamkeit des Heers unumgänglich nöthig sind. — Was die Mittel und das Betragen des Befehlshabers betrifft, um sich Achtung und Liebe in Rücksicht seines Charakters zu verschaffen, so gehört ihre Auseinandersetzung nicht hierher, sondern in die Abhandlung der, besonders für den Feldherrn nöthigsten und eigentlichen Wissenschaft. — Wir haben also hier nur das zu betrachten, was von seiner Seite besonders zur Ordnung und Würksamkeit des Heers beyträgt.

7. Aus dem bisher Gesagten fließt also eine andere, und zwar folgende Abtheilung der gegenwärtigen Materie:

a. Beobachtungen eines Befehlshabers, um sich die gehörige Kenntniß, der nach seiner Vorschrift in Würksamkeit zu setzenden Kräfte zu verschaffen.

b. Beobachtungen, um diese nöthige Kraftmasse stets in ihrer erforderlichen Größe und Würkungsfähigkeit zu erhalten.

8. Was den ersten Punkt anbetrifft, so werden wir ihn gehörig auseinander zu setzen im Stande seyn, wenn z. B. angenommen wird, daß ein Befehlshaber den andern ab-

 lösen,

lösen, und sich nun die nöthigen Kenntnisse erwerben soll. — Also dies vorausgesetzt, so wollen wir nun in dieser Rücksicht die gegenwärtige Abhandlung durchgehen.

9. Ist der Befehlshaber, den man ablösen soll, ein talentvoller und für das Wohl des Staats edelgesinnter Mann; so muß man sich bey ihm erkundigen, welches die geschicktesten, tapfersten, und zu jeder Unternehmung tauglichsten Untergebenen sind; welches die geneigtesten Anhänger unserer Parthey, und diejenigen Einwohner sind, welche den mehrsten Kredit im Lande haben: Welche Leute unter den benachbarten Völkern die besten Spione sind, und sich dazu gebrauchen lassen; auch vor welchen Personen man sich wegen ihrer verdächtigen Gesinnung, oder ihrer wenigen Verschwiegenheit, in Acht zu nehmen hat; denn es ist gewiß, daß man ohne diese Kenntniß der verschiedenen Neigungen, nie eine zweckmäßige Wahl unter den Personen, in Rücksicht ihres Gebrauchs machen kann.

10. Da es oft der Fall ist, daß der vorige Befehlshaber für einige Leute besondere entgegen gesetzte Neigungen empfunden hat, so wird man sich dann nicht auf seine bloße Erzählung stützen können. Der neue Befehlshaber muß also selbst untersuchen, ob die Aufführung und die Kenntniß der Unterbefehlshaber dem Bilde gemäß sey, das man uns davon macht.

11. Um also die verschiedene Brauchbarkeit der Unterbefehlshaber zu erfahren, so müssen ihnen auf eine geschickte Art Schwierigkeiten vorgetragen werden, die ihre Bedienungen und den Krieg betreffen; denn nun wird sich bald zeigen, wer die dienlichsten Mittel zu ergreifen weiß; überdieß wird man sich in diesem Umgange, der zur Erforschung anderer dient, gewiß selbst mit unterrichten.

12. Sobald der Befehlshaber in einer fremden Gegend und bey einem andern Korps angelangt ist, so muß er in Begleitung seiner ersten Untergebenen, und den geschick-

schicktesten Officiers aller Waffen, so wie mit dem Intendanten und den Proviantdirektoren, sich so weit als möglich gegen die feindliche Gegend vorbegeben, alle Pässe, Flöße, wichtige Positionen aufnehmen lassen, diese Gegenden so wie die Vestungen längst der ganzen Grenze selbst recognosciren, in bestimmten Ordres die Abhaltung der vorgefundenen Mängel anbefehlen, und durch die gegenwärtigen Befehlshaber und Commissairs aller Departements, den genauen Bestand der Magazine, der Truppen, der Artillerie, aller Kriegsbedürfnisse, und die Einrichtang und Güte der Lazarethanstalten aufzeichnen lassen.

13. Bey der Truppenmusterung müssen die schärfsten Maaßregeln gegen alle Betrügereyen, die hier so leicht sind, genommen werden. Ohne die größte Vorsorge hierbey wird man den vollen Bestand des Corps nur auf dem Papiere haben, während sich in der Würklichkeit ein großer Unterschied zeigt.

14. Es ist auch in Rücksicht der Magazine und übrigen Depots nicht genug, daß sie der Befehlshaber einmal nachsicht, denn es würden dennoch bald Betrügereyen einreißen. Es wird also nöthig, diese Quellen unserer Streitkraft von Zeit zu Zeit und ganz unvermuthet, durch vertraute Personen besichtigen zu lassen, ohne sich auf geschlossene Contrakte, oder die eingeschickten Magazinsbestände zu verlassen.

15. Wollte man sich blos auf das Wort der Lieferanten und der Commissairs verlassen, so würde man sich mehrentheils Leuten anvertrauen, die, durch ihr wechselseitiges Interesse bewogen, gewohnt sind, die Vollziehung ihres gegebenen Versprechens aufzuschieben; in der Hoffnung eine günstige Gelegenheit zum wohlfeilen Kauf zu erhalten, und für gut auszugeben, was verdorben ist; oder wohl gar ihren Contrakt entweder aus Bosheit oder aus Nachlässigkeit nicht zu erfüllen; so, daß wenn man sich blos auf ihr alles

versprechende Wort gründet, die Armee den sichersten Weg zu ihrem Untergange wählt.

§. 100.

2. Pflicht des Befehlshabers, seinen Obern von der erlangten Kenntniß Bericht zu erstatten, und das Mangelnde zu ersetzen.

1. Ist der Befehlshaber auf diese Weise von allem unterrichtet, so ist es seine erste Pflicht, die aufgezeichneten Bemerkungen in einem förmlichen Bericht zu vereinigen, und denselben seinen Obern unverzüglich einzuschicken, damit diese von allem was fehlt, nicht nur zu dem bald zu beginnenden Kriege, sondern auch was von der vernünftigen Bequemlichkeit der Truppen abgeht, den genauen Bestand wissen und diese Mängel so schleunig als möglich ersetzen können.

2. Nicht allein die schnellere und größere Würkungsfähigkeit der Streitmassen zu befördern, ist der Grund, daß der Befehlshaber alles anwenden muß, damit alle Krieges- und Bequemlichkeits-Bedürfnisse in hinlänglicher Summe vorhanden sind; sondern eben so sehr ist es der Erfahrungssatz, daß diese gute Versorgung des Heers mit allem, das beste, das entscheidendste Mittel ist, Ordnung, Subordination, den guten Willen, die Liebe der Untergebenen zum Befehlshaber, die Ausdauer und Kraft in Gefahren zu erhalten, Aufruhr und Desertion zu vermeiden.

3. Mit einem Worte, die Regierung sollte billig erwägen, daß der ärmste Mann, von was für einer Lebensart er auch seyn mag, mehr gewinnt, als ein Soldat; und an welchem Orte er sich auch finde, in seinem Bette schlafe, und sein Leben nicht in Gefahr setze. Soll der Krieger nur allein dieser Vortheile beraubt seyn, und für Elend umkommen?

4. Die

4. Diese entscheidende Wichtigkeit der Heerbedürfnisse in der Kriegführung, ist denn daher auch der Grund, daß die Rechnung davon in allen Fällen ziemlich hoch gemacht werden muß. Denn nicht nur der Feind nimmt bey unvermeidlichen Zufällen einen Theil der Bedürfnisse weg, sondern oft zerstört auch die Witterung, das Wasser oder ein plötzlicher Brand einen großen Theil davon.

5. Es ist also von dem größten Nutzen, wenn das Heer bey einem Unglücke dennoch immer seine Zuflucht zu Magazinen nehmen kann, deren Gebrauch ihm die Fortdauer seiner Streitfähigkeit sichern: kann also in jedem Falle der Abgang einer Sache durch einen andern ersetzt werden, so fehlt nie etwas Wesentliches.

6. Wenn indessen der Befehlshaber auf diese Weise alles was zur Sicherheit, militairischen Würksamkeit, und möglichsten Bequemlichkeit erfordert wird, von seinen Obern begehrt, so läuft seine Klugheit zwar etwas Gefahr, die aber seine Treue nie achten sollte.

7. Gewöhnlich versteht das Ministerium eines Staats den Krieg nicht, und es wird sich also vielleicht über die von dem Befehlshaber berechneten Kosten ärgern, und ihn als einen Verschwender angeben, vielleicht gar einen Theil des Geforderten abbrechen, ohne zu bedenken, daß die dadurch gehemmte Würksamkeit des Heers dem Staate den größten Nachtheil bringt.

8. Doch derjenige Befehlshaber, welcher Proben seiner militairischen Talente und seines Edelmuths der Welt und seiner Regierung gezeigt hat, wird so leicht sich dieser Gefahr nicht ausgesetzt sehn, sondern im Gegentheil wird die Hochachtung gegen ihn um so mehr erhöht werden, je mehr er durch Gründe zu zeigen im Stnnde ist, daß seine Forderungen nur das unmittelbare Wohl des Staats bezwecken.

9. Eine vortrefliche und höchst nöthige Vorsicht für einen Befehlshaber, auf dessen Verantwortung sich gewöhnlich alles beruft, ist daher, daß er die von ihm an die verschiedenen Regierungszweige seines Staats, so wie die Antworten darauf, genau und bestimmt in einem blos dazu bestimmten Buche aufbewahren läßt.

10. Außer diesem politisch-militairischen Buche muß er noch fünf andere halten lassen und sie auf folgende Art gebrauchen. In das erste werden alle Ordres eingetragen, welche die militairischen Unternehmungen der Truppen und ihren gewöhnlichen Dienst betreffen. Das zweyte ist für die Befehle bestimmt, welche der Chef der Artillerie in Rücksicht des Geschützes, der Munition, des Gespanns, der Brückentrains u. s. w. empfängt.

11. Das Dritte betrift die Befehle, welche dem Generalquartiermeister-Staabe und dem Ingenieur-Corps in Rücksicht auszuführender Befestigungsarbeiten, der Besserung und Versorgung der Vestungen, und der Kosten alles diesen gegeben werden. Das vierte Buch enthält die Ordres, welche an den Intendanten des Heers in Rücksicht aller der von ihm befehligten Verpflegungsämter ergehen. Das fünfte endlich ist dazu bestimmt, daß die verschiedenen mündlichen Befehle des Befehlshabers an die ersten Chefs, von diesen mit ihrer Namensunterschrift selbst eingetragen werden.

12. Beobachtet der Befehlshaber dieses Aufzeichnen aller von ihm ertheilten Ordres in allen Theilen der militairischen Regierung und Verpflegunsart des Heers, und läßt dabey diese Befehle von dem Empfänger selbst unterzeichnen, so ist dies der sicherste Weg sich einst wegen aller gemachten Verläumdungen zu rechtfertigen. Doch ist noch unumgänglich nöthig, daß, ehe er einen Befehl giebt, er denselben in der Kladde nachsieht, und ihn von allen zweydeutigen und nicht genug bestimmten Ausdrücken reinige, damit auf keine Weise ein Mißverständniß entstehen könne.

§. 101.

§. 101.

3. Beobachtungen des Befehlshabers, um seine Untergebenen gehörig kennen, und hiernach gebrauchen zu lernen.

1. Eine von den wesentlichsten Beobachtungen eines Befehlshabers ist, daß er sich nicht in der Wahl derjenigen Leute betriege, die seine Befehle ausrichten sollen. Er muß also zu den Unternehmungen, die große Behutsamkeit erfordern, keinen unerschrockenen, oder zu denen, die einer schnellen Ausführung bedürfen, einen zu langsamen Befehlshaber nehmen.

2. Ist die Hauptsache der Unternehmung, daß man sich beym Volke beliebt mache, so muß sie keinem zu scharfen oder eigennützigen Menschen aufgetragen werden. Ist aber Strafe nöthig, so darf diese nicht durch einen sehr sanften Charakter gehemmt werden. Derjenige, welcher nur Meister der Kriegswissenschaft ist, darf nicht die Leitung politischer Angelegenheiten besorgen.

3. Es giebt Männer, die an der Spitze der Heere fähig sind, einen Staat durch die glänzendsten Eroberungen zu vergrößern, obgleich sie ihn ruiniren würden, wenn ihnen die Civilregierung obläge. Und so giebt es wieder im Gegentheil Officiere, die, obgleich sie nicht die kleinste Militairabtheilung gehörig zu regieren im Stande sind, dennoch durch ihre Reden die Ruhe eines ganzen Reichs erhalten können.

4. Um zu erkennen, wozu ein jeder geschickt sey, so braucht man uur die Gründe seines Verfahrens und seiner Entschlüsse bey Gelegenheiten aufzusuchen, die derjenigen, wozu der Mensch gebraucht werden soll, ähnlich sind. Die Richtig = oder Unrichtigkeit dieser Gründe wird uns bald ihre Kenntnisse, die Festigkeit ihres Charakters und ihr Talent zeigen.

5. Bey dieser Betrachtung ist jedoch unumgänglich nöthig, daß man den Antheil des Glücks oder Unglücks von

dem Ausgange der Sache zu trennen weiß; denn nie muß ein unglücklicher Zufall die Unbrauchbarkeit eines Officiers für die Zukunft entscheiden. Im Gegentheil muß ihm Gelegenheit gegeben werden, seinen Unfall zu verbessern. Sieht man jedoch, daß das Unglück oder Glück einem Manne stets zur Seite bleibt, so ist dies Grund genug, ihn wohl oder nicht zu brauchen. Denn der Nutzen des Ganzen ist der Zielpunkt aller Handlungen, und dieser wird im Kriege oft mehr durch Glück, als durch Wissenschaft befördert.

6. Man muß die Vollziehung eines Befehls eher demjenigen auftragen, welcher den Befehlshaber darum bittet, als dem, der ihm derselben nur räth; und diesem letztern wieder eher das Commando darüber auftragen, als dem, der uns davon abräth; weil die beyden erstern mehr Interesse bey der Ausführung haben, als die andern.

7. Es giebt viele Leute, die gut zum Rathen sind, aber zur Ausführung einer Sache nichts taugen; weil sie so viel weniger Tapferkeit haben, als sie mehr Verstand besizzen, und so tapfer im Rathen, als feig in der Ausführung sind.

8. Man findet Officiere, welche zum Gehorsamen vortreflich, zum eigenen Commando aber nicht geschickt sind. Dieser Unterschied kommt gewöhnlich daher, daß solche Leute mehr Tapferkeit als Kenntnisse besitzen. Auch viele von denen, die wachsam, hurtig, verständig, und für den Ruhm ihrer Nation eingenommen sind, müssen nicht als Chefs detaschirt werden, wenn die Erfahrung zeigt, daß nichts als blinder Ehrgeiz und Ruhmschut sie bey ihren Entschlüssen bestimmt.

9. Ist man dennoch genöthigt, solchen Leuten das Commando in einer Sache zu übertragen, so muß ihnen alles auf das genaueste und klarste vorgeschrieben werden; besonders wenn sie bestimmt sind, mit andern Truppen und einem Officier von gleichem Range, gemeinschaftlich zu agiren, denn sonst wird ein solcher Mann, um den Ruhm des glück-

lichen Ausgangs allein zu haben, uns gerade der Gefahr aussetzen, geschlagen zu werden.

10. Es ist auf keinen Fall rathsam zwey Officiere von gleichem Range so zusammen zu detaschiren, daß einer davon das Commando führen soll; denn jeder commandirt seines Gleichen mit vieler Aengstlichkeit und Behutsamkeit und der Gehorsam fällt auch demjenigen viel schwerer, der mit seinem Commandeur von gleichem Range, als wenn er weniger ist.

11. Hat der Befehlshaber auf die gezeigte Art denjenigen Officier gefunden, welchem am besten eine gewisse Unternehmung aufzutragen ist, es steht aber nicht die Tour an ihm, und das Heer ist nicht daran gewöhnt, außerordentliche Touren unmittelbar vom Befehlshaber bestimmt zu sehen: so muß dieser die ältern Officiere, wenn auch nur auf ein paar Stunden zu irgend einer Sache commandiren lassen, damit das Gemurmel und Misvergnügen verhindert wird, das gewöhnlich, bey dem Vorziehen eines noch Zurückstehenden ausbricht und sehr schädlich werden kann.

12. Sobald der Befehlshaber nun dem ausgesuchten Officier seine Verhaltungsbefehle giebt, so ist es von dem größten Nutzen, wenn er dies mit einer solchen Art thut, welche die Leidenschaft des Officiers besonders in Anregung bringt, und ihn so unmittelbar selbst für einen glücklichen Ausgang seines Auftrags interessirt.

§. 102.

b. Beobachtungen des Befehlshabers zur Erhaltung der Ordnung und militairischen Würksamkeit.

1. Verhinderung der Desertion.

1. Hat der Befehlshaber die Vortheile und Mängel aller Heertheile und ihrer Verpflegungsämter kennen gelernt, und durch seine Vorstellungen alles in einen würksamen Stand gesetzt, so sind noch zwey wesentliche Punkte, auf die er nun sein Augenmerk richten muß, um diese ordnungs-

voll

voll verbundenen Streitmassen so zu erhalten, daß sie würkbar bleiben.

2. Beyde Sachen reiben schnell die Kräfte des tapfersten und besten Heers, ohne Zuthun des Feindes auf, wenn sie nicht in ihrer Entstehung gleich unterdrückt, und stets alle Vorsicht dagegen angewandt wird. Der erste Punkt betrift nämlich die Desertion, der zweyte den Aufruhr der Truppen.

3. Beobachtet der Befehlshaber seine ihm in den vorigen Paragraphen vorgeschriebenen Pflichten, die ihn verbinden den Truppen alle Nothwendigkeiten zu verschaffen, so verschwindet schon ein Hauptgrund zur Desertion. Außer diesem würde man diesem entnervenden Uebel einen starken Riegel vorschieben, wenn den Familien der Soldaten, oder auch diesen selbst, einige, für die niedern Volksklassen, wesentliche Vorrechte, nach einer treu ausgehaltenen und in einer mäßigen Anzahl Jähren festgesetzten Dienstzeit, zugestanden würden.

4. Denn sehr viele desertiren nur, um nach dem Lande zurück zu kehren; jetzt würden aber weder Aeltern noch Geschwister die Verlaufenen aufnehmen, die Gewißheit, sonst die sichern Vortheile zu verlieren, wird sie hieran verhindern.

5. Ein anderes Mittel, die Desertion zu verhüten, besteht darin, die Truppen beständig zu beschäftigen, und ihnen auf diese Weise das Heimweh und die überhaupt schädliche Langeweile zu vertreiben; denn nach der Arbeit wird jetzt jeder sich nach der Ruhe auf seinem Lager sehnen, und also keine Zeit mehr über haben, so leicht schädlich zu werden.

6. Die Kompagnie der Provosen muß vom Befehlshaber auf das schärfste zu ihrer Pflicht angehalten werden, denn wenn sie sorgfältig in dem Lande herumstreift, das außer dem Bezirke liegt, über welchen den Soldaten nicht erlaubt ist, sich von ihren Regimentern zu entfernen, und besonders des Nachts, so wird sie wirklich viele Deserteurs wieder einbringen und die andern abschrecken.

7. Die großen Wachen, welche aus irgend einem Grunde von dem Standorte der Truppen ausgeschickt werden,

den, müssen die genaueste Ordre haben, einen jeden vom Heere, der nicht unter der Aussicht eines Officiers, oder mit einen Passe angetroffen wird, unverzüglich zu arretiren, wenn er sich außer dem Bezirke, den zu übertreten einem jeden verbothen ist, findet.

8. Diese Partheyen müssen die arretirten Leute sogleich visitiren; damit sie keine Zeit haben, die etwa bey sich habenden Briefe wegzuwerfen. Besonders muß den Richtern der umliegenden Oerter scharf anbefohlen werden, jeden Soldaten, Knecht oder Unterofficier, der ohne gültige Erlaubniß ihr Territorium passiren will, zu arretiren, und auch die Einwohner aufs schärfste zu bestrafen, die aus irgend einem Grunde den Verlaufnen behülflich sind. — Doch würde auch diese Maaßregel wenig fruchten, wenn nicht die Richter im Uebertretungsfall ebenfalls aufs schärfste bestraft werden.

9. Nimmt indessen die Desertion sehr zu, so muß außer diesem noch militairische Hülfe angewandt werden. Man legt nämlich außerhalb der verbothenen Grenze kleine Hinterhalte, um alle diejenigen plötzlich zu fangen, die diese Linie übertreten. Doch muß man diese Linie vorher allgemein bekannt machen, und die Detaschements mit Vorgeben eines andern Zwecks ausrücken lassen.

10. Sobald bey der täglichen Visitation und dem Verlesen der Soldaten, einer vermißt wird, muß es durch die Richter der umliegenden Oerter sogleich mit Hinzufügen der Strafe, für den Verhehler, öffentlich bekannt gemacht, und demjenigen Einwohner eine Belohnung versprochen werden, der den Deserteur einbringt.

11. Außer diesem rücken aber gleich Cavallerietrupps aus, um die Verlaufenen aufzusuchen, doch müssen sich bey diesen Trupps stets Officiere oder Unterofficiere von dem Regimente befinden, zu welchem der Deserteur gehört.

12. Befindet man sich in einem fremden Lande, wo den Einwohnern nicht recht zu trauen ist, so läßt man einige treue Officiere und Unterofficiere in Civilkleidung zurück, wel-

che die Deserteure so desto besser ausspähen, von ihrem Aufenthalte Nachricht geben, und ihr Einfangen befördern können.

§. 103.

Fortsetzung.

13. Ein Hauptgrund zur Desertion ist gewöhnlich das tyrannische Betragen der Kompagniechefs gegen die armen Soldaten, die oft auf das schändlichste geschunden werden, um nur die Beutel der Herrn Officiere zu füllen. Die Oberbefehlshaber sind die einzigen, welche diese Quälereyen hindern können, doch müssen sie nicht selbst dafür, sondern im Gegentheil dagegen interessirt seyn. Dieß würde besonders befördert werden, wenn den Staabsofficieren etwas zugelegt, und dagegen ihnen die Kompagnien genommen würden.

14. Im Gegentheil sollte sich jeder Officier bemühen, durch ein leutseliges und gerechtes Betragen, einen edlen Ehrgeitz unter seinen Untergebenen zu befördern, und das billige Verlangen zum Avancement, das daraus besonders bey rechtlichen Leuten entstehn muß, so viel als möglich zu begnügen.

15. Sobald ein Soldat einen Fehler begeht, so sieht er die Strafe, die darauf folgt, schon voraus, und um ihr zu entgehen wird er desertiren. Aus diesem Grunde muß man ihn entweder unverzüglich arretiren oder ihm zu verstehen geben, daß der Fehler vergeben seyn soll.

16. Eine andere Ursache zur vielfältigen Desertion ist die in einigen Ländern höchst schädliche Nachlässigkeit, dem Soldaten zu gestatten, von einem Regimente zum andern zu laufen, ohne ihn zu bestrafen. Es giebt gar Unwissende, welche diesen Unfug mit dem Vorwande rechtfertigen wollen, daß der Soldat dem Staate sowohl bey dem einen als andern Regimente diene.

17. So falsch aber dieser Schluß in der Politik ist, so ungerecht ist er zugleich in der Moral. Denn alle die Zeit, welche der Soldat zubringt von einem Regimente zu einem andern entfernten zu laufen, wird sie wohl gewöhnlich zu etwas andern, als zum Stehlen auf dem Wege angewandt? Und wer ersetzt überdieß dem Kapitaine seiner Kompagnie die nöthigen Werbungskosten, den Werth der mitgenommenen Montur und der Waffen?

18. Sehr begünstigt wird außer diesem noch die Desertion, durch das zweckwidrige Betragen der Officiere im Kriegesrechte. Denn diese suchen gewöhnlich, statt dem Gesetze gegen den Deserteur seinen Lauf zu lassen, alles hervor, den Sinn desselben zu wenden, das Verbrechen des Meineides zu beschönigen, und den Soldaten auf alle Weise gegen die gerechte Strafe zu beschützen; denn ohne allen Zweifel wird hierdurch die Frechheit und das Uebel der Desertion zunehmen.

19. In einem wohlfeilen Lande, und bey einem guten Solde der Truppen, ist es zur Verhinderung der Desertion sehr vortheilhaft, wenn die Regimentskasse einen mäßigen Theil der Löhnung der Leute zurückbehält, und ihnen nach treuer Kapitulationszeit die ganze Summe, welche jetzt noch durch ein Geschenk des Staats vermehrt wird, auf einmal in die Hände giebt, oder sie ihnen doch so nutzbar zu machen sucht, daß sie einen bleibenden Vortheil davon genießen.

20. Bey der Anwendung dieses Mittels muß jedoch der überbleibende Sold so groß, und die ökonomische Aufsicht der Officiers so treu und genau seyn, daß der Soldat keins der nöthigen und zur möglichsten Bequemlichkeit erforderlichen Bedürfnisse vermißt. — In diesem Falle würde ihm die gesparte Summe immer eine letzte Hülfe in einer unglücklichen Lage, oder auch bey dem widrigen Zufall bleiben, wo die Erschöpfung des Staats, oder der Feind den gewöhnlichen Sold eine zeitlang zurück hält.

21. Ein vortreffliches Sicherheitsmittel eines jeden Staats gegen das fressende Uebel der Desertion, ist, daß er mit allen umliegenden neutralen Staaten ein Kartel anfrichtet; das heißt, daß er sich gegen diesen, und letzterer sich gegenseitig anheischig macht, die Deserteure auf der Grenze, oder aus der ersten Garnison, wo man sie ertappt, sogleich zu arretiren, und sie auszuliefern.. Beyde Theile haben hiervon den größten Vortheil, wenn man der Sache auf den Grund sieht; und wird diese Maasregel genau befolgt, so findet der Deserteur nirgends Sicherheit, und wird also, wenn ihn nichts als Wankelmuth leitet, so leicht nicht den gefahrvollen Vorsatz ausführen.

§. 104.

2. Beobachtungen des Befehlshabers beym Aufruhr der Truppen.

Erstens. Besonders bey einer vorsätzlichen großen Empörung.

1. Alle Gründe, welche den Soldaten zur Desertion verleiten, können ihn auch, besonders beym Mangel der Bedürfnisse zum Aufruhr reizen; und nichts kann dem Feinde erwünschter seyn, als die Empörung der Gemüther gegen einander, in einem bewaffneten Haufen, der zu seiner Bestreitung bestimmt war.

2. Beginnen daher die Soldaten wegen Geld- oder Proviantmangels zu murren, so muß der Befehlshaber die Schuld davon auf einen unvorhergesehenen Zufall schieben, damit der Unwille über die lange Verzögerung weder auf ihn noch auf die Regierung falle.

3. Zugleich ist es eine edle und nützliche Aufopferung, dem Mangel mit dem eigenen und guter Freunde Gelde so viel als möglich abzuhelfen; denn es ist mit Recht zu vermuthen, der Soldat werde aus Dankbarkeit für die gegen ihn bezeigte Liebe, in den Schranken des Gehorsams bleiben.

4. Um aber auch alle Klagen wegen des Uebrigen zu stillen, und dem gegenwärtigen Mangel an Lebensmitteln abzu-

abzuhelfen, so muß den Leuten gesagt werden, man erwarte alle Augenblicke eine ansehnliche Unterstützung; denn der Mensch erträgt das gegenwärtige Uebel, bey dem freundlichen Stral der Hoffnung ungleich leichter, als in dem traurigen Dunkel unglücklicher Zukunft.

5. Oft entsteht der Widerwille der Soldaten entweder aus einer Furcht vor dem Feinde, oder aus einer geringen Meinung von dem Talente des Befehlshabers. Dann empören sie sich, und wollen unter diesem Vorwande der Unzufriedenheit, mit ihrem Anführer nicht fechten. Was nun bey einem solchen oder ähnlichen Vorfalle zu thun sey, gehört in die besondere Wissenschaft des Feldherrn, und zwar in das Hauptstück von dem Gebrauche des Gefechts.

6. Ist der Haß der Soldaten gegen ihren Befehlshaber der Grund zur Empörung, so kann man ihr durch die Bestrafung desselben, in sofern er schuldig ist, ein Ende machen; denn räumt man die würkende Ursache weg, so verschwindet die Würkung von selbst.

7. Entsteht aber der Aufruhr aus Haß gegen einen verdienten und tadelfreyen Officier, so giebt man vor, er solle ins Gefängniß, oder aus dem Lande, während man ihn in eine andere Vestung oder bey ein anderes Corps setzt.

8. Doch wäre es höchst übereilt, wenn man diesen Ausweg anders als in der größten Noth wählen wollte; denn man kann den Aufrührern keinen größern Gefallen thun, als einen Anführer aus dem Wege zu bringen, der durch seine Treue und Vorsicht ihnen das größte Hinderniß entgegen setzt.

9. Ist die Anzahl der Aufrührer gegen die noch treuen Bewaffneten gering, man befürchtet aber den Anwachs ihrer Macht, so greift man diese Misvergnügten ohne Verzug an, straft die Rädelsführer nach der Schärfe, giebt den Uebrigen einen starken Verweis, und läßt unmittelbar darauf eine allgemeine Verzeihung ausrufen, damit alle Furcht

und Mistrauen, woraus leicht die größte Verstockung folgen kann, schnell aus ihrem Geiste verbannt werde.

10. Ist die Macht der Aufrührer, aller Mühe ungeachtet, bereits so hoch angewachsen, daß der Sieg zweifelhaft, oder doch wenigstens höchst blutig und nur mit einem großen Verluste von Mitbürgern auf beyden Seiten, erlangt werden kann, so muß man überlegen, ob die aufrührischen Soldaten mehr Furcht oder Liebe für unsern Befehlshaber haben, und ob es neu geworbene oder alte Soldaten sind: Ein beliebter Anführer würkt durch Liebe, ein gefürchteter aber durch den Schreck am mehrsten.

11. Sind es neu geworbene Soldaten, aus welchen der größte Haufen der Aufrührer besteht, so lassen sie sich desto leichter schrecken; — doch bey alten Soldaten thut die Ehre eine ungleich bessere Würkung. Denn da diese nicht nur ihre Stärke kennen und sie zu gebrauchen wissen, so gewinnt man sie nicht anders, als durch Güte, und durch solche Vorstellungen, die den Ehrgeiz dieser alten Krieger, gegen welche Gewalt unnütz wäre, entflammen.

§. 105.

Fortsetzung.

12. Machen die Aufrührer und die uns noch treu Gebliebenen zusammen genommen eine so ansehnliche Macht aus, daß man dem Feinde die Schlacht anbieten darf, und nur der Aufruhr ist das einzige Hinderniß in diesem Entschlusse, so muß man das Heer zum Kampfe anfeuern. Denn wenn das Gefecht auch nicht unsere wahre Absicht ist, so schadet es doch nichts, wenn man sich so stellt, denn es giebt immer noch Mittel genug, den Feind dahin zu bringen, daß er die angebothene Schlacht ausschlägt, und unterdessen, daß die Aufrührer ihre ganze Aufmerksamkeit jetzt gegen den gemeinschaftlichen Feind des Vaterlandes wenden,

hat

hat man Zeit, die nöthigen Anstalten zur Stillung des Aufruhrs zu treffen.

13. Ist man aber würklich zum Gefecht entschlossen, oder der Feind ist von dem Aufruhr unserer Truppen unterrichtet, und will diese Trennung unserer Kräfte benutzen, so muß man in eigner Person, und durch allgemein beliebte Officiers, den Soldaten nachdrücklich vorstellen: nun zeige sich die ruhmvollste Gelegenheit ihren Fehler wieder gut zu machen, und zu zeigen, die Unruhe sey nur eine aufwallende Hitze, nicht aber ein Mangel der Treue.

14. Wollen aber die Aufrührer auf keinen Fall fechten, so müssen alle Mittel hervorgesucht werden, um sie einige Meilen weit vom feindlichen Heere weg, und jenseits eines Flusses oder einer Festung zu bringen. Denn wollte man sie in der Nähe des Feindes lassen, so würden bald die günstigsten Anerbietungen dieses letztern, die Desertion und selbst die Gefahr eines zernichtenden nächtlichen Ueberfalls, aufs höchste steigen.

15. So lange indessen die Aufrührer noch in der Nähe des Feindes stehen, so, daß sie vom Feinde leicht Hülfe erhalten können, so muß man sich in diese Lage fügen, und ihnen so lange alles mögliche zu Gefallen thun, um mit guter Art die große drohende Gefahr zu meiden; nur muß ihnen auf keinen Fall eine Festung, oder sonst etwas eingeräumt werden, wodurch ihre Macht vergrößert und verstärkt wird.

16. Hat man gleich nicht zu befürchten, die Zahl und Macht der Aufrührer werde zunehmen, so ist es dennoch der Klugheit gemäß, in jedem Falle vor der Gewalt die Güte und Ueberredung zu gebrauchen.

17. Denn auf diese Weise wird entweder dem Unheile abgeholfen, ohne daß eine heimliche Erbitterung in den Gemüthern zurückbleibt; oder wenn die Güte ja keine Würkung thun sollte, so ist man doch nachher wegen des zerstörenden Gebrauchs der Strenge, völlig entschuldigt. Ueber-

dieß beraubt man sich nicht muthwillig, indem das Leben der Aufrührer geschont wird, so mancher braven gedienten Krieger, die noch durch Güte wieder zur Treue zurückgeführt werden können, welches oft durch das Beyspiel der Gehorsamen erhalten wird.

18. Man kann es auch nicht läugnen, daß es eine Art von Grausamkeit ist, wenn man eine aufrührische Truppe sogleich mit Feuer und Schwert ausrotten will, ohne ihr die geringste Zeit zu lassen, daß der Zorn verrauche, und die Stimme der Vernunft und der Ehre nebst der Furcht vor der Strafe, ihre Würkung thun könne.

19. Während nun den aufrührischen Truppen Zeit gelassen wird, ihren Fehler zu bereuen, schickt man die bey ihnen am mehresten beliebten Officiere an sie ab, läßt sie an ihre bereits geleisteten Dienste erinnern, und führt sie auf diese Weise mit guter Art auf den Gedanken, daß man immer noch daran denke und sie dafür belohnen werde, wenn sie von ihrem Unfuge abstehen.

20. Diese Officiers gehen von einem Soldaten zum andern, und stellen jedem die Größe des Verbrechens vor, was für unvermeidliche Gefahr ihnen bevorstehe, wie sehr sie ihre Ehre beflecken, wenn sie nicht diese Widersetzlichkeit verbannen, und ihre Aufwiegler ausliefern, oder sie wenigstens verlassen. Zugleich müssen ihnen die theuersten Versicherungen der Vergebung alles Vorgefallenen gegeben und gehalten werden.

21. Denn ist den Aufrührern einmal die Furcht vor einer künftigen schweren Strafe benommen, so werden sie ohne langes Bedenken zum Gehorsam zurückkehren. Damit aber diese Absicht desto besser erreicht werde, so muß blos alle Schuld auf die Anstifter der Unruhe geschoben werden, damit die übrigen desto weniger an der Vergebung zweiflen, indem sie blos an die Bestrafung der Rädelsführer glauben.

22. Wäh-

22. Während der Anwendung dieser Mittel muß der Befehlshaber jedoch nie die Vorsicht vernachlässigen, die Macht der Aufrührer durch Zwist und Mißtrauen derselben gegen einander zu schwächen, die er sich bemüht durch seine geheimen Anhänger unter ihnen zu bewürken; auch darf er zu diesem Zwecke keine Geschenke und Versprechungen sparen, wenn ihm das allgemeine Wohl vor Augen steht, und er auf eine leichte Art so seinen Anhängern die Uebermacht verschaffen kann.

§. 106.

Fortsetzung.

23. Sind wir den Aufrührern überlegen, und schon in einer drohenden Schlachtordnung gegen sie aufmarschirt, so giebt man ihnen noch einmal zu erkennen, daß es bekannt sey, wie sehr sie von ihren Anführern betrogen würden; wen daher seine Uebereilung jetzt noch reue, dem stehe es frey, ohne Strafe zu uns zu kommen.

24. Bewürkt diese Maaßregel den Abfall der Gemüther von den Chefs des Aufruhrs, so muß es dahin geleitet werden, daß diese und ihre hartnäckigsten Anhänger durch die eigenen Hände der zu ihren Pflichten zurückkehrenden ergriffen und bestraft werden.

25. Dies schreckliche Beyspiel wird jeden abhalten in der Folge sich abermals an die Spitze eines Aufruhrs zu stellen; der so handelnde Befehlshaber hat hingegen hierdurch die Ehre, dem ganzen Unheile plötzlich ein Ende gemacht, ohne sich jedoch den Haß, den die Bestrafung gewöhnlich nach sich zieht, zugezogen zu haben.

26. Denn da ihn die Aufrührer selbst den Dienst erweisen, die Vollziehung der Strafe an ihren Cameraden

selbst zu übernehmen, so ist er alles strengen Verfahrens gegen diejenigen überhoben, die mit wahrer Reue zu ihrer Schuldigkeit zurückkehren, und ihr Leben durch ihrer Mitschuldigen Tod erkaufen.

27. Haben sich nun die Aufrührer unsern Wünschen gemäß bezeigt, so muß man sie unter keinem einzigen Vorwande und auf keinen Fall abdanken; denn da dies ein Zeichen unsers immer noch herrschenden Mistrauens ist, so würde eine folgende Unruhe desto hartnäckiger werden. Doch muß man sie nicht an dem Orte lassen, wo der Frevel begangen wurde, und wo ihre Cameraden die Strafe dafür empfingen. Diese beständigen Zeugen ihrer Verbrechen müßten sie natürlich stets mit Furcht und Betrübniß erfüllen, und einen schädlichen Ausbruch erneuen können.

28. Empörungen nehmen ihren Anfang sehr oft mit allerley frevelhaften Beginnen, und zuletzt wird ein höchst gefährliches Unheil daraus. — Bemerkt daher ein Befehlshaber an seinen Soldaten solches unruhiges und widerspenstiges Wesen, das man entweder wegen der schlechten Liebe der Soldaten gegen ihre Regierung, oder wegen der heimlichen Verständnisse der Oberhäupter mit dem Feinde, als Vorbothen eines förmlichen Aufruhrs ansehen kann; so muß er dem Ausbruch durch große, aber auf Schrauben gestellte Versprechungen vorzubeugen suchen.

29. Während man sich nun immer fort bemühet so viel Anhänger als möglich auf unsere Seite zu bringen, um frische oder doch entfernte Hülfstruppen ansucht, und sie in aller Stille auch mit Vorwand einer geheimen Unternehmung anrücken läßt, so bezeugt man sich ganz furchtlos, bewürkt eine schnelle, und wo möglich geheime Verbindung mit den neuen Truppen und tritt nun erst in der Gestalt eines Gebieters auf.

30. Sind die im öffentlichen Aufruhr befindlichen Truppen, durch die Gewalt wider zum Gehorsam gebracht, so

Tabelle über den in einem Regimente vorfallenden D

No. Staabs-Officiers thun	Capitains thun	Lieute
		Er
1. Sturm.	1. Sturm.	1. St
2. Transcheen.	2. Transcheen.	2. Tr
3. Große Commandos.	3. Große Commandos.	3. Gr
		Zwe
1. Kriegesrecht.	1. Kriegesrecht.	1. Kr
2. Commission zum Rechtsspruch.	2. Commission zum Rechtsspruch.	2. Co Ree
		Dri
1. Ausrückendes Piket.	1. Ausrückendes Piket.	1. Au
2. Kleine Commandos.	2. Kleine Commandos.	2. Kl
	3. Generalwachen.	3. Ge
		4. Or
		5. Fa
		Vie
1. Reserve Piket.	1. Reserve Piket.	1. Re
2. Dujour.	2. Verhöre.	2. Ve
3. Verhöre.		3. Fa

…über das Verhältniß der verschiedenen Arten. S. 111.

…ähn.	Unterofficiere thun	Gefreiten und Soldaten thun
…se.		
	1. Sturm.	1. Sturm.
	2. Transcheen.	2. Transcheen.
…dos.	3. Große Commandos.	3. Große Commandos.
…asse.		
	1. Kriegesrecht	1. Kriegesrecht.
…		
…sse.		
…ket.	1. Ausrückendes Piket.	1. Ausrückendes Piket.
…ndos.	2. Kleine Commandos.	2. Kleine Commandos.
	3. Generalwachen.	3. Generalwachen.
	4. Ordonanzen und Fahnenwachen.	4. Ordonanzen und Fahnenwachen.
…asse.		
	1. Reserve Piket.	1. Reserve Piket.
	2. Fatigue Commandos.	2. Fatigue Commandos.
…ndos.		

so ist es genug, wenn man sein Wort hält, und ihnen das Leben schenkt, denn allem Vermuthen nach wird ihnen nicht mehr versprochen seyn.

31. Da es indessen höchst gefährlich wäre, die Glieder eines so bösartigen Körpers vereinigt zu lassen; so müssen die zur Ruhe durch Anwendung der Gewalt zurück gekehrten Truppen, entweder abgedankt oder unter andere Regimenter gesteckt werden, oder man zertheilt sie in unterschiedliche Provinzen, damit dem Feinde dadurch alle Gelegenheit sie von neuem zu verführen benommen werde.

32. Sind also alle bisher vorgeschlagenen Mittel zur Stillung des Aufruhrs nicht hinlänglich, und breitet sich auch dieser Geist der Widersetzlichkeit unter den Einwohnern aus, die uns an Macht überlegen sind, so müssen unsere Truppen schnell in andere Gegenden rücken, damit sie weder überfallen, noch durch das böse Beyspiel noch mehr in ihren empörenden Vorsätzen bestärkt werden.

33. Ein Fürst muß einen Aufstand der Soldaten nie in eigener Person zu stillen verlangen; es sey dann, daß seine Macht ihm den gewünschten Ausgang schon vorher versichert. Es ist dem Fürsten nicht allein schimpflich, wenn er in einem Streite mit seinen Unterthanen, unterliegt; sondern alle Hoffnung zur Besserung der Empörer ist auch vergebens, wenn sie einmal durch die persönliche Beleidigung ihres Fürsten, ihren Frevel zu einer solchen Höhe getrieben haben, daß Vergebung nun unmöglich wird.

34. Selbst wenn man auch annimmt, die Gegenwart des Fürsten bringe die größte Anzahl der Empörer auf andere Gedanken, so kann doch niemand gut dafür sagen, daß nicht vielleicht ein Bösewicht eine verruchte That begeht, oft nur blos um sich dadurch berühmt zu machen.

35. Der Fürst, oder auch der Oberfeldherr muß daher sich nie unter aufrührische Truppen begeben, wenn nicht

 die

die äußerste Gefahr droht, und kein anderes Mittel zur Erhaltung der Ruhe sich zeigt; denn in diesem Falle können um so mehr die gewöhnlichen Regeln nicht mehr die Richtschnur des Verfahrens seyn, da der Gebrauch unumschränkter Gewalt stets, entweder völlige Sicherheit, oder äußerste Verzweiflung voraussetzt.

36. Es ist, wie aus dem vorigen erhellt, zwar sehr klug, daß der Feldherr oder Fürst sich selbst nicht unter die Rebellen begiebt, — doch ist es eben so vortheilhaft, allerley Anstalten und den Entschluß zur Reise bekannt zu machen. Die Rebellen werden voraussetzen, daß der Fürst diesen Entschluß nicht ergriffe, wenn seine Macht nicht mit einem Schlage den Aufruhr stillen könnte, sie werden also wahrscheinlich eine zuvorkommende Unterwerfung für das beste halten.

§. 107.

Zweytens. Besondere Beobachtungen der Officiere, um die kleinen Streitigkeiten der Soldaten unschädlich zu machen.

1. Oft entsteht unter den Soldaten, oder zwischen diesen und den Einwohnern ein kleiner Zwist, der, wenn er nicht in der Geburt erstickt wird, leicht eine größere Unruhe, wohl gar ein Gefecht der Soldaten gegen einander, oder gegen die Bürgerschaft nach sich ziehn kann. Selbst wenn die erste Hitze dieser Ausschweifungen verraucht ist, so können die Folgen dennoch immer höchst beschwerlich seyn, weil die Verbrecher aus zu großer Furcht alle Versprechungen als bloßen Schein aufnehmen, und schnell sich in den Schutz des Feindes begeben können.

2. Die

2. Die Zänkereyen der Soldaten und Einwohner, haben gewöhnlich ihren Grund in der zu großen Begehrlichkeit der erstern, oder in dem Geize der letztern. Oft hält es der Officier oder Soldat für schimpflich einen Bürger zu verklagen, und sucht sich selbst Recht zu schaffen, wobey er dann gewöhnlich weiter geht, als er soll. Der unterdrückte Einwohner wird leicht bey seinen Nachbaren Hülfe finden, um ähnlicher Fälle in der Folge wegen, und so kann ein höchst gefährlicher Auflauf entstehen.

3. Um nun diesem Unheile vorzubeugen, so muß öffentlich ausgerufen werden; es solle sich bey Lebensstrafe kein Bürger unterstehen, seine Nachbarn gegen die Soldaten ins Gewehr zu rufen, noch solle ein Soldat dies gegen die Bürger thun.

4. Eine gleiche Strafe muß den Soldaten durch die Kriegsartikel zugesprochen werden, wenn er sein Regiment, seine Compagnie, die Kameradschaft, oder Landsleute gegen die Soldaten eines andern Schlachthaufens, oder von einer andern Nation oder Religion ins Gewehr ruft.

5. Läßt nun überdieß jeder Befehlshaber sowohl den Soldaten als den Einwohnern seines Distrikts volle Gerechtigkeit widerfahren, so wird so leicht keiner die eigene Rechtsausübung begehen; denn sowohl der Einwohner, der zu wenig giebt, als der Officier und Soldat, die zu viel verlangen, werden der Strafe nicht entgehen.

6. Die gefährlichsten Zänkereyen der Soldaten untereinander, sind diejenigen, welche ganze Corps gegen einander in Harnisch bringen, besonders wenn sie aus verschiedenen Nationalen oder Religionsverwandten bestehen. — In diesem Falle ist der Spott so leicht und so gewöhnlich, daß selbst jeder ein laut ausgesprochenes ihm unverständliches Wort des andern, für ein Scheltwort aufnimmt.

7. Der Streit über vergangene Dinge, der Ruhm, den sich eine jede Nation an den gewonnenen Schlachten, in Rücksicht ihrer Tapferkeit zuschreibt, die Schuld, die sie der andern wegen des Verlustes der andern aufbürdet: der Neid des einen Theils, daß der andere größern Sold, oder eine ausgezeichnetere Gnade der Regierung und der Feldherrn genießt, zu welcher sich jeder berechtigt glaubt, — des beständigen Gespöttes über gegenseitige Lebensart und Tracht nicht einmal zu erwähnen, sind die gewöhnlichen Ursachen zu den größten Zwisten, die immer erst klein beginnen, und nur durch die Nachlässigkeit der Befehlshaber zu zernichtenden Empörungen ganzer Heertheile heran wachsen.

8. Diesen Gelegenheiten zu Schlägereyen muß dadurch vorgebeugt werden, daß sowohl den Gemeinen als den Officiers bei Lebensstrafe verboten wird, mit andern Kriegern von einer andern Nation oder Religion, über den Vorzug dieser beyden Dinge in Rücksicht der eigenen, zu sprechen.

9. Der bessern Sicherheit wegen, müssen auch die Schlachthaufen zweyer Nationen oder Religionspartheyen, die in unserm Heere dienen, so viel als möglich, in den Lägern oder Quartieren von einander entfernt werden. Ferner muß man einer jeden Streifwache zur Erhaltung der Ruhe Officiers und Soldaten von jeder Nation geben, damit der Gehorsam gegen dieselben von beyden Theilen gleich groß sey.

10. Dieselben Maaßregeln müssen zur allgemeinen Sicherheit bey der Nähe zweyer Haufen getroffen werden, die übrigens zwar von einer Nation oder Religion sind, aber vielleicht einen unauslöschlichen Haß gegen einander hegen; denn hieraus würden dieselben schädlichen Folgen als durch die Verschiedenheit der Nationen oder der Glaubenslehre entstehen.

11. Außer

11. Außer der steten Wachsamkeit und dem Patrouilliren der Polizeybedienten und der Provosen, ist auch noch die Anlegung einer Wache von jedem Corps nöthig, in deren Nähe nur allein alle die Anlagen zu dulden sind, wo sich der Soldat vergnügen kann. — Auch müssen von jedem Corps einige Officiere und Soldaten besonders dazu bereit gehalten werden, auf den ersten Wink herbeyzueilen, und durch Gewalt oder Zureden den Zwist zu stillen.

12. Damit aber der Feind auf keine Weise von solchen Vorfällen Nutzen ziehen könne, so müssen alle Sicherheits-Wachen des Standorts durch dazu stets in Bereitschaft gehaltene Leute, sogleich verstärkt, und alle übrigen Posten unmittelbar besetzt werden, die einen plötzlichen Ueberfall unmöglich machen. Ueberdieß darf keine einzige Wache irgend einem bewaffneten Trupp in den Standort lassen, wenn ihn nicht ein sehr bekannter Officier anführt.

13. In einer solchen gefährlichen Lage muß man indessen nicht unterlassen die Aufrührer auf den gemeinschaftlichen Feind aufmerksam zu machen, sie zu ihrer Pflicht gegen das Vaterland zu ermahnen, und so lange ihre besondern Streitigkeiten bey Seite zu setzen, bis ihr verbundener Muth den allgemeinen Feind besiegt habe. Droht der Feind nicht, so kann man auch selbst durch einen ins Geheim ausgesandten Haufen, Lerm machen lassen, und eine scheinbare Gefahr vorspiegeln.

14. Hat man sie nämlich durch irgend ein Mittel nur erst einmal auseinander gebracht, so verraucht die Hitze allmählich, und man kann eine der beyden Partheyen, unter dem Vorwande einer Recognoscirung oder sonstigen geheimen Unternehmung, schnell ausrücken lassen. Unterdessen erdenkt man einen andern Vorwand und schickt diesen Schlachthaufen, noch ehe er wieder einmal in den alten Standort zurückgekehrt ist, unverzüglich nach einem andern. — Entsteht der Lerm zwischen den Einwohnern und ihrer Besazzung,

zung, so ist es am klügsten, letztere auf eine gute Art abzulösen.

15. Sieht der Befehlshaber eines Standorts oder eines Distrikts davon, daß der Lerm, aller seiner Bemühungen ungeachtet stets überhand nimmt, so bleibt freylich nichts als Gewalt übrig, und er muß daher in aller Stille die Befehlshaber solcher nahe gelegenen Schlachthaufen um Hülfe und schleuniges Herbeykommen ersuchen, deren Individuen weder Glaubensbrüder noch Landsmänner von der schwächern Parthey sind, und sich zu dieser schlagen könnten, denn dies hieße nicht Wasser sondern Oel ins Feuer gießen.

Die Stellungskunst.

In drey Abschnitten.

Ersten Theils Erster Band.

Zweyte Abtheilung.

Inhalt.

Die Stellungskunst.

Erster Abschnitt.

Allgemeine Grund- und Lehrsätze der Stellungskunst.

I. Hauptgrundsatz. Eintheilung der Terrain-Gegenstände in verschiedenen Rücksichten.

A. Grundsatz. Eintheilung der Natur-Gegenstände im Allgemeinen.

§. 1.

1. Wäre die Oberfläche der Erde blos eine Ebene, und herrschte keine Verschiedenheit der Gegenstände darauf, so würde die ganze Lagerung und vortheilhafte Stellung der Truppen-Arten zum Gefechte, sich völlig in die Grenzen der reinen Tactik und Befestigungskunst einschließen lassen.

2. Da aber dieß nicht der Fall ist, sondern durch die unendlich verschiedene Zusammensetzung der Terrain-Arten, eine eben so unendliche Zahl besonderer Stellungs-Ordnungen hervor gebracht werden muß, so wird hierdurch die besondere Benutzung der Natur-Gegenstände zu einer eignen Wissenschaft.

3. Da aber diese Gegenstände, aus deren verschiedener Zusammenstellung die Gegenden des Kriegsschauplatzes ent-

entstehen, gewisse Vortheile oder Nachtheile bey den dreyen Waffen in Rücksicht des Angri es oder der Vertheidigung haben, so müssen wir diese vorher kennen lernen, ehe wir die Truppen nach den Vortheilen des Terrains, zur Erreichung eines der beyden Zwecke der militairischen Ordnung, gegen ein nachtheiliges Gefecht, in jedem Zeitpunkte des Krieges, sowohl während der Ruhe als der Bewegung der Truppen, sichern und ihre zur wechselseitigen Unterstützung eingerichtete Vertheilung bestimmen können.

4. Die Gegenstände, welche sich auf der Oberfläche der Erde befinden, lassen sich eintheilen:

a) In Wasser; woraus Quellen, Bäche, Flüsse, Ströme, Seen und Moräste enstehen.

b) In festes Land; welches aus Felsen, Klippen, Bergen, Höhen, Hügeln, sanften Abdachungen, Erdzungen und ebenen Flächen besteht. Unter dem Horizonte giebt es Gruben, Erdaushölungen, Erdrisse, Schluften, Tiefen, Gründe und Abgründe.

c) In menschliche Bauwerke; als: Festungen, Städte, Markt-Flecken, Dörfer, Kirchen, Schlösser. Ferner Heerstraßen, Brücken, Dämme, gemachte Kanäle und Feldgräben.

d) Pflanzen; als: Korn, Bäume und Buschwerk. Woraus lichtes Holz und dicke Waldung, einzeln liegende Boskette, Feldgärten, Zäune und Hecken gebildet werden, theils durch die Natur, theils durch Menschenhände.

Dieß wären nun die Terrain-Gegenstände, welche auf die Stellordnung der Truppen, in Rücksicht ihrer Sicherheit vor einer nachtheiligen Lage, während eines Gefechtes, in Betracht gezogen werden müssen.

B. Grundsatz. Vortheile der Terrain-Arten, in Rücksicht der Waffen.

§. 2.

1. Da aber der Kampf der Krieger durch Schießen oder Stoß geschieht, und auch durch eines dieser beyden Mittel

ent-

entschieden werden muß, so ist also nur dasjenige Terrain für die militairische Stellordnung der Truppen vortheilhaft, welches ihnen die Ausführung beyder, oder nur einer Fechtart gegen den Feind erlaubt, diesem aber beyde Arten entweder gänzlich untersagt, oder sie ihm doch nur mit weit geringerer Würkung, als dieß bey uns Statt findet, auszuführen gestattet.

2. Das Feuer der Truppen entsteht entweder durch das grobe Geschütz oder durch Musqueterie.

3. Bey dem hohen Bogenwurfe des Geschützes, kommt nur blos die Höhe des von der Bombe zu übersteigenden Gegenstandes, und nicht die Veränderungen des Terrains in Betrachtung.

4. Das Terrain, welches aber den andern Feuerarten die meiste Würkung giebt, ist eine mäßige, sich nach der Entfernung des Feindes richtende Erhöhung über denselben, oder ein Ort, der den Feind zwingt in schmaler Front und großer Tiefe zu agiren, oder durch dessen Passierung seine Linie gebrochen wird, und er also in Unordnung und nicht ganz vertheidigungsfähig ist.

5. Auch kann nur das Feuern der Truppen geschehen, wenn sie auf hartem Boden stehen, und dieß begünstigt hauptsächlich die Würkung des groben Geschützes.

6. Die Niederwerfung oder Ueberwindung des Feindes durch den Stoß, entstehet entweder durch den Choc der Cavallerie, oder den Bajonet-Angriff der Infanterie.

7. Da der Choc der Truppen eine entscheidendere Würkung als ihr Feuer giebt, und man sich bey der Ausführung desselben von seinem Platze bis auf den Standort des Feindes bewegen muß, das Feuer der Truppen hauptsächlich aber nur würksam ist, wenn sich dieselben im Stande der Ruhe befinden, so folgt hieraus, daß der Choc sich vorzüglich für denjenigen schickt, welcher den Feind von seinem Orte verjagen will, und das Feuer für diesen Feind selbst, welcher den Platz, worauf er steht, behaupten will.

8. Ferner, daß nur dann von Infanterie und Cavallerie ein Choc ausgeführt werden kann, wenn es das zwischen uns und dem Feinde liegende Terrain zuläßt, daß wir in unserer, zur Ausführung des Chocs nöthigen Ordnung und Geschwindigkeit an ihn kommen können.

9. Da aber ein Pferd in Vergleichung mit einzelnen Menschen, nur sehr wenige Gegenstände des festen Landes zu übersteigen im Stande ist, die Schlachtordnung der Reiterey auch weit leichter unterbrochen, und weit schwerer wieder hergestellt werden kann, als dieß beydes bey der Infanterie Statt findet, auch die Würkung des Cavallerie-Chocs hauptsächlich durch die große Geschwindigkeit entstehet, mit welcher er ausgeführt wird, so folgt hieraus: daß dasjenige Terrain für die Ausführung des Chocs am besten ist, welches die größtmöglichste Geschwindigkeit der Truppen zuläßt, und dabey die wenigsten Schwierigkeiten zur Erhaltung der Ordnung entgegen setzt.

10. Dieß ist also ohne Zweifel bey der Cavallerie die Ebene und eine sanft anlaufende Höhe, doch bey letzterer für denjenigen am vortheilhaftesten, welcher dieselbe hinauf chockirt, weil dieser nicht so wie der, welcher die Höhe herunter kömmt, das Stürzen zu befürchten hat, und die Erfahrung lehrt, das im ersten Falle die Pferde mehr Kraft anwenden und die Ordnung leichter beobachtet wird.

11. Bey dem Choc der Infanterie ist es gerade das Entgegengesetzte; denn hier hat derjenige Choc die größte Würkung, welcher von einer mäßigen Anhöhe herunter geschiehet; und derjenige die wenigste Würkung, und weniger als der, welcher auf einer Ebene ausgeführt wird, welchen man einen Berg hinauf unternimmt.

12. Ist aber der Winkel, welchen der Horizont mit dem Abhange des Berges macht, über 30 Grade groß, so kann nicht gut auf diesem Abhange irgend ein Choc mehr ausgeführt werden.

13. Uebrigens müssen alle diejenigen Terrain-Arten die Würkung des Chocs befördern, welche dem Feind gerade im

im Augenblicke des Angriffes, seine Ordnung brechen, und ihn zum Theil vertheidigungslos machen.

C. Grundsatz. Eintheilung der Terrain-Gegenstände nach den durch sie zu erhaltenden Vortheilen in militairischer Rücksicht.

§. 3.

1. In militairischer Rücksicht lassen sich nun auch die verschiedenen Terrain-Arten eintheilen:

a) In solche, über welche ein Choc der Truppen ohne Hinderniß geschehen kann.

b) In solche, über welche nur ein Choc der Truppen mit Aufopferung ihrer Kräfte während der Uebersteigung des Terrains; oder mit augenblicklicher Brechung ihrer Schlachtordnung geschehen kann.

c) In Defilees, durch welche zwar ein Choc, aber nur in Colonne geschehen, oder diese diesseits des Defilees erst wieder entwickelt werden muß.

d) In solches Terrain, dessen Beschaffenheit gar keinen Choc, sondern nur Gefecht mit den Feuer-Waffen zuläßt.

e) Solches Terrain, welches keinen Feuer-Angriff, wohl aber den Choc der Infanterie und Cavallerie gestattet.

2. Ebene und sanfte Anhöhen, machen nur blos die erste Art Terrain aus, zu der zweyten gehören aber schwer zu ersteigende Berge, Hecken, Wassergraben, Zäune, Buschwerk, Gruben, Hohlwege und Mauerwerk.

3. Die dritte Art kann bey mehreren Gelegenheiten Statt finden, indem Defilees durch dicke Waldungen, Felsen, breite Gewässer, Moräste, Erdaushölungen und ungangbare Gebürge, gebildet werden.

4. Die vierte Terrain-Art entstehet durch tiefe Felsenklüfte, impassabele Moräste, und breite Gewässer, auch durch Berge und Ravins mit steilen Böschungen.

5. Die fünfte Terrain-Art bestehet in dicker Waldung, welche zwischen den beyderseitigen Truppen liegt, und aus Defileen, die von erhabenen Gegenständen gebildet werden, durch welche der Angriff mit der Feuerwaffe nichts helfen würde, da dieselbe nur in kleiner Zahl gegen einen überlegnen Feind, wegen der Einschränkung, welche die Defileewände verursachen, gebraucht werden kann.

6. Man könnte zwar noch eine sechste Art Terrain, nämlich: solches bemerken, über welches gar kein Gefecht auszuführen wäre, allein hier wird man sich nur herstellen, wenn man aller Gelegenheit zum Schlagen entgehen will, da hier sonst gar keine Vertheidigung nöthig ist.

7. Nach dieser Eintheilung der verschiedenen Terrain-Gegenstände, wollen wir jetzt bey jeder Art desselben die drey Waffen so zu postiren suchen, daß der Feind sie nicht mit der vollen Kraft seines Feuers oder seines Chocs angreifen kann.

8. Das eigenthümliche des Feuers erfordert ein vorwärts freyes bey der Musqueterie, einen nicht über 300 Schritte von ihr entfernten Standort, des anzugreifenden Feindes;

9. Die Ausführung des Chocs aber, sowohl der Infanterie als ganz besonders der Cavallerie, ein so viel als möglich ebenes, und nicht mit Gräben, Morästen und Ravins durchschnittenes Terrain.

10. Hieraus sieht man, daß also Alles darauf ankommt, bey jeder Terrain-Art, durch die Stellung der Waffen dem Feinde so viel als möglich diese zur Ausführung der beyden Fechtarten, unumgängliche Vortheile zu entziehen, oder sie ihn doch nur mit großer Entkräftung erreichen zu lassen.

II. Haupt-

II. Hauptgrundsatz. Stellung der drey Waffen nach den Terrain-Vortheilen, einzeln genommen.

A. Grundsatz. Vortheilhafte Stellung des Geschützes.

§. 4.

a. Lehrsatz. In Rücksicht des Platzes an sich.

1. Die Stellung des Geschützes läßt sich betrachten:

a) In Rücksicht des Bodens.

b) In Betrachtung der Deckung.

c) In Betracht der Behauptung verschiedener Terrain-Gegenstände.

d) In Rücksicht der Vertheilung.

2. Was den ersten Punkt betrift, so ist dabey folgendes zu merken: Ein etwas harter Boden, Weiden, Wiesewachs u. s. w. begünstigen den Effect des Geschützes.

3. Wenn vor dem Geschütze sich ein ebner Boden bis auf 800 Schritte findet, so ist die Wirkung der Trauben um die Hälfte größer, als auf weichem Feldlande, hügelichter Haide ꝛc.

4. Auf einem ebnen Boden kann man noch auf 1200 bis 1500 Schritte sich einen größern Effect versprechen, als auf 1000 bie 1200 Schritte in hügelichtem und unebenem Terrain, mit der zur Entfernung passenden Elevation.

5. Auf einem sehr hügelichten, morastigen, oder mit Gräben durchschnittenen Boden, kann man über 1200 Schritte gar keinen geschwinden Effect von dem Geschütze mehr erwarten.

6. Auf ein erhöhetes Terrain, das sich auf 600 bis 1000 Schritte sanft nach dem Feinde hin senkt, ist das Geschütz in den meisten Fällen vortheilhafter als auf jedes andere placirt.

7. Hat eine Kanone ein wellenförmiges Terrain, kleine Berge, Aufwürfe u. s. w. vor sich, so verliert sie viel von

dem Effect, welchen sie in der Ebene leistet, wenn sie auch so hoch stehet, daß sie das ganze Terrain beherrscht.

8. Hat man einen sanften Abhang vor sich, oder befindet man sich auf der Ebene, so erhält man den rasirenden Schuß, nnd kann auch zugleich den Feind immer im Feuer haben.

9. Sind in der Entfernung von 500 Schritten bis an die Kanone, solche Vertiefungen und Erhöhungen, so ist ein Geschütz in Absicht der Vertheidigung gegen einen Angriff schlecht placirt, und nach Beschaffenheit der Höhen und Vertiefungen von geringem Effect.

§. 5.

b. Lehrsatz. In Betracht der Bedeckung.

1. Es ist meistens gefährlich, wenn man solche Gegenstände nahe vor der Front hat, die eine kleine Bewegung rechts oder links, oder vorwärts verhindern können, denn man muß hier bedenken, daß die Truppen eine andere Stellung bekommen können, daß der Feind rechts oder links angreifen, und daß man also die Front zu verändern, gezwungen werden kann.

2. Kann man auf Bergen sich nicht so stellen, daß man diese Vortheile genießet, so muß man im Voraus rechts und links sich Plätze ebenen.

3. Hinter Hecken, Wassergräben, Holzung, Häusern, morastigen Oertern, Defileen, also hinter Gegenstände, die dem feindlichen Choc hinderlich sind, setzt man sich auf 300 bis 600 Schritte.

4. Denn da es hier die Absicht ist, den Feind durch eine entscheidende Würkung in Unordnung zu bringen, um ihn dann durch einen schnellen Angriff gänzlich über den Haufen zu werfen, oder ihn auch ohne diesen aufzuhalten, so muß man sich dem feindlichen Flinten-Feuer nicht aussetzen, und eine starke Batterie wird auf 800 Schritte oder wenigstens 600 Schritte jedem Feinde den Durchgang eines Defilees,

filees, wenn sie dasselbe der Länge nach im Schusse hat, fast unmöglich machen.

5. Wenige Kanonen werden dieß aber erst können, wenn sie auf den Traubenschuß, auf 300 bis 400 Schritte nahe vor demselben stehen.

6. Es ist vortheilhaft weiter hinter den oben genannten Gegenständen zu stehen, indem man sich dann dem feindlichen Geschütze weniger aussetzt.

7. Hat man aber wenig Geschütz, sind die Gegenstände leicht zu passiren, hat man nicht hinlänglich Truppen, die über den Feind herfallen und die geringste Unordnung gleich benutzen können, so werden diese Gegenstände passirt, ohne daß in dieser Distanz das Geschütz dem Feinde wesentlichen Nachtheil verursachen kann.

8. Kleiner Hügel, vorzüglich Vertiefungen und Gräben, muß man sich zur Deckung gegen das feindliche Feuer bedienen.

9. Hat man einige Stunden Zeit, so schneidet man sich ein, man gräbt sich da, wo die Kanone stehen soll, 1½ Fuß ein, und wirft die Erde nach dem Feinde zu; so daß die Kanone, wenn sie in dem Graben stehet, über den Aufwurf reicht.

10. Setzt man sich in einer kleinen Vertiefung so, daß das Geschütz noch eben hervorreicht, so ist man bis auf die Hälfte gedeckt.

11. Man erhält diese Vortheile in den meisten Fällen, wenn man das Terrain vorher kennt, und der Natur etwas mit der Schaufel hilft, da wo die Kanonen stehen den Abhang absticht u. s. w.

12. Die Kugelbahn und das Ricoschettiren der Kugeln, wenn das Terrain auch etwas wellenförmig ist, sichern davor, daß der Feind nicht aus der Schußlinie kommt.

13. Das Wurfgeschütz stellt man oft ganz verdeckt; übrigens muß man immer suchen, die Munitions-Wagen zu sichern.

§. 6.

§. 6.

c. Lehrsatz. In Betrachtung der Behauptung der wichtigsten Terrain-Gegenstände.

Hier kommt es nun jetzt darauf an, die Artillerie zur Behauptung der wichtigsten Terrain-Gegenstände zu postiren, und zwar:

Erstens zur Behauptung eines Defilees.

1. Man setzt sich, wie erwähnt, in den meisten Fällen 300 Schritte hinter das Difilee. Bestehet das Defilee in einem Damme oder einer Brücke, und will man sich wie gewöhnlich vor dasselbe setzen, so hat man sich nicht vortheilhaft placirt, indem der Feind hier, von vorne und von beyden Seiten angreift, und wenn auch nur einzelne Männer durchdringen, so ist das Geschütz außer Actität gesetzt.

2. Setzt man sich in das Difilee, so ist man, wenn dieß vorn in demselben geschieht, noch dem feindlichen Feuer von allen Seiten ausgesetzt.

3. Dieß concentrirt sich hier, da hingegen das unsrige aus einander gehet, und es wird in manchen Fällen selbst das feindliche Infanterie-Feuer, das Artillerie-Feuer im Difilee zum Schweigen bringen können.

4. Man siehet hieraus, daß es am besten ist, wenn man sich auf eine solche Weite hinter das Defilee setzt, wo die Trauben noch eine entscheidende Würkung leisten und wo zugleich das feindliche Infanterie-Feuer von der andern Seite des Defilees unser Geschütz nicht erreichen kann.

5. Hinter eine 50 Schritt lange Brücke, setzt man sich auf 250 Schritte; und hinter einen 100 Schritte langen Damm auf 200 Schritte.

6. Diese Stellung hat Vortheile vor andern, aber dennoch wieder ihre Ausnahmen. Sind die Flanken der Artillerie nicht hinlänglich gedeckt, stehet die Artillerie nicht zwischen der Infanterie: so können einige Trupps Cavallerie, die einzeln debouschiren, die Artillerie im Rücken fassen und sie außer Action setzen. Die Traubenschüsse verlieren hier durch das

einzelne

einzelne Debouschiren der Cavallerie-Trupps, das meiste von ihrer Würkung.

7. Soll die Artillerie den Durchgang zweyer Berge, Häuser oder mit Waldung bedeckter Höhen vertheidigen, so ist dieß eine schwerere Sache; denn hier können die schon im Defilee sich befindenden Feinde, dem Geschütze noch immer in die Flanken kommen.

8. Die Stellung des Geschützes hängt hier von den Umständen ab. Hat es rechts und links eine kleine Infanterie-Bedeckung, oder ist das Difilee verbarikkadirt, so setzt man sich auch in diesen Fällen auf 3 bis 400 Schritte hinter dasselbe.

9. Ist ein Defilee lang und stehet man 500 und mehrere Schritte hinter demselben, so muß man sich der ordinairen Kugeln und nicht der Trauben bedienen; denn alsdann ist der Feind gewissermaaßen in Colonnen, wenn er angreift und der Schuß ist hier wegen der Nähe sicher.

Zweytens. Placirung des Geschützes zur Behauptung eines Dorfes.

1. Die Artillerie stehet hinter dem zu vertheidigenden Dorfe, wenn es niedrig liegt, und man hier gegen den sich nähernden Feind agiren kann.

2. Liegt ein Dorf selbst in der Linie oder hat es unmittelbaren Zusammenhang mit derselben, so kann man nicht gut die Artillerie hinter dasselbe setzen.

3. Wird aber durch die Eroberung desselben unsere Linie nicht gebrochen, so ist es in den meisten Fällen vortheilhafter, lieber die Aus- als die Eingänge des Dorfes zu vertheidigen.

4. Ist eine gute Verschanzung vor demselben, kann man von demselben die Truppen rechts und links vertheidigen, hat es einen Kirchhof oder andern Ort, der eine gute Vertheidigung erlaubt, so stellt man sich vor oder in dasselbe. Stellt man sich außerdem vor dasselbe, so braucht man es auf keine Art.

5. Stehet

5. Stehet das Geschütz 350 bis 450 Schritte hinter dem Dorfe, so kann es die Straßen und Ausgänge bestreichen, so leiden die das Dorf passirenden Truppen, schon so viel in demselben, daß die Unordnung allgemein wird, und dann an keinen Aufmarsch im Kartätschen=Feuer mehr zu denken ist.

Drittens. Placirung auf Bergen.

1. Man stellt die Kanonen auf denselben so, wenn man einen Angriff erwartet, daß man den Fuß des Berges beschießen kann.

2. Man rückt weiter hinunter, wenn es der Abhang erfordert, und man sucht sich so zu stellen, daß der Feind von unserm Geschütze an, 200 bis 300 Schritte dem Traubenschusse, beym Angriffe ausgesetzt ist.

3. Doch muß man bey diesen Vortheilen den Gebrauch auf größere Entfernungen nicht ganz aus den Augen setzen, zumal wenn man den Feind irgendwo, wo er noch in Colonnen seyn muß, im Schusse haben kann; oder wenn man Anhöhen beschießt, auf denen die feindliche Artillerie den Angriff ihrer Truppen unterstützt.

4. Da man das Geschütz nicht über 10 Grade senken kann, so folgt hieraus, daß derjenige Berg, dessen Fuß man von oben noch bestreichen soll, seine Böschung nicht über einen Winkel von 10 Graden über den Horizont erheben muß.

§. 7.

d. Lehrsatz. Stellung des Geschützes in Rücksicht der Vertheilung.

Jezt kommen wir zur Vertheilung des Geschützes, und da sind denn vorzüglich zwey Punkte zu betrachten.

Erstens. Placirung des Geschützes in Rücksicht der Caliber=Größe.

1. Man stellt die größten Caliber an die schwächsten Oerter, wo sie auf 1500 bis 2500 Schritte nützen können,

und

und wo sie gar nicht oder doch wenig ihren Standort zu verändern brauchen.

2. Greift man an, so stehen die schwersten Caliber bey den Theilen, die sich am wenigsten zu bewegen brauchen, und die leichtesten bey den angreifenden.

3. Erwartet man den Angriff, so stehen die schwersten Caliber auf den Flügeln, oder vor einer Spitze der Schlachtordnung.

4. Beym Angriffe, wo den Batterien keine gewisse Plätze angewiesen sind, und in einem durchschnittenen Terrain, zumal wenn eine Batterie gegen Truppen agirt, giebt man bey die schweren Stücke, wo möglich einige kleine.

5. Sie dienen zur Besetzung der Zugänge und werden dahin detaschirt, wo sie den Feind in der Flanke nehmen können, damit die Batterie nicht geschwächt wird.

Zweytens. Stärke der Batterien.

1. Eine Batterie muß in vielen Fällen nicht unter 8 Stücken stark seyn, um noch eine, auf einen Punkt sich äussernde entscheidende Würkung zu erhalten.

2. Will man aber einen gewissen Punct angreifen oder vertheidigen, so theilt man die Batterie in kleinere von 3 oder 4 Stücken und feuert damit auf diesen Punct.

3. Allein diese Vertheilung muß nur da Statt finden, wo man eine starke feindliche Artillerie gegen sich hat, und ein durchschnittenes Terrain nicht jeden Punct mit der Batterie erreichen läßt, oder wenn man Cavallerie gegen sich hat, damit diese nicht durch ihre Geschwindigkeit den leeren Feuer-Raum zwischen 2 Batterien durchlaufe, ohne die Würkung der Artillerie zu empfinden.

4. Ueberhaupt ist es sehr wichtig, die Entfernung zweyer Batterien von einander, nicht über 8 bis 900 Schritte anzusetzen, wenn man den Angriff des Feindes erwartet.

5. Eine jede Artillerie muß eine Reserve aus leichten Stücken festsetzen, welche während eines Angriffes nach den schwächsten Stellen der Position eilen.

6. Die

6. Die Munitionswagen werden, wo möglich verdeckt hinter die Batterie gestellt; doch so, daß die Hälfte sich etwa 50 Schritte etwas seitwärts hinter den Kanonen befindet, damit nicht beyde zugleich von den feindlichen Kugeln getroffen werden.

7. Der Zwischenraum zwischen den Munitionswagen, muß, wenn Platz genug da ist, und die Bequemlichkeit nicht zu sehr dadurch leidet, 25 bis 30 Schritte betragen.

B. Grundsatz. Stellung der Infanterie nach den Terrain-Vortheilen.

§. 8.

2. Grundsätze der Infanterie-Stellung hergeleitet aus ihrer Fechtart.

1. Wegen des engen Raumes, den ein Fußgänger einnimmt, und der doppelten Eigenschaft, welche er in Rücksicht des Gefechtes besitzt, nämlich seinen Feind sowohl mit dem Bajonette, also durch den Choc, oder durch die Würkung seiner Feuerwaffe, der Flinte, zu vertreiben, ist die Infanterie hauptsächlich in allen Terrainarten brauchbar, die nur durch menschliche Kräfte zu übersteigen, oder die bey der Anwendung des Flinten-Feuers, nicht über 300 Schritte breit sind.

2. Die Infanterie muß also dieser entscheidenden Vortheile wegen, als die Seele der Armee betrachtet werden, daher sie auch in Vergleichung mit den andern Waffen, ungleich zahlreicher als diese seyn muß.

3. Denn nicht allein in durchschnittenem Terrain, als auf steilen Bergen, in Gehölzen, in Dörfern, hinter Hekken, Büschen, Zäunen, Morästen und Flüssen, sondern auch bey allen Verschanzungs-Arten, ist sie sowohl zur Vertheidigung, als auch nur einzig zum würklichen Angriffe nutzbar. —

4. Aus

4. Aus dem bisher Gesagten folgt: daß man die Infanterie nach den Vortheilen des Terrains so zu stellen suchen muß, daß sie beyde Fechtarten, das heißt, sowohl ihr Feuer als ihren Choc, gegen den angreifenden Feind gebrauchen kann.

5. Daher setzt man sie auch so, daß, wenn der Feind die Hindernisse der Natur passirt, man ihn recht unter dem Feuer hat; denn da ihn diese aufhalten, so wird er nun durch das hinzugekommene Feuer, völlig zur Flucht gebracht.

§. 9.

b. Lehrsatz. Stellung der Linien-Infanterie zur Behauptung der wichtigsten Terraingegenstände.

1. Nach diesem Grundsatze wollen wir nun die Infanterie zur vortheilhaftesten Behauptung der Terrainvortheile, postiren.

2. Wir können im Ganzen diese Gegenstände eintheilen:

Erstens in solche, die beym Vorrücken des Feindes seine Schlachtordnung trennen, und Defilees bilden.

Zweytens. In Erhöhungen.

Drittens. Wald.

Viertens. Wohnörter.

1. Was nun die erstern Gegenstände betrifft, so werden diese gewöhnlich gebildet, durch Gräben, niedrige Gebüsche und Hecken oder Zäune, morastige Löcher, unbedeutende Verhacke, kleine Bäche, und diese läßt man daher 150 bis 200 Schritte vor der Front. Denn wären sie nahe, oder mehrere hundert Schritte von derselben, so dienten sie nicht zur Vergrößerung der durchs Feuer hervorgebrachten Würkung.

2. Man postirt die Infanterie, so wie die Artillerie nicht vor, oder in ein Defilee, sondern hinter dasselbe in der obigen Weite.

3. Denn da der Feind während der Passirung nicht im Stande ist, viel zu feuern, und sich nicht in voller Schlachtordnung befinden kann, indem diese durch die Seiten des Defilees zusammengedrängt, oder durch andere Gegenstände vielfältig gebrochen wird, so concentrirt sich gerade jetzt unser Feuer in demselben Augenblicke, in welchem es zugleich die größte Wirkung auf den Feind äußern muß.

4. Hinter Flüsse, Moräste und Hohlwege stellt sich die Infanterie, um dem Feind durch ihr Feuer den Uebergang zu verwehren, weil sie hier auf den jenseits stehenden Feind ihren Choc nicht würken lassen kann. — Hierbey ist jedoch nicht nöthig, daß sie längst den genannten Gegenständen Rotte an Rotte stehe, sondern nur so, daß sie alle Stellen, wo der Feind passiren kann, unter ihrem Feuer habe.

5. Will Infanterie ein durch erhabene Gegenstände gebildetes Defilee vertheidigen, so kann sie sich auch auf der einen Seite so verborgen halten, daß der durchrückende Feind sie nicht gewahr wird, und nun plötzlich von ihr in die Flanke, und durch eine besondere Abtheilung, die das Defilee hinten zumacht, im Rücken genommen wird.

Zweytens. Stellung in Rücksicht der Höhen.

1. Kann man sich bedeckt stellen, etwa in kleine Vertiefungen, hinter Anhöhen, über die man oben hinüber sieht; hinter Gräben, Aufwürfe, Mauern u. s. w., so hat man im Feuern große Vortheile; man muß aber dennoch dem Feinde, wenn er sich auf 40 Schritte genähert hat, entgegen gehen und ihn mit dem Bajonette zurückweisen.

2. Auf Bergen muß die Infanterie so postirt werden, daß sie den ganzen Abhang derselben bestreichen kann, und deshalb sich nicht immer auf die höchste Kuppe, vielweniger hinter dieselbe stellen, wenn es darauf ankommt, dem Feinde das Heraufsteigen zu verhindern.

3. Hat man zwey Treffen, so stellt man das eine oben, und das andere auf den vordern Abhang des Berges.

4. Das

4. Das erste vordere, findet alsdann, wenn es geschlagen wird, oben auf dem Berge noch eine kräftige Unterstützung, welche wegfallen würde, wenn man gleich das erste Treffen oben stellen wollte, indem man jetzt nun den hintern Abhang, also statt eines Vortheiles einen Nachtheil hinter sich hat.

5. Hat jedoch der Feind Berge in Besitz, welche den Abhang der unsrigen bestreichen, so setzt man sich gleich oben auf den Berg, und rückt nur bey Ankunft des Feindes entgegen.

6. Sonst wird ein Theil der Infanterie oben auf der Fläche des Berges zur Unterstützung gestellt, mit der übrigen, welches am vortheilhaftesten leichte Infanterie ist, das heißt solche die zerstreut fechten kann, wird der Abhang des Berges, und alle Schluchten und Zugänge besetzt.

7. Sobald nun der Feind den Berg in mehrern Colonnen zu ersteigen sucht, bricht eine oder mehrere Abtheilungen der oben in Linie formirten Infanterie auf ihn ein, und stürzt ihn mit gefällten Bajonette wieder hinunter, da sie ihm dann durch etliche Salven das Geleite giebt. Doch kehrt sie nachher sogleich wieder auf ihren ersten Posten zurück, und überläßt das übrige den zerstreuten Trupps.

8. Diese können den Feind nun durch ihr Feuer aufhalten, und müssen das Terrain Fuß für Fuß streitig machen; ihr Feuer muß daher zwar lebhaft aber auch sicher seyn, und sie müssen sich dabey gegen das feindliche Feuer zu decken suchen, welches, da es aus der Tiefe kommt, ohne das von geringer Würkung seyn wird.

9. Das Decken geschiehet aber durch hohle Wege, in welche sie sich werfen, und über solche hinaus feuern, durch Raine oder Erdhügel, hinter welche sie sich legen, durch Gebäude und durch starke Bäume, hinter welche sie treten.

10. Die, auf welche die Tete der feindlichen Colonnen trifft, müssen sich nur langsam zurückziehen; die andern aber den Feind in die Flanke fallen, ihn aufzuhalten und zurückzu treiben suchen. Wird der Feind auf irgend eine Art zurückgeschla-

geschlagen, so müssen sie ihn so weit als möglich verfolgen.

11. Zu der Besetzung wichtiger Zugänge als Kirchhöfe, steinerner Häuser', Brücken, muß man regulaires Fußvolk nehmen.

12. Um den Rand der Berge aber, besonders wo Schluchten und Wege hinaufgehen, stellt man die Infanterie entweder, wenn man stark genug ist, in eine volle Linie, oder compagnie= und bataillonsweise, mit kleinen oder großen Zwischenräumen, nach Beschaffenheit der Stärke.

13. In beyden Fällen muß man aber einen starken Rückhalt festsetzen. Denn der Feind kann, wo wir es am wenigsten vermutheten, uns in der Flanke oder im Rücken den Berg ersteigen, welches immer und selbst nur von einigen Leuten, Unordnung verursacht.

§. 10.

Fortsetzung.

Drittens. Stellung im Holze.

1. Wenn man ein Holz mit Infanterie besetzt, so stellt man sie am Rande desselben so, daß sie durch die vordern Bäume und Büsche, vor dem Feinde verborgen, aber dadurch nicht am Feuern gehindert würde.

2. Das feindliche Feuer kann dieser Infanterie unmittelbar nicht viel schaden, und der Feind gehet dem unsrigen ganz unbedeckt, während seines Angriffes entgegen.

3. Außerdem kann in einem Holze von Feld=Infanterie nur ein Angriff ausgeführt werden:

a) wenn es etwa ganz besonders licht wäre,

b) oder freye Plätze in demselben sich befänden,

c) oder ein Verhau attakirt werden soll.

4. Denn das Gefecht der Feldinfanterie kann nur in geschlossener Ordnung und in der Linie ausgeführt werden. Leichte Infanterie hingegen, die zum zerstreuten Fechten, hauptsächlich zur Benutzung solcher Gelegenheiten, wo das Ter=

Terrain keine geschlossene Ordnung im Fechten zuläßt, gewöhnt ist, in daher auch am besten zur innern Besetzung der Büsche, Dörfer und Wälder; indem hier die Vortheile ihrer Streitart, die aller übrigen Truppenarten überwiegen, weil man dieselben nicht in ihrer völligen Kraft anwenden kann.

5. Vor dem Angriffe der Cavallerie ist übrigens, die auf solche Art postirte Infanterie, so wie hinter Morästen und allen Arten steiler Abschüsse, völlig sicher.

6. Wenn eine Cavallerie in ihrer Nähe sich befindet, ohne sie zu entdecken, welches durch die erhöheten sie bedeckenden Gegenstände aus der Ferne unmöglich wird, so wird ihr Feuer um so würksamer seyn, je unerwarteter es kommt, und die Cavallerie es nur durch eine schnelle Flucht seiner Würkung berauben kann.

Viertens. Stellung in einem Dorfe.

1. Wenn Infanterie in einem Dorfe postirt werden soll, so muß sie sich längst den äußern Zäunen, Hecken und Häusern ausdehnen, wenn sie zahlreich genug ist; sich aber durch das ganze Dorf parallele Communicationen eröffnen, damit sie sich in Linie zurückziehen, und immer die in einer Linie liegenden Gegenstände, ohne nothwendige Brechung ihrer Schlachtordnung, besetzen könne.

2. Hauptsächlich muß dieß bey allen Zugängen und Straßen, die nach dem Dorfe und durch dasselbe führen, genau beobachtet werden.

3. Eben so werden auch Ländereyen und Wiesen, die mit Hecken und Zäunen abgetheilt und durchschnitten sind, von Feldinfanterie besetzt.

4. Hat man nicht so viel Infanterie, den ganzen anzugreifenden Umfang und die Zugänge des Dorfes besetzen zu können, so wählt man sich einen festen Posten in demselben, und befestigt und verbarikkadirt diesen und die Zugänge aufs Beste.

5. Sowohl wie dieß geschieht, als auch die Anordnung, welche man bey der Besetzung und Vertheidigung aller übrigen Feldposten, als: Schlössern, kleinen Städten, Höfen, und einzelnen Häusern zu machen hat, lehrt die Feldbefestigungs-Kunst.

§. 11.

c. Lehrsatz.] Stellung der leichten Infanterie in nämlicher Rücksicht.

1. Was die leichte Infanterie betrift, so wird diese zwar bey der Besetzung aller dieser Posten auch gebraucht, aber weil sie außer in festen Posten, welche durch ihre Befestigung einen Zusammenhang in ihre Theile bringen, gerade diese feste zusammenhängende Vertheidigung, sowohl durch Feuer als durch zu rechter Zeit angebrachten Choc nicht leisten kann; so wird sie nur zu Besetzung der Zugänge und des vor dem eigentlichen Posten liegenden Terrains genützt, wo selbst sie sich durch schon bereits angeführte Vortheile desselben, oder auch durch ein Verstecken im Korne sehr gut decken kann, da man sich nach der Größe der Natur-Gegenstände richten, und sie in so viele und so kleine Theile als man will, zerlegen kann.

2. An diesen Standorten kann die leichte Infanterie einen außerordentlichen Nutzen schaffen, indem sie frey in ihren sonst schon schnellen Bewegungen ist, den Feind zwicken kann, wo er es gerade am wenigsten vermuthet, und es bey einem Terrain, welches mit Gräben, Gebüschen, Zäunen und Gebäuden bedeckt ist, den Feind immer Zeit, und Brechung seiner Schlachtordnung kostet, sie vorher zu vertreiben.

3. Denn er darf den von ihnen besetzten, zur Seite liegenden Raum nicht hinter sich lassen, wenn er nicht auch leichte Infanterie bey sich hat, die der andern entgegengesetzt werden kann.

4. Es können auch wohl die leichten Truppen auf diese Art den anrückenden Feind schon so in Unordnung gebracht haben,

haben, daß nur noch eine kräftige Unterstützung der zurückstehenden Feld-Infanterie nöthig ist, um den Feind gänzlich zu werfen, seinen Angriff abzuschlagen und den Posten zu behaupten.

5. Da aber, wie man hieraus sieht, es nicht eigentlich der leichten Infanterie zukommt, den Hauptposten, sondern nur seine Zugänge zu besetzen; so folgt hieraus, daß wenn sich leichte Infanterie in Besetzung eines Postens gänzlich allein überlassen bleibt, man dieselbe in zwey Theile theilen muß, von welchen erstern, wenn es die Lage der Gegend erfordert, man den Dienst der leichten Infanterie würklich verrichten läßt, und sie also an die Oerter postirt, die vorher in dieser Absicht angegeben sind, den 2ten Theil aber in geschlossenen Haufen formirt, denselben als Feld-Infaterie ansieht, und ihm den Hauptposten und die Unterstützung der vorwärts und auf den Seiten liegenden leichten Truppen anvertraut.

C. Grundsatz. Vortheilhaftes Terrain für die Cavallerie.

§. 12.

1. Da die Cavallerie niemals anders ihre eigentliche Fechtart, das heißt den Choc ausführen kann, als wenn sie selbst angreift, (denn erwartete sie in Ruhe den Angriff der feindlichen Truppen, so nützte sie nichts, und würde auf jeden Fall gänzlich geschlagen) und hierzu ein ebenes oder sanft anlaufendes und nicht mit Hindernissen durchschnittenes Terrain erfordert wird; so folgt hieraus, daß man die Cavallerie nur immer an solche Orte placiren muß, wo das umliegende Terrain diese verlangten und zur guten Würkung eines Cavallerie-Chocs nöthigen Eigenschaften besitzt, und wo, durch die Ausführung ihres Chocs, keine gefährliche Lücke in der Schlachtordnung entstehen kann.

2. Die allervortheilhafteste Stellung der Cavallerie ist 6 bis 800 Schritte verdeckt hinter Defileen, oder hinter andern Terrain-Hindernissen, welche die vorrückenden feindlichen

lichen Truppen in Unordnung bringen, oder sie wenigstens zwingen ihre Ordnung auf einige Zeit zu brechen.

3. Fällt nun die bis dahin verdeckt gestandene Reiterey, die noch nichts von dem feindlichen Feuer hat leiden können, wenn ihre verdeckte Stellung darnach gewählt ist, auf einmal mit Ungestüm den, eben die Terrain-Hindernisse passirenden Feind in Flanke und Front an, so kann er sich selbst überlassen, einer Niederlage nicht entgehen.

4. Selbst hinter Flecken, Dörfern u. s. w. kann die Reiterey auf solche Art gestellt, große Würkung hervorbringen: nur muß man sie in dem Augenblicke losbrechen lassen, wenn sie noch Zeit übrig hat, den Feind zuerreichen, ehe er sich formirt.

5. Hieraus folgt, daß wenn man Cavallerie dicht hinter solches Terrain stellt, welches ihren Choc hindert, dieß ein großer Fehler ist und die Cavallerie völlig unnütz macht; z. B. hinter Moräste, Ravins, Gehölze und Gebüsche, steilen Abschüssen, Hohlwegen, Hecken, Zäunen, Mauern und Gebäuden, Seen, Teichen, Flüssen, morastigen Bächen und breiten Gräben, die unter dem feindlichen Feuer liegen.

6. Denn wenn sie schon Wasser passiren und nachher attakiren kann, so geht dieß doch nicht an, sobald es unter dem feindlichen Feuer liegt, und sie sich in demselben wieder formiren müßte.

7. So wie die Infanterie der Cavallerie in durchschnittenem Terrain, in Rücksicht ihrer Angriffs- und Vertheidigungs-Fähigkeit überlegen ist, so tritt dieser Fall nun gegenseitig auf der Ebene, wo die Infanterie ganz frey sich selbst überlassen ist, für die Cavallerie ein.

8. Denn die hier sich in ihrer ganzen Größe zeigende Geschwindigkeit der Cavallerie, raubt dem Feuer der Infanterie einen großen Theil seiner Würkung, und der Anfall der Cavallerie überwindet nicht allein die Streitkräfte, sondern auch selbst den Anfall der Infanterie, durch seine leichte Wiederholung und weit größere Kraft.

9. Das

9. Das Geschütz hat jedoch über beyde Waffen den Vortheil, selbst in der Ebene, wenn es die ganze ihm vorliegende und von dem Feinde zu durchlaufende Gegend, unter seinem Feuer hat, und wenn der Feind ja die in solcher Stellung gewiß schreckliche Würkung des Geschützes endlich überwunden haben sollte, zur nahen Vertheidigung und Unterstützung, eine der beyden Waffen hinter sich hat.

III. Hauptgrundsatz. Stellung der drey Waffen zur gegenseitigen Unterstützung.

A. Grundsatz. Stellung der Infanterie in Betracht der andern Waffen.

§. 13.

Aus dem bisher Gesagten folgt der Grundsatz, daß wenn man die drey Waffen zur gegenseitigen Unterstützung anwenden will, man sie so postiren muß, daß sie überall frey agiren und durchgehends nützlich seyn können.

1. Man muß also die Infanterie in der Ebene sich niemals selbst überlassen, sondern ihr immer Cavallerie beygeben, damit diese die Flanken der Infanterie gegen den Anfall der feindlichen Reiterey sichern könne.

2. Ferner muß man beständig eine große Unterstützung von Infanterie in vollkommener Sicherheit zum freyen Gebrauche bereit haben.

3. Je größer eine solche Reserve ist, um so besser kann man, bey nicht vorher gesehenen Zufällen, den leidenden Puncten der vordern Front eine hinlängliche Kraftvermehrung ertheilen.

4. Um dieß daher geschwinder und sicherer erhalten zu können, muß man die zu vertheidigende Front nur mit der nöthigen Infanterie besetzen, den ganzen Rest aber hinter derselben zur Unterstützung frey hinstellen.

5. Damit nun die von ihnen auszuführenden Bewegungen leicht ausgeführt werden können, ist es gut, alle

diejenigen Truppen, welchen nicht gleich die Unterstützung irgend eines gewissen Postens aufgetragen wird, in der zweyten Linie brigadenweise in Colonnen zu formiren, aus denen sie sich nach den leidenden Puncten leicht in Marsch setzen können.

6. Da die Unterstützung der Artillerie einer jeden Waffe sogleich das Uebergewicht über die feindliche Infanterie oder Cavallerie giebt, wenn diese derselben nicht genießt, so muß man der Cavallerie, so viel als möglich, in ihren Stellungen den Gebrauch der, mit gleicher Geschwindigkeit begabten reitenden Artillerie zugesellen.

B. Grundsatz. Stellung der Kavallerie.

§. 14.

1. Wenn Cavallerie auf solches Terrain postirt ist und hier agiren soll, auf welchem sich in der Nähe Gegenstände befinden, die von feindlicher Infanterie besetzt, nicht von der Reiterey überwunden werden können, und die Infanterie derselben also in solchen Posten durch ihr Feuer sehr nachtheilig werden muß, so muß man selbst diese Gegenstände mit eigener Infanterie besetzen, wenn nicht die Reiterey durch hierher gestelltes feindliches Fußvolk, gewiß geschlagen werden soll.

2. Hat indessen der Feind keine Infanterie, so haben wir sie gerade auch nicht nöthig. Allein sie wird einen entscheidenden Einfluß haben, wenn etwa die feindlichen Truppen bey dem Vorrücken zum Angriffe genöthiget wären, in der Nähe solcher, am besten von leichter Infanterie besetzten Gegenstände, als: Hölzer, Büsche, Gräben, Zäune, Mauern, Ravins, vorbey zu gehen.

3. Denn der Feuerangriff in die Flanken und in den Rücken, nicht allein eines marschirenden, sondern selbst eines stehenden Feindes, kann sowohl durch die ihm entgegenstehende große Tiefe und der hier gänzlichen Vertheidigungslosigkeit des Feindes, als auch selbst durch das schreck-

liche

liche Vorurtheil der Truppen gegen einen solchen Angriff, eine erstaunliche Würkung erhalten. —

4. Hieraus folgt auch, daß, wenn man Truppen so stellt, daß der Feind, wenn er den einen Theil angreifen will, dem Feuerangriff oder dem Choc des andern Theiles auf seine Flanken und Rücken nicht entgehet, welcher durch Verbergung bis zum Augenbicke des feindlichen Angriffes, die Würkung durch Ueberraschung bis zum höchsten Grade verstärken kann: die Stellung dieser Truppen in Absicht ihrer gegenseitigen Vertheidigung, an und für sich genommen, nicht zu verbessern ist.

5. Soll Cavallerie auf einem Terrain agiren, welches vor einem Theile der Schlachtordnung liegt, in welchem durch den Angriff dieser hier stehenden Reiterey eine gefährliche Lücke entstände, so muß man diese Reiterey nicht gleich in die vorderste Front stellen, sondern hinter diese erste Linie, die man nun ganz an dieser Stelle mit Infanterie schließet.

6. Hierdurch erlangt dieser Theil eine beständige Vertheidigung, und die Bewegbarkeit der Truppen verstattet noch immer den Gebrauch der hinterstehenden Reiterey, welcher um so würksamer seyn wird, da ihn der Feind nicht vermuthet.

C. Grundsatz. Stellung der Artillerie.

§. 15.

1. Um auch diesen entscheidenden Vortheil mit Artillerie, deren unvermuthetes Feuer einen gewissen Sieg verspricht, erhalten zu können, legt man oft die sogenannten verdeckten Batterien an.

2. Dieß ist nichts anders, als daß man durch Terrain-Gegenstände, als: Zäune, leichte Gebäude, dünne Gebüsche, trockene Gräben, schwaches Mauerwerk, Blendungen sucht, hinter denen man die Batterien auffährt, welche sie gegen die Entdeckung des Feindes aus der Ferne sichern, und die

ent-

entweder ihrem Feuer gar nicht hinderlich sind, oder sehr leicht über den Haufen geworfen und weggeräumt werden können.

3. Findet man nicht solche Gegenstände und will man dennoch eine verdeckte Batterie haben, so masquirt man sie mit einer Linie Infanterie, oder noch besser, wenn das Terrain darnach, und nicht zu sehr dem feindlichen Feuer ausgesetzt ist, mit einer Linie Cavallerie, welche in dem Augenblicke, in dem der Feind recht im Kartätschenschusse der Batterie ist, auf einmal sich theilt und um die Flanken der Batterie wegfliegt.

4. Der Anblick und die in dieser Entfernung sehr mörderische Würkung eines unerwarteten Artillerie-Feuers, muß selbst die entschlossensten Krieger in Unordnung bringen, welche alsdann ohne Zweifel ein sicheres Opfer, der in diesem Augenbicke auf sie einstürzenden Cavallerie oder Infanterie werden.

5. Da eine jede Batterie, wenn sie sonst auf einem, nur einigermaaßen, zu ersteigenden Terrain postirt ist, nie ohne Unterstützung anderer Truppenarten gelassen werden darf; so kann man hierzu Reiterey gebrauchen, wenn das Terrain aus Ebene oder sanften Anhöhen besteht.

6. Diese Reiterey wird in einiger Entfernung hinter die Batterie, oder ihr zur Seite, so viel als möglich, vor dem feindlichen Feuer bedeckt gestellt, und fällt dann von hier aus auf die Flanken des die Batterie angreifenden Feindes, wenn dieser nicht weit mehr von ihr ist, und bereits ihre größte Würkung empfunden hat.

7. Ist aber das Terrain nicht zu diesem sehr vortheilhaften Gebrauche der Reiterey dienlich, so muß die Bedekkung der Batterie aus Infanterie bestehen, welche sich theils hinter, theils neben dieselbe stellt, um durch ihr Feuer die Flanken und den Rücken der Batterie zu sichern, und dann mit gefällten Gewehr auf die Flanken und Front des Feindes zu stürzen, wenn er eben die Batterie erreichen will.

D. Grundsatz. Resultate zur Stellung aller drey Waffen.

§. 16.

Hat man nun alle drey Waffen in wechselseitige Verbindung und Unterstützung zu stellen, so muß dieß, wie aus dem Obigen folgt, so geschehen:

1. Daß die Artillerie alle Zugänge unter ihrem, und wo möglich kreuzendem Feuer habe.

2. Hierzu gehört, daß die Batterien nicht über 1000 Schritte von einander entfernt werden, wie schon oben gesagt worden.

3. Das es keinen Theil der Front gebe, der nicht von ihrem, und wo möglich bis zum entscheidenden Augenblicke, verdeckten Feuer, gefaßt würde.

4. Daß wenn der Feind der Würkung dieses Feuers ungeachtet die Zugänge passirt, die Cavallerie oder die Infanterie in diesem Augenblicke auf ihn chockiren könne, oder läßt es das Terrain nicht zu, letztere doch wenigstens so gestellt sey, daß der Feind gleich nachher in ihr Feuer falle.

5. Daß der Feind bey dem Angriffe der Batterien durch die Würkung einer andern Waffe in der Flanke gefaßt werde.

6. Daß endlich die Infanterie so gestellt werde, daß sie so viel als möglich, sowohl ihren Choc als ihr Feuer, oder doch wenigstens eins von beyden ausüben könne, ihre Reiterey kein Hinderniß zum Choc gegen den anrückenden Feind werden, und solche Posten besetzt habe, aus welchen sie ein sicheres und würksames Feuer auf den Feind machen könne, der vielleicht ihre geschlagene Reiterey verfolgt, und diese sich also wieder unter ihrem Schutze formiren könne.

E. Grund-

E. Grundsatz. Anwendung dieser Resultate zur Bildung der gewöhnlichen Ordre de Bataille.

Man sehe Fig. 1. Plan I.

§. 17.

1. Aus diesen bisher gegebenen Regeln, der gegenseitigen Würkungs- und Unterstützungsfähigkeit der drey Waffen, fließt nun die gewöhnliche Anordnung der sogenannten Ordre de Bataille, als die beste Stellordnung in Rücksicht der gleichen Vertheilung der Kräfte in einer vollkommenen Ebene, die jedoch so begränzt ist, daß sie von unserer Linie ausgefüllt werden kann, und deren Gränzen auf keine Art irgend eine Ueberflügelung gestatten.

2. Man theilt nämlich die Armee oder das Corps in etwa 5 gleiche Theile, läßt von vieren, zwey hinter einanderstehende Treffen, und von dem 5ten die allgemeine Reserve der beyden vordern Treffen formiren.

3. Eine jede dieser drey Abtheilungen, bestehet aus allen drey Waffen-Arten. Doch giebt man zur Reserve die leichteste Cavallerie und Artillerie und gute Infanterie.

4. Die Cavallerie einer jeden Abtheilung, theilt man in zwey gleiche Theile und setzt auf jede Flanke der dazu gehörigen Infanterie einen Theil.

5. Ein jeder Theil dieser Cavallerie hat auf dem Flügel, auf welchem er bey der Infanterie stehet, seine leichten Reuter, und an diesen die leichte Infanterie, nebst der zu ihr gehörigen reitenden Artillerie stehen.

6. Die Infanterie einer jeden Abtheilung formirt sich so, daß die Flügel derselben von ihrem Kerne besetzt werden, die leichte Infanterie der ganzen Armee aber vor der Front vertheilt ist, welche sich denn nachher bey dem Näherrücken des Feindes auf, und hinter die Flanken der Reiterey und der Infanterie ziehet.

7. Das schwere Geschütz vertheilt eine jede Abtheilung so vor ihrer Front:

a) Daß

a) Daß vor den Lücken, die zwischen der Cavallerie und Infanterie einer Linie sich befinden, die Haupt-Batterien und die schwersten Caliber zu stehen kommen.

b) Daß sich von 800 bis 1000 Schritten immer eine Batterie wo möglich von wenigstens 8 Stücken, und die schwersten Caliber auf den Flanken, die kleinsten aber vor der Mitte der Linie befinden.

8. Endlich müssen die 3 Hauptabtheilungen oder Linien der Armee 300 Schritte von einander, das Geschütz aber, 50 Schritte von den Fronten derjenigen Treffen entfernt seyn, zu welchen es gehört, und der Raum zwischen beyden Treffen an jedem Flügel von einer Infanterie-Brigade geschlossen werden.

§. 18.

Fortsetzung. Vortheile dieser Stellung.

Die Vortheile dieser Stellordnung bey der angenommenen Situation, bestehen in folgenden:

1. Sind alle Kräfte der ganzen Armee auf gleiche Art längst der ganzen Front symmetrisch vertheilt.

2. Die Flügel als die schwächsten Puncte, sind aufs Beste verstärkt und können von allen drey Truppenarten vertheidigt werden.

3. Wenn die Cavallerie agirt, so wird dadurch, daß sie ihre Stelle verläßt, die Schlachtordnung der Infanterie, als das Corps de Bataille, nicht getrennt und ihre Flanken nicht entblößt, indem diese von den zwischen beyden Treffen stehenden Flanken-Brigaden, den leichten Truppen und von der reitenden Artillerie gedeckt sind.

4. Sowohl Cavallerie als Infanterie kann für sich als ein Ganzes agiren. Die erstere ist also nicht durch die offene Lücke zwischen den Treffen an die letztere gebunden, und sie befindet sich gerade an denjenigen Orten, von wo aus sie vereinigt mit der vor der Front stehenden Artillerie, die Linie der Infanterie, welche man als die Curtine zwischen

schen diesen Bollwerken ansehen kann, zu flankiren und den angreifenden Feind zu umgehen im Stande ist.

5. Durch die Abwechselung mit beyden Treffen kann man der in Unordnung gebrachten Linie Zeit und sichern Raum verschaffen ihre Ordnung wieder herzustellen.

6. Man kann durch die aus den besten und leichtesten Truppen bestehende Reserve, schnell nach den hauptsächlich bedroheten Puncten, und allen Waffen eine gute und frische Unterstützung bringen.

7. Die leichten Truppen der drey Waffen erhalten deswegen die äußersten Flügelpuncte der Linien, weil sie Freyheit in ihrer Action, sowohl in ihrem Vorrücken, als in ihrem Weichen, und einen sichern Zufluchtsort haben müssen, von wo aus sie den Feind unvermuthet beständig harzeliren und ihm wo möglich in die Flanke und in den Rücken fallen können.

8. Da man nun zugleich dahin sehen muß, das Corps de Bataille, nicht durch zu geschwinde Bewegungen zu trennen und zu verändern, sondern ihm, so viel als möglich ist, die Festigkeit einer Mauer zu geben, so ist für die geschwind sich bewegenden leichten Corps, ohne Trennung der Linie und der damit verbundenen Nachtheile, dem alles entscheidenden Hineindringen der feindlichen Cavallerie in eine entstandene Lücke ausgesetzt zu seyn, kein besserer Platz und sicherer Zufluchtsort, als auf und hinter den äußersten Flügeln der Linien.

9. Da nun einem jeden Angriffe, durch vereinigte Würkung und gegenseitige Unterstützung aller drey Waffen die beste Vertheidigung entgegen gesetzt wird, und die verschiedenen Kräfte in dieser Schlachtordnung nach ihrer Würkung und gegenseitigen Vertheidigung, am egalsten längst der ganzen Front vertheilt sind; so folgt hieraus: daß alle übrige Ordres de Bataille, bey denen die Vertheilung der Waffen nicht so gleichförmig ist, nur durch die Local-Umstände des Schlachtfeldes und des feindlichen Angriffs-Plans zum Gesetze werden.

10. Nur ein gewisser Umstand, welcher in der Natur der Cavallerie-Streitart liegt, raubt gewissermaaßen dieser Stellung, meist alle ihre Vortheile. Die Cavallerie ist nämlich nicht dazu brauchbar, ein gewisses Terrain stehendes Fußes zu behaupten.

11. Setzt also der Feind eine starke, und durch die beyden andern Waffen gehörig unterstützte Artillerie, unsern beyden Flügeln entgegen, so müssen diese, ohne genützt zu haben gleich weichen, da sie blos aus Reiterey bestehen, und der Feind kann um so leichter über die entblößte Infanterie-Flanken herfallen.

12. Es ist daher wohl in jeder Stellung, wo Cavallerie, wenn sie in der ersten Linie stände, gleich angegriffen werden könnte, am besten, dieselbe beständig hinter die Flügel der Infanterie zu setzen, und nur so viel unmittelbar auf dieselben zu stellen, als zum Abhalten kleiner Trupps nöthig ist.

13. In dieser Stellung kann die Reiterey nicht geschwächt werden, und da sie eigentlich zur Vollendung des Siegs und zur Unterstützung der beyden andern Waffen gebraucht werden soll, so kann sie durch ihre eigenthümliche Geschwindigkeit dem anrückenden Feind um die Flanken der Infanterie entgegen gehen.

14. Der Feind wird bey solcher Stellung der Reiterey, weit langsamer operiren müssen, indem er dieselbe noch immer bey seinem Vorrücken zu erwarten hat.

15. Die Stellung der Infanterie bey dieser Anordnung, ließe sich nach einer obigen Anmerkung, während eines würklich zu befürchtenden Angriffs, noch dahin verbessern, daß man hinter die Flügel und Mitte des ersten Treffens, einige Brigaden des zweyten Treffens in Colonnen zum schnellen Marsch bereit hält.

16. Da man aber aus der gewöhnlichen Schlachtordnung in die Veränderungen aller übrigen sehr leicht, und am besten übergehen kann, so wird sie dadurch die Basis, und das beständige Gesetz, nach welchem der verschiedene

Rang der die Armee ausmachenden Corps und Abtheilungen bestimmt wird.

IV. Hauptgrundsatz. Benutzung des Terrains zur Sicherheit einer jeden Stellung.

§. 19.

Die Grund- und Lehrsätze zur Wahl einer ganzen Armee-Stellung.

1. Bisher haben wir untersucht, welches Terrain sich besonders für jede Truppen-Art zum vortheilhaften Gebrauche ihrer Waffen gegen den Feind, am besten schickt, und wie sie sich zur Benutzung dieser Terrain-Vortheile, an und für sich und in Rücksicht gegenseitiger Unterstützung postiren müssen.

2. Jetzt wollen wir nun die besondern Regeln und Anordnungen zeigen, welche man bey der vortheilhaften Stellung eines ganzen Corps oder einer Armee zu befolgen hat, wenn in ihr schon alle drey Waffen-Arten nach den vorhergehenden Regeln zur besondern Benutzung der Terrain-Vortheile angeordnet sind.

3. Damit nun aber der Vortheil des Gefechtes in einer Position auf Seiten der die Position besetzenden Armee sey, so muß die Anordnung auf folgenden drey Grundsätzen beruhen.

A. Grundsatz. Die schwachen Theile eines zum Streite rangirten Corps müssen hinlängliche Sicherheit genießen.

B. Grundsatz. Das Corps muß seine Vertheidigungskräfte auf die bestmöglichste Art, und in größter Summe gegen den Feind wirken lassen können.

C. Grundsatz. Es muß die Mittel zur Benutzung eigener Offensive und feindlicher Fehler besitzen.

4. Was

4. Was den ersten Grundsatz betrifft, so beruht er auf der Befolgung folgender Lehrsätze:

a. Die Flanken und der Rücken des Corps müssen gedeckt seyn.

b. Auch auf der Fronte darf der Feind an keiner Stelle unvermuthet, und ohne daß man Gegenanstalten getroffen hat, erscheinen können.

5. Der zweyte Grundsatz wird durch die Ausführung folgender Lehrsätze bewürkt.

a. Der Zugang zur Fronte der Stellung muß dem Feinde schwer fallen, und er muß in seinem Anrücken beständig unter einem stärkern, und wo möglich, sich kreuzenden und unvermutheten Feuer seyn, als er entgegen setzen kann.

b. Die Front der Stellung muß für die Stärke des Corps weder zu groß noch zu klein seyn.

c. Die Form der Fronte muß nach den Terrainvortheilen, die beste Würkung aller Waffen gestatten.

d. Die Gemeinschaft aller Heertheile innerhalb der Stellung muß leicht seyn.

6. Der dritte Grundsatz beruht endlich auf die Ausführung der Lehrsätze.

a. Der Ausmarsch muß nach allen Seiten frey seyn.

b. Man muß den Feind, wo möglich unversehns in die Flanke und in den Rücken fallen können.

A. Grundsatz. Sicherheit der streitenden Masse.

§. 20.

a. Lehrsatz. Deckung der Flanke und des Rückens.

1. Regel. Durch Naturgegenstände.

1. Die erste Eigenschaft einer guten Position ist, daß das darin aufgestellte Corps mit Sicherheit seine Kräfte brauchen kann.

2. Hierzu gehört Deckung der Flanke und des Rückens, und Sicherheit der Front.

 3. Die

3. Die Flanken und der Rücken sind aber gedeckt, wenn der Feind nicht nur dieselben nicht geradezu angreifen, sondern auch nicht um das, was sie decket, herum marschiren kann, ohne daß man volle Zeit habe, Anstalten zu treffen, die sein Vorhaben vereiteln. Hiernach ist also die Tauglichkeit der Gegenstände, woran man die Flügel lehnen kann, abzumessen.

Man kann aber die Flügel anlehnen:

1. An das Meer. Dabey muß man aber untersuchen:

a. Wie tief das Wasser sey, und den Flügel durch eine Estakade oder andere dergleichen Mittel, so weit im Wasser sichern, als es zu durchwaten stehet.

b. Auf die Veränderungen, die Ebbe und Fluth am Ufer hervorbringen, wohl achten.

c. Sicher seyn, daß die feindlichen Schiffe nicht der Armee in der Flanke oder im Rücken Schaden thun können.

2. Flüsse. Diese geben eine vortrefliche Deckung der Flanken, wenn gar keine oder nur wenig Uebergänge darüber nach dem Feinde führen und diese wenigen gut bewacht sind, damit der Feind sie nicht unvermerkt passire.

a. Man muß alle Brücken und Furthen genau in Acht nehmen, und sie entweder stark mit Artillerie und Infanterie besetzen und verschanzen, oder sie gar verderben; wobey sie alsdann nur von Cavallerie und einiger reitenden Artillerie bewacht zu werden brauchen.

b. Wie übrigens die Uebergänge eines Flusses befestigt und vertheidigt werden müssen, zeigt die Feldverschanzungs-Kunst.

c. Hat man aber einen befestigten Uebergang, über den in der Flanke herfließenden Fluß, so setzt man auf der andern Seite, wenn diese sonst vor dem Feinde sicher ist, eine starke Batterie mit einigen Truppen zur Unterstützung, so, daß die Front des an sie stoßenden Flügels der Armee,

mee, ganz von ihrem Feuer bestrichen, und also der attakirende Feind in der Flanke gefaßt wird.

d. Diejenigen Flüsse sind zur Deckung die besten, welche in hohen und steilen Ufern fließen und wo das diesseitige Ufer höher als das jenseitige ist, indem diese der Feind unmöglich geschwind passiren kann.

e. Selbst ein tiefer Bach, der solche Ufer hat, ist schon eine sehr gute Deckung.

3. An Teiche; und da bestimmt vom Landsee bis zum Teiche herab die Größe des Umweges, den der Feind zu nehmen hat, wenn er herum kommen will, den Grad der Tauglichkeit derselben zur Deckung der Flanken.

4. An Moräste. Wenn man nur gewiß weiß, daß nicht durchzukommen stehet, so geben sie eine vortrefliche Flanken-Deckung um so mehr, da sie so wie die Seen keiner Vertheidigung bedürfen, und den Feind nicht im geringsten verdecken.

a. Gehen aber Dämme da durch, so müssen diese mit aller Aufmerksamkeit beobachtet, stark mit Artillerie und Infanterie besetzt, und wo möglich durch eine hinter den Ausgang gelegte Verschanzung bestrichen, oder auch verderbt werden.

b. Auf jeden Fall muß man die Moräste, ehe man sich auf ihre Deckung verläßt, mit hohen Stangen aller Orten sondiren, damit ihre Nutzbarkeit oder die zu passirenden Stellen genau erkannt werden, und man die nöthigen Sicherheits-Anordnungen zu ihrer Behauptung zeitig genug treffen kann.

5. An Berge oder Schluchten, wenn sie sehr steil sind; lassen sie sich aber ersteigen, so müssen sie gut verschanzt werden.

a. Schluchten sind eine gute Bedeckung, wenn die Anhöhen die sie bilden, auf der Seite der Armee höher als nach dem Feinde zu sind, damit letztere von den selbst besetzten, noch bestrichen werden können.

 b. Al-

b. Allein die Schluchten selbst müssen verschanzt und bestrichen seyn, damit der Feind sich nicht in ihnen hinauf schleichen könne.

6. An Waldungen. Diese schaffen aber keinen besondern Nutzen, weil der Feind dahinter und darin seine Bewegungen verdecken und ungesehen auf uns zukommen kann, wenn man die jenseitigen Eingänge des Waldes und das Innere desselben, nicht selbst stark besetzt hält.

a. Diese detaschirten Truppen, müssen aber getrennt und zu weit von der Armee, die ihnen die Unterstützung geben muß, fechten, auch wird die Linie selbst dadurch zu sehr geschwächt, wenn die Flanke als der schwächste Punct der Position, zu ihrer Deckung zu viele Kraft erfordert.

b. Weil dieß aber durch die Natur oder Kunst die sichersten und festesten Puncte seyn müssen, so wäre solche sehr zu verstärkende Flankendeckung gerade ein großer Fehler.

c. Und wenn man auch die selbst durch einen dichten Wald mögliche Deckung, durch ein Verhau vermehren will, so ist dieß ohne starke Vertheidigung in gewissen Hauptpuncten, bey denen es doch nur als eine zur Sicherheit ihrer Communication dienende Verbindung anzusehen ist, leicht wegzuräumen, und mit dieser Vertheidigung tritt auch wieder die doch zu vermeidende Schwächung der Front ein.

d. Ist der Wald morastig oder mit steilen Abgründen durchschnitten, dann ist er schon eine weit vortheilhaftere Deckung.

e. Allein nicht so wohl der Wald selbst, als vielmehr die Abgründe und Moräste verhindern das feindliche Andringen.

f. Doch hat man von ihm den immer entscheidenden Vortheil, daß der Feind nun zur Forcirung dieser Defilees kein Geschütz in Würksamkeit setzen kann, mit welchem er vielleicht unsere Flanke über die Defileen weg, be-

bestreichen könnte, wäre der sie umgebende Wald nicht da.

g. In solchen Fällen muß man nun alles thun, wo man durch gut angelegte Verhaue, und Zernichtung der überführenden Wege, Brücken und Dämme die Festigkeit der Flanke vermehren, und sie zusammenhängend machen kann.

h. Die leichte, durch den ganzen Wald zerstreute Infanterie, welche an den wichtigsten Posten verschanzt und mit leichten Kanonen versehen ist, ferner ein vom rechten Flügel des zweyten Treffens gegen die Ausgänge des Waldes formirter, gut postirter und mit einer dieselben bestreichenden Batterie versehener Haken, werden dann die sichersten Vertheidigungs-Mittel, dieser sehr starken Flankendeckung seyn.

7. An Dörfer. Wenn sie gut gelegen und haltbar sind, so decken sie die Flanken gut; aber man muß sie tüchtig verschanzen und stark genug besetzen, daß der Feind nicht daran denken kann, sie anzugreifen, weil alsdann das Heil der Armee davon abhängt.

a. Wenn sie Gräben, Gartenmauern und ummauerte Kirchhöfe haben, so wären sie schon an und für sich haltbar, wenn der Feind keine Haubitz-Granaten hätte, da aber diese das Dorf leicht in Brand stecken, so ist es statt der Dörfer besser sich durch stark und gut mit Artillerie bespickte Verschanzungen zu decken.

§. 21.

2. Regel. Durch Kunst.

8. Als eine Art Verschanzung kann man auch feste Schlösser, ummauerte Landstädte, und endlich Festungen ansehen und sich dadurch, nach dem Grade ihrer Festigkeit und der vielleicht noch an ihnen angebrachten Verstärkung, vortrefliche Anstützungs-Punkte für die Flügel verschaffen.

a. Ist der Posten so stark, daß er schon einige Zeit seiner eigenen Vertheidigung überlassen werden kann, so erlangt man dadurch den Vortheil, daß man, wenn sonst nur das vorliegende Terrain vortheilhaft ist, sich immer etwas weiter ausbreiten und vielleicht wohl den Flügel von dem in der Flanke liegenden festen Posten einen starken Kanonen-Schuß weit absetzen kann, weil es der Feind doch nicht wagen darf, sich zwischen den Flügel des Corps und den festen Posten zu begeben, indem er die Garnison und das Kanonen-Feuer desselben in dem Rücken erhält und leicht abgeschnitten werden kann.

b. Doch beruhet hier alles auf der Stärke des Feindes, denn ist er so stark, daß er zugleich die Front, die Flanke und den in derselben liegenden festen Posten mit Uebermacht angreifen kann, so ist es besser, sich mit dem Flügel in den Flintenschuß des festen Postens zu ziehen, damit nicht durch die feindliche Uebermacht gegenseitige Unterstützung der Armee-Theile unmöglich werde.

c. Bey einer würklichen Festung ist dieß jedoch nicht nöthig, und man kann hier den angegebenen Vortheil nützen, wenn nur die zwischen derselben und der Armee liegenden verdeckten Zugänge besetzt, und mit Artillerie bestrichen werden können.

d. Da man übrigens alle Feldposten durch die Kunst ungleich stärker machen kann, so muß man dieß nie versäumen, wo nur ohne überwiegende Nachtheile, der kleinste Theil davon möglich ist, und die Hülfsmittel dazu in der Feldfortification suchen.

9. Oft lehnt man auch wohl die Flanke der Stellung an einen Gebürgs- oder andern Paß.

a. Da dieser nun aber der Zugang zur Flanke wird, so muß man hier die Vortheile eines Defilees so nützen, daß der Flügel würklich dadurch sehr verstärkt, und ein Angriff beynahe unmöglich werde.

5. Man

b. Man muß daher einen solchen Paß so besetzen und stark verschanzen, daß der Feind die größten Schwierigkeiten finde, während dem Vorrücken in denselben; ja daß es ihm ganz unmöglich werde, sich unserm Feuer zu entziehen.

c. Daher muß das Terrain so situirt seyn, daß es dem Feinde nicht gestattet mehr Geschütz und Streitkräfte zur Eroberung dieses wichtigen Puncts zu gebrauchen, als wir selbst zu dessen Behauptung entgegen setzen können.

d. Ferner, daß man alle diejenigen andern Posten noch ohne Gefahr besetzen könne, durch welche, wenn sie der Feind in Besitz hätte, er den Hauptpaß vielleicht umgehen könnte.

e. Entfernt sich die Richtung der durch den Paß gehenden Straße immer weiter von der Stellung, so besteht der Nutzen derselben, besonders in der Deckung des Passes und darin, daß, will der Feind einen Angriff auf die Flanke unternehmen, dieser sehr gefahrvoll und gänzlich von denen, die auf die Front geschehen, getrennt wird.

f. Biegt sich aber der Paß in einiger Weite wieder gegen das vor der Stellung liegende Terrain, und hat er hier einen Ausgang, so kann er bey einem feindlichen Angriffe, wenn das Glück gut ist, einen unendlichen Vortheil stiften.

g. Denn kennt der Feind das Terrain nicht, rückt er über den vielleicht etwas versteckten Ausgang des Passes vor, und vergißt ihn durch ein besonderes Corps zu sichern, so können ihm die Truppen vom Flügel durch diesen Paß in den Rücken fallen, vielleicht den einzigen Weg abschneiden, auf welchem er sich retiriren kann, und eine völlige Niederlage bewürken.

h. Nicht ganz so unerwartet, und folglich auch nicht so entscheidend würde diese würksame Bewegung seyn, wenn die, durch den Paß dem Feinde in den Rücken gehenden Truppen, vorher ein besonderes Corps, welches schon entweder im Passe selbst angegriffen hat oder blos zur Beschützung seines Ausganges stehen geblieben ist, schlagen und von den übrigen feindlichen Corps d'Armee trennen muß.

i. Tiefe versteckte Schluchten, Gebürge und versteckte Waldwege, die an den Seiten mit Sumpfe und Wasser umgeben sind, bilden Pässe, bey denen das Versteckte, das Unerwartete das beste thun muß, am meisten.

k. Die Pässe über Morast und Wasser, sind zu diesem Gebrauche deswegen nicht so gut, weil man diese Terrain-Arten gewöhnlich ganz frey übersehen, also gegen die früh genug entdeckte Passage derselben, die gehörigen Anstalten treffen kann.

l. Uebrigens muß man alle die auf die Flanke oder in den Rücken des Feindes führende Höhlungen oder Waldung nützen, um auf versteckten Wegen ihm unerwartet Truppen auf die Flanke oder in den Rücken zu schicken.

10. Findet man endlich zur Deckung der Flügel keinen der hier genannten Natur-Gegenstände, und hat man auch nicht Zeit irgend eine dem Zwecke entsprechende Verschanzung anzulegen, so ist man genöthigt, sich durch Armee-Theile selbst zu decken.

a. Man stellt deswegen einen Theil des Corps, vorzüglich mit Artillerie und Cavallerie versehen, mit dem Hauptcorps in einen Haken, so, daß beyde Theile gewöhnlich einen rechten Winkel bilden, der durch Verstärkung mit einer Batterie so viel als möglich vor den feindlichen Angriffen gesichert seyn muß, indem die beyden Linien diesen Punct nicht gut vertheidigen können, und derselbe also der schwächste der ganzen Position ist.

b. Cavallerie hinter dem Flügel des Hakens ist sehr gut, indem sie hier das Ueberflügeln desselben am besten verhüten, und von hier aus dem Feinde am leichtesten bey sei-

seinen Angriffen auf die Spitze, oder eine der beyden Fronten der Armee, in die Flanke fallen kann.

c. Ist man ja gezwungen die Flanke der Position durch einen Haken zu decken, so muß man dahin sehen, daß er nicht von feindlichem Kanonenfeuer enfilirt werde, welches die Eckbatterie am meisten verhindern kann.

d. Doch bleibt dieß noch immer das schlechteste Mittel zur Flankendeckung, und darf nur in der Noth gewählt werden, oder wenn die Ecke und die Flanke des Hakens durch Naturgegenstände an und für sich gut gedeckt werden können.

e. Kann der Feind aber auch diese Flankenhaken umgehen, so würde er der Armee in Rücken kommen. In solchen Fällen ist nichts anderes zu thun, als nach allen den Seiten der Stellung Front zu machen, auf welchen der Feind erscheinen kann.

f. In einer solchen Stellung kann die Armee leicht eingeschlossen werden. Je mehr alsdann die Festigkeit des Terrains erlaubt, den Umfang der Position auszudehnen, je besser ist es, indem der Feind desto weniger Widerstand einem nöthigen Rückzuge entgegen setzen kann.

§. 22.

b. Lehrsatz. Ausführung der zweyten Regel. Sicherheit der Front.

1. Zur Erlangung der dritten Eigenschaft einer guten Stellung ist nöthig, daß sich der Feind bey seiner Annäherung zum Angriffe, durch nichts vor dem Feuer des Geschützes decken, man ihn allenthalben sehen, und das Terrain Fuß vor Fuß streitig machen kann.

2. Deswegen ist es am besten, wenn in der Weite des Kanonenschusses, kein Gehölz, kein Dorf, kein Buschwerk, keine Hecken und dergleichen, die Aussicht auf die feindlichen Bewegungen hemmt.

3. Keine Schlucht oder Hohlweg muß den Feind ungesehen bis nahe an die Front der Armee bringen können.

4. Keine nahe Anhöhe muß seine Bewegungen verbergen, und man muß immer Zeit genug haben, gegen die Bewegungen des Feindes Gegenanstalten treffen zu können.

5. Deshalb ist es nöthig, diese Gegenstände entweder zu zerstören oder sich so zu setzen und zu verschanzen, daß der Feind bey seinem Angriffe durch dieselben zur Brechung seiner Macht gezwungen wird, welches das vortheilhafteste ist.

6. Oder man kann auch mit der Armee soweit davon abrücken, daß sie nichts schädliches mehr haben.

7. Hieraus folgt, daß wenn ja Hohlwege auf die Front der Armee zulaufen, man dieselben durch eine Batterie bestreichen lassen, oder sie auch ausfüllen und ungangbar machen muß.

8. Das beste Terrain, welches uns den vortheilhaften Gebrauch des Feuers erlaubt, sind in Form eines Amphitheaters, nach dem Feinde zu, abfallende sanfte Anhöhen.

9. Denn hier können sich die Batterien vorzüglich durch ein kreutzendes Feuer unterstützen, welches zugleich durch das, auf den Absätzen über einander stehende Geschütz, sehr vermehr wird.

B. Zweyter Grundsatz. Das Corps muß seine Vertheidigungskräfte auf die beste Art verstärken.

§. 23.

a. Lehrsatz. Ausführung der ersten Regel. Verstärkung der Front.

1. Regel. Betrachtung der hierzu dienlichen Gegenstände.

1. Diejenige Seite der Stellung, welche eigentich der feindlichen Hauptwürkung widerstehen soll, ist die Front derselben, hier müssen also ebenfalls die Vertheidiungskräfte so viel als möglich verstärkt werden.

2. Diese

2. Diese Verstärkung geschieht nun aber durch eine zweckmäßige Benutzung solcher Terrain-Gegenstände, welche den Zugang des Feindes erschweren, d. h. entweder seine anrückende Schlachtordnung in Unordnung bringen, oder ihr nur erlauben in wenigen Colonnen anzurücken. Je mühsamer dieser Zugang ist, je stärker ist die Stellung, und ist er überall sehr schwer, so ist es eine sehr feste, eine unangreifbare Stellung.

3. Alles, was nun die Flanke deckt, wird die Front noch weit besser verstärken, indem die Flanke gegen alle Angriffe sicher gestellt seyn muß.

4. Bey der Front aber, wo man diese gänzlich inattakable Lage nur selten sucht, sondern gewöhnlich nur große Vortheile durch das Terrain in der Ausführung des Gefechtes wünscht, ist es genug, wenn nur der feindliche Angriff bis zu dem verlangten Grade erschwert wird.

5. Aus dem Vorhergehenden folgt schon, daß die Würkung aller Streitkräfte schwächer wird, wenn sie eine Höhe hinauf agiren sollen, und dieß immer zunimmt, je höher und steiler der Berg ist.

a. Nun leidet zwar die Würkung des Feuers und Chocs, welche von einem Berge geschehen, nach Verhältniß der Berghöhe, auch große Verminderung, doch bleibt im Ganzen die Würkung der Streitkräfte immer noch ungleich stärker, wenn dieselben von der Berghöhe in die Ebene, als wenn sie aus letzterer gegen die Höhe agiren.

b. Da nun außerdem der höher stehende Theil, noch den großen Vortheil besitzt, alle Anordnungen des Feindes zu entdecken, so ist die Besetzung der Höhe über dem Feind, immer ein entscheidender Vortheil im Gefecht.

c. Diese Vortheile sind zwar nur passive, nur vertheidigende. Allein da sie immer doch die Kraft des Feindes schwächen, so wird es ein Grundsatz der Stellungskunst, die Position der Truppen, wo möglich, immer auf die Höhen zu setzen.

d. Doch wird man nur die höchsten Höhen da suchen, wo man ohne große Schwächung des Feindes, allen Angriffen entgehen will, indem die sanfteren Höhen immer die vortheilhaftesten bleiben.

e. Sie bringen den sie besetzenden Theil nämlich der Ebene und also den Vortheilen näher, welche ihre Streitkräfte in derselben haben, und entziehen dem Feinde, welcher gegen diese Höhen anrückt, noch immer in einem weit größern Maaße die Vermehrung seiner Streitkräfte, als wir durch die Verlassung der höhern Berge erhielten.

6. Mit der Front lagert man sich niemals vor das Meer als um eine Landung zu verwehren, da man sich dann bemühen muß, das Feuer auf die Stellen zu vereinigen, wo das Ufer das Landen erlaubt.

7. Sonst sind Teiche, Ueberschwemmungen, oder gar Seen solche Hindernisse, welche die Front, soweit sie sie decken, inattakabel machen.

8. Ein Fluß ist ebenfalls ein großes Hinderniß, welches wächst, je breiter und tiefer der Fluß ist, je weniger Furthen und Brücken an demselben sind, oder je stärker die Stellen, wo der Feind übersetzen kann, unter dem Feuer der Armee liegen.

9. Ein vollkommener Morast macht die Front inattakabel, auch wenn er nur schwer zu passiren ist, indem die feindliche Linie dadurch gänzlich in Unordnung gebracht und getrennt wird.

a. Derselbe Fall ist es bey einem morastigen oder tief fließenden Bache.

b. Ueberhaupt kann man durch Stauchung, selbst eines schlechten Fließes, leicht eine gut deckende Ueberschwemmung hervorbringen.

10. Waldungen hingegen nützen nichts vor der Front, weil sie nur die Bewegungen des Feinden verbergen und decken.

a. Sind

a. Sind sie aber so dicht oder morastig, daß nur auf einigen Wegen der Feind durchbrechen kann, und liegen dieselben unter unserm kreuzenden Feuer in der Weite von 500 Schritten, so kann man sie als gute Defilees betrachten, bey deren Passirung der Feind, durch unser Feuer und die absplitternden Holzstücken viel leiden wird, wenn man nur Anstalten getroffen hat, durch welche wir das feindliche Anrücken in dem Walde noch früh genug erfahren können, um alles zu seinem Empfange in Bereitschaft zu haben.

11. Schluchten, Ravins, und Hohlwege sichern die Front sehr, wenn sie davor herlaufen; laufen sie aber in die Armee, so müssen sie wie schon gesagt, vollkommen bestrichen seyn.

12. Dörfer, Schlösser, Flecken und alle übrige Wohnplätze können, wenn sie haltbar sind und ohnfern vor der Front liegen, großen Vortheil stiften, nur muß man sie so einrichten und mit leichten Truppen besetzen; daß man von da aus auf alles, was in der Schußweite vor ihnen vorbey will, ein lebhaftes Feuer machen kann.

13. Hecken, Zäune und Gesträuche vor der Front sind gut, weil sie den Feind vor unserm Feuer nicht decken und doch im Anrücken verhindern, und mithin dem Feuer länger aussetzen.

a. Große Bäume aber, wenn deren viele beysammen sind, verbergen uns seine Bewegungen schon zu sehr.

b. Daher ist es besser sie abzuhauen, indem sie alsdann dem Feinde eine neue Verhinderung machen.

§. 24.

2. Regel. Eigenschaften der Gegend vor der Front, welche aus den Verbindungen dieser Gegenstände entstehen.

Die Vortheile, welche also die Gegend vor der Front der Armee darbieten muß, sind:

1. Es muß dem Feinde unmöglich seyn, seine Stärke zu gebrauchen, sondern er muß die Schlacht nur durch solche Gefechte entscheiden können, die für die Natur unserer Truppen gehören.

2. Die ganze Stellung, sie mag noch so viel Hindernisse vor sich haben, muß nirgend dominirt und enfilirt werden, weil feindliche, hierher postirte Artillerie, die größte Unordnung verursachen, und vielleicht schon allein das Treffen entscheiden kann.

3. Daher muß keine Höhe sich in der Weite von 2 bis 3000 Schritten vor der Front befinden, die mit den unsrigen gleich hoch oder wohl gar höher ist, ohne daß sie von uns stark mit Artillerie und Infanterie besetzt wäre und mit der Linie rückwärts Communication hätte.

4. Hierzu gehört, daß sich an dieser Seite kein steiler Abhang und sich ihr zur Seite Unterstützung befindet, damit sie der Feind nicht abschneiden könne.

5. Kann dieß aber der Fall seyn, so muß man die Höhe stark verschanzen, oder sie selbst mit in die Linie nehmen, oder so weit davon abgehen, daß sie keinen Schaden thut.

6. Stehet die ganze Armee selbst auf einem langen Berge und man hat keinen gegen sich liegen, der eben so hoch oder noch höher ist, und vom Feinde besetzt werden kann, so setzt man das erste Treffen auf den Abhang, das zweyte aber oben auf den Berg selbst.

7. Uebrigens muß die Cavallerie in allen gebürgigten Gegenden, oder in Positionen, deren Front ganz oder größten Theils geschlossen ist, z. E. in Verschanzungen, sich in der letzten Linie befinden.

8. Infanterie muß hier die Hauptvertheidigung leisten, und die Geschwindigkeit der Cavallerie, läßt immer noch ihren zeitigen Gebrauch zu.

9. Nur wo sie Ebene vor sich findet, und wo man sie in der Nähe vor dem Feuer sichern kann, läßt sie sich gut zur Unterstützung von Posten oder Batterien nützen.

10. Kann

10. Kann der Feind selbst Höhen besetzen, so stellt man sich mit der ganzen Armee auf den Berg.

11. Oder man kann auch die Armee hinter den, zu ihrer Front bestimmten Bergen in einen Grund setzen, die Höhen selbst aber mit starken Redouten befestigen und mit Artillerie und Infanterie hinlänglich besetzen.

12. Wenn nun der Feind attakiren will, so giebt man ihm Zeit sich zu entwickeln, und läßt ihn den Angriff einiger Redouten anfangen.

13. In diesem Augenblicke aber, stürzen ihm die Cavallerie und Infanterie auf die Front und Flanke, und das Feuer der Redouten verdoppelt sich, um verbunden mit dem Anfalle der Truppen den Sieg zu entscheiden.

14. Doch muß sich bey dieser Stellung das Terrain sehr zur Verbergung der Armee und der vorläufigen Sicherheit und Stärke der vorgelegten Posten schicken, welches nicht gerade immer in verschanzten Bergen, sondern auch aus Gehölzen, Dörfern und andern erhabenen, die Armee bedeckenden Gegenständen, bestehen können.

15. Es muß dem Feinde an gewissen Orten ganz unmöglich werden, den Anfall seiner Truppen auszuführen, weil man daselbst alle Ueberlegenheit im Feuer hat.

16. Die Batterien müssen so vortheilhaft angelegt werden können, daß ihr Feuer sich vor der Front mehrere Male kreuzt und alles bestreicht, woraus also folgt, daß wenn sich Höhen in der Linie finden, die Batterien auf denselben placirt werden müssen.

17. Es ist sehr vortheilhaft, wenn die Infanterie auf einer amphitheatralischen Anhöhe über einander weg steht, indem sie dann ihr Feuer mit allen Vortheilen gegen den Feind nützet; oder wenn man den Feind zwischen zwey Feuer bringen oder ihn schräg beschießen kann.

18. Es ist gut, wenn der Feind beym Angriffe seine Ordnung brechen und defiliren muß, indem man nun gegen solche Oerter das Geschütz verdoppeln kann, da dasselbe hauptsächlich gegen Colonnen eine sehr mörderische Würkung hat.

19. Wenn man vorwärts der Position Posten besetzen kann, welche dem Feinde die Formirung seiner Armee blutig und schwer machen, so ist dieß ein großer Vortheil. Doch muß dieß nie von dem Kerne der Infanterie da geschehen, wo sie zuletzt gefangen werden müßte.

20. Die Beschaffenheit der Gegend muß, wo möglich, die Vortheile an die Hand geben, die Schlachtordnung dicht vor dem Feinde, plötzlich und unerwartet zu verändern, oder einem Theil der Armee zu versagen, und mit dem andern plötzlich vorzurücken und so die Vertheidigung in einen unerwarteten Angriff zu verwandeln.

21. Hierzu gehört, daß die Cavallerie Ebene vor sich findet, und nicht beym Choc Gefahr läuft überflügelt zu werden, so daß sie während ihres Vorrückens beständig gezwungen wird, die Front zu verlängern, und die Infanterie nach dem vortheilhaften Gebrauche des Feuers, von einer gewissen Weite aus, dem Feind mit dem Bajonette entgegen gehen kann, ohne befürchten zu müssen, daß sie von ihrem Posten abgeschnitten, oder in die Flanke gefaßt wird.

22. Um dieß auszuführen, muß man, wenn sonst der Feind nur einigermaßen an uns kommen kann, sich niemals zu sehr auf die Würkung des Feuers verlassen, und also zur Ausführung eines eigenen plötzlichen Angriffes, keine Arbeiten unternehmen, welche dieß unmöglich machen würden; sondern leichte Artillerie, Cavallerie und leichte Infanterie, nur in Posten zu stellen suchen, in welchen sie so leicht nicht entdeckt werden können, welche der Feind bey seinem Vorrücken in der Flanke oder hinter sich lassen muß, und von da man, wo möglich, immer noch einen Rückzug hat.

23. Hat man Zeit genug, so kann man die Festigkeit der Front durch Verschanzungen noch sehr verstärken, welche man dann vorzüglich da anzubringen hat, wo theils genug Vertheidigungskräfte angewendet werden können, oder wo der Angriff des Feindes am wahrscheinlichsten zu befürchten ist.

§. 25.

§. 25.

b. Lehrsatz. Größe des Platzes.

1. Die Größe des zur Stellung der Armee gewählten Platzes, richtet sich nach ihrer Stärke, und nach den Vortheilen, welche das Terrain darbietet.

2. Denn sind diese so, daß es mehrere Stellen längst der Front giebt, die keiner Vertheidigung bedürfen, weil sie der Feind nicht passiren kann, als breite und tiefe Seen, Flüsse, Moräste, und unzugängliche Gebürge, so kann man hier nur so viel herstellen, als zur Bewachung dieser Gegenstände hinlänglich ist, und die übrige Force auf den mehr freyeren Gegenden anwenden.

3. Denn sollte ja der Feind einen Angriff gegen diese, auf diese Art nur bewachten Stellen wagen wollen, so wird man durch die dahin postirten Haufen zeitig genug Nachricht erhalten können, um dem Feind selbst, ehe er noch den Uebergang über solche Gegenstände auszuführen im Stande ist, mit einem hinlänglichen Corps zur Beschützung des bedroheten Punctes entgegen zu rücken.

4. Uebrigens ist es nöthig, hauptsächlich dahin zu sehen, daß man die Posten der gewählten Stellung mit zwey Treffen besetzen kann.

5. Hat man nur ein Treffen, so ist mit der Niederlage desselben, der Verlust des Ganzen verbunden, da man im Gegentheile durch ein zweytes, nicht allein den Rückzug des geschlagenen erstern sichert und ihm eine Zuflucht giebt, wo es sich wieder formiren kann, sondern auch das Mittel erhält, den selbst durch den Sieg in unvermeidliche Unordnung gerathenen Feind, wieder aus seinen eingenommenen Vortheilen zu vertreiben, und vielleicht gar noch den Sieg für sich zu entscheiden.

6. Da dieß zweyte Treffen also zu dieser besondern letzten Hülfe bestimmt ist, so ist es vortheilhaft, sich zur einzelnen Unterstützung dieser beyden nach einander fechtenden Treffen, noch eine abgetheilte, und an dem bequemsten

Platze hinter dem Corps, aufzustellende Reserve vorzubehalten, damit nicht gleich alles gewagt werde, und die bedroheten Posten, immer noch ohne Schwächung der beyden Hauptlinien, verstärkt werden können.

7. Muß man aber einen gewissen Platz besetzen, wozu die auf diese Art abgetheilte Armee nicht zureicht, so muß man zwar von dieser Ordnung abgehen, allein dann wird erfordert, daß das Terrain vor der Front so beschaffen ist, daß man es leicht durch die wenigen dahin gestellten Truppen, mit eben der Würksamkeit gegen den angreifenden Feind vertheidigen kann, als wenn man zwey Treffen in einer Ebene oder etwas festem Terrain hätte.

8. Kurz die Vortheile und Festigkeit des vorliegenden Terrains, müssen die Schwäche der zu dessen Behauptung anzuwendenden Vertheidigungs=Kräfte, das heißt: die geringe Zahl der Truppen ersetzen, und ist dieß nicht, so muß es durch Anwendung der Fortification zu dieser Beschüzzungs=Stärke erhoben werden.

9. Doch muß man sich selbst in solchen Fällen, zum wenigsten eine gute Reserve vorbehalten, um nicht die vorhin hierbey angegebenen entscheidenden Vortheile, gegen den Feind einzubüßen, welcher sie gewiß anwenden wird.

10. Den ordnungsmäßigen Raum, hat übrigens eine Position, wenn dieselbe von der Armee ohne Vergrößerung der in der Ordre de Bataille festgesetzten Intervallen, besetzt werden kann.

11. Ist sie aber so eingeschränkt, daß sie nicht allen Theilen der Armee erlaubt, gegen die Streitkräfte des Feindes, wenigstens eine eben so große Summe der ihrigen, oder eine dieselben ersetzende Festigkeit des Terrains entgegen zu setzen, so ist es deutlich, daß wenn man selbst mehrere Linien auf den vordern Platz nach einander rücken lassen kann, dieselben sich gegen die Ueberlegenheit des Feindes nicht behaupten können, und daß also eine solche Begränzung der Position, die sich nach dem Feinde zu öfnet, ihm eine grö-

ßere

ßere Anwendung des Geschützes gestattet, und daher fehlerhaft ist.

12. Wird aber der Feind in seiner Ausdehnung eben so eingeschränkt als wir, so sind unsere Kräfte den seinigen gleich, und können in solcher Lage, durch wiederholte Ablösung der streitenden Truppen, und durch die gehörige Benutzung der Terrain=Vortheile bis zum Uebergewichte verstärkt, leicht den Sieg erringen.

13. Hieraus siehet man nun, daß der Vortheil immer wächst, je mehr die feindliche Front nach Verhältniß der unsrigen durch das Terrain eingezwängt wird.

14. Was übrigens die Bestimmung der Tiefe einer Position betrift, so ist hierbey zu merken, daß nicht allein die hintern Treffen, wenigstens vor dem Flintenschusse des Feindes sicher seyn müssen, sondern auch die vordern, Platz zum Weichen und zur Wiederformirung hinter sich finden, und durch die Enge des Raumes in den verschiedenen zu machenden Bewegungen, keine Unordnungen entstehen können, welche sehr leicht eine Niederlage nach sich ziehen.

15. Diesem nach muß eine Linie von der andern wenigstens 250, höchstens 300 Schritte gestellt werden können, damit sie sich auch den zu unterstützenden Puncten nahe genug befinde, und im Rücken noch ein großer Raum übrig bleibe. Rechnet man daher im Rücken des 2ten Treffens noch 300 Schritt, und vor der Front des ersten 200 Schritt, so beträgt die ganze Tiefe 800 Schritt.

§. 26.

c. Lehrsatz. Vortheilhafte Figur der Stellung.

1. Regel. Betrachtung der auswärtsgehenden.

1. Was nun die Figur der Stellung anbetrift, so richtet sich diese zwar nach dem Laufe der Berge und Defilees, um durch Benutzung derselben den Vortheil über den Feind zu behaupten; allein es müssen sich nie todte Winkel, so wie bey

bey einer Festung, in der Fronte der Position befinden, sondern jede Stelle muß, wenn auch nicht von vorne, doch aus einem andern Puncte der Stellung in der Flanke bestrichen werden können.

2. Daher muß sich der Feind auch niemals verdeckt der Armee nahen können. Das verdeckte Anrücken des Feindes ist am leichtesten möglich, wenn die Armee auf etwas steilen Bergen stehet, weil man deren Abhang von oben nicht immer bestreichen kann.

3. Um daher dieß doch zu erhalten, setzt man in die kleinen Schluchten und Absätze des Berges, leichte Feldstükke mit Infanterie-Compagnien zur Deckung, weil man von solchen Orten gewöhnlich die oben maskirten Stellen entdecken und bestreichen kann, indem sie sich auf dem Abhange der Berge befinden.

4. Es scheint immer ein Fehler zu seyn, die Armee in einen auswärtsgehenden Winkel oder Bogen zu stellen, indem

a. Das Feuer als die hauptsächlichste Vertheidigungswaffe, sich gegen den Feind immer mehr ausbreitet und trennt, dahingegen der Feind das seinige gegen uns conzentrirt; und

b. Die Position sogleich verloren ist, sobald man einen Theil der in auswärts gebogener Linie stehenden Armee, durchbrochen hat.

5. Man ist in diesem Fall dem andern sogleich im Rükken, und sein Untergang beynahe gewiß, wenn er nicht einen doch höchst beschwerlichen und schnellen Rückzug, nach seiner noch freyen Flanke antreten kann, und, ist das durchgedrungene Corps stark genug, nicht auch sogleich würklich antritt, ehe seine andere Flanke auch durchbrochen, und er gänzlich umringt und gefangen genommen wird.

6. Sind hingegen die Schenkel eines solchen auswärtsgehenden Winkels, durch Naturhindernisse vor allem Angriffe gesichert, so ist eine solche Position wieder sehr vortheilhaft, indem der feindliche Angriff sich nur auf einen

einzi-

einzigen Punct, nämlich auf die vorgehende Ecke des Winkels einschränkt, den man also mit aller Kunst befestigen und mit der größten Kraft vertheidigen kann.

7. Auch hat man den Vortheil, daß die ganze Aufmerksamkeit für die Sicherheit der Position, sich nun allein auf einen Theil derselben zieht, und also um so stärker seyn kann.

8. Man wird zwar wenige Positionen finden, bey denen auf diese Art nur ein einziger Angriffs-Punkt möglich wäre; allein eine Position ist immer sehr kunstreich und äußerst vortheilhaft, wenn sich auch mehrere Angriffs-Puncte in ihr finden, und nur das dazwischen liegende, zusammen genommen weit größere, Terrain, vor dem Angriffe durch Naturvortheile gesichert wird.

9. Man kann dieß aber auch durch die Figur erhalten, indem man nämlich mit der Front der Position, zwischen den zur Vertheidigung vortheilhaft gelegenen Angriffs-Puncten, einwärts gehende Winkel formirt.

10. Dann muß aber das Terrain, welches dicht vor den Fronten der einwärts gehenden Schenkel sich befindet, und diesen zur Deckung dient, so vortheilhaft seyn, daß ein Angriff auf die Flanken der hervorgehenden Theile, nicht nahe an denselben, sondern beynahe nur im kleinen Kanonenschusse der einwärts gehenden Winkelecke möglich ist.

11. Denn wäre dieß nicht, so würden die vorgestreckten Punkte, ihrer starken Vertheidigung ungeachtet, sehr leicht genommen werden können, während es den andern Armee-Theilen nicht leicht würde, sie zu unterstützen, und durch die Eroberung dieser Posten, alle die auswärts gehenden Winkel gebrochen, und die Armeetheile nach einander geschlagen werden.

12. Kann aber ein Flankenangriff auf die vorgehenden starken Positions-Ecken, nur tief im Winkel Statt finden, so ist ein sehr nachtheiliger Ausgang eines hier unternommenen feindlichen Angriffes nicht zu bezweifeln, indem er sich ganz von seiner übrigen Linie trennen muß, und das

Feuer und den Angriff der Truppen des andern Schenkels in den Rücken und in die Flanke erhält.

13. Bey einer solchen Stellung ist es aber sehr nöthig, daß die vorgestreckten Spitzen, die zurückgezogenen Schenkel vor dem Ricoschettiren und Enfiliren sichern, indem sonst dieselben leicht durch das feindliche Geschütz, noch ehe ein Anfall unternommen wird, von ihren Posten vertrieben werden, und dadurch die wichtigsten Posten der ganzen Stellung sich selbst überlassen und ohne Unterstützung bleiben.

14. Hieraus folgt also, daß wenn man eine Stellung mit aus- und einwärts gehenden Winkeln nimmt, um den Feind in seinem Angriffe blos auf einige Puncte einzuschränken, zu deren Vertheidigung man alsdann alle Kunst und Kraft anwenden kann, so müssen:

a. Die zurück gezogenen Schenkel, auf eine gute Weite durch Hindernisse vor allem Angriffe sicher seyn.

b. Das Terrain, worauf diese Flanken stehen, darf auch niemals höher, höchstens eben so hoch, und am besten noch niedriger, als die auswärts gehenden, sie deckenden Puncte der Winkel liegen.

c. Am besten ist es, wenn die Schenkel niedriger als die äußern und innern Schenkelpunkte liegen, diese aber erhaben sind.

d. Denn die Höhe der äußern Punkte deckt die Flügel und vermehrt die Festigkeit der eigentlichen Angriffs-Stellen.

e. Die Höhe der innern Ecken, vermehrt deren Festigkeit ebenfalls, und dieß ist darum gut, weil sie die Verbindungspuncte der vorgehenden Theile sind; weil sie die auf sie zulaufenden Schenkel beherrschen, und daher diese ohne ihre eigene Eroberung nicht behauptet werden können; weil sie sehr viel zur geraden Vertheidigung, des zwischen den Schenkeln liegenden Terrains und also auch der Hauptposten beytragen; und endlich weil sie nie recht vom Feinde enfilirt werden können, und man die Höhe immer da nehmen muß, wo dieß nicht möglich ist.

§. 27.

§. 27.

2. Regel. Betrachtung der einwärts gehenden Form.

1. Das Gegentheil der auswärtsgehenden Stellung ist die einwärtsgebogene, oder die ihre Flügel vorsetzende Linie. Sie hat eben so viele Vortheile, als die andere Nachtheile besitzt.

2. Nur gehören hierzu sichere und die Flanken des Heeres in ziemlicher Weite rückwärts deckende Anstützungen, als: in der Flanke herlaufende Flüsse, Moräste, Felsengründe oder gut besetzte, mit einigen Durchgängen versehene Gebürge.

3. Denn der Feind ist nur auf zwey, und vielleicht, wenn es das Terrain nicht erlaubt, nur einen, mit aller Kraft zu unterstützenden Angriffs-Punct, nämlich gegen beyde, oder nur einen Flügel, eingeschränkt; indem er es unmöglich wagen kann, sich in die Mitte des von der Armee umgebenen Bogens zu stecken, weil er hier nicht allein dem kreutzenden und conzentrirten Feuer des ganzen Heeres, sondern auch den hier sichern, und wenn es das Terrain zuläßt, auch gewiß entscheidenden Anfällen der Reiterey, auf seine vorgestreckte Spitze ausgesetzt wird, und sein Rückzug ihm äußerst leicht, nicht allein sehr erschwert, sondern auch völlig unmöglich gemacht werden kann.

4. Denn wenn der Feind auch selbst seine besten Truppen an der Spitze zum Durchbrechen, der von der Armee zurückgezogenen Mitte versammelt hat, und diese vielleicht schon etwas weicht, welches ihr sogar befohlen werden kann, um den Feind noch mehr zur Verlängerung seiner Colonnen zum weitern Vorrücken zu zwingen, und also dadurch die Entfernung des feindlichen vorrückenden Corps von seiner Linie zu vergrößern, man mit denen von uns verstärkten Flügeln über die immer schwächer werdenden Flanken und Reserven des Feindes herfallen, sie leicht vom vorgerückten Corps trennen und nun um dieses, durch einen allgemeinen Anmarsch des Bogens, die Schlinge zuziehen kann.

5. Die wohl besetzten Flügelpuncte und einige dazwischen gestellte Bataillone, Schwadrone und reitende Arttillerie zum Rückhalt, sind übrigens für die nöthige Zeit hinreichend, den zu Hülfe eilenden Feind aufzuhalten.

6. Der zweyte entscheidende Vortheil ist, daß wenn auch selbst ein Flügel oder beyde geworfen werden, der Feind den andern Armee-Theilen den geraden Rückzug nicht durch seine Flankenumgehung, die zugleich im Augenblicke des Sieges von ihm ausgeführt wird, wie in der entgegen gesetzten Stellordnung der Fall ist, abschneiden kann.

7. Im Gegentheile, die Armee wird durch Verstärkung ihrer Flügel, aus der schon durch ihre einwärts gebogene Form sichern Mitte, noch immer in den Stand gesetzt, entweder den Feind wieder zu vertreiben, oder doch noch wenigstens die Vortheile der geraden Stellung zum fernern Widerstande, oder zur Sicherheit des Rückzugs zu nutzen.

8. Um dieß zu erlangen, ist es am besten, daß sich hinter den vorgestreckten Flügeln noch eine Linie befinde, welche in Verbindung mit der Mitte des ersten Treffens der Armee gesetzt, mit derselben eine, der geraden Linie näher kommende Front bilden kann.

9. Diese Linie dient nun nicht allein zur Unterstützung des Flügels, sondern auch zu seinem Ersatze und zu seiner Schutzwehr, wenn derselbe geschlagen wird.

10. Man hat hierbey den Vortheil, daß dem Feind nicht schon geschlagene Truppen wieder entgegengesetzt werden, welche, wie die Erfahrung gelehrt hat, in einer neuen Linie oft weniger Gegenwehr leisten, und auch wegen der noch unter ihnen herrschenden Unordnung leisten können. Sondern diese neue Linie bilden frische Truppen, welche ihren Platz kennen und den feindlichen Angriff darin erwarten.

11. Aus allem diesem folgt, daß die Stellung immer vortheilhafter wird, je weniger sie entweder, durch ihre Form oder durch ihre Terrain-Vortheile, dem Feinde Angriffspuncte darbietet, die man also mit ganzer Kraft unter-

terstützen kann, und je mehr sie den Gebrauch eigener Streitkräfte erlaubt.

12. Daß man dieses nun auch in der Figur durch Zurückziehen eines Flügels erhält, indem man dann den andern um so mehr verstärken kann, sieht man leicht ein; aber auch ebenfalls, daß es schwer ja unmöglich wird, alle Truppen im Gefechte, durch den vorgestreckten Punkt, zu nutzen.

13. Daher ist es die allervortheilhafteste Stellung, in der man die Flügel so vorsetzt, daß sie vor jedem Angriffe sicher sind, die Mitte in einen Bogen zurück ziehet, sie in diesem Bogen gegen den Angriff, jedoch nur durch Redouten, oder leicht von uns zu passirende Hindernisse, verstärkt, das im Bogen eingeschlossene und vorliegende Terrain, aber gänzlich frey und eben ist.

14. Denn in dieser Stellung ist man vor nachtheiligem Angriffe gänzlich sicher, und kann auf das vortheilhafteste alle Waffen und Truppen-Arten, auf den andringenden Feind nutzen.

15. Eine Linie leichter Truppen und Cavallerie zwischen den beyden inattakabeln Flügeln, ist das beste Mittel den Feind zu locken, und ihn durch ihr Weichen in den Bogen und in sein gewisses Verderben zu ziehen.

16. Um den Feind vielleicht noch sicherer zu machen, kann man vorher mit der Linie außer der Corde des Bogens vorrücken, als wenn man aus der Mitte einen Angriff selbst unternehmen wollte, und dann bey dem Andringen des Feindes weichen, allmählich wieder bis in die Linie, langsam weiter, und endlich bis an den Umfang des Bogens auf einmal zurück fliegen.

17. Der überraschte Feind wird wahrscheinlich die Contenance verlieren, doch mag er nun entweder schnell zurück eilen, oder verzweiflungsvoll angreifen, so werden das vereinigte Feuer und die auf seine Flanken und seinen Rücken losbrechende Cavallerie sein Schicksal schnell entscheiden.

18. Man muß also bey dieser Stellung, hinter den Flügeln Cavallerie in der Nähe haben.

19. Doch ist bey dieser, wie bey allen gebrochenen Stellungen hauptsächlich zu beobachten: daß die von der Seite zurückgezogenen Armee-Theile, weder ihre Flanke noch ihren Rücken dem feindlichen enfilirenden Schusse aussetzen, ohne daß sie von einer Anhöhe oder sonst von einem erhabenen Gegenstande, oder durch zahlreiche Artillerie gedeckt sind.

§. 28.

3. Regel. Betrachtung des Falls, in welchem die gerade Linie die beste wird.

1. Ist die Stellung der Armee in einer vollen Ebene, so sind alle Vortheile und Nachtheile des Terrains gleich, und hier muß nun die Kunst die Sparsamkeit der Natur ersetzen.

2. Wenn man nicht Zeit hat, sich einige Verschanzungen aufzuwerfen, so muß die Sicherheit der Armee allein nur durch die gute Ordnung derselben erhalten werden.

3. Am besten ist hier wohl ein geschlossenes langes Viereck, welches um sich eine bewegliche und leicht wegzuräumende Befestigung von spanischen Reitern ziehet, die auf kleinen aber festen Rädern stehen, oder von dazu eingerichteten Wagen, die man zur Zeit des eigenen Angriffs aus einander fahren läßt.

4. Die Cavallerie muß entweder getrennt vom Vierecke, auf beyden Seiten agiren, oder sie muß sich in der hintersten Seite desselben befinden, und von einer Linie Infanterie noch unterstützt seyn.

5. Greift nun der Feind das Viereck an, so schwenkt sich die Cavallerie zu beyden Seiten um die Flanken desselben, fällt dem Feind in den Rücken, und die hinter ihr gestandene Infanterie-Linie, nimmt so lange ihren Platz ein.

6. Im

6. Im Vierecke muß einige Cavallerie gelassen werden, um sogleich den etwa in dasselbe eindringenden Feind, zurückzuwerfen.

7. Wie man übrigens eine Position durch Anwendung der Fortification verstärken kann, solches lehrt diese Wissenschaft selbst, und es ist hierbey nur zu bemerken, daß wenn einmal durch die Regeln der Stellungskunst, die vortheilhafteste Lage und Form der Position bestimmt ist, man alle darin und zur würksamern Vertheidigung nützende Terrain-Gegenstände auf das beste anwenden und durch Befestigungen aller Art verstärken muß, um vor der Front aller Stellen der Position, so viel als möglich, ein kreutzendes, und nahes Flankenfeuer, zu erhalten.

§. 29.

d. Lehrsatz. Ausführung der vierten Regel. Innere Communication.

1. Der vierte Artikel erfordert, daß kein Fluß, kein Morast, keine Bergschlucht, kein beträchtlicher Hohlweg, Graben, Felsen, oder unwegsames Holz quer durch die Armee, viel weniger zwischen den beyden Treffen herlaufe.

2. Wo sich dergleichen finden sollte, müssen hinlängliche und dauerhafte Communicationen, so wie sie jeder Gegenstand erfordert, gemacht werden, doch so breit, daß man wo möglich mit ganzen Zügen in Front und mit schwerem Geschütze hinüber marschiren könne.

3. Doch ist es immer gefährlich, solche Terrains zu besetzen, die von vielen kleinen Bächen durchschnitten werden. Die höchste Noth kann es nur enschuldigen, weil würklich die Theile der Armee von einander getrennt sind, und es immer ein Fehler bleibt.

4. Kann indessen dieser Fehler nicht vermieden werden, so ist es nothwendig die Aus- und Eingänge dieser Defilees auf das stärkste zu befestigen; denn hierdurch wird nicht allein die Gemeinschaft, sondern auch eine neue Formirung

der

der Truppen gesichert, wenn sie die vordere Front verlassen müssen.

C. Grundsatz. Mittel zur Offensive.

§. 30.

2. Lehrsatz. Ausführung der ersten Regel. Aeussere Communication.

1. Der dritte Grundsatz erfordert Rücksicht auf den Zweck. Durchgängig läßt es sich nicht beobachten, nach allen Seiten hin, Ausgänge für die Armee zu bereiten, indem man schwerlich eine feste Stellung finden wird, die den Ausmarsch vorwärts leicht gestattet.

2. Wenn man also vorwärts nach dem Feinde zu gehen will, so siehet man weniger auf die Festigkeit der Position.

3. Will man aber den Angriff des Feindes erwarten, so macht man sich weniger daraus, ob der Ausgang nach ihm zu leicht ist, wenn dieß nur auf den Seiten und im Rükken statt findet.

4. Diese Eigenschaft, wenigstens einen guten und vollkommen sichern Ausgang, muß aber eine jede Position besitzen, und selbst die, welche eine inattakable Front und vollkommen sichere Flanken hat, ist zu verwerfen, wenn man keinen Ausgang rückwärts findet und das Terrain, wenn auch nur von Gegenständen im Rücken der Stellung, wohl gar eingeengt und zuletzt geschlossen wird, die wenigstens im Augenblicke der Eile nicht zu passiren sind.

5. In solcher Stellung hat schon manche Armee ihren Untergang gefunden, indem es meistens sehr leicht ist, dieselbe in einem solchen Posten einzuschließen, und ihrem Angriffe eben die Schwierigkeiten entgegen zu setzen, welche sie dem Angriffe ihres Feindes durch ihre Stellung entgegen stellt.

6. Ein großer Morast, morastiges Wasser, ein tiefes Ravin, oder ein Felsengrund und tiefer und breiter Hohlweg oder

oder Fluß, und morastiger Wald, Teiche und Seen, sind ohne hinlängliche wohl besetzte und gesicherte Uebergänge, als Dämme, Brücken und breite Wege für den Theil, oder für die ganze Armee, deren Rücken sie umziehen, sichere Mittel zu einer vollen Niederlage, bey dem Verluste des Gefechtes und einem nöthigen Rückzuge.

7. Am gefährlichsten sind die Stellungen, welche zwischen den beyden Armen eines Flusses oder unzugänglichen Morastes genommen werden können, weil schon mehrere, selbst große Heerführer, sich durch die, bey solchen Gegenden mögliche, sehr gute Flanken-Anstützung verführen ließen, unverdientes Glück hatten, und glückliches Beyspiel reizt.

8. Ein solcher Ort wird zur Vertheidigung immer schlechter, je näher sich die den Rückzug verbietenden Hindernisse, im Rücken der Position befinden.

9. Findet man übigens eine Gegend im Rücken, welche eine zum ordnungsmäßigen und schnellen Rückzuge hinlängliche Zahl Debouchees hat, und die vorher von der Armee wohl eingerichtet und besetzt sind, so ist dieß gewissermaßen für die sich zurückziehende Armee vortheilhaft, indem sie auf ihrem Rückzuge, alle nur mögliche Sicherheit genießt und der Feind durch die leicht zu vertheidigenden Defilees aufgehalten wird.

10. Nur muß die Armee wie gesagt, Zeit und Sicherheit genug haben, dieselben zu passiren. Ein, in seinen Ein- und Ausgängen besetzter und mit guten Wegen, versehener Wald, leistet diese Vortheile am besten.

11. Wäre der Feind so glücklich einmal die Front der Stellung zu durchbrechen, so würde höchst währscheinlich gleich alles verloren seyn, wenn die zurückgedrückten Truppen keine sichere Puncte mehr fänden, wo sie sich wieder setzen, und von da aus entweder ihre verlorne Front wieder erobern, oder den Rückzug gedeckt antreten könnten.

12. Aus diesem Grunde müssen also innerhalb der Position starke Posten aufgesucht werden, die mit den wichtigsten

sten Theilen der vordern Fronte, vermittelst einer Truppenlinie leicht in Verbindung gesetzt werden, und dann eine immer furchtbare Stellung formiren können. Diese Stellen müssen befestigt, mit hinlänglicher Artillerie und der Reserve besetzt, und dazu so viel als möglich, Höhen genommen werden, die den innern Raum und die Front der Position dominiren.

§. 31.

b. Lehrsatz. Stellung zur Offensive.

1. Eine jede Stellung verliert ihre entscheidendsten Vortheile, wenn die darin postirten Truppen blos zur Defensive gezwungen sind und nie durch einen eigenen unvermutheten Angriff die Fehler, die Unordnung des Feindes, zur schnellen Herbeyführung des Sieges benutzen können.

2. Je unvermutheter nun ein solcher Angriff ausgeführt werden, und je weniger es möglich ist, daß der Feind die dazu nöthigen Ausgänge sperren kann, je kunstvoller und vortheilhafter ist die Stellung eingerichtet, obgleich sie auch durch ihre eigenthümliche Festigkeit unüberwindlich werden kann, wenn sie auch diese Eigenschaft nicht besitzt, die jedoch bey ihrer gehörigen Benutzung nur allein das Mittel an die Hand giebt, in solcher Lage einen entscheidenden Sieg zu erhalten.

3. Wir wissen, ein unerwarteter Angriff oder Widerstand ist das beste Mittel zum Siege. — Will man also die Vortheile der obigen Regel auf das höchste bringen, so muß die Stellung des Hauptcorps besonders so angeordnet werden, daß es der Feind, obgleich er sich schon in unsern Feuerlinien befindet, diese Gefahr nicht eher ahndet und entdecken kann, als bis sie plötzlich mit allen ihren Schrecknissen auf ihn einbricht.

4. Durch welche Scheinanstalten eine solche überraschende Würkung aller Waffen, gegen den die Front der Stellung angreifenden Feind erhalten wird, haben wir schon aus der Anwendung des zweyten Grundsatzes ersehen. Auch haben

haben wir da einige Anordnungen der Flügel angegeben, wenn sich sonst das Terrain dazu schickt, welche einen überraschenden Flankenanfall gegen den Feind gestatten.

5. Aus der Natur der Würkung jeder Waffe und der Widerstandsfähigkeit der Schlachthaufen, wissen wir, daß der Angriff gegen die Flanken und den Rücken in allen Fällen entscheidend und besiegend ist. Unsere Anordnungen zur Offensive gegen den angreifenden Feind, müssen uns also in den vortheilhaftesten Augenblicken, auf die von unserer Fronte abgeschlagenen feindlichen Corps, einen Flanken- oder Rückenangriff gestatten.

6. Aus dem bisherigen folgt, daß solche Angriffe am besten von den äußersten Flügeln der Stellung ausgeführt werden können, weil man hier selbst den Flanken des angreifenden Feindes am nächsten ist. Sichert hingegen der Feind seinen angreifenden Flügel, durch irgend eine feste Anordnung, gegen die Front unseres ausfallenden Flügels, so wird dieser auch wenig Vortheil haben können.

7. Soll man also den Sieg durch einen eigenen plötzlichen Anfall entscheiden, so muß nicht allein die Flanke des ausfallenden Corps selbst gedeckt, sondern auch durch eine unvermuthete Schwenkung, oder durch ein Hervorstürzen aus einem dem Feinde bereits in der Flanke liegenden, und von ihm unbesetzt geglaubten Orte, — der Flügel oder der Rücken des Feindes gewonnen werden.

8. Soll hingegen der Anfall von der Front aus geschehen, so müssen die dazu nöthigen Ausgänge, durch vorgeschobene, dem Feinde zum Angriffe nothwendige, aber starke Posten, völlig gedeckt, und dabey ebenfalls die obigen Vortheile des ausfallenden Corps leicht erhalten werden.

9. Aus diesen Betrachtungen folget nun der Grundsatz, daß wenn durch einen eigenen Anfall der Sieg entschieden werden soll, die Stellung entweder eine einwärtsgehende Form, auf deren starken Flügeln die Ausgänge zum Anfall sich befinden, oder eine aus- und einspringende Verstärkung vor sich haben muß, deren vorspringende Punkte besonders

stark, und zur vollkommensten Deckung, der, in den einwärtsgehenden Theilen angebrachten, Ausgänge, geschickt sind.

10. Hat man die Front durch Flüsse, Gründe oder Moräste gedeckt, so erfordert also die Ausführung dieser Regel gewisse stark befestigte Uebergänge über die einwärtsgehenden Stellen dieser Defileegegenstände, und die stärksten Batterien als Bollwerke hinter dem auswärtsgehenden Theile derselben.

11. Ein ganz vortrefliches Mittel zur Täuschung des Feindes, zur Ausführung eines plötzlichen eigenen Anfalls, und zur Deckung der Flanke in allen Fällen, besonders aber in dem, wo die Front der Stellung keine Ausfälle erlaubt, ist die Aufstellung eines besondern Corps auf der Flanke der Stellung, in einiger Entfernung von ihr, das jedoch alle Wege in seiner Gewalt hat, die auf das Frontterrain unserer Hauptstellung und den angreifenden Feind in Rücken führen, und welches, sobald sich der Feind hier befindet, durch eine schnelle Schwenkung den Halbzirkel um seine Flanke formirt.

Man sehe nach Durchlesung dieses Abschnittes, die Beschreibung der Stellungs-Entwürfe auf dem IIten Plan.

Zweyter Abschnitt.

Von der Lagerung der Armee.

§. 32.

Was ein Lager sey und die drey Grundregeln zu seiner Wahl.

1. Um geschwinder bereit zu seyn, dem Feinde mit ganzer Macht entgegen zu stehen, stellt sich eine Armee ins freye Feld und liegt da zusammen Tag und Nacht unter Zelten.

2. Den Platz nun wo dieß geschieht nennt man das Lager der Armee, und es bekommt seinen Namen von dem Orte, wo sich der commandirende Feldherr befindet, also vom sogenannten Hauptquartiere.

3. Die drey Grundregeln, welche die Güte und Wahl eines Lagers bestimmen, sind:

a. Der Platz muß so beschaffen seyn, daß wenn der Feind die Armee darin angreift, er keinen Vortheil über sie habe.

b. Daß solche Maasregeln getroffen werden, welche den Feind verhindern, daß er die Armee nicht überfallen kann, das heißt, daß die Armee zeitig genug von dem bevorstehenden feindlichen Angriffe benachrichtigt werde, um noch alles zum Empfange des Feindes bereiten, und sich vollkommen und mit Ordnung nach dem von ihr festgesetzten Vertheidigungs-System, ordnen zu können.

c. Die Armee muß alle die, zur Erhaltung der Gesundheit und ihrer militairischen Existenz nöthigen Sachen, ohne Mangel darin befürchten zu dürfen, vorfinden und erhalten können.

I. Hauptgrundsatz. Vortheilhafte Lage des Lagers gegen den Angriff.

A. Grundsatz. Ausführung der Ersten Regel. Wahl und Sicherung der deckenden Posten, oder der eigentlichen Position.

§. 33.

1. Da eine Armee oder jedes Corps, wenn sie sich in ihren Zelten befindet, zerstreuet und gänzlich vertheidigungslos ist, so muß sie sich in der Nähe ein Schlachtfeld und eine darnach eingerichtete Schlachtordnung wählen, um dem Feinde hier ihren Widerstand zu leisten. —

2. Die erste Grundregel muß also die gegenseitige Lage des Schlachtfeldes und des Lagers, die zweyte aber angeben, welche Mittel anzuwenden sind, um die zertheilten Schlachthaufen, noch früher als der Feind angreifen kann, mit Ordnung in die, dem Schlachtfelde angemessene Schlachtordnung zu formiren und alles zum vortheilhaften Gefechte auf demselben zu bereiten.

3. Das Schlachtfeld, oder die eigentliche Position, wird, wie wir vorher gesehen haben, durch die Vortheile des Terrains und den Lauf der verdeckten und engen Durchgänge bestimmt, die zu wählende Schlachtordnung muß sich also hiernach richten.

4. Um aber Unordnung zu vermeiden und schnelle Formirung zu befördern, muß die Stelle, welche die Truppen in der Linie einnehmen sollen, unter allen übrigen derselben, ihrem Ruheort, das heißt, ihrem Lager, am nähesten seyn.

5. Hieraus folgt also der Grundsatz der Lagerung: daß man die Armeetheile, nach der Ordnung lagern müsse, in welcher man zu schlagen denkt, das heißt, in welcher man die Position besetzen muß. Die Natur der Position giebt also die Lagerungsart der Armee an.

6. Der Platz vor der Front des Lagers bis zum Schlachtfelde, muß so groß seyn, daß die Truppen nicht allein

allein vollkommen aufmarschiren können, sondern daß auch die Reiterey besonders, Freyheit in ihren Bewegungen hat.

7. Man darf daher die Tiefe desselben, wo es sich nur irgend thun läßt, nicht unter 300 und nicht über 1500 Schritte festsetzen, vorzüglich wäre dieß ein großer Nachtheil, wenn man einen Fluß, schmalen, aber tiefen Morast, oder unzugänglichen Felsengrund, nahe vor die Front des Lagers nehmen wollte, weil diese Gegenstände nicht allein die vordere Communication sehr beschränken, sondern auch der bis auf jene Seite des Defilees herangeschlichne Feind, die Armee in ihrer Ruhe selbst mit einem Kartätschenhagel und dem Feuer der Musketerie erwecken und in die schrecklichste Unordnung bringen kann.

8. Uebrigens muß immer das Schlachtfeld so vor der Front des Lagers liegen, daß nur die Truppen aus ihren Zelten zur Besetzung desselben gerade vorwärts zu rücken brauchen.

9. Doch läßt sich dieß, so wie der Abstand des Lagers von der Position, nicht immer genau befolgen, indem sehr durchschnittenes Terrain, und vorzüglich Gebürge, eine andere Lagerung vorschreiben.

10. Wenn man ja den Truppen ihr Lager nicht in der gehörigen Lage hinter ihrem Schlachtfelde anweisen kann, so muß man Anstalten treffen, damit hinlängliche Communicationen und Wege vorhanden sind, um alle Puncte der Position so geschwind als möglich, mit den, wenigstens zum Anfange erforderlichen Truppen zu besetzen.

B. Grundsatz. Gegenseitige Anordnung des Lagers nach den Eigenschaften der Position.

§. 34.

1. Gemeiniglich ist es nur Cavallerie, die zuweilen zur Befriedigung ihrer unentbehrlichen Bedürfnisse, nicht immer auf den gehörigen Platz hinter ihrem Champ de Bataille gelagert werden kann.

2. Da diese aber durch die ihr eigene Geschwindigkeit, den etwas verlängerten Weg bis zu ihrem Posten in der Schlachtordnung, leicht zurücklegen kann, so ist hierbey die Abweichung von der Regel nicht von so großem Nachtheile.

3. Nicht aber so bey der Infanterie, indem diese sich nicht allein weit langsamer bewegen muß, sondern auch, da sie sich in allen Posten gut vertheidigen kann, und also der eigentliche Körper der Stellung ist, auch die verschiedenen wichtigen Puncte des Schlachtfeldes immer eine bereite nahe Unterstützung haben müssen.

4. Ueberdieß läßt sich das Lager der Infanterie der Natur der Waffen nach, mehr als bey der Reiterey nach den Abwechselungen des Terrains biegen und formen.

5. Denn wenn man z. B. durch die große Nähe des Feindes und in Erwartung eines Angriffes gedrungen würde, an dem Abhange eines Berges ein Lager der Infanterie aufzuschlagen, wo nicht gut Pferde stehen könnten, so würde man sich genöthiget sehen, dieselben von dem Lager der Truppen zu trennen und sie an einen bequemern Ort zu placiren.

6. Was übrigens die Einschränkung des Raumes anbetrift, der zwischen der Lagerfront und der Position bleiben muß, so ist dieß oft in der gewöhnlichen, in der reinen Tactik gezeigten Parade-Lagerung, wenn man einen Wald oder sonst durchschnittenes Terrain hinter sich hat oder im Holze, oder auf einem schmalen Berge campiren will, nicht möglich.

7. Man hat daher, nicht allein um den Vortheil des vordern Raumes oder sogenannten Waffenplatzes beyzubehalten, sondern auch zur geschwindern Formirung und Vorrückung der Armee bey großer Nähe des Feindes, das sogenannte Campiren en Ordre de Bataille erfunden.

8. Denn hierbey brauchen nur die Soldaten aus ihren Zelten zu treten, sich vor denselben zu formiren, um sich in Reihe und Gliede zu befinden, und durch Zusammenrückung der Glieder sogleich die bestimmte Schlachtordnung zu bilden.

9. Die

9. Die Glieder der Infanterie öfnen sich 6 Schritte, und dann werden die Zelte hart neben einander mit der Oefnung nach der Front hin, aufgeschlagen. Die Officiers behelfen sich in Hütten oder Compagnie-Zelten.

10. Die Cavallerie campirt nur im Nothfalle so, und da werden die Glieder 16 Schritte geöfnet, und die Pferde zwischen denselben mit dem Kopfe nach der Front gestellt.

11. Nur ist bey dieser Art, so wie bey der Paradelagerung der Grundsatz zu befolgen, daß die Front des Lagers niemals länger sey als die Linie der in Schlachtordnung gestellten Bewohner desselben, damit die Truppen in jedem Falle durch die ordnungsmäßige Ausdehnung ihrer Front, zugleich vollkommen ihr zurückgelassenes Lager bedecken.

12. Was endlich die Entfernung der Lagerfronten der verschiedenen Treffen, eins vom andern betrift, so ist diese wie in der Schlachtordnung selbst, das heißt 300 Schritte, wenn es sonst das Terrain zuläßt.

13. Die Stellung der Zelte, die Größe der Gassen und Intervallen werden übrigens nach dem, im Kriegesreglement einer jeden Nation befindlichen Schema eingerichtet, das jedoch nach den durch die reine Tactik gegebenen Regeln, in Rücksicht der Zertheilung zur geschwinden, ordnungsmäßigen und besten Formirung der Truppen, aus dem Stande der Ruhe zum Gefechte, vollkommen bestimmt seyn muß.

II. Hauptgrundsatz. Sicherheitsmittel zur Ergreifung des Vertheidigungssystems.

§. 35.

Mittel zur Ausübung dieses Grundsatzes.

1. Die Anstalten, welche nun aber getroffen werden müssen, um der Armee die nöthige Zeit zu verschaffen, sich aus dem Zustande der Ruhe dem andringenden Feinde gehörig widersetzen zu können, das heißt mit einem Worte, sie

vor feindlichem Ueberfalle zu sichern, sind zweyerley; denn sie betreffen entweder die innere Sicherheit des Lagers oder die äußere Sicherheit desselben.

2. Beydes wird durch immer fertige und aufpassende Wachen und Bereitschaften, und durch die strenge Ausübung aller übrigen Dienstvorschriften erlangt.

3. Zur innern Sicherheit des Lagers gehört:

a. Die Absteckungs-Methode desselben.

b. Die Bestimmung der nöthigen Wachen und ihr zu leistender Dienst.

c. Anordnung und Verrichtung der nicht im Dienste stehenden Mannschaften.

4. Zur äußern Sicherheit müssen ebenfalls gewisse Wachen genommen werden; wir haben also hier zu betrachten

a. Beobachtungen des Sicherheitscorps in Rücksicht der Lagersicherheit.

b. Beobachtungen des Sicherheitscorps zur eigenen Sicherheit.

c. Stärke und Zusammensetzung des Sicherheitscorps.

A. Grundsatz. Innere Sicherheit.

§. 36.

a. Lehrsatz. Ordnungsmäßige Absteckung des Lagers.

1. Die Absteckung und Bestimmung des Lagers geschiehet auf folgende Art: Der commandirende Feldherr zeigt dem Generalquartiermeister und den du Jour habenden Generalen die Gegend allgemein an, in welcher sich die Armee lagern soll.

2. Nun versammeln sich die vom Generalquartiermeister bestimmten Officiere seines Corps, oder sogenannte Generalquartiermeisterlieutenants, alle Regimentsquartiermeister, die Fouriers der Compagnien und ihre Fourierschützen.

3. Jeder Regimentsquartiermeister führt die Fouriers und Schützen seines Regimentes und alle Regimentsquartier-

tiermeister=Züge eines Flügels folgen nun nach der Ordre de Bataille auf einander.

4. Die Generale und Staabs=Officiere du Jour versammeln die neuen zur äußern Sicherheit des Lagers bestimmten Wachen in ein Corps, und decken damit den Zug der Quartiermeister oder des sogenannten Campements.

5. Ist der Feind sehr entfernt und nichts von ihm zu besorgen, so geht das Campement zeitig genug vor der Armee voraus, damit alles bereits fertig, und in Ordnung sey, wenn sie bey dem Lager ankommt.

6. Ist aber vom Feinde etwas zu befürchten, oder will er der Armee wohl gar ihren erwählten Lagerplatz streitig und unsicher machen, so bleibt das Campement nahe vor der Armee, und diese bleibt dann so lange in Colonnen stehen, bis das Lager abgesteckt ist.

7. Um aber vorher die feindlichen Corps von demselben zu vertreiben, ist es in den meisten Fällen nöthig, die Bedeckung des Campements zu verstärken, oft noch vor derselben alle leichte Truppen der Armee voraus zu schicken, um die Gegend von feindlichen Partheyen zu reinigen, und alle vielleicht vom Feinde versteckte Trupps zu entdecken und zu verjagen, oder wohl gar durch ein hinlängliches Corps, eine nach den Regeln des vorigen Abschnitts gewählte Position besetzen zu lassen, welche die Zugänge des Lagers vom Feinde her, während der Absteckung desselben deckt.

8. Sobald nun der Generalquartiermeister in der Gegend des Lagers mit seinen Leuten angekommen ist, so betrachtet er die ganze Lage derselben, und damit er diese genau kennen lerne, so ist ihm die Karte davon, und Bothen aus mehrern Orten ganz unentbehrlich.

9. Kann aber die genaue Besichtigung wegen Kürze der Zeit von ihm selbst nicht vollständig ausgeführt werden, so überläßt er dieß Geschäft den unter ihm stehenden Officieren, und läßt sich von denselben den gehörigen Bericht abstatten.

10. Die hierdurch erlangten und seine eigene Kenntnisse, sind alsdann die Grundlagen, nach welchen er nun die eigentliche Position der Armee entwirft, und darnach das Lager der verschiedenen Truppencorps denen zu jedem Flügel gehörigen Quartiermeisterlieutenants bestimmt.

11. Doch ist hierbey noch zu bemerken, daß es immer etwas gefährlich ist, einer Armee nur ein einziges Schlachtfeld anzuweisen, wenn man nicht vollkommen weiß, daß der Feind nur von einer einzigen Seite kommen kann.

12. Denn sind für den Feind mehrere Zugänge zum Lager, so wird er auf die, von der Armee einmal festgesetzte Position, einen heftigen jedoch nur falschen Angriff thun, während ein großer Theil seines Heeres dieselbe umgeht, und von rückwärts durch das Lager in den Rücken der Armee fällt, in welcher Lage dieselbe eine unvermeidliche Niederlage erleiden kann.

13. Die Bestimmung des Frontenlaufs und der Brechungen in demselben, geschiehet entweder nach vorher geschehener Ausschreitung desselben, oder blos nach dem Augenmaaße des Quartiermeisters, indem er sagt: so und so viele Bataillons sollen in der und der Ordnung mit der Front dahinaus, von jenem Hügel, Baum, Thurm u. s. w. bis hierher, bis an jenen Graben, oder sonst zu bestimmenden Punct, zu stehen kommen.

14. Wenn der Platz zu enge ist, oder ein natürliches Hinderniß in die Linien fällt, so kann man wohl einige Bataillons in einen Haken, auf die Flanken oder in eine neue Linie zurück lagern.

15. Ist der Platz zu groß, so kann man nach Maaßgabe die Intervallen vergrößern, doch muß man in beyden Fällen wohl erwägen, ob etwa bey einem Angriffe die Vergrößerung der Intervallen nachtheilig, oder die Truppen wegen Enge des Raumes an ihrer zu leistenden Vertheidigung gehindert werden, um dieß zu vermeiden oder in Zeiten Mittel ausdenken zu können.

16. Dem

16. Dem Park der Artillerie weiset er seine Stelle hinter der Mitte des zweyten Treffens, oder überhaupt an einem solchen erhabenen und trockenen Orte an, wo er ruhig und vor feindlichen Schüssen sicher seyn kann.

17. Zugleich bestimmt er das Hauptquartier und auch die Plätze für die Kaufleute und Fleischhauer. Da beydes einen sichern Ort erfodert, so ist die Regel, daß das Hauptquartier in einem Dorfe, so viel wie möglich hinter die Mitte der Armee, oder wenn dieß nicht angeht, doch zwischen die Treffen derselben gelegt wird.

18. Nur in der äussersten Nothwendigkeit ist es daher zu entschuldigen, wenn dasselbe vor die Front des Heeres bestimmt wird, und ist dieser Fehler nicht zu vermeiden, so muß es doch durch ein besonderes Corps hinlänglich gedeckt werden.

19. Liegt es der Regel gemäß, so kann man zu seiner Sicherheit die Reserve, wenn man sie sonst nicht gleich nothwendig gebraucht, oder einige aus der Mitte des zweyten Treffeus gezogene Bataillons dabey lagern.

20. Der Platz, wo die Truppen Brod erhalten, d. h. wo die Proviantwagen auffahren, muß ebenfalls in dieser Gegend, oder zwischen den beyden Treffen angewiesen werden, damit sie so viel als möglich gleich weit zu demselben zu gehen haben.

21. Die Quartiere der übrigen Generals-Personen, müssen sonahe als möglich hinter ihren Brigaden und unterhabenden Divisionen liegen.

22. Zur Verbindung der Heertheile mit ihren Chefs, wäre es freylich besser, wenn man es so machte, wie man in Gegenden thun muß, wo die große Zahl der Dörfer fehlt, oder wo man die Nähe und große Lebhaftigkeit des Feindes antrift, das heißt, wo die ganze Generalität vom Feldherrn bis zum Brigadegeneral gezwungen wird, so wie die Armee selbst, in Zelten zu campiren, und so wie bey den christlichen Armeen in den Feldzügen gegen die Türken geschiehet.

23. Nachdem nun der Generalquartiermeister dieß alles und den Ort des Feldhospitales im Ganzen genommen bestimmt, und an seine Officiere zur nähern Einrichtung vertheilt hat, so bestimmen diese nun ihren Regimentsquartiermeistern die Lagerstelle ihres Regimentes, welche mit kleinen Büschen bezeichnet wird.

24. Die Regimentsquartiermeister theilen darauf ihren erhaltenen Raum mit den Fouriers und Schützen ihres Regimentes, nach der erwählten Lagerordnung und nach den Compagnien und lassen ihn abstecken.

25. Der Staabsquartiermeister bestimmt durch seine Fouriere in den Haupt- und Generalquartieren, und in denen den übrigen Personen des Generalstaabes, und Commissariats angewiesenen Dörfern oder Städten, die besonderen Quartiere, nach der vom Generalquartiermeister erhaltenen allgemeinen Vorschrift, und zeichnet dieselben an den Häusern mit Kreide an.

26. Der Generalgewaltiger aber theilt neben dem Hauptquartiere den dazu bestimmten Platz an die Kaufleute, Fleischer und den übrigen Troß der Armee aus.

27. Wenn das Corps aus verschiedenen Nationen besteht, von welchen der einen nicht zu trauen ist, so müssen die Regimenter davon so zwischen die andern vertheilt, und an solche Orte postirt werden, daß sie auf keine Weise schaden können.

28. Ist hingegen die eine Nation so treu und tapfer als die andere, so ist es auf alle Fälle besser, wegen der Emulation, das Corps einer jeden zusammen zu lassen.

§. 37.

b. Lehrsatz. Innere Sicherheitswachen.

1. Regel. Stärke und Einrichtung.

Erstens. Die Lagerwachen.

1. Diejenigen Wachen, welche zur innern Sicherheit des Lagers dienen, sind die Generalwachen und die sogenann-

nannten Fahnen- und Brandwachen. Die erstern sind zur besondern Bewachung der Generale, ihrer Quartiere und Bagage bestimmt.

2. Die Fahnenwache eines jeden Bataillons wird 300 Schritte vor den Zelten auf diejenige Linie des Place d'armes gesetzt, wo das Bataillon die Front hat.

3. Die Entfernung der Fahnenwache von den Zelten ist deswegen 300 Schritte, damit im Falle daß der Feind sich durch die Wachen durchgeschlichen, und die Fahnenwache unbemerkt erreicht hätte, das auf die Fahnenwache gerichtete Feuer nicht zugleich die Zelte treffe.

4. Denn außer dem Verluste, den man zugleich leidet ohne dem Feind selbst Schaden thun zu können, dürfte auch leicht Verwirrung unter den Truppen einreißen. Ueberdieß erhält man den Vortheil, daß der Feind bey einem Ueberfalle von den Fahnenwachen noch 300 Schritte bis zum Lager zurückzulegen hat. Die hierzu erforderliche Zeit, kann zuweilen hinreichend seyn, den Feind durch die im Lager angezogene Mannschaft, welche das sogenannte Picket ausmacht, zurück treiben zu lassen.

5. Vor den Fahnenwachen werden Fleschen aufgeworfen, um dem ersten Anlauf des Feindes zu wehren und sich ein flankirendes Feuer zu verschaffen. Da nun jedes Bataillon vor seiner Mitte seine Fahnenwache liegen hat, so ist also immer zwischen zwey Fleschen ein Raum, welcher durch ein Bataillon gefüllt werden kann.

6. Ueberhaupt ist die Absicht der Fahnenwachen den anrückenden Feind zu entdecken, und niemand zwischen sich, weder aus dem Lager hinaus noch hinein zu lassen.

7. Diese Absicht wird erreicht, wenn zwischen zwey Fahnenwachen 3 Posten sich befinden, die doppelt gestellt werden müssen, theils zur Verhütung der Desertion, theils um auch durch einen Mann ohne völlige Entblößung des Postens, an die Wache von der Annäherung des Feindes Meldung machen zu können.

8. Auch

8. Auch muß der Officier der Wache einige Gefreyten zu Meldungen und Aufführung der Posten bey sich haben, daher wird die Stärke der Fahnenwache nach folgenden Posten bestimmt.

1	Posten vor den Fahnen,	=	4 Gefreyten.
1	— bey den Kanonen,	=	3 Artilleristen.
1	— bey den Gewehren,	=	3 Mann.
1	— vor den Bataillonscommandanten,	=	3 —
2	— auf den Flügeln des Place d'armes,	=	6 —
2	— des Nachts zwischen den Flügeln und der Fahnenwache,	=	8 —
2	— des Nachts auf den Flügeln der Officier-Gasse,	=	4 —
		Summa	4 Gefr. 3 Artillerist. 24 Mann

Außerden muß die Wache noch einen Tombour und 2 Unterofficiere haben.

9. Macht nun aber die Position des Feindes eine größere Bedeckung nothwendig, so läßt der Feldherr die Pikkets ausrücken.

10. Die Fahnenwachen des zweyten Treffens stehen 300 Schritte, nicht vor der Front der Bataillone, sondern hinter denselben von ihrer Bagage ab, um diese vor einem feindlichen Ueberfalle zu decken und den Rücken des Lagers sicher zu stellen.

11. Die Brandwache eines jeden Bataillons, welche ihren Platz in der Intervalle zwischen der Bagage, hinter dem Bataillone erhält, ist dazu bestimmt die Arrestanten und das Gepäck zu bewachen, für die Ordnung bey den Feuerstellen, und im Lager selbst zu sorgen.

12. Die Cavallerieregimenter haben ebenfalls ihre Fahnen- und Brandwachen, welche aber zu Fuß ausgestellt werden, indem die Reiterey immer so gelagert seyn muß, daß sie nichts vom feindlichen Feuer zu befürchten hat.

13. Die

13. Die Brandwache des Bataillons besteht aus 1 Corporal und 16 Mann, davon werden dann folgende Posten gestellt.

1 Posten vor den Gewehren,	=	3 Mann.
1 — bey den Latrinen,	=	3 —
1 — bey den Marketendern,	=	3 —
2 — des Nachts auf den Flügeln der Gasse des Mittelstaabes,	=	4 —
Zum Melden, Aufführen und Schildern bey den Arrestanten,	=	3 —
		3 Gefreyte, 13 Mann.

14. Wenn die Latrinen vor der Front sind, so giebt die Fahnenwache den Posten dabey und erhält 3 Mann mehr, die Brandwache aber 3 Mann weniger; und ebenfalls wird die Fahnenwache mit einem Posten verstärkt, wenn viele Arrestanten vorhanden sind, und sie einige davon verwahren muß.

15. Zur Wagenwache giebt jede Compagnie 3 Mann und solche halten sich in dem bey der Compagnie befindlichen Wagen = Wachzelte auf, achten auf die Pferde, daß solche ruhig stehen, auf die Brodwagen, ingleichen auf die Equipage der Officiere, und schildern dabey ohne Obergewehr.

§. 38.

Zweytens. Die General = und Magazinwachen.

1. Die Generalwache des Feldherrn besteht aus einem Officier, zwey Unterofficieren, 1 Tambour und 30 Mann. Diese besetzen sein Quartier mit einem doppelten Posten, und geben die nöthigen Posten bey seiner Equipage und die Kriegeskasse.

2. Ausser dieser Wache, welche besonders von dem Staabsinfanterie = Regimente, dem die besondere Bewachung des Hauptquartieres aufgetragen ist, gegeben wird, erhält der Feldherr noch eine ganze Grenadiercompagnie mit der Fahne zur Ehrenwache, die aber bey einem entstehenden Alarme sogleich nach ihrem Bataillon geschickt werden muß.

3. Alle

3. Alle übrigen Generalwachen werden allein von dem Staabsinfanterie = Regimente gegeben.

4. Ein General = Feldmarschall erhält 1 Lieutenant, 2 Corporale, 1 Tambour, 3 Gefreyten und 20 Gemeinen.

5. Ein General; 1 Feldwebel, 1 Corporal, 1 Tambour, 2 Gefreyten und 15 Gemeine.

6. Ein Generallieutenant; 1 Corporal, 1 Tambour, 2 Gefreyten und 10 Gemeine.

7. Ein Generalmajor; 1 Corporal, 1 Tambour und 10 Gemeine.

8. Einem Staabsofficier vom Generalstaabe, dem Generalauditeur, der Kriegeskanzeley, dem Feldprobste, der Feldapotheke und dem Feldpostamte, gebührt nur 1 Gefreyter und 3 Gemeine zur Wache.

9. Zum Staabsstockhause wird nach der erforderlichen Anzahl Arrestanten die nöthige Wache gegeben.

10. Zu den Proviantmagazinen wird die Wache nach den Umständen gegeben.

11. Der Artillerie ist die Wache nach ihrer Stärke zuzutheilen, als: 1 Hauptmann, 1 Lieutenant, 1 Feldwebel, 2 Corporale, 2 Tamboure, 3 Gefreyten, oder 1 Lieutenant, 2 Corporale, 1 Tambour, 2 Gefreyten und beyden mehr oder weniger Gemeine.

12. Die Grenadierwache bey dem Feldherrn, hat 5 Schildwachen, als 2 vor dem Zimmer oder Schlafzelte, 2 vor dem Hausthore oder Eingange des Tafelzeltes, und 1 vor dem Gewehr oder der Fahne, zu halten.

13. Die übrigen Schildwachen werden von der Staabsinfanterie = Wache, nach der Anordnung des Generaladjudanten ausgestellt.

14. Die Wache bey dem nicht en Chef commandirenden Feldmarschall, giebt 2 Schildwachen vor dem Zimmer oder Schlafzelte, 2 vor dem Hausthore oder dem Eingange des Tafelzeltes, und 1 vor dem Gewehre. Die übrigen Schildwachen werden von seinem Adjudanten ausgestellt.

15. Bey einem General kommen 2 Schildwachen vor dem Eingang des Schlafzimmers, 1 vor die Hausthür, 1 vor das Gewehr, und 1 vor die Bagage.

16. Bey einem Generallieutenant, kommt 1 Schildwache vor das Schlafzimmer, 1 vor die Hausthür, und zugleich vor das Gewehr, und 1 bey der Bagage.

17. Ein Generalmajor, erhält 1 Schildwache vor dem Quartier, und 1 bey der Bagage.

18. Bey denen, welche nur 1 Gefreyten und 3 Mann haben, kömmt des Tages nur eine Schildwache ohne Obergewehr, des Nachts aber mit demselben.

19. Damit die Generale Leute zum Verschicken haben, so erhält der Feldherr zur Ordonanz von der Infanterie, leichten und schweren Cavallerie, und von der Artillerie einen Subalternofficier, und von der Infanterie und Cavallerie einen Unterofficier und 4 Gemeine, welche von den Staabsregimentern genommen werden.

20. Ein nicht en Chef commandirenden Feldmarschall erhält einen Subaltern von der Infanterie oder Cavallerie, und von jeder der beyden Waffen 1 Unterofficier und 4 Gemeine.

21. Jeder General erhält einen Subaltern, und 1 Unterofficier sowohl von der Infanterie als Cavallerie, jeder mit so viel Gemeinen, als sein Flügel Divisionen von diesen Waffen enthält.

22. Jeder Generallieutenant erhält von jeder unter ihm stehenden Brigade 1 Unterofficier, und 1 gemeinen Reiter.

23. Ein Generalmajor erhält von jedem Bataillone seiner Brigade, 1 Gefreyten und außer dem noch 1 gemeinen Reiter.

24. Alle die Reiter, welche die Generals zu Ordonanzen erhalten, werden von einem auf immer dazu festgesetzten Cavallerie-Regimente gegeben, welches man daher das Staabs-Cavallerie-Regiment nennt, so wie dasjenige das Staabs-Infanterie-Regiment heißt, welches allemal die Generalwachen giebt.

25. Die Infanterie und übrigen Ordonanzen, werden aber von denen unter den Generals stehenden besondern Truppen-Abtheilungen gegeben.

26. Der Feldherr hat nun gewöhnlich noch eine besondere berittene Garde, oder ein Commando von dem Staabscavallerie-Regimente zu seiner Bedeckung, beym Ausreiten bey sich.

27. Alle Ordonanzen der General-Lieutenants und Generalmajors, die nicht von den Staabsreitern genommen sind, müssen bey einem entstehenden Allarme sogleich zu ihren Regimentern zurück geschickt werden.

28. Uebrigens erhält der Generalauditeur und der Generalstaabes-Quartiermeister, zum Verschicken und der Ansage des Brod- und Fourageempfanges, einen Gefreyten zur Ordonanz.

29. Wenn ein General mit einem Corps von der Armee abwesend ist, so bekömmt er seine Wachen und Ordonanzen von den Truppen, jedoch nach Maasgabe der Stärke desselben.

30. Endlich ist noch zu bemerken, daß die General-, so wie die Artilleriewachen und die Ordonanz-Officiere, nur alle 48 Stunden, die übrigen Ordonanzen aber und die Fahnen- und Brandwachen, so wie die Pickets, alle 24 Stunden abgelöst werden.

§. 39.

Drittens. Das Picket.

1. Das Picket einer jeden Brigade, ist so stark wie eine Commpagnie.

2. Die Bestimmung desselben ist nöthigenfalls die Ruhe im Regimente zu erhalten, bey jedem Lerme ins Gewehr zu treten, einem angreifenden Feinde entgegen zu gehen, die angegriffenen Vorposten zu unterstützen, oder andere Expeditionen zu übernehmen, die schleunig ausgeführt werden müssen,

sen, und selbst in solchen Fällen auf scharfes Commando zu gehen.

3. Ist so viel Zeit übrig, daß zu irgend einer Expedition Leute commandirt werden können, so wird das stehende Picket nicht dazu genommen.

4. In diesem Falle heißt die, zu diesem Behufe commandirte Mannschaft, das ausrückende Picket; jenes hingegen, das beständig im Regimente bleibt, dient zur Reserve. Muß jedoch dieses in schleunigen Fällen würklich ausrücken, so wird es ein ausrückendes Picket und sogleich an seine Stelle ein anderes commandirt.

5. Alle diese Wachen, Ordonanzen, Pickets, und alle nachher noch zu zeigende gewöhnliche Commandos, sind schon früher als die Armee ins Lager rückt, bestimmt, damit sie denselben Tag noch sogleich ihren Dienst antreten können.

§. 40.

2. Regel. Ausziehung der Wachen.

1. Wenn das Lager abgesteckt ist, so schickt der Regimentsquartiermeister einen Fourier und einen Schützen dem Regimente mit der Flagge entgegen, wovon jener das Regiment und dieser die Bagage ins Lager führt. Ersterer giebt dabey dem Commandeur Nachricht, ob auf dem rechten oder linken Flügel getroffen werde, damit dieser den Einmarsch darnach einrichten könne.

2. Die Officiers sitzen erst in der Nähe des Lagers ab, und dann wird in Parade durch die Quartierflaggen auf dem Place d'armes aufmarschirt.

3. Wenn der Chef des Bataillons Front commandirt, so geschiehet dieß von allen vor ihrer Gasse sich schon befindenden, und noch immer in Bewegung gebliebenen Compagnien auf einmal.

4. Ist es nicht besonders befohlen, daß die ganze Linie zugleich einrücken soll, so formirt jedes Bataillon die Fahnen- und Brandwachen und rückt bald möglichst ein.

5. Soll aber das ganze Corps zugleich ins Lager rücken, so giebt das letzte Bataillon der Linie, sobald es aufmarschirt stehet, Apell, der sodann von Bataillon zu Bataillon läuft.

6. Sämmtliche Majors nehmen sich alsdann das vom rechten Flügel herunterlaufende Commando ab, und ziehen aus ihren Bataillons die Fahnen- und Brandwachen vor.

7. Diese zu den Wachen vorher schon commandirte Mannschaft, tritt 8 Schritte vor die Officiers ihrer Compagnie, und wird durch die Feldwebel in 3 Glieder rangirt, die Fahnenwache rechts, und die Brandwache links: der Tambour tritt an den Flügel, die Unterofficiere aber einen, und der Officier 3 Schritte davor.

8. Die Majors lassen darauf die Contingente der Compagnie vor der Mitte des Bataillons zusammen stoßen.

9. Die auf die Fahnenwache kommenden rangiren sich hierbey ohne Commando auf den rechten, so wie die Brandwache auf den linken Flügel. Der Officier kommt vor die Mitte, der Tambour dahinter, der Corporal der Fahnenwache an den rechten, der Sergeant an den linken Flügel derselben; gleich neben diesen der Corporal der Brandwache an den rechten Flügel derselben.

10. Der Major läßt Front machen, der Adjudant siehet nach und theilt die Rotten ab, läßt nun die Glieder schließen, und giebt dann durch Abnehmung des Hutes, dem auf die Wache kommenden Officiere das Zeichen von der Richtigkeit derselben, welches er auch dem Major meldet.

11. Ein zweyter Apell vom rechten Flügel herunter, ist das Zeichen, daß nun alle Majors ihre Bataillons mit Gewehr hoch, umkehrt machen und einrücken lassen sollen.

12. Jede Compagnie läuft alsdann aus der Mitte rückwärts Gliederweise ab, so daß das 3te Glied anfängt, und geht längst den zu beyden Seiten der Compagnie-Gassen gesteckten Büschen hinunter, so, daß auf jeder Seite die Hälfte der Compagnie zu stehen kommt.

13. Alle Tambours schlagen Trupp nach der Mitte des Place d'armes, machen in einem Gliede Front gegen den Chef des Bataillons, hören auf, dessen Wink auf und legen die Trommeln hinter die Fahnen.

14. Die Fahnen werden von den Gefreyten-Corporals vor die Mitte der Bataillons gesteckt, und durch einen Gefreyten der mittelsten Compagnie so lange mit gezogenen Säbel bewacht, bis der Posten ausgegangen ist.

15. Sobald der Major zum Einrücken Marsch commandirt, schwenkt die Brandwache rechts, und die Fahnenwache marschirt, mit Marschschlag bis auf 20 Schritte von ihrem ihr zugewiesenen Platze.

16. Hier ziehet sich solche links, passirt die Wachzelte oder ausgesteckten Büsche, läßt solche rechts, schwenkt darauf rechts, um auf ihren Posten zu kommen, und macht die Front auswärts.

17. Die Brandwache vom Corporal angeführt, marschiret durch die Intervalle, um den rechten Flügel des Bataillons herum nach ihrem Posten, und daselbst mit der Front gegen das Bataillon auf.

18. Beyde Wachen lassen sogleich die Schildwachen aufführen, die Fahnenwache wird in zwey, die Brandwache in ein Glied rangirt.

§. 41.

3. Regel. Beobachtungen der Wachen.

Erstens. Beobachtungen der Posten.

1. Was nun die Pflicht der Wachen und Posten anbetrift, so ist sie folgende: Jeder Posten muß überhaupt aufmerksam und munter seyn; sobald es dunkel wird, muß er alles anrufen, nicht über 20 Schritte von seinem Posten gehen, sich weder bey Tage noch des Nachts hinsetzen; keinen Tobak rauchen, und hauptsächlich das Gewehr nicht hinsetzen oder sich von Jemand Trinkgeld geben lassen.

 2. Die

2. Die Posten an den Fahnen- und Brandwachen und vor den Gewehren, dürfen keinen durch die Gewehre gehen lassen, müssen allen Schaden an solchen und an den Zelten verhüten, und zeitig vor denjenigen herausrufen, denen Honneurs gemacht werden müssen.

3. Der Posten vor den Gewehren der Brandwache, muß außerdem auf die Arrestanten sehen, und den in der Nähe entstehenden Lerm dem Corporale melden, damit dieser durch eine Patrouille denselben schlichte. Macht dieser Posten Honneurs, so stehet er dicht an den Gewehren.

4. Der Posten vor den Fahnen stehet mitten davor und pflanzt das Gewehr, wenn er Honneurs macht.

5. Die andern Posten stehen blos mit geschultertem Gewehre vor dem Capitain und den Subalternen, präsentiren aber vor allen höhern Officiers.

6. Der Fahnenposten darf nicht leiden, daß sich Jemand den Fahnen nähere, noch weniger solche aufnehme; auch muß er für die Sicherheit der Trommeln und für die Reinigkeit des Places d'armes wachen.

7. Der Posten vor den Kanonen stehet mitten vor denselben, und siehet darauf, daß nichts von denen dazu gehörigen Sachen entwendet werde, oder Jemand mit Feuer oder brennender Pfeife der Munition zu nahe komme.

8. Der Posten vor dem Zelte des Chefs, stehet an der rechten Seite des Einganges und giebt auf die Sicherheit, der in der Nähe stehenden Sachen und des Zeltes, so wie auf die Ordnung Acht.

9. Die Posten an den Flügeln der Place d'armes gehen außerhalb der Quartierflaggen, und machen bey der ersten Flagge die Honneurs.

10. Außer den Generals und den zum Regimente gehörigen Personen verstatten sie niemanden über den Place d'armes, oder durch die Compagnie-Gassen zu reiten oder zu fahren, sondern weisen alle diese Leute nach der Bataillons-Intervalle; sie achten jedoch darauf, daß wegen der daselbst befindlichen Munition Vorsicht gebraucht werde,

werde, auch daß keine Unreinlichkeit vor der Front entstehe.

11. In der Nacht dürfen diese Posten niemanden ins Bataillon lassen, und noch weniger verstatten, daß ein zurükgekommenes Commando, auch wenn es von dem Bataillon wäre, vor demselben aufmarschirt, sondern sie rufen die Fahnenwache an und weisen das Commando dahin.

12. Der Posten vor den Arrestanten, stehet mit entblößtem Säbel vor solchen, und siehet ins Zelt, damit die Ordnung erhalten werde, er achtet auch darauf, daß niemand ins Zelt hinein gehe, und den Arrestanten etwas zugeschleppt werde.

13. Die Nachtposten vor der Officier-Gasse stehen auf den Flügeln und gehen in derselben auf und nieder, damit des Majors Zelt auch die nöthige Bedeckung habe. Ihr eigentlicher Platz ist am äußersten Capitains-Zelte in der Gasse.

14. Diese Posten, so wie die Nachtposten vor der Gasse des Mitlelstaabes sehen darauf, daß die Zelte nicht beschädigt, und von der Equipage nichts entwendet werde, und lassen daher keine verdächtige Person in die Gasse und zwischen die Equipage gehen.

15. Der Posten bey den Marketenderzelten achtet darauf, daß solchen nichts entwendet werde, und darf kein Spiel, kein Gesöff und keine Schlägerey verstatten; am wenigsten aber solches den Unterofficiers und Soldaten nach der Retraite erlauben.

16. Er weiset daher die, welche er antrift, zu ihren Zelten, und wird ihm keine Folge geleistet, so ruft er den Corporal der Brandwache an, welcher den Unfug stillen, und die Schuldigen in Arrest nehmen muß.

17. Auf das Feuer der Kochlöcher muß dieser Posten ebenfalls achten, auch daß es sorgfältig ausgelöscht werde, worauf zugleich die hintern Flügelposten sehen.

18. Der Posten bey den Latrinen achtet endlich darauf, daß diejenigen, die dahin gehen, sich nicht wegschleichen,

sondern zurück kehren, und nichts in der Gegend verunreinigt werde.

§. 42.

Zweytens. Meldung der Wachen selbst und fernerer Dienst derselben.

1. Wenn die Wachen abgelößt oder auf ihrem Platze angekommen sind, so läßt der Corporal der Brandwache, an den Officier der Fahnenwache und letzterer an die Staabsofficiers durch einen Gefreyten melden, ob alles richtig abgelößt und überliefert sey.

2. Die Brandwache stehet unter der Fahnenwache und muß alles, was bey ihr vorgehet, dahin melden und eben dieses von den Arrestanten thun, wenn solche ins Verhör gebracht oder bestraft worden.

3. Des Morgens um 7 Uhr und des Abends nach der Retraite, sendet der Officier der Fahnenwache den gewöhnlichen Wachenrapport an den Major ein.

4. Was in der Zwischenzeit an beyden Wachen vorfällt, läßt er sowohl dem Obersten als den Staabsofficiers melden.

5. Wird Jemand an der Wache krank oder werden Arrestanten gebracht, so gehet die Meldung auch an den Adjudanten und an den Capitain, von dessen Compagnie der Mann ist.

6. Des Abends nach der Retraite visitirt der Capitain des Pickets, der die Ronde gehet, die Fahnen- und Brandwachen, läßt sich Parole, Feldgeschrey und Wachtbefehle geben, und giebt davon, wenn nichts besonderes vorkommt, an den Bataillons-Chef Rapport.

7. Nach jeder Posten-Ablösung, und sobald die Posten zurück gekommen sind, muß die Fahnenwache von neuem in zwey Glieder rangiert und in zwey Pelotons abgetheilt werden, damit sie im Falle der Noth, sich Pelotonweise vertheidigen könne.

8. Der Corporal tritt alsdann in die Mitte, der Unterofficier an den linken und der Officier und der Tambour

an

an den rechten Flügel. Die Brandwache aber rangirt sich in ein Glied.

9. Bey gutem Wetter müssen die Gewehre auf die Gaskeln gelegt, bey schlechtem Wetter aber, bey der Fahnenwache unter den Gewehrmantel, bey der Brandwache, in die Zelte genommen werden. Kommen des Nachts Commandos mit Gewehre zum Lager zurück, so muß die Schildwache solche auf 50 Schritte stellen und die Wache heraus rufen.

10. Die Wache muß sogleich ins Gewehr, ein Corporal und zwey Mann dem Commando entgegen gehen und das Feldgeschrey fordern.

11. Ist man versichert, daß es Truppen von der Armee sind, so giebt der Officier von der Wache einen Gefreyten mit, damit der Posten vor der Fronte, solche passiren lasse.

12. Kommt ein Commando seitwärts, so wird zwar nichts entgegen geschickt, die Fahnenwache tritt aber dennoch ins Gewehr und bleibt stehen, bis solches auf 50 Schritte passirt ist.

13. Wenn des Nachts in oder außer dem Lager Schüsse fallen, oder sonst ein Lerm entstehet, so müssen beyde Wachen, unverzüglich ins Gewehr gehen, und der Officier solches sogleich an den Capitain des Pickets, und wenn das Schießen fortdauert, es an den Major melden lassen.

14. Der Officier der Fahnenwache darf solche keinen Augenblick verlassen, und sich nicht auskleiden, sondern beständig in voller Montur wach und munter seyn und sich sein Essen bringen lassen.

15. Des Nachts muß er die Mannschaft oft nachsehen, damit sich keiner entferne, die Schildwachen genau unterrichten und an ihre Schuldigkeit erinnern.

16. Am Tage darf er nicht mehr als zwey Mann zugleich, und diese nicht länger als auf eine halbe Stunde beurlauben.

17. Unterofficiers und Tambours erhalten gar keinen Urlaub, und müssen, so wie die ganze Wache, beständig angekleidet bleiben.

18. Des Morgens wenn es so weit Tag ist, daß Geschriebenes gelesen werden kann, wird von dem Tambour an der Fahnenwache Reveil geschlagen.

19. Die Vergatterung und Retraite oder der Zapfenstreich, werden von allen nicht im Dienste stehenden Tambours auf dem Place d'armes geschlagen.

20. Die Vergatterung ist das Zeichen zu einer bestimmten Versammlung irgend eines Corps, oder aller Bataillons der ganzen Armee.

21. Der Generalmarsch ist das Zeichen des Aufbruches, der auf solche Art versammelten Truppen.

22. Der Zapfenstreich oder die Retraite dient dazu, alle Soldaten in ihre Quartiere zurückzurufen, damit bey Einbruche der Nacht alles ruhig und in seiner angewiesenen Ordnung vereinigt sey, um bey einem etwanigen feindlichen Angriffe oder Lerme, die Truppen leicht zu versammeln, dem Feinde entgegen zu führen, und nicht durch zugelassene Zerstreuung der Truppen, diesem nothwendig zu erreichenden Zwecke, selbst das größte Hinderniß entgegen zu setzen.

23. Der anbrechende Tag macht die Versammlung der Armee leichter, daher hebt die Reveil, die wie schon gesagt, mit dem Anbruche des Tages geschieht, die allgemeine Ruhe auf, und öfnet dem Soldaten wieder seine Wohnung.

24. Damit aber selbst die entferntesten Wachen den Augenblick wissen, in welchem die Retraite eintritt, so wird in jedem Lager von einer vor dem Park aufgeführten Kanone, die man zugleich das Lermstück nennt, beym Untergange der Sonne, der sogenannte Retraitschuß gethan, nach welchem unverzüglich der Zapfenstreich von allen Bataillons geschlagen wird.

25. Sowohl dieß als die Vergatterung wird auf folgende Art geschlagen. Auf den Appell zu beyden, versammeln

meln sich die Tambours vor den Fahnen, werden durch den Bataillons-Tambour in 2 Glieder gestellt, und richten sich mit dem Anfange der **Vergatterung** nach dem rechten Flügel-Bataillon.

26. Der Bataillons-Tambour führt nun die Tambours, erst nach dem rechten, von da bis nach dem linken, und endlich wieder bis vor die Fahnen, wo er wieder links auf schwenken und die Trommeln in die Capitains-Zelte tragen läßt.

§. 43.

Drittens. Beobachtungen des Pickets.

1. So wie alle Wachen, so stehen auch die Pickets unter den Befehlen der Generals du Jour.

2. Da jeder Flügel einer jeden Waffe in einer Linie, einen Staabsofficier du Jour hat, so müssen sich alle auf Picket kommende Capitains, gleich nach der Retraite melden, und an ihn alle Meldungen schicken, welche er, wenn es nöthig ist, an den Generalmajor seines Flügels gelangen läßt, von dem sie dem Generallieutenant du Jour angezeigt werden.

3. Sobald am Abend der, vor der Retraite hergehende, Apell geschlagen wird, stellen die Feldwebel die Picket-Mannschaft der Compagnie in den Compagnie-Gassen, und die jüngern Compagnie-Officiers visitiren nun die Gewehre und Munition aufs genaueste.

4. Gleich nach der Retraite läßt der Bataillons-Adjudant, das Bataillons-Picket vor den Fahnen zusammenmarschiren, rangirt solches und theilt es in zwey Pelotons ein, worauf er es dem auf Picket kommenden Compagnie-Officier übergiebt.

5. Dieser visitirt die Gewehre und Munition im ersten Gliede von neuem und im zweyten und dritten verrichtet es der älteste Unterofficier.

6. Allen

6. Allen gefundenen Mängeln muß gleich abgeholfen werden. Ist nichts zu erinnern, so läßt der Officier nach vorgängiger Anfrage, mit rechts und links um aus einander gehen.

7. Jeder Compagnietheil marschirt vor die Compagnie-Gasse, macht da auf das Wort des Officiers, Front und rückt mit: rechts kehrt! wieder ein.

8. Die Picket-Officiers melden sich nun bey dem zum Picket commandirten Capitain ihres Regimentes, und geben ihm von der Richtigkeit des wieder eingerückten Pickets, Rapport.

9. Die Soldaten des Pickets, welche ihre Tornister gepackt haben müssen, setzen ihre Gewehre gleich vorn an unter den Gewehrmantel, oder nehmen solches, wenn der Feind in der Nähe ist, mit in die Zelte, in welchen sie die vordersten Plätze einnehmen.

10. Sie dürfen sich weder entkleiden noch Patrontasche und Seitengewehr ablegen, und sich nie von ihren Zelten entfernen, damit sie bey dem ersten Lerm, so wie das Picket herausgerufen wird, sich bey den Fahnen einfinden und gleich so rangiren können, wie dieß am Abend geschehen ist.

11. Der Picket-Officier, muß ihnen hauptsächlich vor dem Einrücken alle diese Obliegenheiten und die Vorsicht mit dem Gewehr, wenn solches ins Zelt genommen wird, nachdrücklich einschärfen.

12. Der Capitain versichert sich dann durch eigenes oder durch ein, von dem Compagnie-Officier zu verrichtendes Visitiren, daß die Mannschaft zum erforderlichen Dienste bereit sey.

13. Entstehet ein plötzlicher Lerm, so ist das Picket, auch ohne Ordre schuldig, sich auf der Parade-Linie des Regimentes zu versammeln, sich zu stellen und daselbst die nöthigen Befehle zu erwarten, die der zum Picket commandirte Officier geben wird.

14. Mar-

14. Marschirt das Picket ab, so muß der Officier der Fahnenwache solches dem Commandeur des Bataillons melden lassen.

15. Wenn das Picket vor der Front aufmarschirt ist, so macht es keine Honneurs und stehet mit dem Gewehr auf der Schulter, wenn der dazu commandirte Staabsofficier solches visitiren will.

16. Der Capitain des Pickets giebt des Morgens vor 8 Uhr Rapport an den Picket-Staabsofficier.

17. Die dazu gehörigen Tambours, müssen wie die übrige Mannschaft angekleidet bleiben, und lösen am Tage die Tambours an den Fahnenwachen von Zeit zu Zeit ab, wenn solche ins Regiment zu gehen haben.

§. 44.

Viertens. Nothwendige Visitation der Wachen.

1. Zur Erhaltung der Ruhe und der ordnungsmäßigen Verrichtung des Dienstes im Lager, geschehen Ronden oder Umgänge und Patrouillen gewisser dazu commandirter Leute, welche alle Wachen, Posten und Zusammenkünfte visitiren.

2. Des Nachts gehet der Capitain vom Picket in jedem Regimente eine Ronde, unter Begleitung eines Gefreiten und 2 Mann von der Fahnen- oder Brandwache, außer solcher aber die Staabsofficiers des Pickets eine Hauptronde um Mitternacht, von der Fahnenwache ab.

3. Jeder Staabsofficier der die Ronde gehet, nimmt von der Wache, wobey er anfangen will, einen Corporal und 4 Mann, welche von der ersten Wache die er passirt, abgelöst werden, und an ihre Wache zurückkehren; eben dieses geschiehet von Wache zu Wache.

4. Sobald sich eine Ronde einer Wache nähert, ruft der Posten vor den Gewehren mit wer da! sie an, und stellt sie mit den Worten steh Ronde; worauf er heraus! ruft.

5. Von

5. Von der ins Gewehr getretenen Wache, gehet ein Corporal und 2 Mann der Ronde entgegen und ruft sie nochmals an, worauf er fragt: was für Ronde! darauf: wer thut die Ronde?

6. Der Corporal läßt nun seine 2 Mann präsentiren, welches auch die Ronden-Bedeckung thut, und ruft der Wache: die Ronde sey richtig.

7. Der Commandeur der Wache ruft nun avancire Ronde; und der Ronden-Officier gehet jetzt durch die beyden Mann der Wache, die bis zur gänzlichen Abfertigung stehen bleiben, nach der Wache.

8. So wie er sich solcher nähert, ruft ihn der Commandeur der Wache nochmals an, und läßt nach der Antwort das Gewehr präsentiren, gehet 3 Schritt vorwärts und giebt oder empfängt die Parole, wobey er das Vorgegangene meldet und der Ronden-Officier die Wache genau nachsiehet.

9. Jetzt schultert alles wieder, und wenn der Officier der Ronde die Wache nachgesehen und nichts zu erinnern gefunden hat, so gehet er weiter und die Wache, wenn er auf 30 Schritte entfernt ist, aus dem Gewehr.

10. Alle Ronden müssen bey allen Wachen und Posten vorbey kommen und sie visitiren.

11. Die Patrouillen im Regimente, gehen von den Fahnen- und Brandwachen aus, und bestehen gewöhnlich aus 1 Gefreyten und 1 Mann.

12. Solche gehen ums ganze Bataillon, um die Flügelposten an der Place d'armes, durch die Intervalle; berühren, so viel es thunlich, alle Schildwachen und geben Acht, ob solche munter und wach sind, auch ob zwischen den Marketendern und der Equipage jemand befindlich ist, der da nicht hin gehört.

13. Die erste Patrouille gehet von der Brandwache eine halbe Stunde nach der Retraite, und weiset alle Unterofficiers, Soldaten und Knechte, die sie bey den Marketendern antrift, nach ihren Zelten.

14. Un-

14. Ungefähr eine halbe Stunde nachher, umgehet eine Patrouille von der Fahnenwache in eben dem Maaße, das ganze Bataillon und nimmt diejenigen, die sich noch bey den Marketendern befinden, in Arrest. Diese Patrouillen gehen abwechselnd, ungefähr alle halbe Stunde bis zur Reveil.

15. Wenn eine Patrouille etwas unruhiges bemerkt oder jemand in Arrest genommen hat, so giebt sie davon Rapport an die Fahnenwache.

16. Ist überall nichts vorgefallen, so giebt der wachthabende Officier erst des Morgens durch den Corporal dem Major und dieser dem Bataillons- und Regiments-Chef davon Rapport.

17. Kömmt eine Patrouille an eine Wache, so ruft sie der Posten an und stellt sie. Auf die Antwort, Patrouille! gehet der Gefreyte in die Wache und meldet sich; denn keine Patrouille darf eine Wache ungemeldet passiren.

18. Eine jede Schildwache ruft ebenfalls die Ronden und Patrouillen an, und präsentirt nach erhaltener Antwort: Ronde! oder Patrouille! während diese passirt. Wird nicht geantwortet, so gehet der Posten entgegen, und befindet er nicht alles richtig, so muß der nächste Posten gerufen und die Patrouille angehalten werden.

19. Alle Patrouillen, welche Ronden begegnen, müssen sich diesen zu erkennen geben. Dieß muß ebenfalls geschehen, wenn sie blos einander oder einer Ablösung begegnen, wobey sie sich anrufen müssen. Wenn sich Ronden begegnen, so rufen sie sich gleichfalls an, geben sich einander zu erkennen und stellen sich.

20. Die, welche zuerst gerufen hat, fordert die Parole und erhält solche, wenn beyde Commandeurs gleich sind. Ist dieß nicht, so muß der geringere sie dem höheren geben.

21. Finden Ronden oder Patrouillen nachlässige Posten, so müssen diese sogleich durch die bey sich habenden Leute abgelöst, und in Arrest genommen werden.

§. 45.

§. 45.

4. Regel. Ablösung der Wachen.

Erstens. Ablösung der Fahnen- und Brandwachen.

1. Alle 24 Stunden des Morgens, nach der Bestimmung des commandirenden Generals, gewöhnlich um 7 oder 8 Uhr, werden die Fahnen- und Brandwachen abgelößt.

2. Die Fahnenwachen geben dazu den Apell, vom rechten Flügel herunter, nach dessen Beendigung alle Bataillons Vergatterung schlagen.

3. Nach der Vergatterung löst jedes Regiment seine Wachen ab, jedoch darf nicht aus der Mitte, sondern vom rechten Flügel her angefangen werden.

4. Sind zwey Linien, so verhält sich die zweyte wie die erste und fängt den Apell an, so bald sie solchen hört.

5. Auf den Apell tritt die alte Fahnenwache in zwey Gliedern ins Gewehr, und nimmt solches in den Arm.

6. Die kleinen Wachparaden werden in Gegenwart eines Officiers, durch die Feldwebel vorn in der Compagnie-Gasse mit den Unterofficiers-Zelten in eine Linie gestellt; die Leute 3 Mann hoch, und die zur Fahnenwache rechts.

7. Die Gewehre und der Anzug werden visitirt, und mit Gewehr ab, das Ende der Vergatterung erwartet, und so wie die Tambours vor den Fahnen aufschwenken, läßt der Feldwebel schultern.

8. Der Adjudant ziehet nun bey jedem Bataillon, die Fahnen- nud Brandwachen bis auf die erste Linie des Place d'armes vor, und vor die Mitte des Bataillons zusammen.

9. Er ranzirt solche, läßt das Gewehr abnehmen und giebt dem Major, welcher gegenwärtig sey muß, Rapport, worauf er sie dem Officier überliefert.

10. Der Officier tritt nun vor die Mitte der Wachen und erwartet den zweyten Apell, welchen der Major des ersten Bataillons befiehlt, läßt das Gewehr aufnehmen, fragt bey dem Major mit präsentirtem Gewehr an, läßt

die

die Glieder aufschließen und in Zügen schwenken, wobey die Fahnenwache als der erste Zug gerade aus gehet, und setzt mit Marschschlag seinen Weg bis vor die abzulösenden Wachen fort.

11. Muß die Fahnenwache, nach den Befehlen des Feldherrn, verstärkt werden, um vor der Front eine Chaine von Posten zu ziehen, so wird sie in zwey Züge getheilt.

12. Die Ablösung der Wachen geschiehet nun auf folgende Art: die alte Wache empfängt die neue ebenfalls mit Marschschlag und hört so wie diese, bey ihrem Halt! auf.

13. Der Commandeur tritt vor dieselbe, wenn er Officier ist; als Unterofficier aber an den rechten Flügel derselben. Wenn die Wachen gerichtet sind, präsentiren beyde und die Officiers überliefern sich ihre Posten. Ist dieß geschehen, so schultern beyde Wachen, und wechseln ihre Plätze durch den Contremarsch, worauf die Ablösung, jede mit einem Gefreyten beyder Wachen heraus gezogen, formirt und abgeführt wird, während die Wachen mit Gewehr ab stehen bleiben.

14. Der Gefreyten-Posten vor den Fahnen, wird von dem Gefreyten der neuen Wache ganz zuletzt abgelöst, und da er also dann alle abgelöste Posten schon bey sich hat, so übernimmt nun der abgelöste Gefreyte deren Führung.

15. Der erste abzulösende Posten ist der am rechten Flügel des Place d'armes, dann der vor der Artillerie, hierauf der vor dem Zelte des Bataillons-Chefs; nach diesem der am linken Flügel des Place d'armes. Die Posten vor dem Gewehre und den Arrestanten, lösen sich unterdessen selbst ab.

16. Die Commandeurs der neuen Wachen müssen übrigens dahin sehen, daß die Schildwache gehörig instruirt, und ihnen alles genau überliefert werde.

17. Sobald die Ablösung zurück gekommen ist, lassen beyde Wachen das Gewehr aufnehmen und die alte Wache rangirt die Ablösung ein.

18. Ist dieß geschehen, so präsentiren beyde Wachen, die alte schwenkt ein und marschirt mit Gewehr hoch im rechten Arm, und Truppschlag nach dem, vom Major des ersten Bataillons einer jeden Brigade, befohlenen 3ten Apell, bis auf den Place d'armes vor den Fahnen auf, und gehet hier mit dem Abdankungsschlage aus einander.

19. Die neue Wache präsentirt bey dem Abmarsch der alten, bis diese auf 30 Schritt entfernt ist, während sie auch Marsch schlägt, nun aber schultert, das Gewehr abnimmt und dasselbe ansetzt.

20. Wenn der Corporal der alten Brandwache dem Officier der Fahnenwache den Rapport abgestattet hat, meldet sich dieser zu gleichem Geschäft bey dem Major des Bataillons, sein Unterofficier kehrt aber an die Fahnenwache zurück und überliefert was nöthig ist.

21. Ueberhaupt überliefern sich also die Unterofficiers beyder Wachen nicht allein den Dienst und die Ordres, sondern auch den Zustand der Wachzelte, aller dazu gehörigen Geräthschaften und die ordnungsmäßige Reinlichkeit derselben, damit wenn in diesen Stücken etwas mangelt, es nicht dem Unschuldigen zur Last falle, und die neue Wache ohne es anzunehmen sogleich die gehörige, zur Abänderung nöthige Meldung davon machen könne.

22. Die Brandwache marschirt nicht ab, sondern wird auf der Stelle abgedankt. Die neue Brandwache löst auf eben die Weise, wie die Fahnenwache ihre Posten ab.

§. 46.

Zweytens. Ablösung der General- und Artillerie-Wachen.

1. Die Ablösung der General- und Artilleriewachen geschiehet auf folgende Art alle 48 Stunden.

2. An dem Ablösungs-Tage versammelt sich die Mannschaft, welche jedes Bataillon dazu giebt, auf dem Place d'armes gleich nach Ablösung der Fahnenwache, und wird daselbst von dem Adjudanten nachgesehen.

3. Alle

3. Alle Contingente werden durch Unterofficiers vor das Quartier des Brigade=Majors geführt, wo sie noch vor Ablauf einer Stunde bey einander seyn müssen. Die Unterofficiers, die dann nicht zur Wache kommen, gehen wieder zurück, wann die Wachen abmarschirt sind.

4. So wie ein Unterofficier mit seiner Mannschaft auf den Platz kommt, meldet er sich bey dem Brigade=Major, und eben dieß müssen alle auf Generalwache oder auf Commando kommende Officiers thun.

5. Wenn hierauf derselbe die Wachen rangirt und abgetheilt hat, so überliefert er das ganze dem Capitain der Generalwache, und dieser läßt nun die Wachen nach dem Range der Generale, denen sie zukommen, abmarschiren; die Wagenwachen sind die letzten.

6. Das Abmarschieren geschiehet ohne Trommelschlag. In die Generalquartiere wird jedoch mit klingendem Spiele eingerückt.

7. Die Wachen begeben sich sogleich nach ihren Posten und lösen, so wie bey der Fahnenwache gezeigt ist, ab.

8. Alle Wachen in einem Orte, stehen unter derjenigen, welche den höchsten Commandeur hat, und sind schuldig auch an diesen zu rapportiren.

9. Wenn daher die Wachen abgelöst sind, so erwarten sie vor dem Orte die Hauptwache desselben, vereinigen sich unter deren Commandeur mit ihr, und marschiren so in der Stille bis auf den Place d'armes vom Lager, wo sie abmarschirt sind.

10. Hier werden die Contingente der Regimenter formirt und durch Unterofficiers dahin zurück geführt.

11. Was übrigens die Artillerie=Wache betrift, so stehet dieselbe unter dem den Train commandirenden Officier, und muß auch bey demselben hülfreiche Hand leisten.

12. Wenn ganze Regimenter von der Armee detaschirt oder verschickt werden, so wird die von solchen, bey den Generalwachen stehende Mannschaft, von andern Regimentern abgelöst, und der Brigademajor muß dafür sorgen,

daß dieß früh genug geschehe, um dieselbe den abgehenden Corps noch mit geben zu können.

13. Wenn sich die Ordonanzen einander ablösen, so melden sie sich im dienstmäßigen Anzuge bey den Adjudanten der Generale, bey denen sie die Ordonanz erhalten, und überliefern sich alsdann alles aufs Genaueste, wobey sie sich hauptsächlich alle Quartiere der Generals, die Campierordnung und den Stand der Regimenter und Corps, genau bekannt machen müssen.

14. Die Officiers müssen übrigens gut beritten seyn, damit sie die Befehle geschwind ausrichten können.

15. Der Ordonanz-Unterofficier eines jeden Regiments bey dem Brigademajor, wird alle 24 Stunden abgelöst, und überbringt des Morgens bey seinem Antritte den Rapport des Regimentes. Er wird zur Ueberbringung derjenigen Ordres und Befehle gebraucht, die zwischen der gewöhnlichen Ordrezeit einlaufen.

§. 47.

c. Lehrsatz. Anordnung und Verrichtung der nicht im Dienst stehenden Corps.

I. Regel. Aufschlagen des Lagers.

1. Sobald die Tambours beym Einrücken ins Lager, und der Ausziehung der Wachen, aufhören Trupp zu schlagen, lassen die Capitains Front gegen einander machen, schultern und das Gewehr abnehmen.

2. Der Feldwebel verlieset die Compagnie, und die etwanigen Ordres werden bekannt gemacht.

3. Der Feldwebel giebt nach dem Verlesen dem Lieutenant Rapport, ob alles richtig sey. Dieser bringt solchen an den Capitain und nachher an den Major, welcher den Bataillons-Commandanten, daß eingerückt, die Wachen aufgegangen und alles richtig sey, meldet.

4. Die

4. Die Capitains lassen nun mit Gewehr hoch rechts und links um machen und die Gewehre unter die Mantel setzen.

5. Die Mannschaft steckt auf dem Wege dahin die Bajonette bey, gehet zwischen den Unterofficierzelten und Gewehrmänteln durch, um letztere herum, und so in die Compagnie zurück.

6. Der Fähndrich muß auf das Ansetzen der Gewehre achten, daß es in Ordnung geschieht und keines umgeworfen wird.

7. Die Unterofficiers stecken die Kurzgewehre vor der Brandgasse, die eine Hälfte vor der rechten, und die andere vor der linken, in gerader Linie mit den vordern Stangen oer Unterofficier-Zelte ein.

8. Der Regimentstambour bindet alsdann Stangen an die Fahnen, und macht hinter denselben ein Gestell für sämmtliche Trommeln.

9. Nach der Retraite und bey schlechtem Wetter, müssen jedoch die Trommeln in die Capitains-Zelte getragen, und nach Ablösung der Fahnenwache, des Morgens wieder in die Gestelle gelegt werden.

10. Der Gefreytencorporal hat die Gewehrmäntel unter seiner Aufsicht, und muß solche bey gutem Wetter aufschlagen lassen. Sie müssen eigentlich mit Rasen umzäunt und ausgesetzt werden, welches die Gefreyten und Schützen thun.

11. Der Fähndrich muß übrigens die Gewehre täglich visitiren und für ihre Brauchbarkeit haften.

12. Wenn die Gewehre weggesetzt sind, schlägt jede Zelt-Cameradschaft ihr Zelt auf; ein Compagnie-Officier von jeder Compagnie und der Major achten darauf, daß dieß mit Ordnung geschehe.

13. Der Feldwebel wird in das erste Zelt zur Rechten an der Place d'armes gelegt, und der Gefreytencorporal in das zur linken, damit beyde gleich zur Hand seyn können. Der Fourier kommt an die Officier-Gasse hinter den ersten

Sergeanten, und der zweyte Sergeant in das gegenüberstehende Zelt. Die Corporals in die Soldatenzelte zunächst hinter den Sergeanten. Die Gefreyten werden zur guten Aufsicht in alle Zelte vertheilt.

14. Bey Anordnung der Cameradschaften, muß man auf die dadurch zu erlangende Ordnung und also auf die Jahre der Soldaten sehen, damit eine kluge Vermischung entstehet, auch müssen nicht die, in der Commandir-Rolle auf einander folgenden Leute, in eine Cameradschaft verbunden werden, damit in jedem Zelte immer noch einige bleiben, welche die Zeltgeräthe fortbringen können.

15. Die Zelte der Staabsofficiere schlagen die Schützen und Zimmerleute, das des Capitains die Gefreyten, und das der Compagnie-Officiere die Soldaten auf.

16. Sobald die Zelte aufgeschlagen sind, muß die Mannschaft die Kleidung und Waffen reinigen, und nöthigenfalls frisch laden.

17. Die Kochlöcher werden von der Compagnie angelegt, unter Aufsicht des Lieutenants. Die Compagnie-Gasse selbst muß immer reinlich bleiben.

18. Gleich nach dem Einrücken werden die Graben zugeworfen und Hecken weggerissen, damit man vor der Front mit ganzen Divisionen ungehindert marschiren kann, und Communikation habe. Das hierzu erforderliche Schanzzeug führen die Bataillons bey sich. Ein Officier erhält die Inspection über diese Arbeiter.

19. Der Regimentstambour sorgt für die Anlegung der Latrinen, und muß alle 4 Tage, bey warmen Wetter öfterer, die alten zuwerfen und neue graben lassen. Die hierzu erforderlichen Leute erhält er durch Meldung an den Adjudanten, der sie hierzu commandiren läßt. Die Zimmerleute hauen dann die nöthigen Bäume und Gaffeln ab. Die Latrinen werden von einer Schildwache bewacht.

20. Uebrigens muß hauptsächlich der Major auf die Reinlichkeit des Lagers mit aller Strenge achten, und sich davon durch die Profoße und Wagenmeister täglichen Bericht able-

ablegen lassen, welche letztere dann auch dafür sorgen müssen, daß der Unrath und todtes Vieh eingegraben werde.

21. Sollte es nothwendig seyn das Lager zu verschanzen, und vielleicht gar in der Nähe des Feindes, so müssen die zur Arbeit commandirten Leute stets ihre Waffen in der Nähe haben und nur unter der Aufsicht aller ihrer Officiers arbeiten.

22. Um aber diese Arbeit zu decken, rückt das ganze übrige Corps vor die Arbeitsfronte hinaus, und besetzt so lange eine hier gewählte gute Stellung.

§. 48.

2. Regel. Austheilungsart der Befehle.

1. Des Nachmittags geben nun die Brigade-Majors die Parole und übrigen Befehle an die Regiments-Adjudanten, die sich zu dem Ende bey ihnen einfinden.

2. Des Morgens schickt jedes Regiment durch den antretenden Ordonanz-Unterofficier den Rapport an den Brigade-Major.

3. Dieser muß die ausgehenden Commandos auf dem Sammelplatze nachsehen und ihnen anzeigen, auf wie lange sie sich mit Zelten, Löhnung, Brod und Fourage versehen sollen.

4. Wenn nun die Adjudanten die Befehle und Parole empfangen haben, so begiebt sich jeder nach seinem Bataillons-Chef, theilt ihm dieselben mit, und erwartet von ihm noch außerdem seine eigenen Befehle.

5. Den übrigen Staabsofficieren überbringt der Adjudant ebenfalls die Befehle und Parole, und setzt bey dem Major das Dienst-Detail aus.

6. Eine Stunde höchstens vor der Retraite, läßt der Adjudant durch den Tambour der Fahnenwache, die Unterofficiere vor den Fahnen zusammenrufen, und theilt ihnen hier nun das Dienst-Detail, die Parole, das Feld-

geschrey und die Befehle aus, wobey sich der Wagenmeister und Regiments-Tambour ebenfalls befinden.

7. Die Feldwebel bringen die ihnen mitgetheilten Sachen an ihre Compagnie-Officiere, und setzen mit dem Lieutenant das Detail der Commandier-Rolle aus, worauf alsdann die Mannschaft commandirt wird.

8. Die Wachen erhalten die Parole durch die Gefreyten.

9. Uebrigens darf kein Officier Parole, Feldgeschrey und Befehle in Gegenwart fremder Personen annehmen.

10. Wenn der Adjudant außer der gewöhnlichen Ordrezeit von dem Brigade-Major Befehle erhält, so bringt er solche an seinen Chef, richtet sie aus, wenn es Eile hat, und meldet sie nachher an die übrigen Staabsofficiers.

11. Mündliche Paß-Parolen werden allein im Marsche von bekannten Officiers oder von den Adjudanten der Generals angenommen, im Lager aber keine andere als welche die Generals du Jour, der General-Adjudant oder Brigade-Major den wachthabenden Officieren für gut finden zu geben, dieser schreibt sie auf, und läßt sie an den Bataillons-Commandanten melden.

12. Schriftliche Paß-Parolen schickt ein Adjudant nach genommener Abschrift den andern so geschwind als möglich zu, nebst der Empfangs- und Absendungs-Stunde. Hierauf meldet er solche an den Chef, giebt das Befohlene an die auf obige Art zusammen gerufenen Feldwebel und hiernächst den Staabs-Officieren.

13. Die Unterofficiere erscheinen in diesen Fällen zwar auch mit dem Kurzgewehre, doch tritt die Fahnenwache nicht ins Gewehr. Nach der Retraite werden aber die Feldwebel nicht mehr durch die Trommel, sondern durch an sie abgeschickte Leute zusammen berufen.

14. Der General-Adjudant giebt sie der Hauptwache im Hauptquartiere, die Adjudanten der übrigen Generals geben sie ihren Wachen selbst.

15. Uebrigens bringt der Adjudant zu aller Sicherheit nochmals die Parole an den Officier der Fahnenwache, um zu vernehmen, ob der von da abgeschickte Unterofficier solche richtig überbracht hat.

16. Der Officier der Fahnenwache schickt durch einen Unterofficier Befehl, Parole und Feldgeschrey an die Brandwache.

17. Die Commandanten der außer dem Lager, aber mit ihm in Verbindung stehenden Commandos und Wachen, erhalten die Befehle und Parole durch einen nach dem General-Adjudanten geschickten Officier, oder sie werden ihnen von dem General dû Jour, versiegelt zugeschickt.

18. Die Posten hingegen, die wieder von einem Hauptposten detaschirt sind, erhalten beydes von dem Commandeur desselben.

19. Alle Officiers, Feldwebel und Commandeurs besonderer auswärtiger Posten, erhalten Parole und Feldgeschrey; alle übrigen Unterofficiers erhalten nur das Feldgeschrey, und die Soldaten keins von beyden.

20. Alle Befehle des Feldherrn, die Policey und Verbote betreffend, läßt der Major den Truppen in einem formirten Kreise durch den Adjudanten, und durch den Auditeur dem Troß vorlesen, und auf das schärfste darüber halten.

21. Zu den Ordres des Feldherrn gehören auch die, den darum bittenden Einwohnern des Landes ertheilten Sauve-Garden oder Beschützungs-Posten, wodurch nämlich der Feldherr die Einwohner, selbst oft ganze Oerter, in seinen Schutz nimmt, und ihnen Sicherheit verspricht, also alle Gewaltthätigkeiten und Erpressungen auf das schärfste bestrafen läßt.

22. Solche Sauve-Garden sind entweder schriftlich, oder bestehen blos in einem Zeichen, als etwa in den vor dem Hause angebrachten Wappen des Landes, dem der Feldherr dienet, oder in Mannschaft.

23. Der Sauve-Garde-Brief wird öffentlich angeschlagen, die Mannschaft aber in die Stadt oder in das Haus gelegt.

24. Diese muß allen möglichen Unfug verhüten, und selbst nichts erpressen, sondern mit dem zufrieden seyn, was ihr ausgemacht wird.

25. Uebrigens betrachtet man alle Sauve-Garden als Freunde, und läßt sie ungehindert wieder zu ihrem Heere ziehn, sobald sie sich durch den Brief legitimiren können. Daher muß sie aber selbst auch nicht das geringste Feindliche gegen Truppen, oder Personen des Feindes unternehmen.

26. Doch stehet es frey, eine gefundene Sauve-Garde des Feindes, bis auf eine gewisse Weite mitzunehmen, damit sie nicht ein Vorhaben oder dergleichen, zu früh entdecke; nachher muß sie aber unbeschädigt auf ihren Posten zurückgeschickt werden.

27. Bitten die Einwohner in der Nachbarschaft, einer ins Lager rückenden Armee, einen Chef um eine Patrouille oder Schildwache zu ihrer Sicherheit; so wird diese unentgeldlich gegeben, und nach völliger Einrückung der Armee wieder abgenommen. Die Beybehaltung einer Schildwache, muß aber nur durch Befehl vom Feldherrn verstattet werden.

§. 49.

3. Regel. Beobachtungen der Dienstfreyen Leute bey den andern vorkommenden Gelegenheiten.

1. Wenn nach der vom Feldherrn bestimmten Zeit Betstunde gehalten werden soll, so läßt der Officier der Fahnenwache, des am rechten Flügel stehenden Bataillons, Apell schlagen, welcher von allen Fahnenwachen in der ersten Linie hinunter und in der andern wieder hinauf, beantwortet wird.

2. So

2. So wie der Apell aufhört, wird zugleich von dem ganzen Corps der Kirchenschlag, aus jedem Bataillon von zwey Tambours angefangen.

3. Zuerst schlagen die Tambours vor den Fahnen, hierauf am Flügel ihrer Place d'armes, zuletzt wieder vor der Mitte, setzen darauf die Trommeln entweder vor den Fahnen, oder vor der Intervalle, wenn daselbst der Gottesdienst gehalten werden soll, auf einander und der Feldprediger tritt hinter solche.

4. Während des Kirchenschlags stellt sich die Compagnie in den Compagnie-Gassen, und der älteste Officier vom Picket, führt sie darauf auf den Place d'armes, und läßt daselbst, oder wo der Gottesdienst seyn soll, einen Kreis schließen.

5. Stehet die Fahnenwache weit davon, so bleibt sie ruhig, sonst tritt sie ins Gewehr.

6. Nach dem Gottesdienste führt der Officier die Compagnie in Ruhe wieder in ihr Lager.

7. Die Soldaten müssen übrigens beym Gottesdienst in Montur und mit dem Seitengewehr erscheinen.

8. Wenn ein Corps ausrückt um auf dem Places d'armes sich entweder zur Musterung zu zeigen oder um ein Freudenfeuer zu machen, welches die militairische Feyer einer glücklichen Begebenheit ist, so stehet es ganz en Ordre de Bataille, die Wachen im Gewehr und die Posten en Parade.

9. Die Kanonen des Parks fangen das Feuer an, die Regiments-Kanonen folgen vom rechten Flügel herunter, und feuern in der zweyten Linie wieder nach dem rechte Flügel hinauf. Nach jeder Salve läßt sich alsdann die Feldmusik hören.

10. Wenn eine Armee lange in einem Lager stehet, so ist es zur Uebung der Truppen unumgänglich nothwendig, daß zuweilen die Bataillons, Brigaden oder auch ganze Corps zum Exerciren gemeinschaftlich ausrücken, und mit ihnen alle Evolutionen gemacht werden.

11. Soll dieß nun geschehen, so müssen die Chefs der ausrückenden Corps, es den Tag vorher an den General du Jour melden, damit dieser wisse, was die Ausrückung zu bedeuten hat, und keine Mißverständnisse entstehen.

12. Sobald nun die Corps wieder ins Lager gerückt sind, so müssen die Fähnriche und Capitain = d'armes dafür sorgen, daß die Gewehre wieder gereinigt und scharf geladen werden.

13. Ein Bataillon, welches auf dem Place d'armes aufmarschirt stehet, und seine Fahnen = und Brandwachen heraus gezogen hat, macht keine Honneurs.

14. Ist dieß aber nicht geschehen, oder sind beyde Wachen wieder eingerückt, so wird vor dem commandirenden Generale, Marsch geschlagen und präsentirt, vor einem General der Infanterie oder Cavallerie, so wie vor einem jeden Generallieutenant präsentirt; vor einem Generalmajor aber blos mit geschultertem Gewehre en Parade gestanden.

15. Sobald diejenigen, vor welchen die Corps ausrücken müssen, die Front passirt haben, lassen die Majors die Bataillons wieder einrücken.

16. Haben die Truppen ohne Obergewehr paradirt, so müssen die Gewehrmäntel aufgeschlagen, die Gewehre mit den Läufen auswärts gestellt werden.

17. So wie ein ausgerücktes Corps, so macht auch die Fahnen = und Brandwache den hohen Officieren ihre Honneurs. Vor jedem Staabsofficiere des Regimentes, vor den Staabsofficieren du Jour und vor allen Generalen, müssen die Wachen ins Gewehr treten, dasselbe geschiehet vor einem armirten, die Wache passirenden Commando.

§. 50.

4. Regel. Verlesung der Compagnie.

1. Sobald Vergatterung oder Retraite geschlagen wird, so müssen die Unterofficiers und Soldaten, jeder Compagnie, in Montur und mit dem Seitengewehre vor ihre Zelte treten,

und

und durch den Feldwebel in Gegenwart eines Officiers verlesen werden. Der Feldwebel gehet an der rechten Seite der Compagnie hinunter, und an der linken wieder hinauf, und siehet die Leute nach. Läßt die Witterung kein Heraustreten zu, so ruft er die Leute in den Zelten mäßig an und läßt sich ohne Schreyen antworten. Nach dem Verlesen wird der Rapport abgestattet. Des Abends wird die Compagnie noch gestellt, und in Züge getheilt, damit bey entstehendem Lerme, sogleich ausgerückt werden könne. — Außer diesem gewöhnlichen Verlesen, kann der Bataillons-Chef die Mannschaft auch noch zu unbestimmten Zeiten verlesen lassen, wozu das Avertissement jedesmal mit einem Wirbel gegeben wird. Der Lieutenant muß alsdann jedesmal von diesem Verlesen dem Major Rapport abstatten. Jedem Capitain stehet es außerdem frey, seine Compagnie so oft er will, doch ohne Avertissement verlesen zu lassen; denn dieß ist das beste Mittel dem eigenmächtigen Auslaufen der Soldaden und den daraus entstehenden Unordnungen, vorzubeugen. Der Major muß übrigens zur Annahme der Rapports und zur nothwendigen Aufsicht, so wohl des Abends bey der Retraite als des Morgens bey der Ablösung der Wachen auf dem Place d'armes anzutreffen seyn, wo zugleich sich alle nicht im Dienste stehende Officiers versammeln müssen. Nachdem der Major hier den Rapport aller Compagnien angenommen hat, stellt er die nöthigen Untersuchungen an, und giebt nach Ablösung der Wachen dem Bataillons-Chef Rapport. Um diese Zeit geht auch der Lieutenant und die übrigen Subalternen nebst den Unterofficieren zum Capitain und stattet diesem, von allem was in der Compagnie vorgegangen, den nöthigen Rapport ab und erwartet seine Befehle.

§. 51.

§. 51.

B. Grundsatz. Mittel zur äußern Sicherheit durch das Sicherheits-Corps.

a. Gebrauch desselben.

1. Bis jetzt haben wir die Mittel gezeigt, durch deren Anwendung man die Ordnung und innere Sicherheit des Lagers erhält, da aber die Armee auch der äußern Sicherheits-Anstalten bedarf, so wollen wir nun untersuchen, welche Mittel man hierzu anwendet. Diese äußere Sicherheit wird aber, so wie die innere durch Wachen erhalten.

2. Man setzt nämlich in gewissen Entfernungen vom Lager aus, gegen den Feind besondere Trupps an gelegene Oerter, und läßt diese immer wachsam seyn und die feindlichen Bewegungen ausspähen, wodurch man also von dem Anmarsche des Feindes Nachricht erhält.

3. Diese auf solche Art ausgesetzten Trupps, nennt man die Feldwachen oder Vorposten, und die ganze Masse derselben, das Sicherungscorps.

4. Da man ein Lager aus verschiedenen Absichten beziehen kann, so müssen in allen Fällen die Sicherheitsmittel durch das vorgesetzte Corps so groß seyn, daß von der Zeit an, da Nachricht vom Anmarsche des Feindes, durch die Feldwachen im Lager einläuft, bis zur würklichen Ankunft des Feindes, alle Verfügungen vollkommen getroffen werden können, welche die Absicht erfordert, warum man das Lager bezog.

5. Will man daher den Feind in einem Lager erwarten, so braucht das Sicherungscorps nur so viel Deckung zu gewähren, als nöthig ist, um der Armee Anzeige vom Anmarsche des Feindes zu geben, und ihr Zeit zu lassen, sich vollkommen in Vertheidigungsstand zu setzen.

6. Will man aber das Lager beym Anmarsche des Feindes verlassen, so müssen die Sicherheitsmittel schon größer seyn, damit man Zeit habe alles zum schnellen Marsche anzuordnen, aufzubrechen und noch den nöthigen Vorsprung

sprung zu gewinnen, um vom Feinde nicht eingeholt zu werden.

7. Da die Feldwachen aus leichten und geschwind zu bewegenden Truppen bestehen müssen, so nimmt man gern Cavallerie dazu.

8. Allein nicht nur die Abwechselungen des Terrains, welches oft den Gebrauch der Cavallerie nicht zuläßt, sondern auch, damit man den sonst meistens sehr leicht abzuschneidenden Cavallerie-Wachen, Unterstützung gebe, macht es nöthig, daß man auch Infanterie dazu nehmen muß.

9. Die Feldwachen werden hauptsächlich dazu ausgesetzt, daß die Armee die nöthige Zeit zur Ausführung irgend eines Zweckes gewinne, und es ist auch außerdem sehr vortheilhaft, den Feind so lange als möglich, in der Entfernung und von der eigentlichen Stellung der Armee abzuhalten, indem dieß das Mittel ist, die Vertheidigungs-Anstalten desto besser zu machen, ihm um so weniger Zeit übrig zu lassen seinen Sieg zu verfolgen, wenn er glücklich ist, und ihn durch das lange Aufhalten auf dem Marsche zum Lager destomehr zu ermüden.

10. Es folgt also hieraus, daß es sehr nützlich ist, wenn die Feldwachen so stark und so postirt sind, daß sie den Feind durch ihre Vertheidigung einige Zeit abhalten können.

11. Da aber hierzu besser Infanterie als Cavallerie nützet, indem diese nur in der Ebene gebraucht werden kann, so machet man oft die Infanterie-Feldwachen stärker, als zum Atvertissement nöthig ist, und postirt sie an einen Ort, den der Feind bey seinem Vormarsche passiren muß, und wo sich wenige gegen viele vertheidigen können, also: in Schlösser, auf Kirchhöfe, in Landstädte, einzelne Häuser und Gärten, hinter einem engen Paß oder auch in Schanzen.

12. Die Infanterie-Feldwachen sind also meistens dazu bestimmt, daß sie sich halten sollen, und werden daher hinter Moräste, Bäche, Flüsse, Brücken, Dämme, Hekken,

ken, in Waldungen, Flecken, Dörfer, Schlösser, überhaupt in alle durchschnittene Terrains gestellt.

13. Die Cavallerie-Wachen sind aber nicht zum Widerstande, sondern blos zum Avertissement der feindlichen Bewegungen bestimmt.

14. Sie müssen sich daher noch vor den Infanterie-Wachen, dem Feinde am nächsten, doch der Natur ihrer Fechtart nach, nur auf ebenem oder nicht zu durchschnittenem Terrain befinden.

15. Da der Feind aber auf mehreren Wegen zum Lager kommen kann, so werden nach allen den Seiten, wo der Feind herkommen kann, Feldwachen ausgestellt, und damit auch nichts sich unentdeckt nähern könne, so stellen die Feldwachen selbst wieder Posten zu ihrer eigenen Sicherheit aus, damit auch sie nicht überfallen werden können, welche dann mit den Feldwachen eine zusammenhängende Linie ausmachen, die man die Chaine der Voposten nennt.

§. 52.

Fortsetzung.

16. Da der Dienst der Vorposten besonders geschwinde Bewegungen erfordert, so werden zu denselben am besten die leichtesten Truppen, aller drey Waffen gebraucht, damit die eigentlichen Linientruppen noch ihre volle Kraft haben, wenn es zum entscheidenden Gefechte kommt, und nicht durch den beschwerlichen Dienst der äußern Wachen vor der Zeit abgemattet werden.

17. Werden also Linientruppen, das heißt: ordinaire Feldinfanterie-Corps, oder schwere Reiterey zum Vorposten-Dienste gebraucht, so kann dieß nur durch die höchste Nothwendigkeit entschuldigt werden, wenn nicht hinlänglich leichte Truppen da sind, alle nothwendige Wachen zu bestreiten.

18. Da es aber nicht hinlänglich ist, daß man die Feldwachen so ausstellt, daß man zu rechter Zeit die Ankunft des Feindes erfahre, sondern auch dafür gesorgt wer-

den

den muß, daß sie sich bey einem überlegenen Feinde mit Sicherheit gegen das Lager zurückziehen können, und die große Entfernung, in welcher öfters die Feldwachen von der Armee abstehn, ihren Rückzug in den meisten Fällen unmöglich machen würde, so ist man gezwungen, in solchen Fällen, zwischen dem Lager und den Feldwachen, noch besondere Corps zu postiren, welche zur Unterstützung und Aufnahme der Vorposten bestimmt sind.

19. Das Terrain hinter denselben bestimmt alsdann, aus was für Truppenarten diese Corps zusammengesetzt seyn müssen.

20. Müssen sich daher die Cavallerie-Wachen durch Defilees und durchschnittenes Terrain zurückziehen, so müssen hier Infanterie-Corps zu ihrer Deckung postirt seyn.

21. Ziehet sich aber die Infanterie durch eine Ebene zurück, so muß sich zu ihrer Beschützung in derselben Cavallerie befinden.

22. Da diese Unterstützungs-Posten schon einen ruhigern Dienst haben als die eigentlichen Vorposten, so kann man auch schon eher dazu gewöhnliche Linientruppen nehmen und besonders Infanterie, zu den etwa zu besetzenden wichtigen avanzirten Posten, als: Dörfer, wichtige Pässe und Berge gebrauchen.

23. Die Chaine der Vorposten gehet zwar vor diesen besondern Posten her, doch müssen sie immer noch zu ihrer eigenen, innern Sicherheit eigene Posten ausstellen.

24. Können solche Avant-Corps vortheilhafte Stellungen finden, so verstärkt man sie auch oft mehr als zur Unterstützung der Vorposten erforderlich ist, läßt sie sich in ihrer Situation so viel wie möglich befestigen, und dem Feinde bey einem Angriffe die Spitze bieten.

25. Denn dadurch erhält man den großen Vortheil, daß wenn man sie gehörig mit Corps aus der hinterstehenden Armee unterstützt, und die Communication dahin vom Feinde nicht beunruhigt werden kann, daß sie den Feind auf eine lange Zeit aufhalten, vielleicht seine ganze Kraft brechen können,

und also das vortreflichste Mittel sind, der Armee die äußere Sicherheit gegen den Feind zu gewähren, oder sie vielmehr so lange, wie sie nicht geschlagen und ihr Posten nicht erobert ist, vor allem Angriffe zu bewahren.

26. Solcher Corps bedient man sich daher auch öfters, die Flanken der Armee zu decken, wenn sich etwa in derselben ein Terrain befindet, welches, wenn es vom Feinde besetzt würde, dieser von da aus durch einen Angriff in die Flanke oder den Rücken der Armee thun, ihren Widerstand auf der Front ganz unnütz machen würde, oder wenn sich auf der Flanke der Armee ein Terrain oder irgend ein Paß befände, durch welchen, wenn der Feind darüber oder dadurch passiren könnte, die Armee für die Communication mit irgend einem wichtigen Puncte oder gar für ihren Rückzug fürchten müßte.

27. Die zur Flanken-Deckung der Armee bestimmten Seiten-Corps, müssen daher sich so postiren, daß sie das Terrain oder den Paß, zu dessen Behauptung sie da sind, gehörig decken.

28. Da aber oft die so nöthige Communication mit der Armee nicht ganz leicht zu erhalten ist, so müssen sie in allen Fällen, so wie die Avant-Corps, eine so feste Stellung haben, daß sie darin ohne Furcht so lange einer überlegenen Macht Trotz bieten können, bis die Unterstützung der Armee ankommt; oder kann diese durch, auf die Armee selbst gerichtete feindliche Angriffe nicht erfolgen, daß sie auch allein von dem Corps behauptet werden könne.

29. Uebrigens versteht es sich von selbst, daß solche Corps, eben wie die Armee, Feldwachen zu ihrer eigenen Sicherheit, ohne welche die durch sie zu erlangende Sicherheit der Armee nicht erhalten werden kann, aussetzen müssen.

30. Da man aber überhaupt des Tages oder in einer großen Entfernung vom Feinde vor dem Ueberfalle sicherer als des Nachts ist, indem alles leichter entdeckt wird, und in den meisten Gegenden wenige Feldwachen schon die Armee früh genug von allen Bewegungen des Feindes benachrichtigen können, so werden gewöhnlich des Tages nicht so

viel

viel Sicherheitsmittel als bey Nacht oder beym nahen Feinde angewandt.

§. 53.

Herleitung der Lehrsätze, nach welchen die Anordnungen und Befolgungen des Sicherheitscorps getroffen werden müssen.

Aus den bisherigen Betrachtungen der letztern beyden Paragraphen, ersehen wir nun, daß der Grundsatz: eine jede Heerstellung muß die Sicherheit genießen, daß das festgesetzte Vertheidigungssystem gehörig ergriffen und ausgeführt werden könne, — und zwar in seinem zweyten Theile, nämlich der Erhaltung der äußern Sicherheit, auf die Ausführung der folgenden Lehrsätze beruht.

A. Grundsatz. Die Stellung und Einrichtung des Sicherheitscorps muß dem Hauptcorps die zu allen Zwecken desselben nöthige Sicherheit gewähren. Dieser Grundsatz beruht auf folgende drey Lehrsätze:

1. Das Sicherheitcorps muß das Hauptcorps jeder Zeit so umringen, daß sich demselben kein Feind unentdeckt nähern kann.

2. Das Sicherungscorps muß vom Hauptcorps in solcher Entfernung bleiben, daß dieses, wenn es von der Annäherung, Stärke und Absicht des Feindes Nachricht erhält, ohne Uebereilung in Bereitschaft seyn, und die nöthigen Gegenanstalten machen kann.

3. Das Sicherungscorps, wenn es volle Sicherheit gewähren soll, muß so stark seyn, daß es die feindlichen Partheyen mit Gewalt zurückweisen, und das Vordringen der ganzen feindlichen Macht möglichst erschweren kann.

B. Grundsatz. Die Beobachtungen des Sicherheitscorps müssen stets der Erhaltung dieser Zwecke entsprechen. Hier sind folgende drey Lehrsätze.

1. Das Sicherungscorps muß dem feindlichen Vordringen mit Macht Widerstand leisten.

2. Das Sicherungscorps soll sich bestreben, jeder Zeit sichere Nachrichten von der Stärke, Stellung und den Absichten des Feindes zu haben, und solche dem Befehlshaber des Hauptcorps mittheilen.

3. Alle Theile des Sicherungscorps müssen übereinstimmend nach einem gemeinschaftlichen Plane handeln, und eine gewisse Ordnung in ihren Dienste befolgen.

§. 54.

b. Lehrsatz. Ausführung des Ersten Grundsatzes.

1. Regel. Die Stellung des Sicherheitscorps muß alle Annäherung des Feindes verhindern.

Der erste Lehrsatz zur zweckmäßigen Anordnung des Sicherheitscorps, nämlich, daß seine Stellung alle Annäherung des Feindes verhindert, beruht auf folgende Maximen.

1. In einiger Entfernung von dem Hauptcorps soll auf jede Straße, und in jede Gegend, wo sich der Feind nähern kann, eine Abtheilung des Sicherungscorps vorgesetzt werden. — Diese Abtheilungen heißen Hauptposten, und der Umkreis, den sie beschreiben, Hauptposten-Linie.

a. Die Entfernung der Hauptposten von einander wird durch das Terrain bestimmt.

b. Man muß sie so vertheilen, daß sie in nicht ganz offenem Terrain, wenigstens nicht über 2500 Schritte von einander entfernt stehen.

c. Rücken während der Nacht Pikets aus, dann kann man die Wachen in offenem Terrain weiter von einander entfernen, dann sieht man nur dahin, daß es ihnen noch möglich bleibt die Gegend zu übersehen, und auf 2500 Schritte kann man noch Truppen erkennen.

d. Da könnte man also die Hauptposten 5000 Schritte von einander setzen, doch versteht es sich, wenn keine Hin-

Hindinisse dazwischen liegen, die den Anmarsch des Feindes bedecken, als: Gehölze, sehr hohes Korn und Höhen; denn in diesem Falle müssen besonders alle solche Oerter, wo sich der Feind bedeckt nähern könnte, mit einem Hauptposten besetzt seyn.

e. Alles dieses gilt, wenn man nahe vor dem Feinde steht, ist man weiter von ihm entfernt, so bindet man sich nicht so genau an die Regel. Dann gehen aber Kundschaftshaufen auf mehrere Meilen gegen den Feind aus; oder Corps beobachten ihn schon in der Nähe.

f. Auch giebt diese Ausnahme der Regel, bey den Posten, die von leichten Truppen weit vorgesetzt werden, wenn das Hauptcorps schon auf eine andere Art etwas gedeckt ist; als durch einen Fluß, Morast.

2. Die Hauptposten müssen sich so in Verbindung setzen, daß kein Feind unentdeckt zwischen ihnen durch kann.

a. Die Hauptposten müssen dieserhalb an die gefährlichsten Orte kleine Abtheilungen stellen, die durch Schildwachen und Patrouillen den ganzen Zwischenraum übersehen und beobachten.

b. Sind die Hauptposten nicht stark genug, den Zwischenraum auf diese Art zu besetzen, so müssen sie selbst ihre Verbindung und Sicherheit durch Patrouillen zu erhalten suchen.

3. Die Hauptposten müssen zu ihrer und des Heers Sicherheit, in einiger Entfernung nach dem Feinde zu, andere kleine Abtheilungen, welches die eigentlichen Feldwachen sind, vorsetzen. — Ohne diese müßten die Hauptposten stets in voller Bereitschaft seyn, folglich würden sie nicht länger als einen Tag Sicherheit leisten können.

4. Die Feldwachen müssen sich, so wie die Hauptposten, durch kleinere Feldwachen, Patrouillen und Schildwachen in Verbindung setzen.

5. Die Feldwachen müssen immer in voller Bereitschaft seyn, können also nur 24 Stunden thätig bleiben, und sind daher alle Tage von den Hauptposten aus abzulösen.

6. Die Feldwachen sollen in einiger Entfernung nach dem Feinde zu, einzelne Leute, Schildwachen, oder Cavallerieschildwachen (Vedetten) so vorsetzen, daß sie möglichst weit vor sich sehen, und nichts unentdeckt zwischen ihnen durchkommen kann.

a. Die Schildwachen müssen dieserhalb am Tage an erhabenen Orten, des Nachts hinter denselben in der Tiefe stehen.

b. Sie sollen keine Gegenstände, die ihnen die Aussicht benehmen, und durch welche sich der Feind unentdeckt bis zu ihnen schleichen kann, vor sich haben.

c. Die Schildwachen müssen so gestellt werden, daß sie der etwas entfernte Feind nicht gleich entdecken, derselbe aber von ihnen genau beobachtet werden kann.

d. Jede Schildwache soll die nächsten Schildwachen, die ihr rechts oder links stehen, sehen, und den Zwischenraum genau beobachten können.

e. Des Nachts, oder bey starkem Nebel sollen zwischen diejenigen Schildwachen, die wegen zu großer Entfernung von einander, nicht alles sehen oder hören können, was zwischen ihnen vorgeht, andere gesetzt werden. Diese Zwischen-Vedette wird so placirt, daß sie der äußersten seitwärts steht, damit, wenn der Feind die vordere aufhebt oder übern Haufen wirft, sie demselben in die Flanke feuert.

f. Fehlt es hierzu an Mannschaft, so soll die ganze Schildwachen-Linie zurück gezogen, und dadurch näher zusammen gebracht werden.

g. Die Feldwachen sollen alle von ihnen ausgestellte Schildwachen sehen und ihre Handlungen bemerken können. Man entfernt daher nicht leicht die Vedette über 1500 Schritt von der Wache, denn sonst hört man nicht einmal den Pistolenschuß, welches doch zum Avertissement nöthig ist.

h. Wann das Terrain diese Regel zu befolgen nicht erlaubt, dann soll zwischen diese Schildwachen und der Feldwache eine andere so gestellt werden, daß diese die Schild-

wachen

wachen sehen, und diese wieder von der Feldwache gesehen werden kann.

i. An wichtige Stellen, als Hauptstraßen, Pässe und dergleichen sollen zwey Mann zusammen gestellt, d. h. doppelte Posten formirt werden.

k. Die Schildwachen sollen alle Stunden durch andere von der Feldwache aus abgelößt werden.

l. Rück- und seitwärts werden des Nachts einzelne Vedetten nicht weit von der Feldwache postirt, um auch von hier im Fall der Noth gesichert zu seyn.

m. Die Vedetten müssen so stehen, daß sie nicht abgeschnitten werden können.

n. Müßte man die Vedetten so weit abstellen, daß der Pistolenschuß nicht mehr zu hören ist, so hilft man sich zwar dadurch, daß allen Schildwachen zu feuern befohlen wird, wenn eine feuert. Allein dann erregt gleich jeder Zufall einen allgemeinen Lerm, und man ist gezwungen sich ganz auf einzelne Leute zu verlassen.

§. 55.

Fortsetzung.

7. Wenn das Terrain eine vortheilhafte Stellung darbietet, von welcher die feindliche Annäherung, dessen Stärke und Bewegung in weiter Entfernung entdeckt werden kann, diese Stellen aber außer der Schildwachen-Linie lieget, dann soll eine doppelte Vedette, oder eine kleine Abtheilung dahin gestellt werden.

a. Diese Avertissements- oder Observationsposten lassen sich mit dem Feinde in kein Gefecht ein, sondern ziehen sich nach gemachter Entdeckung gleich zurück.

b. In der Nacht, oder beym Nebel müssen sie daher immer zwischen die andern Vedetten zurückgehen.

c. Sie dürfen überhaupt nicht über 2000 Schritte von den andern Schildwachen abstehen.

8. Die Befehlshaber der Hauptposten sollen alle Mittel, und wo es nöthig ist Strenge anwenden, um die Feld-

wachen und Posten zur Munterkeit, Aufmerksamkeit, und zur genauesten Beobachtung ihrer Schuldigkeit anzuhalten. Eben so sollen auch die Feldwachen ihre Schildwachen anhalten.

9. Die Hauptposten, Feldwachen und Schildwachen sollen nach der Verschiedenheit des Terrains aus Cavallerie oder Infanterie, oder aus beyden zugleich bestehen.

a. Auf der Ebene muß die Infanterie sich entweder nie ohne den Schutz der Reiterey sehen, oder doch feste Posten zu ihrer Sicherheit besetzt halten.

b. In der Ebene setzt man also hauptsächlich nur da Infanterieposten hin, wo die Hauptposten besonders dadurch gedeckt und der Rückzug der Cavalleriewachen geschützt wird. Doch müssen sie immer nur in Büsche, Weinberge, oder sonst in schwer beykommende Orten placirt werden.

c. Die Cavalleriewachen stehen stets vor denen der Infanterie; müssen sich diese aber über eine Ebene zurückziehen, so werden Cavallerie-Trupps zu ihrer Beschützung darauf gestellt.

d. Die Vedetten der Cavallerie- und Infanteriewachen formiren also eine doppelte Kette um einander. — Diese drei bis vierfache Linie der Hauptposten, Feld- und Schildwachen heißt zusammen die **Vorpostenkette**.

10. Diese Sicherungsanstalten müssen, nachdem das Vordringen des Feindes möglich und wahrscheinlich ist, verstärkt oder vermindert werden.

a. Steht das Hauptcorps so, daß kein Theil seines Umkreises durch natürliche oder künstliche Befestigung gedeckt ist, und die Wahrscheinlichkeit eines feindlichen Angriffs ist auf jeden Punkt dieses Umkreises gleich, dann müssen vor die Flanken und vor die Mitte, welches die gefährlichsten Punkte dieser Stellung sind, die stärksten Abtheilungen des Sicherheitscorps getheilt werden. — Diese Stellung wird zwar bey großen Corps nicht vorkommen, sie dient aber als Ideal der möglichsten Sicherung, die durch das Sicherheitscorps zu erhalten ist.

b. Ist

b. Ist der Feind mehrere Tagereisen entfernt, dann sollen dessen Bewegungen durch weit ausgehende Patronillen, und vorgeschickte Detaschements beobachtet werden.

c. Damit aber kleine feindliche Partheyen, die der Wachsamkeit der Detaschements und Patrouillen entgangen sind, und sich durchgeschlichen haben, das Hauptcorps nicht recognosciren oder beunruhigen können, so muß demnach eine Kette von Feldwachen und Schildwachen gezogen werden.

d. Diejenigen Theile des Umkreises, welche durch natürliche oder künstliche Hindernisse, dem Feinde das Vordringen erschweren, oder unmöglich machen, sollen nach dem Grade ihrer Deckungsfähigkeit stärker oder schwächer besetzt werden.

e. Ist z. B. die eine Flanke an eine Vestung gelehnt, dann sind alle Sicherheitsanstalten auf dieser Seite unnütz. Ist ein Theil der Fronte durch einen reissenden Strom mit hohen Ufern gedeckt, dann geben Avertissements-Posten und Patrouillen hinlängliche Sicherheit.

f. Moräste, enge Pässe, durch welche der Feind nur einzeln und ohne Geschütz vordringen kann, bedürfen keines starken Postens zu ihrer Deckung.

§. 56.

2. Regel. Das Sicherungscorps muß vom Hauptcorps in solcher Entfernung bleiben, daß dieses noch sein Vertheidigungssystem ergreifen kann.

Der zweyte Lehrsatz, der bey der Ausstellung des Sicherheitscorps befolgt werden muß, sagt, daß es in einer solchen Entfernung vom Hauptcorps ausgesetzt werden soll, die diesem gestattet ohne Uebereilung in Bereitschaft zu seyn, und die nöthigen Gegenanstalten zum Empfange des Feindes zu machen, wenn es von der Annäherung,

herung, Stärke und Absicht desselben Nachricht erhält.

1. Um diesen Lehrsatz auszuführen, muß man beobachten: daß je weniger das Hauptcorps in Bereitschaft ist, und je mehrere Zeit die Gegenanstalten erfordern, das Sicherungscorps desto weiter von ihm entfernt seyn soll.

2. Je näher das Sicherungscorps dem Hauptcorps ist, je mehr soll dies in Bereitschaft seyn.

a. Steht der Feind so nahe, daß kaum noch Raum zum Aussetzen der Feldwachen übrig ist, dann muß das Hauptcorps in voller Bereitschaft bleiben, d. h. bivuaquiren.

3. Das Sicherungscorps soll nur so weit entfernt stehen, daß es im benöthigten Fall vom Hauptcorps Unterstützung erhalten kann.

a. Die Entfernung, in der die Theile des Sicherungscorps vom Hauptcorps stehen, hängt mit von den besondern Absichten, die man bey einem oder dem andern Vorfalle erreichen will, und von der Entfernung ab, in welcher sich die Stellung des Hauptcorps von Terraingegenständen befindet, die den Anmarsch und die Bewegungen des Feindes verbergen können.

b. Denn liegen in der Weite eines starken Kanonenschusses Anhöhen, Gehölze, Gründe, Städte und Dörfer, so müssen diese besetzt werden, da sich der Feind sonst leicht bis an dieselben heran schleichen, und von da aus nicht allein die Vorposten, sondern auch die Armee selbst beunruhigen und überfallen kann, indem die Weite viel zu klein ist, als daß dem schnell andringenden Feinde, das so sehr vereinzelte Heer in einer festen Ordnung früh genug entgegen gestellt werden könnte.

c. Es ist also niemals gut die Feldwachen nahe zu haben, wenn man sie sonst nicht bey einer größern Entfernung zu sehr in Gefahr setzt.

d. Besonders muß ein schwaches Detaschement seine Feldwachen nicht zu nahe haben, damit es die Ankunft des Fein=

Feindes früh genug erfahre, und Zeit und Gelegenheit habe eine oder die andere Parthey, nachdem der Feind stark ist, zu nehmen.

e. Wenn der Feind eine oder mehrere Meilen entfernt ist, so setzt man, wo es ohne große Gefahr des Aufhebens und Umgehens angehet, die Hauptposten auf 3000 bis 6000 Schritte aus; wo er aber näher ist, da müssen sie auch näher stehen, und die Läger, Quartiere oder Detaschements, von denen sie ausgesetzt sind, immer bereit seyn, den Feind zu empfangen.

f. Ist der Feind einige Meilen entfernt, und kann er unsere 3 bis 4000 Schritte ausgesetzte Vorposten umgehen, sind wir zu schwach mehr auszusetzen, so macht man auf 1500 Schritte eine Kette von Vedetten und schwachen Wachen, und setzt vor diese auf 3 bis 4000 Schritte einzelne schwache Wachen, welche besonders die Gegend beobachten, wo der Feind herkommt.

g. Hat man einen Fluß vor sich, den man bewachen soll, so müssen an alle Brücken und Furten Infanterie-Posten gestellt werden, die sich selbst verschanzen und durch Vedetten längst dem Flusse eine Kette formiren.

h. Die Cavallerie hat dann am Tage jenseits des Flusses ihre Feldwachen, die von der Ankunft des Feindes benachrichtigen, und sich sowohl bey seinem Anmarsche als in der Nacht hinter den Fluß zurückziehen.

i. Hat man Berge zu besetzen, so muß dieß durch Infanterie geschehen, die sich verschanzt. Auf den noch weiter vor liegenden Anhöhen werden dann die Cavalleriewachen und Vedetten postirt, damit sie desto eher den Feind entdecken.

k. Kann man die Hauptposten bey einem nahen Gehölze an den Rand desselben nach dem Feinde zu setzen, so ist dies am besten. Dann kommen auf die vorliegende Ebene Cavalleriewachen, die sich bey einem überlegenen Feinde unter dem Schutze, der im Holze stehenden Infanterie, zurückziehen können.

1. Ist der äussere Rand des Waldes zu weit, und der innere zu nahe, so geht die Kette der Vorposten mitten durch den Wald, und deckt sich durch gute Verhaue, in welchen nur kleine Eingänge für die Patrouillen gelassen werden, zu deren Sperrung bey dem Herannahen des Feindes schon Bäume bereit liegen.

4. Ist die Entfernung des Sicherungscorps vom Hauptcorps so groß, daß es nicht unmittelbar von letzterm unterstützt werden kann, wie es bey dem Quartierständen immer der Fall ist, so soll zwischen beyden Corps noch eine Linie starker Posten so ausgesetzt werden, daß das Sicherungscorps von diesen, und beyde vom Hauptcorps unterstützt werden können.

a. Ist der Feind nahe, so sind die Feldwachen stärker als sonst, die Pikets rücken aus, und überdies werden in durchschnittenen Gegenden Bataillons, und in der Ebene Esquadrons zu ihrer Unterstützung nahe hinter sie postirt.

b. In solchen Fällen dürfen sowohl die Feldwachen, Unterstützungen als Hauptposten nicht schwach seyn, der recognoscirende oder angreifende Feind würde sie sonst übern Haufen werfen, ehe Unterstützung vom Hauptcorps ankommt.

c. Ist aber der Feind mehrere Tagemärsche entfernt, so werden die Vorposten und Feldwachen, zwar eben so ausgestellt, aber nicht durch ausgerückte Commandos und Pikets, und in Dörfer gelegte Bataillons, überhaupt durch keine Zwischencorps unterstützt.

d. Die Feldwachen und Hauptposten sind überdies schwächer, weiter von einander entfernt, und besonders nur nach der feindlichen Seite zu ausgesetzt. — Wie weit man sich hier von der Vorsicht entfernen darf, welche bey dem nahen Feinde beobachtet wird, hängt von den Umständen ab.

5. Die Feldwachen und Vortrupps sollen nur so weit vor den Hauptposten und Trupps seyn, daß sie ohne Gefahr

fahr vom stärkern Feinde umringt zu werden, sich zurückziehen, und zu rechter Zeit Unterstützung erhalten können.

a. Die Hauptposten müssen sich daher in möglichst kürzester Zeit in Bereitschaft setzen können, die Feldwachen aber immer darin bleiben.

b. Der Ort, wo die Feldwache stehet, muß, wo möglich, so liegen, daß sie der Feind nicht schon in der Ferne entdecken kann.

c. Sie sind daher hinter kleine Gehölze, Anhöhen, in Vertiefungen, hinter Hecken, Dörfern, oder überhaupt allen erhabenen Gegenständen gut placirt, wenn sie sonst sich nach allen Seiten frei bewegen können, und nicht durch eben diese Deckung eingeschlossen werden.

6. Des Nachts, oder bey trüben Tagen, soll das Sicherungscorps nebst seinen Theilen näher an seinem Hauptcorps seyn, oder den Zwischenraum mit einzelnen Leuten und kleinen Partheyen so ausfüllen, daß sie einander sehen oder hören können.

7. Alle Hauptposten nnd Trupps sollen so viel als möglich in gleicher Entfernung vom Hauptcorps seyn, und ihre Linie nie einen ausspringenden spitzen Winkel bilden.

§. 57.

3. Regel. Die Stärke des Sicherungscorps muß das Vordringen des Feindes erschweren.

Der dritte Lehrsatz zur Anordnung der äußern Sicherheitsmittel sagt: Das Sicherungscorps, wenn es volle Sicherheit gewähren soll, muß so stark seyn, daß es die feindlichen Partheyen mit Gewalt zurück weisen, und das Vordringen der ganzen feindlichen Macht möglichst erschweren kann.

1. Hierzu wird erfordert, daß der Bestand und die Stärke der Hauptposten, und der Trupps nach der Stärke des Feindes, nach dem Terrain, das sie einnehmen, und nach

nach der Wahrscheinlichkeit eines feindlichen Angriffs bestimmt werden.

a. Die Stärke der Hauptposten hängt von der ihr nöthigen Anzahl Feldwachen, und die Stärke dieser letztern von den nöthigen Vedetten ab, die sie ausstellen müssen. Doch muß bey allen Rücksicht auf den zu leistenden Widerstand genommen werden.

b. Jeder große oder kleine Posten muß wenigstens dreymal so stark seyn, als die von ihm auszustellenden Wachen an Mannschaft betragen. — Sind also 10 Mann zu Schildwachen erforderlich, so muß die Feldwache aus 30, oder wenigstens aus 20 Mann bestehen.

c. Nahe Schildwachen oder Vedetten bestehen aus einem Mann, über 1500 Schritt entfernte aber aus 2 Mann, wenn es sonst die Umstände verstatten.

d. Die zum Widerstande erforderliche Stärke der Vorposten läßt sich nicht genau bestimmen. — Steht der Feind nahe, und ist es seine Absicht unsere Stellung zu rekognosciren, so wird fast jede Feldwache zu schwach seyn, den Feind zurück zu halten.

e. In solchen Fällen ist es gut, die Feldwachen mit einem Bataillon, oder doch mit einem Commando Infanterie zu unterstützen, wenn die Gegend durchschnitten ist.

f. Die Feldwachen pflegen indessen, wenn der Feind nahe ist, immer verstärkt zu werden, theils um mehr Widerstand leisten, theils um mehr Schildwachen ausstellen zu können.

2. Die Hauptposten sollen zu ihrer Sicherheit, das vortheilhafteste Terrain zu ihrer Stellung wählen.

a. Die Hauptposten oder Trupps sollen eine Stellung wählen, die der Feind ohne eigene Gefahr nicht umgehen kann.

b. Das gewählte Terrain muß von Natur fest seyn, oder durch die Kunst so verstärkt werden, daß sich wenige gegen viele vertheidigen können.

c. Das

c. Das zur Stellung erwählte Terrain muß den Rückzug der Posten erleichtern.

d. Die Verbindung der Hauptposten, zur wechselseitigen Unterstützung, muß durch die gewählten Stellungen nicht gehindert werden.

3. Die Straßen und Zugänge zu den Hauptposten, worauf sich der Feind mit Macht und mit breiter Fronte nähern kann, müssen, so viel als möglich, bis vor die Schildwachenlinie abgegraben, verdorben, durch Verhaue, Abwerfung der Brücken und dergleichen, so zubereitet werden, daß dem Feinde das Vordringen möglichst erschwert wird.

a. Die Hindernisse müssen dabey so angelegt werden, daß sie den Schild- und Feldwachen Schutz gewähren, und durch dieselben gegenseitig vertheidigt werden können.

b. Für die Feldwachen dürfen in diese Befestigungen nur Fußfade gelassen werden, worauf sie ihre Patrouillen ausschicken, sich selbst aber mit Sicherheit zurückziehen, oder Unterstützung erhalten können.

4. Die Infanterie-Feldwachen müssen nur an schicklichen Orten, die der Feind nicht umgehen kann, und wo sie, durch Benutzung, Natur oder Kunst, sich leicht befestigen können, als hinter Defileen, auf Bergen, in Wäldern postirt werden, damit die weiter vorgestellten Cavallerie-Wachen hinter sich feste Puncte haben, die ihren Rückzug, und ihre Unterstützung sichern.

§. 58.

c. Lehrsatz. Ausführung des zweyten Grundsatzes.

1. Regel. Das Sicherheitscorps muß dem feindlichen Vordringen mit Macht Widerstand leisten.

Bis jetzt haben wir diejenigen drey Lehrsätze und ihre Regeln auseinander gesetzt, die zur Ausführung des ersten Grundsatzes bey der Anordnung der äußern Sicherheitsmittel nöthig werden, jetzt kommen wir zu den Lehrsätzen des

des zweyten Grundsatzes, der lehrt, daß die Beobachtungen der Sicherheits-Corps zu den Verschiedenen Zwecken der Hauptstellung würksam seyn sollen.

Die genaue Erfüllung des ersten Grundsatzes, seiner Lehrsätze, Maximen und Regeln, erleichtert nun die Erfüllung dieses zweyten Grundsatzes um ein großes, wobey jedoch noch die oben angeführten drey Lehrsätze nothwendig befolgt werden müssen. Der erstere sagt: das Sicherheits-Corps muß dem feindlichen Vordringen mit aller Macht Widerstand leisten. Hierzu ist nöthig:

1. Beym Anrücken des Feindes darf keine Schildwache oder irgend ein anderer Posten, den Standort anders als fechtend verlassen.

a. Die einzelnen Schildwachen sollen niemand, weder bey Tag noch des Nachts, zwischen sich durch passiren lassen.

Erstens. Sie müssen daher, besonders die leichten Reiter, oft die Thäler durchsuchen, und mit den Infanterieposten gemeinschaftlich die Communication zwischen den besetzten Bergen sichern, welche oft durch die natürliche Lage der Berge schwer wird.

Zweytens. In der Nacht versieht die Infanterie besonders diesen Dienst, und die Reiterey zieht sich hinter dieselbe zurück.

Drittens. Stehen in der Nacht die Vedetten so weit auseinander, daß der Feind bequem zwischen durchgehen kann, ohne daß er entdeckt wird, so patrouillirt ein Mann von der doppelten Vedette immer nach der nähesten Vedette.

Viertens. In diesem Falle besonders müssen die Schildwachen alle Stunden abgelößt und dazu angehalten werden, daß dieß Patrouilliren geschieht.

b. Keine

b. Keine Schildwache soll zugeben, daß sich ihr jemand, der von feindlicher Seite kommt, auf mehr als 80 bis 60 Schritt nähert.

Erstens. Jeder Schildwache oder Vedette muß die Gegend, auf welche sie besondere Aufmerksamkeit zu richten hat, angezeigt werden.

Zweytens. Jede Schildwache muß auf ihre Nebenvedetten genau Acht geben, und es sogleich an ihre Wache melden, wenn sie dieselbe nicht mehr siehet.

Drittens. Die Schildwachen und Vortrupps sollen sich in keine Gespräche mit dem Feinde einlassen, oder ihn schimpfen.

c. Wenn sich bey Tage einer doppelten Schildwache ein, oder wenige unbewaffnete Menschen nähern, dann soll ihnen einer dieser Schildwachen 30 bis 40 Schritte entgegen gehen, die Angekommenen genau befragen, sich ihre Pässe geben lassen, und sie mit diesen dem Commandeur der Feldwache bringen.

d. Kommen mehrere Menschen, sie mögen bewaffnet oder unbewaffnet seyn, so sollen sie durch eine dazu abgetheilte Parthey der Feldwache, die man den Examinirtrupp nennt, untersucht werden.

Erstens. Dieser Examinirtrupp, bestehend aus einem Unterofficier und einigen Mann, stehet etwas vorwärts der Feldwache, oder neben den Gewehren derselben.

Zweytens. Kommen Bauern oder Reisende, die durch diesen Trupp genau visitirt sind, so läßt man sie ins Lager passiren, wenn sie in dieser Gegend ihr Gewerbe haben.

Drittens. Alles, was der Unterofficier des Trupps in Erfahrung gebracht hat, meldet er dem Officier der Wache.

e. Kommen bedeckte Wagen, bewaffnete Mannschaft, ein feindlicher Officier, Trompeter, mehrere feindliche Deserteurs an, oder läßt sich der Feind irgendwo sehen, so meldet ein Mann von den doppelten Schildwachen dieß sogleich an die Wache, ehe es heran kommt, der andere observirt das Wahrgenommene und ruft, wenn es sich bis auf 100 Schritt genähert hat, halt! wo es dann steht bis es von der Wache examinirt ist. Bleiben die Ankommenden auf das Rufen halt! hier nicht stehen, so giebt die Schildwache Feuer.

f. Bey Nacht sollen die Schildwachen alles, was sich ihnen nähert, anrufen, und auf der Stelle halten lassen, giebt das Angerufene keine Antwort, und nähert sich mehr, dann sollen sie darauf feuern.

Erstens. In der Nacht ruft die Schildwache, sobald sie etwas wahrnimmt: Wer da! Ist die Antwort Patrouille, so fordert sie das Contrasigne, das ist nämlich ein verabredetes Zeichen, damit die Schildwachen sogleich die Patrouillen erkennen können.

Zweytens. Ist die Antwort nicht Patrouille, so meldet ein Mann nach dem Halt-Rufen sogleich an die Wache, daß etwas angekommen sey. Zu dieser Meldung ist immer der weniger sichere Mann zu nehmen.

g. Eine von den doppelten Schildwachen muß dem Angerufenen sogleich mit gespanntem Hahn entgegenspringen, 10 Schritte davon halten, und das Feldgeschrey fordern; ist dieß richtig, und sind es von der Feldwache abgeschickte bekannte Leute, dann dürfen sie ohne weitern Aufenthalt passiren.

h. Zu mehrerer Sicherheit ist es daher nützlich, wenn man außer dem Feldgeschrey noch das oben erwähnte Contrasigne verabredet, übrigens aber das Feldgeschrey sogleich verändert, wenn man den Verrath desselben vermuthet.

i. Alle Unbekannte, die nicht von der Feldwache sind, sollen, wenn auch schon das Feldgeschrey richtig ist, unter der Bedrohung dem ersten, der sich nähern würde, auf den Kopf zu schießen, so lange halten, bis eine von der Feldwache abgeschickte Parthey sie untersucht hat.

Erstens. Antwortet man auf das Wer da! Patrouille, so giebt diese selbst das Contrasigne ungefordert; wird

wird dies richtig gegeben, so muß dennoch das Angekommene halten, bis der vorgerückte Mann heran geritten, und sich überzeugt hat, daß es nichts Feindliches ist.

Zweytens. Wenn aber die Vedette wahrnimmt, daß der Feind heran kommt, weil das Feldgeschrey oder das Contrasigne nicht erfolgt, die Sprache den Feind verräth, oder wenn das Angekommene nicht unbeweglich auf das Wort Halt! steht, so giebt der erste Mann Feuer, geht dem zweiten vorbey, der unterdessen auch Feuer giebt. Zugleich feuert die ganze Vedettenkette.

Drittens. Wenn der Ankommende das Contrasigne nicht giebt, aber unbeweglich hält, so meldet der zweyte Mann dieß an die Wache, welche dann den Examinirtrupp heran schickt.

Viertens. Sieht eine Vedette oder Schildwache den Feind rückwarts, so giebt sie sogleich Feuer.

Fünftens. Des Nachts hat die Vedette das Pistol gezogen, des Tages aber den Karabiner auf den Sattel gestützt. Keine Vedette darf absitzen, das Gewehr aus der Hand legen, Lerm machen oder Tabak rauchen, sonst ergreift sie bald der Schlaf.

k. Die Schildwachen müssen die feindlichen Spitzen angreifen, und das Vordringen derselben so lange verhindern, bis der feindliche Vortrupp zum Vorschein kommt.

l. Kommt der Feind mit einem starken Vortrupp, und dringt vor, ohne sich mit den Schildwachen einzulassen, dann sollen sie ihm in die Flanke feuern, dabey aber gleich zurück gehen.

m. Sie sollen sich nicht unmittelbar auf die Feldwache, sondern auf die Flanken derselben zurückziehen, diese decken, und die feindlichen beunruhigen. Derselbe Fall ist es mit den detaschirten Vortrups.

n. Die Vedetten, Schildwachen und Vortrupps sollen sich einander unterstützen, wenn sie angegriffen werden.

 §. 59.

§. 59.

Fortsetzung.

2. Die Feldwachen sollen den schwächern Feind zurück jagen, dem stärkern aber das Vordringen möglichst erschweren, und nur fechtend sich zurück ziehen. — Um dieß auszuführen müssen folgende Regeln befolgt werden.

a. der Commandant der Feldwache soll bey jedem Winke, Zuruf, Schuß oder Lerm der Schildwache eine Parthey zur nähern Untersuchung und Unterstützung der Schildwachen abschicken; — diese Parthey heißt, wie schon gesagt, der Recognosciertrupp.

b. Kommt ein feindlicher Officier nebst einem Trompeter an, dann muß derselbe so lange, bis Verhaltungsbefehle vom Hauptpösten anlangen, vor der Schildwachenlinie bleiben, alsdann beyde mit verbundenen Augen zum Hauptquartier, oder wohin der Officier seine Aufträge hat, gebracht werden, seine Bedeckung aber vor der Schildwachen-Linie zurückbleiben.

Erstens. Der Officier oder Trompeter wird auf einige Distanz durch eine kleine Eskorte zurück begleitet, wann seine Aufträge beendigt sind.

Zweytens. Will der Officier selbst ins Hauptquartier, so muß ein Unterofficier mit einigen Leuten mitgeschickt werden.

c. Feindliche Deserteurs sollen vor der Schildwachen-Linie entwaffnet, und sogleich zum Hauptposten geliefert werden.

Erstens. Kommen viele Deserteurs bald nach einander an, so werden sie nur des Tags nach dem Lager geschickt, bey Nacht aber zur Seite der Feldwache bewacht, oder auch von ihr, wenn sie nicht stark ist, wieder zurück geschickt.

Zweytens. Ehe sie indessen in die Chaine der Posten kommen, werden sie entwaffnet.

Drittens. Nie darf erlaubt werden, daß jemand mit ihnen rede.

Vier-

Viertens. Der Commandeur bemerkt alle Antworten, aller der oben in Rücksicht der Deserteurs angegebenen Fragen.

Fünftens. Ist ein feindlicher Trompeter, Officier oder ein Transport Gefangener angekommen, so verfügt sich der Commandeur der Feldwache, nachdem der Unterofficier examinirt hat, zu denselben, da wo die Schildwache oder Vedette sie halten läßt.

Sechstens. Hier nimmt er die Briefe und Gefangenen an, wobey er sich aber ein unterschriebenes Verzeichniß geben läßt. Ueber das Erhaltene stellt er einen Schein aus.

Siebentens. Ist ein Commando angekommen, so examinirt es erst der Unterofficier mit einigen Mann, und fordert das Feldgeschrey; doch dies wird er nur erhalten, wenn das Commando denselben Tag ausmarschirt ist. In dem Falle führt er den Commandanten des Detaschements zu dem Officier.

Achtens. Dieser fordert von ihm einen Paß, oder andere schriftliche Legitimation. Findet er nichts Bedenkliches, so läßt er das Commando, welches bis dahin auf dem ersten Platze stille gestanden hat, passiren, während die Wache aufsitzt, oder ist es Infanterie, ins Gewehr tritt.

Neuntens. Besteht das Commando aus weniger unbekannter Mannschaft, so läßt es der Befehlshaber der Wache, bis es Tag wird, an einem sichern Orte zur Seite bewachen.

d. Alle Reisende, sie mögen verdächtig scheinen oder nicht, sollen zum Hauptposten-Commandanten gebracht, von diesem genau befragt, und nach Befinden mit Pässen zu ihrer weitern Reise versehen, oder arretirt, und ins Hauptquartier gebracht werden.

e. Nähert sich ein schwächerer Feind, dann soll die Feldwache demselben eine Parthey vor die Schildwachen-Linie entgegen schicken, die ihm das Vordringen verwehrt, ihn verjagt, aber nicht weit verfolgt.

f. Dem stärkern Feinde soll ebenfalls eine Parthey entgegen geschickt werden, nicht in der Absicht ihn zu verjagen, sondern um die Spitzen desselben aufzuhalten, und die Stärke und Absicht des Feindes zu beobachten.

g. Diese Parthey soll, wenn sie sich zurückzieht, die Schildwachen-Linie verstärken, und die einzelnen Schildwachen zu doppelten machen.

h. Die Feldwachen sollen eine Stellung erhalten, worin sie am meisten gedeckt sind, welcher sich der Feind nur mit schmaler Fronte nähern kann, und wodurch er dem Feuer der Feldwache am meisten ausgesetzt ist.

i. In dieser Stellung sollen sie möglichsten Widerstand leisten, die Unterstützung vom Hauptposten abwarten, wenn diese Unterstützung nicht kommt, zu lange ausbleibt, oder beyde den Feind nicht länger aufhalten können; dann sollen sie sich auf solchen Wegen, worauf sie der Feind nur in schmaler Fronte verfolgen kann, langsam und fechtend zurückziehen.

Erstens. Wenn der Feind bey Tage kommt, so muß der Officier auf die Stärke desselben sehen, und darnach seine Maaßregeln nehmen. Ist der Feind schwach, so stellt er sich verdeckt, und sucht ihn abzuschneiden. Hat die Cavalleriewache einen Infanterie-Soutien, so sucht sie den Feind in das Feuer derselben zu locken, und einen Trupp zu verstecken, der den feindlichen Vortrupp schnell anfällt, wenn dieser durchs Feuer zur Flucht gebracht wird.

Zweytens. Ist der Feind stark, so stellt er einen geringen Theil zum Soutien zurück, und den Rest in 3 Trupps in einem Gliede. Zieht er sich nun mit den Trupps wechselsweise zurück, so zeigt sich auf einmal der Soutien. Da diesen der Feind stärker glaubt, so wird er gewiß zurückgehen.

Drittens. Des Nachts muß beständig die Hälfte der Wache zu Pferde sitzen, der aufgesessene Theil muß so weit vorrücken, daß die Abgesessenen Zeit haben zu Pferde zu kommen. Diese halten indessen die Pferde stets am Zügel, so wie die Infanterie die Gewehre im Arm.

Viertens. Dem abgesessenen Theil muß zuvor der Platz angewiesen werden, wo er sich postiren soll, wenn die Feldwache angegriffen würde, damit der erste Theil Feuer geben und sich zurückziehen, der zweyte Theil aber mit guter Würkung das seinige anbringen könne.

Fünftens. Hat die Feldwache bey schlechter und kalter Witterung des Nachts Feuer, so muß dies rückwärts an einem verdeckten Orte seyn, und nur eins ums andere gehen die Leute zum Feuer sich zu wärmen.

Sechstens. Sollte aller gegebenen Vorschriften ungeachtet dennoch eine Feldwache überfallen werden, und nicht in gehöriger Ordnung sich zurückziehen können, so muß sie den beherzten Entschluß fassen, mit dem Säbel in der Faust, mit Ungestüm sich in den Feind zu stürzen.

Siebentens. Da der Feind gewöhnlich stark ist, so darf er nicht verfolgt werden, wenn er auch läuft. Man muß sich daher gleich zurück ziehen, und dahin postiren, wo man ihn am besten aufhalten kann.

Achtens. Das Beste in der Noth ist, die Feldwache in 2 bis 3 Trupps eine ums andere retiriren zu lassen, wenn die Retirade unvermeidlich ist. Dabey müssen aber die Abtheilungen nicht nahe aneinander seyn, und die Leute in einem Gliede stehen.

k. Auf dem Rückzuge sollen die Feldwachen jeden Vortheil des Terrains, und die angelegten Hindernisse benutzen, das ist, sich hinter den Verhauen, Brustwehren, Gräben und Bächen setzen, dem Feinde möglichsten Schaden zufügen, und dessen Vordringen erschweren.

Erstens. Geschieht der Rückzug ohne Soutien in 3 Trupps, so bleiben die Seitentrupps etwas von dem Mitteltrupp entfernt, und decken dessen Rückzug, wenn derselbe weichen muß.

Zweytens. Sie stellen sich hier verdeckt, um sich unerwartet zeigen zu können.

Drittens. Dringt der Feind zu heftig auf, ehe das Picket oder eine Unterstützung ausgerückt ist, so muß man sich auf ihn, und wenn es möglich ist, von der Seite stürzen.

Viertens. Hat die Feldwache Defilees hinter sich, die unbesetzt sind, und von ihr passirt werden müssen, so wirft sie dem Feinde einige Plänker vor, und sucht die Pässe zu erreichen, ehe ihr der Feind zu nahe ist.

l. Die Feldwachen sollen sich einander möglichst unterstützen.

Erstens. Wenn eine nahe stehende Feldwache angegriffen wird und die eigene nicht, so muß diese gleich zur Unterstützung dahin jagen.

Zweytens. Wenn bey den äußersten Posten Lerm entsteht, so muß der Officier sogleich eine Parthey zur Unterstützung dahin schicken, oder wenigstens um zu erfahren, was es sey.

Drittens. Wenn eine Feldwache weicht, so muß sie sich hierbey auch nach dem Rückzuge der neben stehenden Wachen richten, und alles muß eine einwärts gehende Stellung erhalten.

m. Die Feldwachen müssen sich nicht unmittelbar auf den Hauptposten, sondern nach den Flanken desselben zurückziehen, und diese decken.

n. Des Nachts soll die Feldwache eine Stellung nehmen, worin sie der Feind nicht eher bis er auf sie trifft, entdecken kann.

o. Sie soll, ehe sie entdeckt ist, aus diesem Hinterhalte den Feind plötzlich, und wenn es möglich ist, in der Flanke mit Ungestüm anfallen, werfen und zerstreuen.

Erstens. Es ist daher zwar gut die Feldwache des Nachts sicher zu stellen; indessen muß so viel wie möglich dabey das Freye gesucht werden, wo sie um sich sehen kann.

Zweytens. Die Feldwache verändert daher in der Nacht jedesmal ihren Standort am Tage, läßt aber das Feuer an diesem Orte, damit der Feind, wenn er darauf

zu-

zujägt, einen leeren Platz findet, die Wache nicht überfallen, sondern diese immer noch ihre Parthey ergreifen kann.

§. 60.

Fortsetzung.

3. Der Hauptposten soll seine Feldwachen möglichst unterstützen, und dadurch den Feind von sich abzuhalten suchen.

a. Jederzeit soll ein Theil des Hauptpostens zu dieser Absicht bestimmt und bereit seyn. — Dieser Theil heißt Reserve, gewöhnlich Reservepicket.

b. Wenn die Feldwachen des Nachts mehrere Schildwachen aussetzen müssen, oder aus anderer Absicht Verstärkung nöthig haben, dann soll der Hauptposten jeden Abend eine Verstärkung dahin schicken, welche des Morgens wieder zum Hauptposten zurück geht. — Diese Verstärkung heißt Nachtpicket.

c. Die Reserve soll täglich, sie mag ausgerückt seyn oder nicht, durch andere abgelößt werden.

d. Sobald eine Reserve abmarschirt, soll ein anderer Theil dazu bestimmt werden.

4. Der Hauptpostencommandant soll bestimmte Ordre haben, ob er seinen Posten hartnäckig bis auf den letzten Mann vertheidigen soll, oder ob er ihn gegen einen überlegenen Feind verlassen darf.

a. Diese Ordre gründet sich auf den gemeinschaftlichen Plan, und der Hauptposten hat dieserhalb folgende Regeln in seinem Verhalten zu befolgen.

b. Darf er einem überlegenen Feinde weichen, so soll dieß doch nicht eher geschehen, bis alle Mittel den Feind länger aufzuhalten, vergeblich angewendet worden sind.

c. Sobald ein Posten bezogen ist, soll der Commandeur desselben den zweckmäßigsten Plan zu seiner Vertheidigung entwerfen, jedem Theile die Stelle, die er diesem Plane gemäß einnehmen soll, anweisen, und ihn deutlich unterrichten, wie er sich zu verhalten hat.

d. Der Rückzug soll nicht zu spät unternommen werden; d. h. man soll nicht so lange warten, bis man vom Feinde in Flank und Rücken genommen ist, oder bis der größte Theil aufgerieben, in Unordnung gebracht, oder die Munition verbraucht ist.

e. Der Plan zum Rückzuge soll, so wie der Plan zur Vertheidigung vorher entworfen und bestimmt werden.

f. Eine starke Arriergarde soll den Rückzug decken.

g. Muß der Hauptposten bis zum letzten Mann vertheidigt werden, dann soll er seine Feldwachen an sich ziehen, und sich dadurch verstärken.

h. Er soll für seine Vertheidigung im Rücken, in den Flanken, und in der Front gleichmäßig bedacht seyn, und das Einschließen nicht achten, also förmlich die Natur eines festen Postens besitzen.

5. Diese Hauptposten sollen vom Hauptcorps so oft es nöthig ist verstärkt, und unterstützt werden.

a. Hierbey ist die nämliche Einrichtung, wie bey denen zur Unterstützung der Feldwachen bestimmten Abtheilungen von dem Hauptposten, durch Pickets zu treffen.

b. Diese Pickets rücken nun oft des Nachts aus, besetzen die Gegend, durch die sich der Feind der Stellung der Truppen nähern kann, und machen hier eine wahre Nachtwache aus. Sie bleiben oft des Tags über stehen, wenn es etwa das Aufdringen der feindlichen leichten Truppen, oder die Gefahr eines Angriffs, eine durchschnittene Gegend, oder ein besonders nebelichter Tag erfordern.

c. Die Pickets des zweyten Treffens besetzen die Wege hinter der Heerstellung; denn wenn auch hier so leicht kein Angriff zu befürchten ist, so geschieht es doch zur Vermeidung der Desertion.

§. 61.

2. Regel. Das Sicherungscorps muß stets sichere Nachrichten vom Feinde einzuziehen suchen.

Die Ausführung des vorigen Grundsatzes erfordert die genaue Befolgung des zweyten, nämlich sich stets zu bemü-

bemühen, die genauesten Nachrichten vom Feinde einzuziehen. — Dieser Grundsatz fordert nun die Befolgung folgender Regeln:

1. Die Schildwachen und Spitzen der vordersten Wachen sollen jede ungewöhnliche Erscheinung genau beobachten, und ihrer Feldwache anzeigen. — Die Schildwachen haben dieserhalb folgendes zu beobachten.

a. Sie müssen sich beständig umsehen und horchen.

b. Die Schildwachen und Teten sollen, sobald sie etwas ungewöhnliches bemerken, solches, wenn es einzelne Schildwachen sind, durch verabredete Zeichen, und wenn es doppelte sind, durch einen derselben melden.

c. Erscheint der Feind plötzlich und nahe, welches des Nachts oft geschieht, dann sollen sie dessen Daseyn durch Feuern zu erkennen geben.

d. Der Commandeur der Feldwache oder des Vortrupps soll bey jeder Anzeige der Schildwachen oder Spitzen, mit einem Theile der Feldwache oder des Vortrupps, das Bemerkte selbst untersuchen, und wenn er die Anzeige wahr befunden hat, solches sogleich dem Commandeur des Hauptpostens schriftlich melden.

e. Dieser theilt die erhaltene Nachricht, wenn sie wichtig ist, dem Vorposten-Commandanten, und dieser sie dem Oberbefehlshaber des Hauptcorps mit.

f. Sind aber die Nachrichten wichtig und dringend, dann muß sie der Hauptposten zugleich an den Commandeur des Hauptcorps, und an den Vorposten-Commandant melden.

g. Damit jede Nachricht möglichst schnell an die Behörde komme, so muß jede Feldwache eine Schildwache so vor sich stellen, daß sie alle Schildwachen sehen, und ihre Bewegungen sogleich dem Commandeur der Feldwache melden kann; ferner soll jede Feldwache wenigstens zwey Cavalleristen zum Ueberbringen der Nachrichten haben, und ist der

Vorposten-Commandant, oder das Hauptcorps weit entfernt, dann sollen Relaien dazwischen gelegt werden.

h. Die schnellste Mittheilung einer Nachricht geschieht durch verabredete Signale. Die gebräuchlichsten sind Kanonenschüsse, Fanale, angezündete Feuer und Telegraphen. Vortheilhaft ist es, wenn jeder Avertissementsposten etliche Kanonenschläge hat, die er beym Vorrücken des Feindes anzündet.

§. 62.

Fortsetzung.

2. Die Vorposten und Vortrupps sollen durch abgeschickte Parthenen oder Patrouillen sichere Nachrichten vom Feinde zu erhalten suchen. — Das Verhalten der Patrouillen ist an folgende Regeln gebunden.

a. Die von der Feldwache abgeschickte Patrouillen sollen nicht so stark seyn, daß erstere dadurch sehr geschwächt werde; starke weit ausgehende Patrouillen sollen vom Hauptposten gegeben werden.

b. Der Bestand und die Stärke der Patrouillen wird bestimmt: 1) Durch das Terrain. 2) Durch die Weite des vorhabenden Marsches. 3) Durch die wahrscheinliche Stärke der feindlichen Patrouillen. 4) Durch die Zeit und Witterung; Tag, Nacht und Nebel u. s. w.

Erstens. Die kleinen Patrouillen gehen nur in und dicht vor der Chaine der Posten, um zu sehen, ob die Schildwachen wachsam sind, und ob der Feind sich nahe oder zwischen dieselben geschlichen hat. Sie sind 2 bis 4 Mann stark, und gehen besonders in der Nacht.

Zweytens. Die weit ausgehenden Patrouillen, welche stärker sind, gehen nach den Orten, wo der Feind herkommen kann, und suchen jeden Morgen die durchschnittene Gegend genau durch, damit der Feind, der sich in der Nacht darin versteckt hat, nicht unerwartet über die Feldwache herfallen, oder die Gegend observiren kann.

Drit-

Drittens. Die Stärke der weit ausgehenden Patouillen richtet sich vorzüglich nach den angegebenen Sätzen, und nach der Größe der Gegenstände, die von ihnen durchsucht werden sollen. — Sie sind, wenn sie bey Tage in durchschnittenen Gegenden weit gehen, und ein oder mehrere Defilees im Rücken lassen müssen, nicht unter 12 Mann, sonst 4 bis 6 Mann stark. Sollen große Hölzer durchsucht werden, so müssen sie 20 und mehrere Pferde stark seyn.

c. Nachtpatrouillen sollen immer schwach seyn, und sich so nahe als möglich an den Feind heran zu schleichen suchen, wovon sie den Namen Schleichpatrouillen erhalten.

d. Die Patrouillen sollen ihren Marsch auf die Art, wie das Hauptcorps sichern, und dieselben Gesetze befolgen; d. h. sie sollen ihre Avantgarde, Arriergarde und Seitendeckungen nach dem Verhältniß ihrer Stärke anordnen. — Ganz schwache schicken wenigstens ihre Spitzen vor.

Erstens. Bey den Patrouillen, welche die Vedetten visitiren, hat der Unterofficier oder Gefreyte die Tete, der andere oder die beyden andern folgen jenem auf 30 Schritte, damit sie noch zum Schusse kommen können, wenn der Unterofficier oder Gefreyte unerwartet auf den Feind trifft.

Zweytens. Bey den Patrouillen, welche von der Chaine der Vedetten ausgehen, hat ein Mann die Tete. Auf 20 bis 100 Schritt folgen 2 Mann, bey denen der Führer der Patrouille ist, und auf eben die Distanz hinter ihm folgt der 4te Mann. Nachdem es mehr oder weniger finster ist, ist diese Weite größer oder kleiner.

Drittens. Der Vorderste muß sich oft umsehen, damit er nicht von den andern abkomme. Die beyden Männer bey dem Führer, visitiren zu beyden Seiten die Gebüsche.

Viertens. Die größern weit ausgehenden Patrouillen, werden gewöhnlich gegen Anbruch des Tages ausgeschickt, weil der Feind nur um diese Zeit im Großen angreifen kann, wenn er sich nicht einer gänzlichen Unordnung in einem unbekannten Terrain aussetzen will.

Fünf-

Fünftens. Ist die Patrouille 12 Mann stark, so wird sie folgenderweise abgetheilt. Zwey Mann haben die Tete mit einem Gefreyten. Auf 100 bis 1000 Schritte folgt der Trupp mit dem Führer, und in einer eben so großen Distanz folgen die beyden übrigen Männer.

Sechstens. Die Entfernung der Tete von dem Haupttrupp ist so groß, daß letzterer immer noch die Tete wahrnehmen kann. In der Nacht ist also diese Weite geringer als am Tage, und in durchschnittenen Gegenden geringer als in offenen.

Siebentens. Der Haupttrupp schickt nach jeder Seite 2 Plänkerer, welche in durchschnittenen Gegenden und in der Nacht soweit zur Seite gehen, als es ihnen, ohne Gefahr den Haupttrupp zu verlieren, möglich ist.

§. 63.

Fortsetzung.

e. Sobald der Ort der Bestimmung von der Patrouille erreicht, oder die verlangte Entdeckung gemacht ist, so soll sie sich ohne Aufenthalt wieder zurück begeben, und wo möglich einen andern Weg zum Rückzuge wählen.

Erstens. Die Patrouillen, welche vor der Chaine der Vedetten gehen, entfernen sich im durchschnittenen Terrain 100 bis 200 Schritte, in der Ebene etwa 600 Schritte von derselben.

Zweytens. Den zu nehmenden Weg bestimmt der Officier der Wache dem Unterofficier im Allgemeinen. Sie gehen so weit zur Seite, daß sie einen Theil der Vedetten der neben stehenden Feldwache antreffen. Dadurch wird das Terrain zwischen zwey Feldwachen mit durchsucht, und die Vedetten zur Aufmerksamkeit gezwungen.

Drittens. Die großen Patrouillen gehen die Gegenden durch, wo ein Angriff zu befürchten ist, und oft 1 bis $1\frac{1}{2}$ Meile gegen den Feind vor, so weit sie es nämlich ohne Gefahr thun können.

Vier=

Viertens. Sie vermeidet alle offene Straßen, in der Nacht die Brücken; sie geht immer so viel möglich durch Gehölze, hinter Höhen weg, damit sie der Feind nicht so leicht entdecke, und wo sie dennoch Nachricht einziehen kann, ohne daß er es wisse. Dabey müssen sich oft einige Leute auf die Erde legen und horchen.

Fünftens. Man muß, wenige Fälle ausgenommen, den Leuten die Lage, in der man sich befindet, und die Wege, auf denen man sich zurück ziehen kann, anzeigen; damit sie, wenn man zersprengt wird, sich zu helfen wissen.

Sechstens. Man muß aus dieser Ursache die Leute und sich selbst stets zu orientiren suchen, d. h. man muß ihnen immer anzeigen, wo Norden, Süden, Osten und Westen, und wo unsere Armee und die Hauptposten stehen.

Siebentens. Das Betragen der Patrouillen auf dem Marsche richtet sich besonders nach dem zu passirenden Terrain; hier ist also zu betrachten:

Marsch in der Ebene. In der Nacht gehen die Seitentrupps so weit zur Seite, daß sie noch eben den Haupttrupp sehen können. Bey Tage bleiben sie bey dem Haupttrupp und werden nur rechts und links geschickt, einen Busch, eine Niederung oder ein Haus, welches sich in einiger Entfernung befindet, zu durchsuchen.

Marsch zwischen Hecken. Die Seitenplänkerer gehen sowohl bey Tage als in der Nacht auf den Seitenwegen. — Sie entfernen sich jedoch, wenn es möglich ist, nicht über 1500 Schritt vom Haupttrupp.

Marsch durch ein Defilee. Ehe es der Haupttrupp passirt, durchsuchen es die beyden Männer der Tete, während die Seitentrupps dies- und jenseits alle Oerter zu beyden Seiten durchsuchen, wo der Feind versteckt seyn kann. Man erkundigt sich dabey gleich nach einem andern Rückzugswege. — Man läßt ein paar Mann bey dem Defilee an einem verdeckten Orte zurück, damit die Patrouille durch einen Schuß benachrichtigt werden kann, wenn der Feind sie von diesem Defilee abschneiden will, und damit der

Feind,

Feind, wenn er die Patrouille verfolgen will, hier einen Soutien antreffe.

Marsch im Winter, wo man wegen des Schnees keine Nebenwege passiren kann, oder im Gebirge. — Man geht Reihenweise so weit von einander, daß sich die Leute einander nur nicht verlieren; oder man nimmt schwache Patrouillen von 2 bis 3 Mann, und läßt dagegen immer 2 einander auf einige 1000 Schritte folgen. Alsdann sieht der Feind die letzte nicht, wenn er auf die erste fällt, und diese entdeckt den Feind, ehe sie abgeschnitten wird.

Marsch und Untersuchung im Gehölze. Man läßt einen oder ein paar kleine Trupps vor demselben, und schickt an verschiedene Oerter Plänkerer hinein, immer 2 und 2, von denen der erste immer 50 bis 300 Schritte von dem zweiten ist. Kennt man den Wald noch gar nicht, so wird man sich ohne Hirten, Holzknechte oder Förster nicht finden. — Man geht nie auf sondern neben den Wegen her. Wenn eine kleine Patrouille von 3 bis 6 Mann den Wald durchsuchen soll, so muß diese dadurch gegen Abschneidung geschützt werden, daß auf demselben Wege, in einer Entfernung von etwa 1000 Schritten, eine andere folgt. Wird die erste aufgehoben, so kommt die zweyte davon, weil nach dem ersten Augenblicke der Feind entdeckt ist. — Nimmt man zu jeder Patrouille 3 Mann, und läßt 2 Mann neben einander, aber so weit auseinander gehen, daß sie einander nicht verlieren, und den 3ten so folgen, daß er die beyden ersten nicht verliert, so wird nicht einmal leicht die erste Patrouille aufgehoben werden können. — Bey Nacht geht man nur 1000 bis 1500 Schritte auf einem vorher bemerkten Wege in den Wald. — In kleinen Gehölzen gehen die Seitentrupps im Rande des Holzes, aber doch so weit in demselben, daß man sie in einiger Entfernung vom Holze nicht sehen kann. — Man läßt stets nach einem andern Rückzugswege suchen, wenn das Holz paßirt ist, damit

man

man immer eine Ausflucht kenne, wenn der Feind den ersten Weg abschneidet.

Marsch durch einen Wohnort. — Am Tage. Der Haupttrupp bleibt einige 100 Schritte vor dem Orte, die Plänkerer nähern sich ihm aber, und fragen den ersten den sie antreffen, ob der Feind darin sey. — Ist der Feind darin, so bringen sie den angetroffenen nach dem Haupttrupp. — Weiß er nichts vom Feinde, so behalten sie ihn bey sich, drohen aber ihn zu erschießen, wenn sie in der Folge das Gegentheil erfahren würden. — Nun gehen 2 Mann ins Dorf, 2 Mann rechts und 2 Mann links um dasselbe, oder durch die Seitenstraßen. Sie erkundigen sich nach dem Vorsteher, Bauermeister oder Schulzen, lassen diesen zu sich kommen, und durchsuchen alles, wo der Feind versteckt seyn könnte, indem sie sich alle Scheunen und Häuser öffnen lassen. — Nun geben sie dem Hauptruppe Nachricht, während an jener Seite 2 Mann die Gegend beobachten. — Der Führer der Patrouille läßt sich nun, wenn er kein Officier ist, einen Schein vom Schulzen geben, daß er da gewesen ist. — Man muß, besonders beym Durchsuchen eines nicht offenen Orts, aufmerksam seyn, und nie, nachdem man ihn untersucht hat, mit dem ganzen Truppe in denselben hinein gehen, weil sonst der versteckte Feind die ganze Patrouille aufheben könnte.

Bey Nacht. — Auch jetzt bleibt in einiger Entfernung vor dem Orte der Haupttrupp etwa zur Seite verdeckt stehen, und läßt einige abgesessene Männer sich dem Dorfe nähern, wo kein Weg ist. — Hier schleichen sie durch einen Garten, und sehen durch die Fenster, ob etwas feindliches in der Stube sey, oder sie bleiben versteckt stehen, bis irgend jemand Wasser holt, oder nach einem Stalle geht. Diesem setzen sie die Pistole auf die Brust, und fragen nach dem Feinde. — Ist der Feind nicht da, so wird jetzt das Dorf wie bey Tage durchsucht. — Ist er aber in demselben, so führen sie den, von dem sie diese Nachricht haben, nach dem Commandeur des Hauptrupps. — Will dieser noch sichrere Nachricht haben, so nähert er sich den feindlichen Vedetten, nachdem man Nachricht über die Ausstellung ihrer Wachen eingezogen hat, und allarmirt sie, wenn man nicht eine aufheben kann. — Was hier übrigens von einem Dorfe gesagt ist, gilt auch von einer Stadt.

§. 64.

Fortsetzung.

f. Weit ausgehende Patrouillen sollen einen, auch mehrere Soutiens hinter sich lassen, oder sich wie die Schleichpatrouillen verhalten.

Erstens. Diese Soutiens werden besonders am Eingange der Defilees, und zwar verdeckt placiret, die man auf dem Rückwege wieder passiren muß.

Zweytens. Ist man zu schwach, zur Verhütung der Abschneidung Soutiens zu postiren, so muß die Patrouille in mehreren Trupps und auf verschiedenen Wegen vorgehen.

g. Da die Patrouillen nicht in der Absicht zu schlagen abgeschickt werden, so sollen sie jedes Gefecht möglichst zu vermeiden suchen, werden sie aber dazu genöthigt, so müssen sie die vortheilhafteste Anordnung zur glücklichen Beendigung des Gefechts schnell ausführen.

Erstens. Wird die Patrouille unerwartet vom Feinde endeckt, so stürzt man sich plötzlich mit Ungestüm auf ihn oder man hält sich verdeckt, und sucht die feindliche Patrouille abzuschneiden, wenn sie schwächer ist, damit man Gefangene und also Nachricht bekomme.

Zweytens. Ist der Feind zu sehr überlegen, so müssen sich die Leute schnell zerstreuen, und im Plänkern zurück ziehen, dabey aber oft feuern und Lerm machen, damit der Posten die Annäherung des Feindes erfahren, und Hülfe schicken könne.

Drittens. In beyden Fällen hat indessen der hinterste Mann stets den Befehl, sich sogleich nach dem Posten zurück zu ziehen.

Viertens. Die beyden Männer der Tete und der Seitentrupps unterstützen sich einander. Unterdessen daß der eine einen Busch durchsucht, hält der andere mit gezogener Pistol so, daß er den, seinen Kameraden anfallenden Feind, in die Flanke schießen kann.

Fünftens. Bey einem Berge bleibt einer unten, bis der andere oben ist, und ihn durch ein Zeichen gewiesen, daß der Feind nicht zu sehen.

Sechstens. Sieht einer den Feind, so halten sich beyde verdeckt, einer meldet es der Patrouille, welche sich nun in ein Versteck legt, sich zurück zieht, oder den Feind von einem verdeckten Orte aus observirt.

Siebentens. Sieht ein Plänkerer den avancirenden Feind in der Flanke der Patrouille, so giebt er Feuer.

Achtens. Wenn der uns entdeckende Feind langsam nachdringt, fürchtet man, daß er Rückhalt habe, ist er stärker, oder besteht er aus schwerer und wir aus leichter Reiterey; so schickt man in diesen Fällen die schlecht berittenen zurück und plänkert mit den andern. Unterdessen einige zurück jagen, feuern andere, und so abwechselnd.

Neuntens. Sobald man einen hohlen Weg, oder ein Defilee passirt, setzt man sich wieder, damit die Pferde zu Athem kommen, und die schlecht berittenen Terrain gewinnen.

Zehntens. Bey ganz kleinen Patrouillen läßt man sich nie mit dem Feinde ein, sondern sucht verdeckt davon zu kommen.

Eilftens. Auch bey der größten Wahrscheinlichkeit, daß der Feind nicht zu erwarten sey, müssen diese Regeln der Vorsicht nicht versäumet werden, und bey großen und weit ausgehenden Patrouillen wird noch durchaus erfordert, daß die größere Patrouille in mehrern kleinern vorgehe, und daß der Officier diesen die Oerter, wenn auch nur nach der Landcharte bestimme, auf die sie zugehen.

Zwölftens. Begegnen sich zwey Patrouillen, so fordert die erste das Feldgeschrey, welche die andere anruft. Auf Wer da! prellt der erste Mann mit gespanntem Hahn vor, und ruft auf die Antwort: Patrouille, Halt! Gleich nähert sich der Führer der Patrouille der Haltenden, und ruft Feldgeschrey; welches ihm nun von dem sich nähernden Führer der andern Patrouille gegeben wird.

3. Der Vorposten-Commandant soll gute Spione zu bekommen alles anwenden, und hierzu keine Kosten sparen.

§. 65.

3. Regel. Das Sicherungskorps muß übereinstimmend handeln.

Die Ausführung aller auseinander gesetzten Sätze wird wenig zur allgemeinen Sicherheit beytragen, wenn jeder Posten und jede Wache sie auf ganz eigene Art ohne Zusammenhang, ohne Rücksicht auf die Erreichung des allgemeinen Zwecks ausführt. — Es ist also allgemeiner Grundsatz, daß das Sicherungscorps übereinstimmend nach einem gemeinschaftlichen Plan handeln muß.

Aus diesem von jeder vernünftigen Handlung unzertrennlichen Satze, fließen folgende Regeln.

1. Der Oberbefehlshaber des Hauptcorps soll die Vertheilung und das Verhalten des Sicherungscorps bestimmen, folglich den gemeinschaftlichen Plan entwerfen und über die Befolgung desselben wachen. — Hierbey hat er folgendes zu beobachten.

a. Der Commandeur des Hauptcorps soll etliche Unterbefehlshaber bestimmen, und ihnen die Ausführung des gemeinschaftlichen Plans übertragen.

b. Er

b. Er soll jedem dieser Unterbefehlshaber einen eigenen Distrikt anweisen, und diesen seinen besondern Befehl übergeben.

c. Die Unterofficiere oder Vorposten-Commandanten sollen nur unter geschickten und erfahrnen Officieren gewählt werden.

d. Der Oberbefehlshaber muß sie vom ganzen Plane, und besonders von allem, was eines jeden Distrikt betrift, wohl unterrichten.

e. In der Vertheilung der Distrikte soll mehr auf das Terrain, als auf gleiche Größe gesehen werden, und besonders müssen die Flügel derselben am wenigsten zu besorgen haben.

f. Je kleiner die Bezirke sind, jemehr kann der Vorposten-Commandant dieselben übersehen; deswegen sollen sie bey größerer Ausdehnung vermehrt, aber nicht vergrößert werden.

2. Alle Anordnungen in einem Distrikte sollen vom Commandeur desselben gemacht, und über die richtige Befolgung derselben gewacht werden. Deswegen müssen.

a. Alle Hauptposten-Commandanten eines Distrikts von dem Chef desselben schriftliche Instruktion erhalten, worin das Verhalten derselben so viel möglich für jeden vorkommenden Fall deutlich bestimmt ist.

b. Alle Anordnungen müssen dem gemeinschaftlichen Plane entsprechen.

c. Der Vorposten-Commandant soll seine Vorpostenkette so oft wie möglich selbst besehen.

d. Das Verhalten der Flügel seines Distrikts soll er mit dem angrenzenden Posten-Commandanten gemeinschaftlich verabreden.

e. Die meiste Zeit soll er sich in der Mitte seines Distrikts aufhalten.

3. Die zur äußern Sicherheit nöthigen Wachen müssen gehörig eingetheilt und mit dem Nothwendigen versehen seyn.

a. Die äußern Sicherheitswachen müssen gehörig nachgesehen, und zusammen gesetzt werden.

Erstens. Die zur äußern Wache kommandirten Leute kommen mit ihren Officieren, Unterofficieren auf ihrem Sammelplatze zusammen, und werden hier von dem Brigademajor gestellt, und den Commandanten der Trupps überliefert.

Zweytens. Bey dem Generale du Jour, dem künftigen ersten Befehlshaber der Vorposten, und dem Brigademajor, melden sich alle Officiere, so wie sie mit ihren Leuten auf dem Sammelplatz kommen, und zeigen die Anzahl derselben an.

Drittens. Jeder Officier ist darauf schuldig, die Gewehre, Munition, und was sonst an Zelten, Provision und Fourage mitgenommen wird, besonders alsdann zu visitiren, wenn das Detaschement aus Commandirten verschiedener Regimenter zusammengesetzt ist, so wie er auch die Abtheilungen selbst nachzusehen hat.

Viertens. So viel als möglich, müssen die Leute eines Regiments oder Bataillons zusammen bleiben, und unter ihren eigenen Officieren stehen.

Fünftens. Gleich nach dem Abmarsche muß ein namentliches Verzeichniß von allen Leuten formirt, und dabey angezeigt werden, von welcher Compagnie sie sind, u. s. w., ohne dieß weiß man keinen richtigen Rapport von den Gebliebenen, Deserteurs, oder Kranken zu geben.

b. Die zur Wache gehörigen Leute müssen die nöthigen Bedürfnisse zur Erfüllung ihres Zwecks bey sich haben.

Erstens. Das nöthige Feldgeräthe beträgt auf 5 bis 6 Mann ein Zelt. Zu jedem Zelte gehören 2 Zeltdekken, die Pflöcke, 3 Stangen, eine Barte, eine Kasserole mit Kessel und Flasche.

Zweytens. Auf 5 Zelte wird 1 Packpferd genommen, und auf 120 Mann müssen noch 2 Pferde da seyn, die Feldkessel und Decken zu tragen, doch können im Nothfalle die Soldaten die Kessel selbst tragen.

Drit-

Drittens. Auf 5 bis 6 Tage trägt der Soldat sein Brod, die Fourage läßt sich ebenfalls, auf ein paar Tage, leicht mit führen. Gewöhnlich erhalten die leichten Vortruppen dies alles aus den nahen Dörfern.

Viertens. Noch wird für jedes Pferd erfordert: 1 oder 2 Hufeisen, die gehörigen Nägel dazu, der Campierpfahl und der Futterbeutel.

§. 66.

Fortsetzung.

c. Der Commandeur der Wache muß sich in den Stand setzen, seinen bevorstehenden Dienst genau ausführen zu können.

Erstens. Der Officier muß einen bestimmten, am besten einen schriftlichen Befehl verlangen, der ihn genau seine Verrichtungen lehrt. Besonders ist dieß nöthig, wenn darunter eine seyn sollte, deren übeln Erfolg man ihm zur Last legen könnte.

Zweytens. Er muß sich ferner über besondere Fälle Erläuterungen geben lassen, wenn sie nicht in dem Befehle erwähnt sind, und er über den einen oder andern Gegenstand Bedenken findet. Ob er sich z. B. in einem Posten halten solle? Ob er sich zurückziehen dürfe, wenn der Feind überlegen wäre? Ob er etwas wagen darf, wenn er Gelegenheit findet Gefangene zu machen, oder sonst einen Streich auszuführen? An wen er seinen Rapport sendet?

Drittens. Ohne Papier, Dinte, Feder, Avertissementscharten, Uhr, und wo möglich auch eine Boußole, muß man nie ausrücken, damit man geschwind Rapport geben, die Tageszeit von allem genau anzeigen, und immer die Weltgegend sicher wissen könne, indem vorzüglich die 3 letztere mit Hülfe einer guten Charte die besten Mittel sind sich geschwind ein Terrain und Gegend bekannt zu machen.

Viertens. Hat man ein gutes Fernrohr, so ist dies sehr dienlich den Feind schon in der Entfernung zu entdecken, und darnach seine Maaßregeln zu nehmen, indem man mit bloßen Augen über 1500 Schritte keine Truppen von einer Viehheerde mehr unterscheiden kann, und ein gutes Fernrohr auf 5 bis 6000 Schritte noch die Mondirungen; auf einer noch weit größern Weite immer noch die Truppengattungen: ob es Artillerie, Infanterie oder Cavallerie ist, zeigt.

Fünftens. Besitzt der Officier selbst nicht die beste Charte der Gegend, so muß er seinen Chef, der sie haben muß, um die Einsicht und Copirung derselben ersuchen, sich mit den Officieren besprechen die das Terrain kennen, und während seiner Wache diejenigen Sachen noch in der Charte bemerken, die darin ausgelassen oder unrichtig sind.

§. 67.

Fortsetzung.

4. Die Ablösung der äußern Sicherheitswachen muß, so wie ihr allgemeiner Dienst, mit möglichster Ordnung, und stets mit Rücksicht auf die Sicherheit des Hauptcorps und der plötzlichen Erscheinung des Feindes geschehen.

a. Die Ablösung der Feldwachen muß nach folgenden Regeln eingerichtet werden, um diesen Zweck zu erreichen.

Erstens. Die Ablösung der Wachen geschieht am besten 1 Stunde vor Tage; weil der Feind in dieser Zeit am mehresten zu fürchten ist. Sobald nun die Feldwache auf ihrem Posten angekommen ist, auf den sie durch einen, von der alten Wache auf den Sammelplatz geschickten Mann geführt wird, theilt der Officier die Schildwachen und Vedetten ab.

Zweytens. Bey dieser Abtheilung muß dahin gesehen werden, daß die wachsamsten und sichersten Leute auf die gefährlichsten Posten kommen, und daß bey doppelten Schildwachen immer ein gedienter aufmerksamer Mann ist.

Drit-

Drittens. Die neue Feldwache schickt nun gleich ihre Patrouillen aus und bleibt zu Pferde oder unterm Gewehr, während die alte absitzt. Doch dürfen die Pferde nicht abgezäumt werden.

Viertens. Alle Vedetten der alten Feldwache bleiben so lange ausgesetzt, bis die Patrouillen zurück sind, dann werden die Posten aufgeführt.

Fünftens. Die Officiere bereiten nun die Chaine der Posten mit dem Reste der Mannschaft oder der neuen Wache und überliefern sich alles, besonders macht der abkommende Officier dem neuen das Terrain bekannt.

Sechstens. Hat noch keine Wache da gestanden, oder will man noch nähere Landeskenntniß haben, so läßt man aus dem nähesten Orte einen der Gegend kundigen Mann holen, bereitet mit demselben die Gegend bis auf einige 1000 Schritte vom Posten, und bemerkt sich die Namen der Oerter, Flüsse rc. Ferner erkundigt man sich nach der Entfernung der nächsten Oerter, Hölzer u. s. w., und bemerkt sich die Himmelsgegend. Dies alles muß der Commandeur einer Feldwache wissen, denn er muß den recognoscirenden Generalen Nachricht geben, und wenn etwas vorfällt, anzeigen, wo es vorfällt. Er muß auch nach der Entfernung der Gegenstände die Entfernung des Feindes beurtheilen können.

Siebentens. Vermuthet man den Feind in der Gegend versteckt, so recognosciren beyde Officiere dieselbe, während die alte Wache noch da ist, denn jezt ist man stärker.

Achtens. Ist dies geschehen, so marschirt die alte Feldwache ab, und der aufkommende Officier läßt hiervon rapportiren. Die Officiere von der zurückkommenden Wache, melden sich bey ihren Staabsofficiers, und der Chef aller Vorposten bey dem General du Jour. Haben nur Unterofficiere die Wache, so melden sie sich bey ihrem Adjudanten.

Neuntens. Läßt sich aber während der Ablösung etwas vom Feinde sehen, so bleibt die alte Wache so lange da, bis Unterstützung und neuer Befehle kommt.

Zehntens. Der Ort für die Feldwachen, Vedetten und Schildwachen wird das erstemal von dem Generale du Jour bestimmt, wenn die Wache zu den ordinairen Lagerwachen gehört; doch darf der Officier der Wache, bey Veränderung der Umstände, auch wohl eine Abänderug treffen, und bey Nacht mehrere Posten aussetzen, oder einen andern Standort nehmen, wenn er sich nicht sicher glaubt. Er muß dieß aber an den Vorpostenchef melden.

Eilftens. Die Wache selbst wird in 2 bis 4 Abtheilungen getheilt, nachdem die Wache stark ist; jede wird durch einen Unterofficier commandirt.

Zwölftens. Die Instruktion der Vedetten und Schildwachen geschieht von dem Chef der Wache selbst, er muß es aber dabey nicht bewenden lassen, sondern nachfragen, ob sie auch alles wissen, was sie zu thun haben.

b. Der Dienst der Wachen muß stets die Leute in der Bereitschaft zum Empfang des Feindes erhalten, und den Lagerchefs die gehörige Nachricht ertheilen.

Erstens. Die Mannschaft muß immer so postirt, eingetheilt, und die Gewehre müssen so gestreckt seyn, wie sich die Wache im Falle eines Angriffs zu vertheidigen gedenkt, damit jeder auf dem ersten Lerm seinen Platz wisse und keine Unordnung entstehe.

Zweytens. Die Leute müssen beysammen bleiben und jeder munter und aufmerksam seyn. Besonders muß es den Schildwachen eingeschärft werden, daß sie mehr durch das Gehör, als durch das Gesicht zu entdecken suchen.

Drittens. Bey jeder Ablösung müssen die Gewehre visitirt und die Rotten voll gemacht werden.

Viertens. Die Parole, das Feldgeschrey und Contrasigne erhält der Officier von dem Chef der Vorposten, der

es

es ihm versiegelt zuschickt, entweder durch die Ordonanz, oder durch einen ihm zugeschickten Mann.

Fünftens. Das Feldgeschrey wird den Unterofficiers, und das Contrasigne den Gemeinen mitgegeben.

Sechstens. Ist ein Posten abgesondert und außer Verbindung mit dem Hauptcorps, so giebt der commandirende Officier das Feldgeschrey und Contrasigne, und sind mehrere Officierposten, auch die Parole selbst.

Siebentens. Ist jemand desertirt oder gefangen, so müssen hiervon sogleich alle Vorposten avertirt, und diejenigen Zeichenwörter verändert werden, von denen der Verlorne Kenntniß hat.

Achtens. Von jeder Feldwache, es sey Infanterie oder Cavallerie, wird alles, was man vom Feinde sicheres erfährt, sogleich nach dem Hauptposten und ist es wichtig, auch ins Hauptquartier schriftlich gemeldet. Dabey wird bemerkt, ob man etwas selbst gesehen, ferner der Ort und die Zeit. Die Kartenblätter sind zu diesem Meldungen am besten.

Neuntens. Steht man dem Feinde nahe, so ist es eine Hauptsache für die Wachen, jede Bewegung des Feindes zu observiren, und zu melden.

Zehntens. Eine Stunde vor der Retraite wird in jedem Falle ein schriftlicher Rapport durch einen Unterofficier an den Hauptposten, und den Vorpostenchef geschickt.

Eilftens. Die Feldwache muß bey Tage nicht ganz abzäumen. Ist sie 20 Mann stark, so kann die Hälfte, ist sie stärker, so können $\frac{2}{3}$ Theile abzäumen. In der Nähe des Feindes hält jeder sein Pferd am Zaume.

Zwölftens. Die zum Recognosciren an die Wege vorgeschickten Unterofficiers sitzen beständig auf.

Dreyzehntens. Es muß nicht anders gefüttert werden, als in den Mittagsstunden. Von 30 Pferden müssen nicht über 4 und von 50 Pferden nicht über 10 Mann zur Tränke reiten.

Vierzehntens. Vor einem General oder Staabsofficier du Jour, müssen die Wacheu aufsitzen, oder mit Gewehr auf paradiren.

Funfzehntens. Die Feldwache, die sich des Nachts zurückzieht, muß am Morgen nicht eher wieder vorrücken, bis die verliegende Gegend gehörig abpatrouillirt ist, und nun bis zur Ankunft der neuen Wache zu Pferde und unter dem Gewehr bleiben.

Sechzehntens. Gewöhnlich wird mit den abgelößten Vedetten eine Patrouille vor der Postenkette gemacht; dies ist nöthig, damit der versteckte Feind, welcher die Plätze der Wachen erforschen will, entdeckt werde. Mit der 2ten Ablösung wird ½ Stunde nachher in der Chaine der Vedetten eine Patrouille gemacht. Da nun die Vedetten in der Nacht alle Stunden abgelößt werden, so wird in dieser Zeit die Front derselben 3 mal umgangen; einmal bey der Ablösung und zweymal bey dem Patrouilliren.

Siebzehntens. Kommt eine Patrouille in der gesetzten Zeit nicht zurück, so schickt der Officier sogleich eine andere nach.

Achtzehntens. Kommt eine Patrouille nach der Wache zurück, so wird sie von der Vedette gestellt, und durch einen Unterofficier oder Gefreyten rekognoscirt. Die Vedette ruft: Wer da! auf die Antwort Patrouille, aber Halt! der Unterofficier fordert das Feldgeschrey mit gespanntem Hahn, indem er sich der Patrouille nähert, und es von ihr empfängt.

§. 68.

d. Lehrsatz. Veränderung der Anwendung dieser Lehrsätze, nach der Stärke des Hauptcorps.

1. Regel. Bey kleinen Commandos.

Bis jetzt häben wir die Grund- und Lehrsätze abgehandelt, deren Befolgung die vollkommene Sicherheit einer Heerstellung gewähren, wenn die Stärke der beyderseitigen

Corps

Corps und ihre Entfernung von einander keine Veränderung hierin hervorbringen; da aber dieß der Fall seyn kann, so müssen wir etwas davon sagen.

1. Zur Sicherheit der Armee-Position werden nun nicht selten Commandos oder kleine Detaschements, auf ½ bis 2 Meilen vor dieselbe, nach dem Feinde zu gesetzt, welche rechts und links gar keine, oder doch auf eine halbe oder eine ganze Meile keine Nebencommandos haben, und blos in ihrer Wachsamkeit und Vorsicht, ihre eigne Sicherheit suchen müssen.

2. Ihre Bestimmung ist nicht die Gegend zu vertheidigen, sondern sie zu beobachten und Nachricht zu geben, wenn der Feind in derselben ankömmt.

3. Sie werden gewöhnlich von denen, um die Armee zu ihrer Sicherheit in bewohnten Oertern zusammen liegenden, oder cantonirenden leichten Truppen ausgestellt und oft nur alle 3 Tage abgelöst.

4. Diese Posten sind meistens an keinen Ort gebunden, sondern sie haben blos ihr angewiesenes Terrain zu beobachten.

5. Ehe das Commando abgehet, versiehet es sich so viel als möglich mit Lebensmitteln, erkundigt sich nach den Wegen und nach allem dem, was beym Abmarsch der Feldwachen gesagt ist. Die Beobachtungen selbst beruhn nun auf folgende Sätze.

1) Der Marsch zum Posten muß gehörig sicher seyn.

a. Wenn man gleich die Nachricht hat, daß sich der Feind einige Meilen von uns befindet, so ist man doch nicht sicher, daß man ihn nicht in der zu passirenden Gegend antreffe; und da man zur Beobachtung derselben vorzüglich ausgeschickt wird, so ordnet man: α) Einen Vortrup, oder eine Avantgarde an, welche bey Tage 1000 bis 2000, in der Nacht aber nur einige 100 Schritte von dem Commando ist. Rechts und links gehen Plänker durch andere Wege, welche sich nach dem Feinde erkundigen. Hat man 30 Pferde, so machen 6 die Avantgarde, und 3 Mann jeden Seitententrupp. β) Die Avantgarde sowohl als die Seitentrupps, verhalten sich wie die Patrouillen. Sie passiren nicht eher ein Dorf oder Defilee, bis nicht einige Plänker durch dasselbe gegangen, und es durchsucht haben. Die nebenliegenden Gehölze und Gebüsche können freylich nicht durchsucht werden. Man begnügt sich hier nur mit der Aussage des Landmannes, daß der Feind sich nicht habe in der Gegend sehen lassen. γ) Erhält man aber eine entgegengesetzte Antwort, so wenden sowohl die Trupps, als die Avantgarde alle Vorsicht an. Dann werden die Hölzer zwischen der Armee und den Posten durchsucht. δ) Das Commando gehet nicht eher durch ein Defilee, wenn man sonst nicht ohne dasselbe zurück kommen kann, bis vor demselben und rechts und links auf mehrere 1000 Schritte, alle Oerter, worin der Feind verdeckt stehen könnte, durch einige Mann durchsucht sind. ε) In jedem Falle macht sich der Befehlshaber die Gegend, die Defilees nach der Armee zu, die impracticabeln Gegenstände: als Flüsse, Moräste und steile Gebürge, bekannt. Am besten ist es, wenn er eine Landcharte hat, und dieselbe, wo es nöthig ist, verbessert. Dabey muß er sich die Namen der Oerter, der Gehölze, Flüsse, Bäche, bemerken, damit er bestimmte Berichte, wenn es gefordert wird, geben könne. ζ) Er nimmt zur Führung aus den Dörfern Bothen. Diese müssen ihm Nachricht von der Gegend gebe. Er erkundigt sich nach den Furten in Flüssen, nach den Durchgängen in den Morästen, und nach den Holzwegen durch die Gebürge.

2) Sobald man an Ort und Stelle gekommen ist, so muß es für seine Sicherheit sorgen.

a. Es stellt deshalb sogleich eine Feldwache aus. α) Diese bleibt aufgesessen, unterdessen das übrige Commando an einem abgelegenen Orte füttert. β) Nachdem gefüttert ist, untersucht oder recognoscirt der Commandeur die Gegend mit dem Commando. γ) Er gehet in einigen Trupps mit demselben auf ½ bis ¾ Meile vor, und bestimmt den Unterofficiers vorläufig die Oerter, nach denen sie Patrouillen

len machen. Er zeigt ihnen die zu gehenden Wege und die Vorsichten, welche in dem vor sich habenden Terrain beobachtet werden müssen. δ) Nachdem dieß geschehen ist, gehet das Commando rückwärts an einen bequemen Ort, um da bey Tage zu bivaquiren. In großer Hitze oder sehr rauher Witterung, wählt man eine Scheure, die dazu gelegen ist. Ist es so kalt, daß es nicht möglich ist ohne Feuer fertig zu werden, so rückt das Commando in den angewiesenen Ort. ε) Dabey wird gleich ein Allarmplatz bestimmt, auf welchem man sich auf den ersten Schuß versammelt. Dieser ist hinter dem Dorfe, von dem Feinde abwärts. Auch der Feldwache wird dieser Allarmplatz angezeigt, mit dem Befehle, daß sie sich durch einen Umweg nach demselben zurückziehen solle, wenn sie vom Feinde verfolgt wird. ζ) Das Commando wird nur in wenige Häuser nach dem Allarmplatze zu, verlegt, und ein Theil bleibt immer aufgestangt. η) Nach dem Feinde hin werden die Wege verbarikadirt, damit der Feind nicht gleich in den Ort hineinprellen könne. Um aber selbst gleich herauskommen zu können, werden hie und da durch die Gärten Oefnungen gemacht, und dem Commando angewiesen. ϑ) Diese Vorsichten sind bey Tage hinlänglich, wenn die Feldwache die Gegend übersehen kann. In der Nacht aber rückt das Commando aus, oder stehet in einer abgelegenen Scheure aufgestanget beysammen. ι) Ist die Gefahr aber groß, stehet der Feind nahe, kann er von dem Commando Nachricht haben, so nimmt es in der Nacht einen andern Standort. Sobald es finster ist, rückt es dann in ein anderes Dorf, in eine entfernte Scheure, oder in einen abgelegenen Garten, der Schutz vor der Witterung gewährt, und im Sommer in irgend eine freye Gegend. κ) Niemand muß im Dorfe wissen, wo das Commando bleibt, und in dem Dorfe, wo man nun einrückt, dürfen es nur die Häuser wissen, worein man zu stehen kommt. Der Feind muß uns nicht finden können, damit wir, wenn er von unsern Feldwachen nicht entdeckt wird, immer gegen Ueberfall sicher sind. λ) Zwey Stunden vor Tage wird die

Mann=

Mannschaft zum Füttern angehalten. μ) Damit uns die Leute übrigens nicht verrathen, muß man sie erstlich so freundlich als nur möglich ist, behandeln, und zweytens den Befehl geben, das jeder, welcher einen Besuch aus einem andern Dorfe erhält, oder über Feld gehet, es anzeigen soll. ν) Ferner daß man, wenn einer aus dem Orte es auch nur seinen Verwandten anzeigte, wo man mit dem Cammando stände, daß man denselben als einen Spion aufhängen lassen, und sich übrigens am ganzen Dorfe durch Einäscherung rächen würde; daß daher das ganze Dorf für jeden einstehen, und also auf jeden unter ihnen achten müsse. o) Die Feldwache muß nicht über 1500 Schritte vom Dorfe oder Commando stehen, es sey denn, daß erhöhetes Terrain nach dem Feinde zu, auf einer größern Distanz sich befände, von da aus man die ganze Gegend übersehen könnte. π) Alsdann aber muß man einen Zwischen- oder Avertissements-Posten haben, welcher gleich einen Allarmschuß giebt, sobald er hört, daß bey der Feldwache gefeuert wird. Es ist nicht schwer eine Feldwache bey Tage so auszusetzen, daß man durch ein paar Vedetten, die Gegend auf einige 1000 Schritte übersehen kann. Und übersieht man sie in dieser Weite, so kann das kleine Commando immer noch zu Pferde kommen, ehe der Feind heran kommt. ϱ) Meistens kan man durch einen Avertissements-Posten auf einem Thurm oder Berge, die Gegend auf eine große Weite übersehen, zumal, wenn man ein Fernrohr hat.

§. 69.

Fortsetzung.

b. Das Commando muß außer in den Vortheilen seiner Stellung, noch durch Patrouillen seine Sicherheit befördern. α) Die Patrouillen müssen jede von 3 Mann, 1 bis 2 Meilen nach der Gegend, wo der Feind stehet, gehen. Hören sie, daß er in Bewegung ist, daß er sich nähert, daß seine Patrouillen zu Zeiten nach der Gegend kommen, in der

der man sich befindet, so stehet man schon gefährlich, und dann muß man seine Aufmerksamkeit verdoppeln, häufig Patrouillen schicken, oft den Standort und so heimlich verändern, daß niemand wisse, wo man sey. β) Alsdann und in jeder gefährlichen Lage, müssen die Patrouillen sich wie die Commandos auf heimlichen Märschen verhalten. Dieß ist besonders für die Patrouillen eines solchen Commandos, und für alle schwache weit ausgehende eine Regel. Befolgen sie dieselbe, und gehen bey Nacht durch Bothen geführt nicht auf den gewöhnlichen Wegen, so werden sie, wenn sie auch selbst dahin kommen, wo feindliche große Patrouillen gehen, ohne aufgehoben zu werden, zurückkommen. Bey Tage sind sie in Gehölzen: bey Nacht nehmen sie Bothen und ziehen aus den Dörfern Nachricht ein. γ) Im Sommer kann man auf diese Art, wenn man nur bey den Feldwachen alle gesagte Vorschriften anwendet, sich immer dem Feinde nähern, und seine Annäherung oder selbst seine Unternehmungen bey Zeiten erfahren. δ) Ist die Witterung so schlecht, daß die Patrouillen sich nicht unter freyem Himmel anfhalten können, so müssen sie in abgelegenen Häusern, eine ums andere sich wärmen, während andere draußen sie gegen den Ueberfall sichern. ε) Auf diese Art können sie auch, wenn es nicht anders ist, bey Tage eine ums andere schlafen. Doch ist es besser, wenn sie ihren Lauf vollenden können, ohne sich dem Schlafe zu überlassen. ζ) Ist ein Posten so schwach, daß er sich nicht gehörig durch die Feldwache sichern kann, so stellt man statt dieser an verdeckte Oerter, von denen man die Gegend übersehen kann, doppelte Vedetten aus. η) Wann diese etwas sehen oder hören, so jagen oder laufen sie durch verdeckte Wege, ohne sich zu entdecken, nach dem nächsten Posten oder geben Feuer, wenn sie nahe sind, daß man ihren Schuß hören kann. ϑ) Jeder nimmt einen eigenen, schon vorher ausgesuchten Weg. ι) Daß man hierzu sichere und ausgesuchte Leute mit guten Pferden versehen nehmen müsse, versteht sich von selbst. Im Winter müssen sie rückwärts ein Feuer haben, bey dem sie ein ums andere sind. κ) In dicken Gehölzen oder in Gebirgen, können sie zu Fuß diesen Posten besser versehen, als zu Pferde. Eine Hauptsache ist, daß niemand ihren Aufenthalt weiß, daß sie ihn oft verändern, bald nahe, bald entfernt stehen. In der Nacht müssen sie nahe an den Defilees, Wegen ꝛc. stehen, die der Feind passiren muß, und sich da hinter Hecken verborgen halten und horchen. λ) Man löset sie, nachdem die Witterung ist, alle 4 Stunden oder bey gelinder Witterung alle 6 bis 8 Stunden ab. Je länger sie stehen, je besser ist es. μ) So wenig man sich auf Bauerwachen verlassen kann, so können sie doch für Commandos dieser Art nützlich seyn. ν) Man giebt den Befehl an weit vor und in der Flanke liegende Dörfer, es gleich zu melden, sobald der Feind dort ankommt, oder bis dahin seine Patrouillen schickt. ο) Man läßt von nähern, besonders im Winter, gewisse Passagen bewachen, und giebt ihnen Befehl, es gleich zu melden, wenn sich der Feind auf denselben zeigt. π) Sind uns die Leute geneigt, so können sie uns oft von großem Nutzen seyn. Am besten ist es, wenn man durch ein gutes Trinkgeld Leute dazu auf eine heimliche Art erkaufen kann.

c. Das Commando muß sich so viel möglich durch Verbindung mit andern verstärken und sichern.

Erstens. Man verabredet sich in Rücksicht der Unterstützung mit dem nächsten Posten.

Zweytens. Man patrouillirt nach ihnen oft und beredet sich mit ihnen, alles was passirt, gleich melden zu lassen, oder durch gewisse Zeichen anzuzeigen.

§. 70.

2. Regel. Besonderes Verhalten noch größerer Sicherheits-Corps.

1. Wird zur Sicherheit einer Armee ein großes Commando von einigen 100 bis 1000 Mann, mehrere Bataillons und Esquadrons, vor dieselbe oder zur Seite ausgesetzt, um eine

eine Gegend oder ein feindliches Corps zu beobachten, so ziehen

a. Solche Detaschements, die man immer als eine grosse Wache zur Sicherheit einer Armee ansehen muß, um sich auf einige 1000 Schritte eine Kette von Vorposten. α) Die Vorposten stellen wieder auf eine ½ Meile kleinere Posten, von 6 bis 12 Husaren aus. β) Diese müssen die Gegend, in der sie stehen, patrouilliren und die Defilees beobachten.

b. Außer diesen schickt das Detaschement, Commandos von 8 bis 15 Mann, auf 1½ bis 5 Meilen und noch weiter in die Flanken, und auch gerade nach dem Feinde zu, welche an keinen Ort gebunden sind, sich so, wie auf heimlichen Märschen verhalten, alle 3 Tage abgelöst werden, und alle Abend und Morgen an den nächsten Posten rapportiren. α) Die ausgeschickten Commandos verhalten sich wie die Patrouillen, und halten sie sich länger in einer Gegend auf, so verhalten sie sich wie die kleinen, zur Observation einer Gegend, postirten Commandos. β) Doch ist es bey ihnen eine Hauptsache, alle Nacht ihren Standort zu verändern und mit solcher Vorsicht und Heimlichkeit, daß niemand weis wo sie sind. γ) Sie müssen oft mehrere Trupps, jeden von 3 bis 4 Mann detaschiren, welche an bestimmte Oerter wieder zu ihnen stoßen, und sich wie die Schleichpatrouillen verhalten. δ) Sie müssen ferner unter den Einwohnern Leute zu erhalten suchen, welche sie von allen unbekannten Oertern benachtigen, nach denen sie aber immer nur ein paar Mann schicken, damit sie nichts wagen, wenn sie verrathen werden.

c. Ein postirtes Detaschement von 1 bis 2 Esquadrons, oder einige 100 Mann Infanterie, oder ein Bataillon, haben eben die Mittel zu ihrer Sicherheit, die bey stärkern Detaschements erwähnt sind, nöthig. α) Nur sind hier die Feldwachen schwächer. Es werden nur etwa 2 bis 3, jede etwa von 9 Mann auf einige 1000 Schritte ausgesetzt, und von diesen Patrouillen auf einige 1000 Schritte vorgeschickt. β) Ferner werden von den Detaschements Patrouillen von 3 bis 9 Mann nach dem Feinde zu, und auf den Flanken, bis auf einige Meilen geschickt, welche sich so wie die der kleinen postirten Commandos, verhalten. γ) Das Detaschement muß, wenn es die Witterung erlaubt, nie in einem Orte stehen, und wenn es denselben wegen schlechter Jahrszeit wählt, so muß es doch die Nacht ausrücken, oder wenigstens in einer Scheune, einem abgelegenen Hause ꝛc. sich aufhalten. δ) Immer muß ein Picket bereit zum Ausrücken seyn, und einige Schildwachen um das Detaschement ausgestellt haben. Vieles hängt hier von den Nebenumständen ab. ε) Vor jedem Eingange muß man 3 bis 6 Mann, und eine Hauptwache in das Quartier des commandirenden Officiers setzen. ζ) Die den Dienst zu Fuß verrichtenden Wachen, haben jederzeit ihre Pferde bey sich. Auf dem Thurm wird eine Wache gestellt. η) Von einer jeden Esquadron des Detaschements befindet sich eine Ordonanz bey dem commandirenden Officier und auch ein Trompeter. ϑ) Bey dem Absatteln muß immer der Sattel hinter das Pferd, die Steigbügel und die Pferdedecke in die Höhe, die Pistolen in die Halfter und über diese der Zaum gelegt werden, damit desto leichter zu satteln sey. ι) Rückt das Detaschement des Nachts nicht aus, so müssen dennoch alle Pferde bey Sonnenuntergang gesattelt seyn. Das Picket rückt aus, und die Mannschaft bindet die Pferde an die Hekken und entfernt sich nicht von solchen. κ) Eine Stunde vor Tage werden alle Pferde aufgezäumt, und an die Halfter gelegt. λ) Während der Nacht hat jede Esquadron ihre Wache vor dem Hause, in welchem ihr Chef liegt. Diese macht sogleich Lärm, wenn ein Schuß geschiehet. μ) Ueberdieß hat ein jeder Esquadrons-Chef seinen Trompeter bey sich, und es ist zuweilen, um die Leute aufmerksam zu machen, gut, wenn man Lärm blasen läßt. ν) Ein jeder muß beständig seine Waffen bey sich haben, und sich auch nicht ausziehen.

d. Hat

d. Hat man Infanterie bey sich, so setzt man sie an die Eingänge des Ortes, verlegt sie in die gelegenen Häuser, wählt für sie einen bequemen Allarmplatz und die Cavallerie kann alsdann bey Tage sicher absatteln.

e. Man nimmt zwar nur gewöhnlich leichte Reiterey und keine Cürassiers zu solchen vorpostirten Wachen; sondern läßt sie nur das Lager = Picket, und allenfalls sehr nahe am Lager liegende Wachen geben.

f. Ist man aber gezwungen die Cürassiers mit zur Verstärkung der Vorposten zu gebrauchen, so müssen sie doch, wenn sich noch andere Reiterey bey dem Dataschement befindet, die nächsten Posten erhalten und mit Patrouillen verschont bleiben, damit sie alsdann des Nachts so viel als möglich, ruhig seyn und vielleicht absatteln können.

g. Ueberhaupt muß man bemerken, daß wenn man das Detaschement in den Orten nicht so einquartieren kann, daß es bey entstehendem Allarm in einer viertel Stunde sich versammeln kann, man die Pferde immer gesattelt und vor dem Dorfe an die Hecken gebunden haben muß.

2. Diese bisher gezeigten Anstalten zur Sicherheit eines Lagers, müssen nicht blos bey der Stellung der Haupt = Armee angewandt werden, sondern es sind auch diejenigen Mittel, wodurch man überhaupt die Sicherheit eines jeden Lagers und also auch derjenigen erhält, die sowohl von größern als kleinern Corps bezogen werden, und es herrscht hierbey blos der Unterschied, daß nach Maaßgabe der Stärke dieses Corps, auch die Stärke und Ausdehnung ihrer Sicherheits = Anstalten sich richten. Auch entscheidet dieß, so wie bey der Haupt = Armee, die Entfernung des Feindes.

3. Ist aber der Feind so nahe, und also die Gefahr eines zu befürchtenden Angriffs so groß, daß man selbst die Anwendung aller bisher gezeigten Mittel für unzulänglich hält, so wird oft der Befehl gegeben, daß das erste Treffen, oder überhaupt ein großer Theil der Armee, oder auch wohl die ganze Armee angezogen und die Cavallerie gesattelt ha=

 ben,

ben, überhaupt die ganze Armee zum schleunigen Ausrücken bereit seyn soll.

4. Endlich rückt auch wohl bey sehr dringender Gefahr, ein Theil oder die ganze Armee in der Nacht würklich auf die Posten des Schlachtfeldes vor, und bleibt daselbst bis zum Anbruche des Tages, unter dem Gewehr stehen.

5. Die Zelte werden gewöhnlich bey solchen Gelegenheiten abgebrochen und gepackt, so, daß alles zum Empfange des Feindes, und zur Schlacht bereit ist.

6. Die Nähe des Feindes verhindert in solchen Fällen, daß die Vorposten nicht weit vorgehen können, sondern nahe vor der Armee bleiben müssen, überdieß ist es auch nicht einmal nöthig, indem die Truppen sich schon an ihren Posten befinden.

III. Hauptgrundsatz. Versorgung des Lagers mit den Bedürfnissen der Truppen.

A. Grundsatz. Vortheilhafte Stellung des Lagers zur Erhaltung der Lebens- und Kriegsbedürfnisse.

§. 71.

1. Die dritte Grundregel zur Wahl eines Lagers ist, wie wir oben gesagt haben, die Anordnung einer solchen Lage, daß man darin alle zum Unterhalte und zur Gesundheit der Armee nöthige Sachen erhalten könne oder vorfinde.

2. Zum Unterhalte der Armee gehört: Brod, Fourage und Wasser, zur Gesundheit und Bequemlichkeit: reine Luft, Holz und Stroh.

3. Diese Bedürfnisse können nicht alle durch die Gegend geliefert werden, sondern man ist gezwungen, sie aus den Magazinen, durch Transporte, den Truppen zuzuführen, als: Brod, Fourage und Stroh.

4. Schon

4. Schon oben haben wir gesehen, daß die Armee, oder überhaupt jedes Corps, nur auf eine gewisse Weite von ihrer Feldbäckerey und von ihren Magazinen vorrücken kann, wenn sie es zu ihrer Unterhaltung noch nützen will; ferner, daß diese Entfernung größer seyn kann, wenn man einen schiffbaren Fluß zum Gebrauche hat.

5. Hieraus folgt also, daß es sehr vortheilhaft ist, das Lager an einem schiffbaren Flusse zu nehmen, welcher nach unsern Magazinen führt, indem man alsdann auf denselben um so leichter, den nöthigen Proviant und auch die Munition für das Geschütz herbey führen kann.

6. Doch wird erfodert, daß ein solcher Fluß, so wie überhaupt der Weg, den die Transporte zu nehmen haben, von der Armee oder dem Corps, vollkommen gedeckt sey; d. h., daß die Truppen in einem oder in mehreren Corps so postirt werden, daß der Feind nicht ohne große Gefahr oder gar nicht an die Ufer des Flusses oder an den Weg kommen kann, den die Transporte nehmen müssen, weil sonst diese Transporte zernichtet oder abgeschnitten werden könnten, und also die Armee dadurch in Mangel, und oft in die gefährlichste Lage versetzt werden würde.

7. Die sichere Communication mit den Magazinen ist also ein Haupt-Erforderniß eines guten Lagers.

8. Machen es aber die Umstände nöthig, daß man sie auf einige Zeit verlassen muß, so kann dieß immer auf 18 bis 20 Tage geschehen, weil die Truppen im Nothfalle auf diese Zeit das benöthigte Brod mit sich führen können.

9. Soll es aber auf längere Zeit geschehen, und also die Armee durch Transporte versehen werden, welche den feindlichen Anfällen ausgesetzt sind, so ist dieß eine sehr gefährliche Sache, und es müssen daher denselben zu ihrer Deckung oft sehr starke Corps mitgegeben werden.

10. Da diese Zufuhren nun um so leichter zu erhalten sind, je kürzer der Weg ist, den sie bis zur Armee, oder den zu versorgenden Corps zurückzulegen haben, und die Magazine gewöhnlich zu ihrer größern Sicherheit in die festen

Plätze verlegt werden, so ist es eine Hauptregel der Lagerkunst, die Läger der Truppen nicht zu entfernt von den festen Plätzen zu nehmen, wenn jene keine sichere Communication mit ihnen haben, und doch von den darin befindlichen Magazinen unterhalten werden sollen.

11. Lagert man sich aber an einem solchen, zum Transporte der Lebensmittel bequemen Flusse, so muß man ja Acht haben, daß der Feind die Lagerstelle oder nahe Gegend, nicht durch Ableitung des Flusses oder Durchstechung der Dämme überschwemme, oder daß der Fluß nicht durch Schnee- oder Regenwasser plötzlich aufschwelle.

12. Wasser, Holz und reine Luft muß die Gegend des Lagers selbst liefern. — Man muß also die Läger in der Nähe eines gesunden und fließenden Wassers nehmen, und nicht gestatten, daß es auf irgend eine Art verunreinigt werde.

13. Den Bauern ist daher auf einige Meilen weit zu verbieten, daß sie keinen Hanf, Flachs, oder andere sehr unreine Sachen in den Flüssen und Bächen waschen, die nach der Armee zufließen, und von denen sie leben muß.

14. Wenn das brauchbare Wasser nur blos aus kleinen Bächen bestehet, so muß die Cavallerie ihre Pferde aus hölzernen Gefäßen tränken.

15. Ist es aber nöthig sich in einem Lager zu behaupten, wo das Wasser mangelt, so muß man an den niedrigsten Oertern, wo es feucht zu seyn scheint, tiefe Löcher graben lassen, und wenn reines Wasser kommt, ordentliche Brunnen einrichten; ist es aber unrein, so ist dieß auf jeden Fall ein Grund, warum das Lager zu verwerfen ist.

16. Die Nothwendigkeit des Holzes erfordert auch, daß das Lager in der Nähe von Gehölzen genommen werde, und daß man dahin sehe, daß nicht muthwillig das hohe Holz oder gar Gebäude verderbt, sondern zum Brennen blos das kurze Zwischenholz und Gesträuche genommen werden.

17. Der Gesundheit ist zwar die Nähe großer Wälder, Moräste, stehender und faulender Gewässer sehr schädlich, doch

doch macht es oft die Behauptung in einer solchen Gegend nothwendig, daß man diese Terrainarten zur Deckung gebrauchen, und also in ihrer Nähe bleiben muß.

18. Tritt daher ein solcher Fall ein, und kann man ihn nicht durch ein, in einer gesunden Gegend gewähltes Lager umgehen, so muß man sich alle Mühe geben, die Moräste und faulenden Gewässer auf irgend eine Art abzuleiten, und nicht den geringsten Gebrauch solcher Gewässer zur Nahrung erlauben.

19. Eine vorzüglich gute Lage zur Erhaltung der Gesundheit ist, wenn das Lager auf, oben ebenen freyen, Bergen in einem gesunden Lande so situirt ist, daß es sich gegen Mittag wende, damit die Hitze durch einen Nordwind gemäßigt werde.

20. Man muß daher auch, wie schon gesagt ist, die Bäume zur Benutzung ihres erquickenden Schattens im Lager zu erhalten suchen, und alle Aufmerksamkeit darauf wenden, daß das todte Vieh sogleich tief vergraben, neue Latrinen alle 48 Stunden gegraben und die alten zugeworfen werden, damit nicht die Luft im Lager, durch die aufsteigenden giftigen Dünste, angesteckt und ungesund gemacht werde.

21. Da die Transporte der nöthigen Fourage die größten Schwierigkeiten verursachen, so bedient man sich dieses Hülfsmittels nur, wann es sehr dringende Umstände heischen, daß die Truppen sich noch im Felde zu einer Jahreszeit befinden müssen, in welcher man aus dem Lande selbst, entweder von den Feldern oder aus den Dörfern, keine Fourage mehr ziehen kann.

22. Im Sommer aber, wo dieses in einem fruchtbaren Lande immer möglich ist, nimmt man gewöhnlich die Fourage und das Stroh, auch Hülsenfrüchte, wenn sich welche finden, von der Gegend, in welcher sich die Armee gerade befindet, und man nimmt nur dann in dieser Zeit seine Zuflucht zu den Magazinen, wann einem entweder der Feind gänzlich die Fourage im Lande benommen hat, oder wenn

das Land so ausgesogen oder von Natur so unfruchtbar ist, daß sich nichts darinnen findet.

23. Da die Fourage nun ein so wichtiges Erforderniß zum agiren der Armee ist, so ist es eine Hauptregel in der Wahl eines Lagers, daß es in einer solchen Gegend genommen werde, die uns sowohl mit Fourage, Stroh und Holze, als mit Wasser versorgen kann.

24. Je länger man sich in einem Lager aufhalten muß, je größern Ueberfluß muß man an diesen Nothwendigkeiten haben.

25. Vorzüglich muß man dahin sehen, daß man innerhalb der Vorpostenkette noch so viel Terrain besitze, als nöthig ist, uns auf ein oder zwey Tage die nöthigen Bedürfnisse zu liefern, damit wir bey der Nähe des Feindes, und also bey einem möglichen schnellen Angriffe, nicht durch Erschlaffung unserer Cavallerie, oder bey der Ausschickung derselben nach entfernter Fourage, in ein sehr nachtheiliges Gefecht gezogen werden können.

26. Aus allem diesem folgt, daß, da sich die Truppen ihre benöthigten Feldbedürfnisse dieser Art, als Holz, Stroh, Wasser und Fourage selbst holen müssen, und dieses, je weiter der Weg dahin, je gefährlicher ist, man

a. suchen müsse: die Oerter, wo man dieß erhält, den Truppen so nahe als möglich ist zu haben.

b. Daß man, so weit man nämlich mit einiger Sicherheit gehen kann, die entferntern Plässe zur Lieferung dieser Nothwendigkeiten zuerst, und die nahe liegenden oder die Gegenden des Lagers selbst zuletzt benutze, weil der Besitz und die Benutzung der entfernten Orte durch die Nähe des Feindes zweifelhaft wird, auch uns wohl gar entrissen werden kann, während uns die näheren Plätze durch unsere Gegenwart völlig sicher bleiben.

27. Die unumgängliche Nothwendigkeit dieser Erfordernisse, ihrer Erhaltung und des Ausschickens der Truppen darnach, verbindet mit der Aussetzung der Vorposten zur Sicher=

Sicherheit der Armee, noch einen andern, durch sie zu erlangenden Zweck.

28. Sie müssen nämlich auch zur Sicherheit der Bedürfnisse dienen, welche die Armee aus der von ihr besetzten Gegend ziehen muß.

29. Da sie also das Ausrücken der Truppen zur Einholung und die Einholung dieser Bedürfnisse selbst, durch ihre Stellung decken müssen, so muß man bey ihrer Ausstellung, so viel wie möglich zugleich darauf Rücksicht nehmen, daß sich die zu benutzende Gegend zwischen ihnen und dem Lager befinde, oder wenigstens der Feind nicht so leicht ohne große Gefahr dazu gelangen könne.

B. Grundsatz. Ordnungsmäßige Einholung der Bedürfnisse.

§. 72.

a. Lehrsatz. Allgemeine Regeln dabey.

Da die größte Unordnung daraus entstehen würde, wenn man die Soldaten nach ihrem Willen, zur Einholung ihrer Bedürfnisse ausgehen ließe, so sind beym Empfange derselben folgende allgemeine Regeln festgesetzt.

1. Es wird nach dem Wasser, Holz, Stroh und Gemüse, Regimenterweise geschickt, und diese abgeschickten Leute müssen das Benöthigte aus keinem andern Orte nehmen, als der ihrem Regimente angewiesen ist.

2. Eigentlich müssen dergleichen Oerter mit kleinen Posten besetzt werden. Ist es aber nicht möglich und man hat vom Feinde etwas zu befürchten, so müssen die Erfordernisse jedesmal nur unter einer gehörigen Bedeckung geholt werden.

3. Der Officier muß dann den Ort vorher recognosciren lassen und seine Vorposten gehörig ausstellen.

4. Es muß auch, um die Desertion zu verhüten, so viel wie möglich darnach gesehen werden, daß die Leute noch vor Einbruche der Nacht zurück kommen.

5. Wenn

5. Wenn ein Mann bey dieser Gelegenheit plündern will, so muß er sogleich arretirt und vor dem Reginnente scharf bestraft werden.

§. 73.

b. Lehrsatz. Einholung der Bequemlichkeits-Bedürfnisse.

Wir haben hier nun die Anordnungen bey vier Fällen zu betrachten, die bey der Einholung der Bequemlichkeits-Bedürfnisse vorkommen. Nämlich Einholung des Wassers, des Strohs, Holzes und des Gemüses.

Erstens. Einholung des Wassers.

1. Des Morgens um 6 — und um 10 — und des Abends um 5 Uhr, wird nach Wasser geschickt.

2. In diesen festgesetzten Stunden, giebt der Tambour der Fahnenwache ein Avertissement, damit die Compagnien davon benachrichtigt werden.

3. Die Gemeinen kommen mit ihren Feldmützen vor der Mitte des Bataillons zusammen. Von einem jeden Bataillon wird ein Compagnie-Officier, von jeder Compagnie ein Unterofficier und aus jedem Zelte werden ein bis zwey Mann genommen.

4. Die Unterofficiers so wie die Officiers sind in völliger Uniform, und erstere haben von der Infanterie ihre Kurzgewehre bey sich.

5. Wenn von allen Compagnien die Leute bey einander sind, so wird mit rechts oder linksum abmarschirt. Der Officier bleibt vorn, die Unterofficiers aber bey ihren Compagnien.

6. Wenn der Officier vor dem Dorfe oder vor dem Orte angekommen ist, so läßt er ordentlich aufmarschiren, schickt die Leute compagnieweise durch die Unterofficiers hinein, und marschirt nicht eher wieder ab, bis ein jeder sein Gefäß angefüllt hat, und alle wieder versammelt sind.

7. Beym Rückmarsche zum Lager bleibt jedoch der Officier hinten, und schließt den Zug.

8. Man

8. Man muß vorzüglich darauf sehen, daß die Brunnen nicht ruinirt werden, und daß, wenn das Wasser aus einem Teiche oder Flusse geschöpfet wird, die Leute nicht auf einmal ihre Flaschen füllen, damit das Wasser nicht trübe werde. Auch muß es nicht dicht am Ufer geschöpft werden.

9. Eine Stunde, nachdem die Armee ins Lager gerückt ist, und an andern Tagen, des Morgens um 7 und des Abends um 5 Uhr, bey heißem Wetter aber dreymal des Tages, wird zur Tränke geritten.

10. Man muß das nächste fließende Wasser am Lager nehmen; denn eine weit entfernte Tränke und schlechtes Wasser, sind ein Ruin für die Pferde.

11. Ist es also thunlich, so muß man lieber in niedrigen Gegenden Brunnen graben lassen, und Krippen zur Tränke anschaffen.

12. Jederzeit reitet nur immer die Hälfte einer jeden Esquadron zur Tränke; doch geschiehet dieß von allen Esquadrons zu gleicher Zeit. Ist die erste Hälfte zurück, so wird die zweyte dahin gebracht.

13. Es müssen jederzeit immer wenigstens zwey Unterofficiers mit reiten, damit sie die Leute übersehen können, ob sie ihre Pferde gehörig tränken und in Ordnung halten.

14. Kein Reiter muß mehr als ein Handpferd mitnehmen, und ist bey der Tränke etwas zu befürchten, so muß überall gar kein Handpferd mitgenommen werden.

Zweytens. Einholung des Holzes.

1. Nach Holze wird des Morgens um 5 — und des Abends um 6 Uhr geschickt.

2. Der Tambour giebt hierzu ebenfalls den Apell, und die Ordnung wird dabey im Ganzen, so wie beym Wasserholen, beobachtet.

3. Ist in den Dörfern kein Holz mehr vorräthig, so müssen Zimmerleute mitgegeben werden, das Holz zu fällen.

4. Frucht-

4. Fruchttragende Bäume und Alleen müssen, so lange als möglich ist, verschont bleiben.

5. Nur im höchsten Nothfalle läßt man durch die Zimmerleute Gebäude abtragen, und man muß dabey beobachten, daß die nebenstehenden Häuser verschont bleiben und den Soldaten kein muthwilliges Abbrechen verstattet werde.

Drittens. Empfang des Strohs.

1. Wird Stroh aus den Dörfern empfangen, so müssen Packpferde Compagnieweise mit gegeben werden.

2. Der Officier läßt ordentlich vor den Scheunen aufmarschiren, und theilt jedem das Seinige zu.

3. Am besten ist es aber, wenn den Bauern befohlen wird, ihre zu liefernden Sachen vor dem Orte zusammen zu bringen, wo es alsdann ausgetheilt und keinem Soldaten oder Knechte erlaubt wird, ins Dorf zu gehen.

4. Wenn Stroh und Holz auf die Compagnie geliefert wird, so wird für jeden Capitain für ein ganzes Zelt, für einen Subalternofficier für ein halbes, und für die Artillerie und den Staab, besonders empfangen.

Viertens. Einholung des Gemüses.

1. Derselbe Fall ist es, wenn man Gemüse aus den Feldern holt.

2. Doch wird dieß nicht anders als auf ausdrückliche Ordre des Feldherrn erlaubt, indem die Majors erst darum im Hauptquartiere anfragen müssen, und ist der Weg weit, auch ob eine Bedeckung mit gegeben werden soll.

§. 74.

c. Lehrsatz. Einholung der nöthigsten Lebensmittel.

1. Empfang des Brodes.

1. Wenn die Truppen ihre Lebensmittel, das heißt: ihr benöthigtes Brod und die Fourage aus den Magazinen empfangen sollen, so geschiehet dieß nach Befehl des Feldherrn auf mehr oder weniger Tage.

2. Die

2. Die Regimenter, die Brod nöthig haben, zeigen es dem Brigade-Major an, dem sie auch immer unter ihren Rapporten bemerken müssen, wie lange sie noch mit Brod und Fourage versehen sind.

3. Der Brigade-Major schickt ihnen dann die Ordre zum Brodempfange zu, worauf sich der Regimentsquartiermeister nach dem Commissariat begiebt, von welchem er dann gegen die erforderliche Quittung eine Anweisung an die Bäckerey erhält.

4. Bey jedem Compagnie-Brodwagen, wird 1 Unterofficier und 2 Mann gegeben, und wenn eine Bedeckung bey den Wagen nöthig ist, so wird sie noch besonders dazu commandirt.

5. Jeder Brodwagen nimmt auf dem Wege zur Bäkkerey und auf dem Rückwege die nöthige Fourage mit, oder versiehet sich bey der Bäckerey, zum Rückwege mit neuer Fourage.

6. Kein Brodwagen darf übrigens einzeln in die Bäkkerey, und von solcher wieder abfahren; sondern jeder muß sich nach der, vom commandirenden Regimentsquartiermeister, vorgeschriebenen Ordnung richten; und dieser muß auch für die Ersetzung eines unbrauchbar gewordenen Wagens sorgen.

7. Auf so viel Tage wie im Regimente, von dem bey demselben immer vorräthigen Brode, nach dem Befehl des Feldherrn ausgegeben ist, auf so viel Tage muß auch nur wieder durch die Brodwagen eingeholt werden, damit es am nächsten Brodtage nicht fehle, und den Detaschements ihr gehöriger Vorrath mitgegeben werden könne.

8. Uebrigens stellt jeder Commandeur eines Regiments, Bataillons oder Detaschements, sowohl beym Brod- als Fourage-Empfange eine unterzeichnete Quittung aus.

9. Ist das vorräthige Brod beym Bataillon völlig unbrauchbar, so wird dieß dem Brigade-General angezeigt, damit dieser auf seine Ordre dasselbe an die Bäckerey für frisches abliefere, dieses hingegen herfahren läßt.

§. 75.

§. 75.

2. Empfang der Fourage.

Erstens. Aus dem Magazine.

1. Wenn die Fourage aus dem Magazine empfangen wird, so macht der Brigademajor dieß an die empfangenden Regimenter bekannt, wie auch, wo und zu welcher Zeit die Fourageurs sich versammeln sollen.

2. Zur Führung derselben wird ein Capitain aus dem Corps commandirt, der sie Regimenterweise sich stellen läßt und dann unter einer kleinen Bedeckung damit abmarschirt.

3. Jeder Regimentsquartiermeister führt die Fourageurs aller zu seinem Regimente gehörigen Personen an, und läßt durch die Fouriers und Schützen darauf achten, daß keiner abreite und in die Dörfer gehe.

4. Der Empfang der Fourage geschiehet regimenterweise, nach der Ordre de Bataille; hat sich aber ein Regiment verspätet, so muß es so lange warten, bis die andern alle empfangen haben.

5. Ist bey den Magazinen Mangel an einer oder der andern Art Fourage, so verfügt der Feldherr über die Empfangordnung der verschiedenen Truppen-Arten.

6. Bey der Infanterie empfängt die Regiments-Artillerie zuerst. Der Regimentsquartiermeister achtet darauf, daß sie nicht zu wenig bekomme.

7. Ueberhaupt muß Ordnung und Ruhe bey dem Empfange beobachtet werden, und keiner eigener Richter seyn.

8. So wie ein Regiment empfangen und aufgeladen hat, kehrt der Regimentsquartiermeister mit den Fourageurs zurück und achtet darauf, daß auf dem Rückwege kein Unfug geschehe.

9. Wenn alle Regimenter empfangen haben, kehrt der Capitain mit dem letzten Regimente zurück, und nimmt unterwegs alle die Fourageurs mit sich zum Lager zurück, die etwa von andern Regimentern noch zurück geblieben sind.

10. Ist

10. Ist die Fourage bey den Magazinen nicht schon jedem zugetheilt, so läßt sie der Regimentsquartiermeister zusammen vor die Front des Regimentes bringen, wie dieß auch in diesem Falle mit dem Stroh und Gemüse geschieher; und theilt nun alles hier an die Leute aus, die dann von den Unterofficiers zu ihren Compagnien zurück geführt werden.

11. Alle Officiers, die ein Fatigue-Commando commandiren, das heißt eine Diensttour, bey welcher die Unterofficiers und Gemeinen nur eine Arbeit, die Officiere aber nur eine Inspection haben, müssen bey ihrer Rückkehr ihren Staabsofficiers den Rapport abstatten, so wie dieses die dabey gewesenen Unterofficiers ihren Capitains und Oberofficiers thun, und dem Feldwebel anzeigen müssen, daß die Mannschaft wieder mit den mitzubringenden Sachen zurückgekommen sey.

§. 76.

Zweytens. Einholung der Fourage aus dem Lande, oder sogenanntes Fouragiren.

1. Regel. Wahl des Platzes.

1. Soll man nun aber mit den Cavallerie-, Artillerie- und Packpferden der Armee, aus der Gegend die Fourage selbst holen, das heißt: eine eigentliche Fouragirung vornehmen, so sind hierbey folgende Fälle zu beobachten:

a. Entweder ist der Feind so weit entfernt, daß man überall keinen Angriff, weder auf die Armee, noch auf die Fourageurs selbst zu befürchten hat, oder:

b. Der Feind kann, während der Fouragirung zwar die Armee aber nicht die Fourageurs, oder, er kann auch diese zugleich mit angreifen.

2. Die Anordnung einer Fouragirung beruht also auf folgende Lehrsätze.

a. Der Fouragirungs-Bezirk muß die nöthige Fourage liefern.

b. Die Einholung der Fourage muß mit Ordnung geschehen.

c. Das ganze Geschäft der Fouragirung muß die gehörige Sicherheit genießen.

3. Die Truppen können aber, wie schon oben bemerkt ist, entweder grün, oder trocken fouragiren, nämlich entweder das Getreide grün, zum Gebrauche selbst von den Feldern abmähen, oder die schon in den Scheunen aufgeschüttete Fourage, aus den umliegenden Dörfern holen.

4. Ehe man also etwas anderes thut, ist es nothwendig zu erforschen, ob der zu fouragirende Platz oder Ort, die nöthige Fourage liefert.

5. Da man nun die Anzahl Rationen kennt, welche die Truppen brauchen, und man höchstens auf 3 bis 4 Tage nur fouragiren kann, weil ein Pferd höchstens nur 8 Rationen tragen kann, und man überdieß noch auf die Pferde rechnen muß, welche im Dienste und krank sind, so kann man etwa auf folgende Art die Anzahl Morgen, welche fouragirt werden müssen, ohngefähr berechnen.

6. Wir wollen zum Beyspiel 32000 Pferde annehmen, und dabey festsetzen, daß jedes Pferd täglich 3 Metzen Hafer bekomme. Diese Pferde brauchen also täglich 96000 Mezzen oder 6000 Scheffel.

7. Nehmen wir nun an, daß ein Morgen 5 Scheffel Hafer giebt, so wird auf eine 3tägige Fourage ein Terrain erfordert, auf welchem 3600 Morgen mit Hafer besäet sind.

8. Will man trocken fouragiren, so zählt man in den Dörfern die Tennen und was noch ungedroschen vorräthig ist, oder man erkundigt sich nach der Anzahl der Hufen Land, die zu einem Dorfe gehören und regulirt hiernach die Fouragirung, damit man nicht mehr Truppen darauf anweise, als würklich davon befriedigt werden können.

9. Wenn man lange in einem Lager stehen soll, so fouragirt man erst die Gegend zwischen uns und dem Feinde, dann die auf den Flanken des Corps und endlich das Terrain

im

im Rücken des Lagers. Bleibt man nur einen Tag stehen, so nimmt man gleich die nächste Gegend.

10. Wenn man überall keinen Angriff zu befürchten hat, so kann man zwar in diesem Falle die Fouragirung an einem von dem Corps entferntern Platze vornehmen, als sonst in der Nähe des Feindes möglich wäre; allein man muß des ungeachtet sich nicht auf diese Sicherheit verlassen und die Fourageurs immer so in den Stand setzen, daß sie sich im Nothfalle selbst vertheidigen können.

11. Da dieses nun aber auch bey denjenigen Fouragirungen um so eher geschiehet, bey welchen ein Angriff zu befürchten ist, und bey allen Geschwindigkeit und Ordnung das Hauptaugenmerk seyn müssen, so besteht also nur der ganze Unterschied zwischen den Fouragirungen, welche einen Angriff zu befürchten haben, und denen, welche hiervor entweder dadurch sicher sind, daß der Feind zu weit entfernt ist, oder daß sie im Rücken des Lagers geschehen, und also von der Armee oder dem Corps gedeckt werden, daß, sage ich, man bey den letztern nur bloß auf Ordnung und Geschwindigkeit, bey den ersten aber nicht allein hierauf, sondern auch auf die Deckung der Fouragirung zu sehen habe, und sie also nicht so entfernt vornehmen darf.

12. Ist nun also der Feind nahe, so darf der Ort, wo fouragirt werden soll, nicht mehr als höchstens 1½ bis 2 Meilen entfernt seyn.

13. Die Anstalten bey allen Fouragirungen zerfallen also:

a. Anordnung und Verhalten der Fourageurs selbst und ihre Arbeit.

b. Anordnungen die getroffen werden müssen, um die Fouragirung zu decken.

14. Man kann niemals alle Pferde zugleich auf Fouragirung schicken: theils weil sich beständig eine große Anzahl kranker Pferde, von allen Truppen-Arten vorfindet, theils, weil bey der Cavallerie beständig eine große Anzahl im

im Dienste sind oder auf unvorgesehene Vorfälle im Lager zurück bleiben müssen.

15. Wenn man überdieß noch die Fouragirung mit einem Theile des Corps decken muß, so können also selten mehr als nur die Pferde eines ganzen oder eines halben Flügels des Lagers nach Fourage ausgeschickt werden.

16. Eine solche Art zu fouragiren nennt man flügelweise fouragiren; der nicht fouragirende Flügel giebt alsdann die Bedeckung.

17. Geschiehet aber die Fouragirung von beyden Flügeln zugleich; so heißt dieß eine allgemeine oder Generalfouragirung.

18. Des Fouragiren muß niemals so lange aufgeschoben werden, bis alles Futter aufgezehrt ist. Die Klugheit erfodert, daß man an dem Tage, an welchem fouragirt wird, wenigstens noch auf einen Tag Futter vorräthig habe; denn sollte die Fouragirung gestört werden, so müssen die Pferde wenigstens noch auf den folgenden Tag Futter haben.

19. Wenn man in ein Lager rückt, so richtet man es überhaupt gewöhnlich so ein, daß der rechte Flügel zuerst, dann die Trains und endlich der linke Flügel der Armee fouragiren und wechselt so immer damit ab.

20. Wenn aber die Trains fouragiren und es ist eine Bedeckung nöthig, so wird diese nun von der ganzen Armee gegeben.

§. 77.

2. Regel. Ordnungsvolle Einholung der Fourage.

Erstens. Verhalten bey einer grünen Fouragirung.

1. Wenn nun zum fouragiren commandirt ist, so versammelt der Regimentsquartiermeister mit einigen Unterofficiers die Fourageurs, die Knechte seines Regimentes, und nimmt die Fouriers und Schützen zur Bedeckung mit. Zu den Fourageurs

rageurs des Generalstaabes und des Artillerie-Trains, wird aber eine besondere Bedeckung commandirt.

2. Bey der Cavallerie wird regimenterweise fouragirt, es müssen sich daher auch alle Officiers dabey befinden. Die ganze Cavallerie hat ihre Seitengewehre bey sich, und die Officiers sind in völliger Uniform. Uebrigens müssen die Fourageurs noch Sensen und Fouragirstricke bey sich haben.

3. Alle Regimenter führen nun ihre Fourageurs auf den Hauptsammelplatz, wo sie dann den Befehlen eines dazu commandirten Staabs-Officiers untergeben werden.

4. Dieser ist nun zwar wieder den Befehlen des Commandeurs der ganzen Hauptbedeckung unterworfen, wenn eine nöthig ist, und setzt sich auch nach dessen Ordre in Marsch; allein die Fouriers und Schützen, und die commandirte Bedeckung des Artillerie-Trains und der Fourageurs des Generalstaabes, stehen unmittelbar unter seinem Befehle, und alle diese kleinere Bedeckungen sind auch nur zur Unterhaltung der Ordnung hauptsächlich da.

5. Die Fourageurs eines jeden Regimentes oder Corps bleiben bey einander, und alle werden im Marsche nach der Ordre de Bataille rangirt.

6. Die Fouriers und Schützen eines jeden Regimentes werden von dem Regimentsquartiermeister gehörig bey die Fourageurs, wo sie zugehören, vertheilt, und sie müssen darauf achten, daß sich kein Mann aus seinem Zuge entferne, und sich zum Marodiren abwärts oder zwischen die Fourageurs eines andern Regimentes begebe.

7. Sollen gedroschene Früchte mit fouragirt werden, so müssen die Fourageurs Säcke mitnehmen, indem ohne besondere Erlaubniß mit Wagen nicht auf Fouragirung gegangen werden darf.

8. Der Ort, wo fouragirt werden soll, muß vorher von einem Officier des Generalquartiermeister-Staabes gehörig untersucht und nach Schritten, (gewöhnlich nach Pferde-

Schritten, ausgemessen und nach der nöthigen Fourage berechnet seyn.

9. Für jede Truppen-Gattung wird dann von demselben der gehörige Platz besonders bestimmt, und nachher sowohl der Cavallerie, Infanterie, Artillerie als dem Trosse von einem Officier des Generalquartiermeister-Staabes angewiesen.

10. Die leichten Truppen erhalten dann die dem Feinde am nächsten liegende Gegend des Fourage-Platzes, die schwere Cavallerie dicht dahinter, darauf die Infanterie, nun folgt die Artillerie und endlich der Troß, welcher also dem Lager immer am nächsten bleibt.

11. Einem jeden Regimente müssen nun überdieß noch die Grenzen seines Bezirkes angewiesen, und keinem erlaubt werden, sich zwischen ein anderes Regiment zu begeben.

12. Auch muß von jeder Compagnie und Esquadron eine gleiche Zahl Wagen oder Pferde mitgegeben werden, damit alles in gleiche Räume vertheilt werden könne, indem diese genaue Ordnung in der Vertheilung der Gegend nöthig ist, damit jede Verschwendung der Fourage und jede muthwillige Verwüstung derselben, die bey einem längern Aufenthalte in dieser Gegend von den drückendsten Folgen ist, um so eher verhütet werden kann.

13. Der Regimentsquartiermeister, die Fouriers und Schützen müssen hierfür haften. Der Regimentsquartiermeister postirt daher seine Leute so um seinen angewiesenen Platz, daß sie alle Fourageurs unter Augen haben, und so wohl den Zugang als Ausgang verhindern.

14. Vier Mann arbeiten nun immer gemeinschaftlich mit einander, weil das Aufpacken des Fouragir-Bunde dann um so leichter geht.

15. Während des Mähens werden die zusammen gebundenen Pferde einer Kameradschaft durch einen Mann gehalten. Ist vom Feinde etwas zu befürchten, so muß kein Pferd abgezäumt werden.

16. Die

16. Die Regimentsquartiermeister achten nun mit den Fouriers darauf, daß, sobald die Leute angestellt sind, sie fleißig arbeiten, damit die Zeit nicht unnöthig vergehe.

17. Die zusammen gehörenden Arbeiter müssen ihre Bunde nicht eher aufladen, als bis alle Bunde fertig sind; dann legen sie dieselben auf die Pferde und setzen sich darauf.

18. Sobald nun ein Regiment seine Fouragir-Bunde fertig gemacht und aufgeladen hat, so läßt es der Regimentsquartiermeister dem commandirenden Staabs-Officier melden, und marschirt unverzüglich mit seinem ganzen Zuge, Fouriers und Schützen zum Lager zurück.

19. Kein Regiment wartet auf das andere. Der Staabs-Officier bleibt aber bis zuletzt, und schließt an die Bedeckung des letztern Regiments, wenn er vorher dem Commandeur der Hauptbedeckung, wenn eine da ist, angezeigt hat, daß die Fouragirung geendigt sey.

Dieß ist nun die Anordnung und das Verfahren der Fourageurs bey einer grünen Fouragirung; wir wollen jetzt dieselben Gegenstände bey einer trockenen oder Scheunen-Fouragirung betrachten.

§. 78.

Zweytens. Verhalten bey einer trocknen Fouragirung.

1. Das Versammeln der Fourageurs und ihr Abmarsch unter den Befehlen eines Staabs-Officiers, der Regimentsquartiermeister und der Begleitung der Fouriers und Schützen, bleibt wie vorhin gesagt ist.

2. Nähert sich nun der Staabs-Officier mit den Fourageurs der Gegend, wo fouragirt werden soll, so läßt er dieses ebenfalls, wie bey einer grünen Fouragirung dem Commandeur der Hauptbedeckung, wenn eine solche nöthig und vorhanden ist, melden; und erwartet nun von diesem die Ordre, ob er auf den Fourage-Platz rücken soll.

3. Sowohl dem Commandeur der Hauptbedeckung als dem Staabs-Officier, wird eine Liste der Dörfer eingereicht, die fouragirt werden sollen, mit Bemerkung der Anzahl Fourage, die sich in denselben befindet. Es ist daher leicht, hiernach den verschiedenen Truppen und Regimentern die Dörfer und Scheunen anzuweisen, welche sie ausfouragiren sollen.

4. Hierbey muß ebenfalls die Vorsicht beobachtet werden, daß die Cavallerie die entferntesten, die Infanterie die darauf folgenden, die Artillerie und die Trains aber die, dem Lager am nächsten liegenden Dörfer der zu fouragirenden Gegend, besetzen.

5. Der Staabsofficier läßt nun diejenigen Regimenter, Fouriers und Schützen, welchen ein Dorf gemeinschaftlich angewiesen ist, hinter demselben aufmarschiren, umher durch die Schützen alle Zugänge besetzen, und sowohl außer dem Dorfe als in demselben fleißig patrouilliren, damit keine andere Fourageurs hinein kommen können, und jede Unordnung vermieden werde.

6. Um dieß aber noch besser zu erhalten, muß der Regimentsquartiermeister, dem ein Dorf zum fouragiren angewiesen ist, die Einwohner dahin vermögen, daß sie die zu liefernde Fourage außer demselben auf einem bestimmten Platze zusammen fahren, indem er sie dann auf eine sehr leichte Art ohne alle Unordnung unter seine Fourageurs vertheilen kann.

7. Noch besser wäre es, wenn man die Fourage für das ganze fouragirende Corps dorfweise nahe zusammen bringen ließe, indem alsdann der Umfang der Fouragirung sehr viel kleiner würde, und bey den Anstalten zur Deckung derselben dieß große Vortheile gewährt.

8. Wollen sich aber die Leute hierzu nicht verstehen, oder sind sie davon gegangen, so schickt der Staabsofficier die Regimentsquartiermeister aller, auf einen solchen Ort angewiesener, Regimenter, mit ihren Fouriers und Schützen

zen in denselben hinein, um sich wegen der Höfe zu vergleichen, und dieselben gehörig zu besetzen.

9. Ist dieß geschehen und dem Staabsofficier gemeldet; so läßt dieser die Knechte abgehen. Die Fouriers und Schützen führen diese auf die ihnen zugefallenen Höfe, der Regimentsquartiermeister läßt das Heu binden und das Getraide sacken, und wann er mit seinen Leuten fertig ist, läßt er es dem Staabsofficier melden, und rückt mit seinem Zuge aus dem Orte ins Lager zurück.

10. Der Regimentsquartiermeister haftet übrigens für alle Excesse, und muß, wenn es sonst nicht besonders contremandirt ist, für die eingetriebene Fourage quittiren.

11. Fouragiren mehrere Regimenter aus einem Orte, so wird die Anordnung und der Befehl darüber dem ältesten Regimentsquartiermeister dieser Truppen übergeben.

12. Ist die Fouragirung vollendet, so schickt der Staabsofficier, oder wenn eine Hauptbedeckung da ist, der Commandeur derselben, Patrouillen in die Dörfer und Felder, welche die zurückgebliebenen Fourageurs zurück bringen.

13. Entstehet während der Fouragirung Lärm, so müssen die Fourageurs nicht gleich zurück gezogen und die Bunde weggeworfen werden, sondern der Staabsofficier und die Regimentsquartiermeister müssen darauf sehen, daß mit der Fouragirung so lange fortgefahren wird, bis der Commandeur der Bedeckung entweder Befehl, oder das verabredete Signal, zum Rückzuge giebt, und alsdann sorgen sie dafür, daß der Rückzug nicht mit Unordnung geschiehet, und die Fourage nicht weggeworfen wird.

14. Der Staabsofficier muß mit den Schützen und Fouriers, unter Commando der Regimentsquartiermeister, die Fourageurs im Rückzuge schützen und zugleich die nöthige Ordnung in den Zügen erhalten.

15. Sobald die Fourageurs ins Lager zurückgekommen sind, so untersuchen die Officiers die, auf dem Place d'armes vor dem Bataillon oder der Esquadron, abgeworfenen Bunde und Säcke genau, ob etwa geraubte Sachen

darin versteckt sind, damit diese wieder zurückgegeben und die Stehler bestraft werden können.

16. Wenn man die Pferde auf die Hutweiden, längst den Flüssen, und auf die nächsten Wiesen schickt, so müssen sie ebenfalls, wie andere Fouragirungen, für alle feindliche Streifereyen gedeckt seyn, damit nicht der Feind die Pferde weghole.

17. Wenn die Armee beysammen steht, werden die Pferde unter einer ähnlichen Bedeckung auf die abgemäheten Felder oder an die Ufer der zunächst fließenden Bäche getrieben, um sich durch das daselbst wachsende Gras, von dem vorher erhaltenen erhitzenden Futter der Körner, abzukühlen.

18. Ein Land wo Wiesewachs ist, wird der Reiterey sehr vortheilhaft, weil sie nicht oft auf Fütterung auszugehen braucht, und der Feldherr länger in seinem Lager bleiben kann, ohne daß er unter großen Bedeckungen, die die Armee abmatten, weit auf Fütterung ausgehen darf.

19. Das gewöhnliche Füttern der Pferde geschiehet übrigens des Morgens um 5, und um 8; des Mittags um 12, und des Abends um 5, und um 8 Uhr.

§. 79.

3. Regel. Sicherheit der Fouragirung.

Erstens. Bedeckung derselben, wenn sie grün gehalten wird. Beobachtungen der Bedeckung vor der Fouragirung.

1. Wenn nun bey einer Fouragirung der Platz bestimmt ist, wo die Fourageurs die Bunde machen, oder wo die Pferde grasen sollen; so kann man das ganze Terrain für einen Lagerplatz ansehen.

2. Um also die Fouragirung zu decken, müssen Anstalten getroffen werden, welche denjenigen vollkommen ähnlich sind, die man zur Sicherheit eines Lagers macht.

3. Es

3. Es muß nämlich gegen den Feind eine Chaine von Cavallerie gezogen werden, welche von der Infanterie nachdrücklich unterstützt werden kann.

4. Eben so, wie bey einem Lager, so werden auch bey einer Fouragirung zur Sicherheit Posten ausgestellt.

5. Die Infanterie wirft sich in feste Schlösser, Kirchhöfe, Dörfer, Wälder und dergleichen; die Cavallerie besetzt die Ebene.

6. Außer dieser Chaine muß aber noch ein Corps de Reserve mitgenommen werden, welches nach Beschaffenheit der Umstände, entweder ganz zusammen bleibt, oder sich in mehrere Theile theilt, um dem Feind auf allen Seiten besser Widerstand zu leisten.

7. Wenn die ganze Armee fouragiren soll; so muß man gewiß seyn, daß in der Zeit, da die Leute aus sind, für das Lager nichts zu befürchten ist.

8. Sonst läßt man immer nur flügelweise oder die Hälfte der Flügel fouragiren, damit das Lager immer noch dem Angriffe des Feindes widerstehen kann.

9. Die Bedeckung versammelt sich im Lager, wie alle ausgehende Commandos an dem zu nehmenden Wege, oder sonst auf einem angewiesenen Sammelplatze, marschirt, wo möglich, den Abend vor der Fouragirung ab, und besetzt das Terrain derselben.

10. Gehen aber die Fourageurs mit der Bedeckung zugleich ab, so marschiren beyde Theile mit abwechselnden Trupps hintereinander.

11. Wenn die Bedeckung auf dem Platze angekommen ist, wo fouragirt werden soll, so werden kleine Patrouillen, so weit als möglich, abgeschickt, und wenn diese wieder zurückgekommen sind, und nichts vom Feind entdeckt haben; so formirt der Commandeur die Chaine.

12. Ist die Bedeckung aber den Abend zuvor abmarschirt, so geschiehet dieß nicht eher, als am andern Morgen, doch immer noch früher als die Fourageurs ankommen, damit

mit alsdann schon alles in Ordnung sey, und jeder seinen angewiesenen Posten kenne.

13. Die Stärke der Bedeckung richtet sich nach der Lage des Feindes, nach der Größe des Fourageplatzes, und nach den Mitteln, welche die Gegend zur Gegenwehr darbietet.

14. Sie muß aus schwerer und leichter Cavallerie und aus Infanterie bestehen. Die reitende Artillerie kann in solchen Fällen mit unendlichen Vortheilen genutzt werden. Sie eilt nämlich geschwind von einem bedroheten Punkt zum andern.

15. Das Verhältniß dieser Truppen richtet sich aber blos nach der Beschaffenheit des Terrains, in wiefern diese oder jene Art von Truppen darauf gebraucht werden kann. Je freyer und ebener die zu fouragirende Gegend ist, desto mehr Cavallerie braucht man, je durchschnittener, desto mehr Infanterie.

16. Man muß suchen die Fouragirung an eben dem Tage anzustellen, an welchem der nahe Feind die seinige vornimmt, weil man alsdann am wenigstens zu befürchten hat.

17. Indessen muß man doch sehr auf seiner Hut seyn, um nicht unvermuthet angegriffen zu werden, weil der Feind seine Fouragirung zwar anfangen, aber nicht enden und über uns herfallen könnte.

§. 80.

Fortsetzung.

18. Wenn fouragirt werden soll, so muß dieß nicht lange vorher befohlen werden, damit es der Feind nicht erfahre.

19. Brücken und alle andere Pässe, die der Feind passiren muß, werden stark mit Infanterie besetzt. Ein Wald, Berg, Stadt oder Dorf, welches sich in der Gegend befindet, muß mit in die Chaine der Posten gezogen werden.

20. Gehet

20. Gehet dies aber nicht an, so ziehet man diese Posten-Chaine wenigstens auf 1000 Schritt zurück, läßt aber das vor sich habende fleißig patroulliren, damit der Feind sich nicht dahinter formiren könne; die Dragoner und Husaren kommen auf die äußersten Posten und werden durch Cürassiers unterstützt.

21. In Gebürgen und waldigten Gegenden, wo die Bedeckung stärker an Infanterie ist, muß die Cavallerie nur zu Patrouillen gebraucht, und zwischen die Intervallen der Infanterie gestellt werden.

22. Diese Infanterie- und Cavallerie-Posten, welche die Fouragirung decken und nach eben den Grundsätzen ausgestellt werden, als die Feldwachen eines Lagers, haben wieder so wie diese Schildwachen oder Vedetten vor sich, die alles übersehen können, und eine Kette bilden, durch welche sie nichts aus der Fouragierung heraus lassen.

23. Wenn diese Chaine formirt ist, und die vorpatrouillirten leichten Truppen melden lassen, daß man nichts vom Feind entdeckt habe, so giebt der Commandeur Ordre, daß die Fourageurs absitzen und die Fouragirung anfangen kann.

24. Geschiehet die Fouragirung im Angesichte des Feindes, so werden vom Lager aus bis auf den Fouragier-Platz auf dem Wege, den die Fourageurs nehmen müssen, Replie-Posten zur Sicherheit derselben ausgestellt; auch muß man nach dem Fourage-Platze mehrere Wege offen lassen, damit die rückkehrenden Fourageurs um so leichter zurückkommen können.

25. Die Posten der Cavallerie müssen übrigens während der Fouragirung beständig patrouilliren lassen.

26. Da man bey allen Fouragirungen schon aus der Stellung des Feindes mit vieler Wahrscheinlichkeit wissen kann, welche Seite der Fouragirung er angreifen werde, so stellt man auf diese Seite auch die meisten Truppen.

27. Fou-

27. Fouragirt man in der Nähe feindlicher Festungen, so muß man sich bereit machen, mit ihren vereinigten Garnisons schlagen zu müssen.

28. Man muß daher die Truppen darnach einrichten; und da überhaupt die Sicherstellung einer Fouragirung unendliche Behutsamkeit und das größte Genie erfordert, so muß der Feldherr große Verschwiegenheit, Fleiß und die genaueste Kenntniß des Landes hierbey anwenden.

29. Ehe daher der Fourage-Platz bekannt gemacht ist, wird die äußerste Chaine gezogen, unter dem Vorwande die Desertion und das Spioniren zu verhindern.

30. Diese kleinen Trupps legen sich auf dem Wege nach dem Feinde zu an versteckte Oerter und fangen alles auf, was hin und her passirt, damit der Feind keine Nachricht erhalte.

31. Da die Fouragirung viel mit der Kriegeslist zu thun hat, so muß man alle Vorfälle voraussehen; denn oft thut der Feind, besonders in Ländern, wo wenig Fourage ist, und wo also die Chaine ausgedehnt werden muß, an mehreren Orten eine blinden Angriff, um alles dahin zu ziehen, während er an einem andern Orte, die Bedeckung über den Haufen wirft.

32. Die Kenntniß des Landes und seiner Vortheile hilft die Chaine verkürzen, und also die Größe der Bedekkung verringern.

33. Diese muß jedoch mit nach dem Abstande des Feindes, der Zeit die zum Marsche nöthig ist, um sie vom Lager aus zu unterstützen, eingerichtet werden, ferner nach der Zeit in welcher man Nachricht erhalten, den Truppen Ordre ertheilen, die Detaschements versammeln und den Rückzug der Leute erleichtern kann.

34. Weiß man, daß der Feind nur mit einer mittelmäßigen Stärke angreifen kann, so muß die Bedeckung so stark seyn, daß sie es mit diesem feindlichen Corps aufnehmen kann.

35. Man

35. Man läßt auch, wenn man Flügelweise fouragirt, den andern Flügel Cavallerie gesattelt und gezäumt, damit man mit ihm sogleich die Bedeckung unterstützen könne, im Falle sie attakirt würde.

36. Ueberhaupt muß die Bedeckung so postirt werden, daß jede Art Truppen da steht, wo sie am besten agiren kann.

37. Das Hauptcorps stellt sich an die bedenklichste Stelle, oder wenn mehr als ein Angriff zu befürchten ist, an eine, von wo aus es überall leicht dem anrückenden Feinde entgegen gehen kann.

38. Ist die Strecke groß, so wird das Corps in Divisionen getheilt, und diese werden an die gefährlichsten Stellen so postirt, daß sie einander immer Beystand leisten können.

§. 81.

Beobachtungen der Bedeckung während der Fouragirung.

1. Anstatt bey einer Fouragirung abzuwarten, bis der Feind die Chaine angreift, ist es zuweilen rathsamer, mit dem größten Theile der Cavallerie vorzugehen und die Gegend zu recognosciren.

2. Trift man alsdann den Feind, so kann man ihn vielleicht mit Vortheil angreifen und zurück schlagen. Man kann auch zur Unterstützung der Cavallerie einige Bataillons mit nehmen.

3. Während dieser Zeit können die Fourageurs ihre Bunde ruhig machen, und entweder gleich regimenterweise in das Lager zurück gehen, oder sich an einem Orte so lange versammelt halten, bis sich die Bedeckung zusammen gezogen hat, und die Fourageurs in das Lager escortirt.

4. Findet der Feind nun ein solches Corps Cavallerie vor sich, so ist zu vermuthen, daß er dasselbe angreifen werde, wenn er stark genug ist. Wenigstens darf er es nicht

nicht wagen, die Chaine anzugreifen, so lange dieses Corps Cavallerie nicht geworfen ist.

5. Greift der Feind die vorwärts stehende Cavallerie an, so ziehet sich dieselbe nach und nach an die Chaine zurück, und begiebt sich dahin wo die meiste Infanterie und Artillerie stehet.

6. Wenn nun der Feind hitzig verfolgt, so kommt er vielleicht in das Feuer der Infanterie und alle seine Unternehmungen scheitern.

7. Ueberhaupt muß der Commandeur der Bedeckung, sobald er erfährt oder sieht, daß er wo angegriffen werden soll, nicht gleich mit seinem ganzen Corps dahin eilen, sondern er muß sich nur immer so weit einlassen, als es die Gewalt, die der Feind anwendet, nöthig macht; denn es könnte nur eine falsche Attake seyn.

8. So lange der Feind ihm nicht überlegen ist, muß der Commandeur immer suchen seine Fouragirung zu vollenden, zu welchem Ende er oft einen Officier an dieselbe abschickt, der sie betreibt und ihm von ihrem Fortgange Bericht abstattet.

9. Ist der Feind aber zu stark, dann müssen die Fourageurs gleich ohne die Gebunde zurück geschickt werden.

10. Die Chaine ziehet sich, wenn sie aus dem Wege sind, zusammen, und die ganze Bedeckung macht ihre Retirade in bester Ordnung.

11. Auch kann man, wenn der Feind stark angreift, die Fourageurs der Cavallerie gleich zusammen ziehen, und sie en Bataille formiren. Die leichten Truppen scharmuziren unterdessen mit dem Feinde, und der Commandeur nimmt seine Maaßregeln, damit er die Packpferde der Armee und dann sein Corps selbst in Sicherheit bringe.

12. Denn da die Bedeckung der Fouragirung kein Treffen zum Zwecke hat, so muß der Commandeur seine Anstalten so getroffen, und die rückwärs liegenden und zu passirenden Defilees besetzt haben, daß er bey einer großen Uebermacht bey Zeiten seinen Rückzug mit Sicherheit antreten könne.

13. Er

13. Er muß also nur dann dem Feinde die Spitze bieten, wenn diese Sicherheit es erfordert.

14. Es ist daher auch äußerst nöthig, daß er den kleinen, die Chaine formirenden Trupps, beym Angriffe des Feindes auf alle Fälle Verhaltungs-Befehle ertheilt, und ihnen die Art und den Weg anweist, wie sie sich gegen die rückwärtsstehenden Corps oder Hauptreserven zurück ziehen sollen.

15. Da sich die Cavallerie-Posten nicht lange bey einem überlegenen Angriffe halten können, so muß man sie so postiren, daß sie so viel als möglich durch Infanterie rückwärts oder auf beyden Seiten soutenirt werden, da diese sich in allen ihren Posten, wenn sie in Wälder, hinter Erhöhungen, in Dörfer, Schlösser, hinter Moräste, und Gewässer postirt ist, weit länger halten kann.

16. Es ist daher ein großer Vortheil, wenn die Gegend, die ausfouragirt werden soll, so situirt ist, daß man an einer oder mehreren Seiten derselben, entweder vortheilhaft gelegene Höhen und zur Vertheidigung dienliche Ge-Gebäude antrift, oder durch ein Natur-Hinderniß, wie ein Morast, breiter Fluß, ein felsigter Abgrund, dem Feinde gegen solche Stellen aller Angriff entweder unmöglich oder so höchst beschwerlich fällt, daß man ihn mit weniger Kraft unnütz machen kann.

17. Ist aber die Fouragirung in einer Ebene, so muß man ungleich weit mehr Cavallerie haben, und die Chaine daselbst näher zusammen ziehen, weil der Feind die Stellung leichter übersehen kann.

18. Ist die Fouragirung vorbey und die Fourageurs sind alle abmarschirt, so werden noch einmal Patrouillen in die Felder, und in alle umliegende Dörfer geschickt, welche die Traineurs zurück bringen und vom Feinde Nachricht einziehen.

19. Sobald diese Patrouillen zurück sind, so ziehet der Commandeur seine gehabte Chaine dergestalt zusammen, daß Trupp vor Trupp sich an den Hauptposten ansetzt. Die nächst-

nächstgestandenen, und die, welche die Hauptpässe besetzt halten, sind die letzten.

20. Ist nun alles versammelt, so tritt die Bedeckung ihren Rückmarsch nach dem Lager an, und nimmt auf demselben, die auf dem Wege, zur Bedeckung der Fourageurs ausgesetzten Replirposten, mit sich zurück.

§. 82.

Zweytens. Bedeckung einer trocknen Fouragirung.

1. Die Anstalten, welche zur Bedeckung einer trockenen Fouragirung getroffen werden müssen, sind wenig von den Anstalten einer grünen Fouragirung unterschieden.

2. Weil aber bey einer grünen Fouragirung die Fourageurs auf den Feldern besser mit einander zusammen hängen, sie auch besser um sich sehen können, und wenn der Feind ankömmt, dieß weit schneller bekannt wird, endlich die bewaffneten Fourageurs von der Cavallerie es auf freyem Felde zur Noth mit den vorprellenden Husaren aufnehmen können, dahingegen in den Dörfern die Fourageurs mehr oder weniger von einander getrennt sind, je nachdem die Dörfer weiter auseinander, oder näher zusammen liegen, die Leute in den Scheunen, und auf den Böden vertheilt, folglich wenn der Feind in ein Dorf dringt, außer Stande sind sich zu wehren: so erfordert die Anordnung der Chaine bey einer trockenen Fouragirung auch mehr Vorsicht und Aufmerksamkeit, als bey einer grünen.

3. Ehe nun solche Fouragirung unternommen wird, muß die Gegend den Tag zuvor, so weit als man kommen kann, recognoscirt werden, und wenn man dadurch in Erfahrung gebracht hat, daß der Feind mit keinem starken Corps in der Nähe stehet, so kann die Fouragirung auf den andern Tag befohlen werden.

4. Die Chaine muß schon völlig formirt seyn, ehe die Fourageurs anlangen, da man sich sonst einer großen Gefahr aussetzte, wenn man die Fourageurs in die Dörfer

ser vertheilen wollte, ohne ihnen einige Sicherheit zu geben.

5. Die Infanterie besetzt die vor oder dicht an den Dörfern liegenden Höhen und Pässe, oft auch die Dörfer selbst. Die Cavallerie rückt vor, doch so, daß sie sich leicht hinter die Infanterie zurück ziehen kann.

6. Die einzelnen Infanterie-Posten müssen sich gehörig unterstützen können, und die Cavallerie schickt vorwärts und auf die Flanken, auf verschiedenen Wegen Trupps aus, welche oft eine halbe bis ganze Meile vorwärts gehen, um vom Feinde Nachricht einzuziehen.

7. Außerdem muß man aber noch ein Corps de Reserve haben, und dieß nach eben den Grundsätzen, wie bey einer grünen Fouragirung postiren.

8. Die Fourageurs dürfen schlechterdings nicht einzeln nach dem Lager zurück reiten, sondern regimenterweise von dem allgemeinen Sammelplatze aus, gegen welchen sich alsdann der Commandeur mit der Bedeckung immer näher zurückziehet, wenn ihm gemeldet ist, daß man in allen Dörfern fertig ist.

9. Kann man die Landleute dahin vermögen, daß sie alles auf einen Platz bringen, wo man alsdann die Vertheilung und das Packen vornehmen läßt, so ist das Geschäft unendlich leichter, indem man jetzt blos diese einzige Stelle zu decken braucht, oder man fouragirt auch ein Dorf nach dem andern.

Dritter Abschnitt.

Von der Quartierstellung.

§. 83.

Was Winter- und Cantonnirungs-Quartiere sind: Grundregeln, worauf die Einrichtung eines Quartierstandes beruht.

1. Wenn solche Witterung eintritt, die der Soldat im freyen Felde unter Zelten nicht aushalten kann, als: starker Frost, große Hitze, anhaltender kalter Regen; so darf man die Truppen und Pferde, welche ohne dieß schon in dem Laufe eines Feldzuges sehr mitgenommen werden, solchen Beschwerden nicht aussetzen und damit sie also ein besseres Obdach, Schutz und Bequemlichkeit haben, so verlegt man sie in Quartiere, das heißt: in die Häuser der Dörfer, Schlösser und Städte.

2. Da man nun während des Winters keine vorzüglich große Operationen unternehmen kann, und die Truppen auch Erholung und Pflege zum künftigen Feldzuge nöthig haben, so benutzt man hierzu hauptsächlich diese Jahreszeit.

3. Legt man daher, während eines Feldzuges die Truppen blos in Quartiere, um sie gegen die nachtheilige und angreifende Witterung zu decken, so nennt man dieß **Cantonnierungs-Quartiere.**

4. Werden sie aber zur Pflege und Bequemlichkeit, im Winter weiter aus einander gelegt, so heißen diese: **Winterquartiere.**

5. Diese doppelte Art der Quartiere ist also in weiter nichts von einander verschieden, als daß die Winterquartiere mehr wie die Cantonnirungsquartiere ausgedehnt werden.

6. Indem man nun aber so die Truppen in die Häuser der bewohnten Oerter vertheilt, raubt man ihnen noch weit mehr als in einem Lager, die Möglichkeit mit verbundenen Kräften dem schnellen Angriffe des Feindes zu widerstehen.

7. Denn in den Zelten eines Lagers, liegen sie doch so nahe beysammen, daß die Ausdehnung desselben nicht die Front ihrer Schlachtordnung übertrift, und sie sind so gleichmäßig vertheilt, daß sie nur gerade aus, und vor ihre Zelte zu treten brauchen, um so gleich eine verbundene Schlachtordnung zu bilden.

8. Dieß geht aber bey dem Ausrücken der, in den Quartieren vertheilten Mannschaft, nicht gleich an; da selbst die engste Cantonnirung immer eine größere Strecke als die Truppen in der Schlachtordnung einnehmen wird, und dieselben auch in den Häusern selbst, nicht so regelmäßig, wie in den Zelten vertheilt seyn können.

9. Da man also jeden Quartierstand einer Armee oder eines Corps, immer als ein weitläuftiges mehr oder weniger aus einander gezogenes Lager ansehen kann, so findet auch hier der allgemeine Grundsatz der Stellung und Lagerung der Truppen statt, aus welchem alle Regeln fließen; nämlich: die Truppen, so viel als möglich, in jeder Lage vor nachtheiligem Angriffe zu sichern.

10. Das heißt also, daß die Truppen aus ihren Quartieren, so wie aus den Zelten ihrer Läger, schon auf einem vortheilhaften Schlachtfelde, in Schlachtordnung zusammengezogen seyn können, ehe es dem Feinde möglich ist, einen Haupt-Angriff gegen ihre Wohnungen zu unternehmen.

11. Die 3 Grundsätze, die die Güte und Wahl eines Lagers bestimmen, müssen also auch bey der Festsetzung der

Quartiere zur Richtschnur dienen und in Ausführung gebracht werden.

12. Da aber ein Lager zusammenhängend, und als ein einziges großes, und noch dazu nach der militairischen Ordnung, eingerichtetes, Quartier anzusehen ist, in einem Quartierstande die Truppen aber in großen Haufen mit wieder dazwischen liegenden großen Intervallen zertheilt, und in die Ortschaften verlegt sind, so kann man jedes dieser Quartiere als ein besonderes kleines Lager, und also den ganzen Quartierstand als eine Kette von kleinen Lägern, oder als ein großes Lager betrachten, welches in viele kleinere, mit dazwischen liegenden großen Intervallen zerlegt ist.

13. Aus allem diesem folgt nun, daß da ein jedes Lager, so wie ein jeder einzelner Posten in einer allgemeinen Chaine mehrere derselben, seine besonderen Sicherheitsanstalten bedarf, die Sicherheit eines jeden Quartierstandes, von welcher Art er auch seyn mag, jedesmal doppelt ist.

a. Allgemein, daß nämlich nicht die ganze feindliche Armee einen Angriff auf den ganzen Quartierstand unternehmen kann, ohne unsere Armee in voller Bereitschaft zu finden.

b. Besonders, daß nicht feindliche Truppen dieses oder jenes Quartier einzeln mit Vortheil angreifen und aufheben können.

I. Hauptgrundsatz. Anordnung des Quartierstandes zur vortheilhaften Gefechtsführung.

§. 84.

Unterschied der Lager und Quartierstellung in der Anwendung der Positionsgrundsätze.

1. Der erste Grundsatz zur Wahl einer Stellung der Truppen, also zur Wahl eines Lagers oder eines Quartierstan-

standes ist, daß der Platz so beschaffen sey, daß wir den Vortheil, bey einem Angriffe des Feindes, gegen ihn besitzen.

2. Da nun ein Lager auf, oder dicht hinter dem Terrain stehet, welches den Truppen zur Stellung dient, so ist es also mit dieser eigentlichen Stellung so genau verbunden, daß es gerade durch dieselbe selbst dem Feinde die Vortheile beym Angriffe darauf entziehet.

3. Die Eigenschaften einer nach allen Regeln gewählten Position, sind daher das einzige Mittel, um dieß auch bey einem Quartierstande gehörig zu erhalten.

4. Diese Deckungsstellung des Quartierstandes muß aber so liegen, daß der auf die Quartiere der Armee andringende Feind nicht umhin kann, sie vorher zu durchbrechen.

5. Daher muß sich auf beyden Flanken des Quartierstandes ein Terrain-Hinderniß finden, welches dem Feinde hier alles Eindringen in den Raum der Quartiere wehrt, und das sich unmittelbar an die Flügel der Deckungsstellung anschließt.

6. Diese wichtige Stellung würde aber, wenn sie nicht von den, zu ihrer Vertheidigung höchst nöthigen, Truppen immer besetzt bliebe, ihren eigentlichen Zweck, die Sicherheit des Quartierstandes, nie leisten.

7. Es kann nun aber nur ein Theil der Armee zu diesem, vorzüglich im Winter, sehr abmattenden Dienste gebraucht werden, damit man die Absicht der Quartierbeziehung, nämlich die Erfrischung und das Ausruhen der Armee erlange.

8. Man findet ferner sehr wahrscheinlich nicht so leicht eine Gegend, bey der die Deckungsstellung der Quartiere, das heißt: die Gegend, durch welche nur allein ein Angriff vom Feinde gegen dieselben zu unternehmen ist, in ihrer Front nicht eine größere Länge als das zu ihrer Vertheidigung bestimmte Corps en Bataille einnehmen, und der Feind bey

seinem Angriffe gewiß mit einer überlegenen Macht anrücken wird.

9. Hieraus folgt also, daß bey der, die Quartiere deckenden Stellung, die Vortheile einer gewöhnlichen Lagerstellung in einem so hohen Grade vorhanden seyn müssen, daß es dadurch möglich wird, nur mit einem Theile der Armee, diese so sehr über die Flügel seiner Ordre de Bataille ausgedehnte Weite zu vertheidigen, und bis zur Ankunft einer hinlänglichen Unterstützung auch zu behaupten.

10. Damit aber, wenn der Feind das in der Deckungsstellung stehende Corps mit einer zu überlegenen Macht angreift, die Armee zu seiner Unterstützung und zur Behauptung der schützenden Posten im Ganzen oder theilweise das Erforderliche beytragen kann, so wird ihr eine gute, hinter dem Deckungsposten liegende Stellung, die der Feind vor der Armee gar nicht erreichen kann, zum Versammlungs-Orte angewiesen.

11. Sollte aber der Feind würklich die Deckungs-Posten überwältigt haben, ehe es den verschiedenen Armee-Theilen möglich war in dem Orte anzulangen, von da aus ihnen die Unterstützung dieser Posten aufgetragen war, und sollten sie also durch das schnelle Vordringen des Feindes in Gefahr kommen von einander abgeschnitten und dann einzeln geschlagen zu werden; so wird um dieses auf alle Fälle zu verhindern den Truppen, gewöhniglich hinter der Mitte der Quartiere, damit sie alle einen gleichen Weg haben, noch eine sehr feste Position angewiesen, welche denselben zum Wiederversammlungspuncte dient und in der sie in solchen Umständen alle zusammen stoßen, um dem Feinde mit vereinter Macht widerstehen zu können.

A. Grundsatz. Deckung der schwächsten Theile der Heerstellung.

§. 85.

a. Erste Regel. Sicherheit der Flanken.

b. Zweyte Regel. Sicherheit der Front.

1. Die erste Regel ist: daß der Feind die Stellung der Armee, weder in der Flanke, noch im Rücken, mit gar keinem zu erwartenden schnellen Erfolge angreifen kann.

2. Man muß daher die Flanken und den Rücken des Quartierstandes durch dieselben Mittel zu decken suchen, die in dieser Absicht bey dem Lager angegeben sind.

3. Nur ist hierbey zu bemerken, daß der Feind bey der Ausführung eines Angriffes auf einen Quartierstand genöthigt werden muß, mehr Zeit aufzuwenden als bey einem Lager, indem diese letztere Stellung weit mehr Consistenz als erstere hat, und also bey einem Quartierstande die Dekkungsmittel für Flanke und Rücken, um so mehr an Ausdehnung oder Stärke zunehmen müssen.

4. Eine Festung oder stark befestigte Stadt, das Meer, ein breiter Fluß oder unzugänglicher langer Morast, oder steiles mit wenigen Pässen versehenes Gebürge, sind daher die besten Flankendeckungen eines Quartierstandes.

5. Doch muß man sich im Winter nicht auf die Flüsse und Moräste verlassen, weil diese dann vielleicht zufrieren, und der Feind über sie wie über die Ebene marschiren kann.

6. Hauptsächlich gewährt nur das Terrain Vortheile gegen den Angriff des Feindes, welches seine volle Streitkraft schwächt, wenn er es passiren will, und dieß geschieht nur dadurch, wenn er entweder genöthigt ist in schmalen und tiefen Haufen anzurücken, oder die menschlichen Kräfte bey der Passage solcher Terrains sehr angegriffen und dadurch seine militairische Kraft, die in seiner Anordnung bestehet, zerrüttet wird.

7. Es folgt hieraus, daß wenn man keins der oben angeführten Hauptdeckungsmittel besitzt, man zur Sicherheit der Flanken, ein solches, diese Vortheile gewährendes Terrain so viel wie möglich aufsuchen, und daher alle Pässe und wichtige, die Quartiere der Flanke beherrschende Anhöhen, auf das vortheilhafteste verschanzen muß.

8. Damit nun der Feind nach der zweyten Regel nirgend unvermuthet die Front der Armee angreifen kann, so müssen alle die Zugänge, welche gegen dieselbe führen, und mittelst welcher er sich verdeckt nähern könnte, gehörig besetzt oder auf eine andere Art gänzlich unbrauchbar gemacht seyn.

B. Grundsatz. Stärke der Schlachtlinie.

§. 86.

a. Lehrsatz. Stärke der Front.

1. Die erste Regel des zweyten Lehrsatzes fordert, daß der Zugang zur Front dem Feinde beschwerlich falle, ihn also auf irgend eine Art schwäche, und in der Wiedererlangung der nöthigen Ordnung und Kraft, also aufhalte.

2. Dieß wird nun aber durch Terrain= oder künstliche Hindernisse erlangt, und diese bestehen entweder blos in Truppen, oder besser in verschanzten und gut besetzten Posten, oder in nachgemachten natürlichen Hindernissen.

3. Es muß sich also zwischen der Front der Quartiere und dem Feinde, ein solches Terrain befinden, wie zur gehörigen Deckung der Flanken erforderlich ist, nämlich: ein breiter Fluß, Morast, Felsen, Grund, Gebürge; überhaupt also, Gegenstände der Natur, die nur einige wenige enge Pässe haben oder bilden, oder die doch immer den Feind zwingen, sie nur in sehr schmaler Front zu passiren; als: dicke Waldung.

4. Ist

4. Ist aber ein solches Terrain nicht da, so muß man dem Feinde eine Kette sehr stark verschanzter und besetzter Posten entgegen setzen, welche er auf keinen Fall hinter sich liegen lassen darf, sondern die seinen darauf zu thuenden Angriff so lange beschäftigen, bis die Armee versammelt ist, und dem Feinde entgegenrücken oder ihn in Schlachtordnung erwarten kann.

5. Eine solche Kette verschanzter Posten, nennt man den Cordon des Quartierstandes oder bey Winterquartieren; eine Winterpostirung.

6. Befände sich vor der Front der Quartiere eine Chaine von Festungen, so wäre diese freylich der allerbeste Cordon, indem die Garnisonen dieser Festungen dem Feinde alles weite Vordringen verwehren.

7. Da man aber auch, wenn die Armee von der Front ihrer Quartiere Defilees zur Deckung besitzt, doch immer diese Defileen stark besetzt und verschanzt halten muß, weil sie sonst auf keine Weise Vortheile beym Angriffe des Feindes gewähren, so folgt hieraus: daß ein jeder Quartierstand, er mag nun natürliche oder künstliche Deckung haben, immer einen Cordon zur Sicherheit nöthig hat.

8. Einem solchen Cordon, der nun die eigentliche Deckungsstellung der rückwärts liegenden Quartiere ist, sind gewöhnlich die vordern Quartiere zur Unterstützung angewiesen, weswegen sie auch nur, mit den dazu dienlichen Truppenarten belegt werden.

9. Schon beym Lager haben wir den Vortheil gesehen, welchen ein schmaler Zugang, in den man die Armee stellen kann, demselben zur Deckung gewährt.

10. Bey einer Postirung ist daher äußerst vortheilhaft, wenn die die Flanken deckenden Naturhindernisse, mit denen vor der Front so zusammen stoßen, daß vor der Mitte der Armee nur ein schmaler Landstrich bleibt, wo ein Angriff möglich ist; die Flanken-Deckungen sich aber gegen den Rücken der Armee immer mehr ausbreiten, so daß die hintere

tere Quartierlinie mit voller Sicherheit doch ungleich länger ist, als die angreitzbare Cordoufront.

§. 87.

b. Lehrsatz. Gehörige Größe der Stellung.

1. Man sieht leicht ein, daß sowohl um die zeitige Unterstützung der deckenden Posten gegen eine überlegene feindliche Macht, durch die in den Quartieren vertheilten Heerestheile, als auch um die gänzliche Versammlung der Armee zu erhalten, dieselbe nur nach dem Verhältnisse einer nahen oder fernen, kleinen oder großen Gefahr des feindlichen Angriffes, aus einander gelegt werden kann.

2. Die Stärke einer Position und die immer zu deren Vertheidigung auf derselben bereiten Streitkräfte gegen den augenblicklichen Anfall, bestimmen die Ausdehnung und Entfernung der Lager, und die Truppen die zu ihrer stärksten Vertheidigung nöthig sind.

3. Eben ein solches Verhältniß findet auch hier zwischen dem Raume des Quartierstandes und den Deckungsmitteln Statt.

4. Je ausgedehnter die Quartiere werden, desto besser, desto bequemer haben es die Truppen in denselben.

5. Allein die Natur der Sache, giebt hierbey einen Maasstaab an die Hand, den man nie aus der Acht lassen, und nach welchem, der Regel nach, beständig die Ausdehnung des Quartierstandes abgemessen werden muß, und dieser Maasstaab ist die Zeit, welche zwischen der Erfahrung eines bevorstehenden feindlichen Angriffes, und der geschwindesten Ausführung des Angriffes selbst, vergehen kann.

6. Der Feind mag daher auch in Quartieren oder auf eine andere Art vertheilt, nahe oder fern von uns liegen, so muß man in allen diesen Fällen die Zeit genau berechnen, die er braucht, um sich zur Ausführung eines Angriffes, hinlänglich

sich stark zu vereinigen; die er ferner auf dem Marsche bis zu uns; vorzüglich aber die er bis zum würklich erfolgenden Angriffe von der Zeit an noch zubringen muß, in welcher wir erst seinen Vorsatz erfahren können.

7. Die Anordnung und Ausdehnung der Quartiere muß also so eingerichtet seyn, daß die Zeit, die vergehet, bis der den Quartierstand commandirende Feldherr von dem Entschlusse des Feindes, ihn anzugreifen, benachrichtigt wird, zu der Zeit genommen, die nöthig ist, von hier aus den Truppen seine Ordres zu ertheilen, und welche ferner erfordert wird, ein hinlängliches Truppen-Corps, aus seinen verschiedenen Quartieren aufbrechen, und sich an der bedroheten Stelle, oder auf dem Hauptsammelplatze vereinigen zu lassen, noch immer um ein Ansehnliches kürzer sey, als die Zeit, die von der ersten Entdeckung des feindlichen Vorhabens bis zu seiner möglichst geschwindesten Ausführung vergehet.

8. Die Truppen besitzen in Rücksicht der von ihnen zurück zu legenden Marschweiten, nur gewisse bestimmite Kräfte; in Betreff der Geschwindigkeit in Mittheilung von Nachrichten und Ordres, findet aber keine größere Statt, als die man durch Signale mit Raketten, Kanonen-Schüssen, angezündetem Feuer oder mit andern weit zu sehenden oder zu hörenden Sachen, erhält.

9. Die Bemerkung eines, mehrere Meilen weit abstehenden Signals solcher Art, wenn es gehörig stark ist, oder an dem Ende seiner Würkungskraft fortgepflanzt wird, stehet von der Bemerkung des weit näher stehenden, nur in einer geringen Zahl Minuten ab.

10. Es folgt also hieraus: daß man verhältnißmäßig den Quartierstand weiter ausdehnen, die Truppen also mehr vereinzeln und ihnen daher einen bequemern Aufenhalt verschaffen kann, je mehr man nur Kunst anwendet, die mögliche tägliche Marschlänge der Truppen zu vermehren, den Entschluß des Feindes früh genug zu erfahren, und ihn über das bey seinem Vorrücken immer mehr Hindernisse in den

Weg

Weg zu legen, um so längere Zeit zum Zusammenziehen zu gewinnen.

11. Daß zugleich die Truppen die kürzesten Weiten, bis zum Sammelplatze, wenn es möglich ist, zu ihren Wegen nehmen, und diese auf die beste Art einrichten lassen müssen, versteht sich übrigens von selbst.

12. Giebt man den Truppen keinen Zusatz zu ihrer Geschwindigkeit und sind die Wege gut, so kann sich eine Armee wohl in 10 Stunden nach erhaltener Ordre in der Mitte ihrer Quartiere versammelt haben, wenn diese ein Quadrat einnehmen, dessen Seite 8 Meilen ist.

13. Rechnet man nun eine Stunde zum Umlaufe der Signale und der Rapportirung des feindlichen Anmarsches ins Hauptquartier; ferner eine Stunde zum rangiren der versammelten Truppen: so muß der Feind von der Entdekkung seines Anmarsches an, bis zu seiner Ankunft vor der Stellung der Armee, wenigstens 12 Stunden aufgehalten werden können.

14. Da er nun von der Front unserer Quartiere bis zum Sammelplatze 8 Stunden zu marschiren hat, so muß er also von seiner Entdeckung an, bis daß er in die vordersten Quartiere kommt, 4 Stunden aufgehalten werden, welches durch die Sicherheits-Anstalten des Quartierstandes leicht zu erhalten ist.

15. Die Regel: daß der Platz für die Vertheidigungs-Truppen nicht zu groß oder zu klein sey, leidet bey der Wahl der Front eines Quartierstandes eine andere Anwendung als bey dem Lager.

16. Denn weil man bey der Vertheidigung des Lagers gern seine ganze vereinigte Macht gebrauchen will, so muß daher die Front der Stellung nur höchstens das knappe Maaß ihrer vortheilhaftesten Ausbreitung haben.

17. Hier aber, wo nur ein Theil des Heeres oft eine Zeitlang einer überlegenen Macht entgegen stehen, und der ganze Raum des Quartierstandes durch die von ihm eingenom-

nommenen Posten gedeckt werden muß, ist es vortheilhaft, nur eine sehr kleine Strecke zu vertheidigen zu haben.

18. Es folgt also, daß die Front der Deckungsstellung eines Quartierstandes nie zu klein seyn, und es immer vortheilhaft wird, je mehr die großen Terrain-Hindernisse, welche die Seiten des Quartierstandes, ganz oder doch äusserst unzugänglich machen, sich einander von der Front nähern.

§. 88.

c. Lehrsatz. Vortheilhafte Form der Quartierfronte.

1. Regel. Wahl der Hauptposten darnach überhaupt.

1. Bey der Bestimmung der Form des deckenden Cordons, die hier nach denselben Grundsätzen, wie bey der Lagerstellung gewählt wird, muß man also vorzüglich die Aufmerksamkeit darauf richten.

a. welche Quartiere und Posten ihren Vortheilen nach in den Cordon zu ziehen sind.

b. Wie man die erwählten Hauptposten in einen solchen Vertheidigungsstand setzen kann, daß sie sich bis zur ankommenden Verstärkung halten können.

c. Daß die Lärm- und Waffenplätze, der allgemeine Sammelplatz und der Wiedervereinigungs-Posten so genommen werden, daß durch erstere die beste Vertheidigung der Posten, durch letztere aber die geschwindeste und sicherste Zusammenziehung der Truppen bewürkt wird.

2. Was nun die vortheilhafte Lage der einzelnen Quartiere betrift, so muß man diese nach zwey Rücksichten betrachten und festsetzen.

a. In Rücksicht der Sicherheit des Ganzen.

b. In Rücksicht der militairischen Festigkeit jedes Quartieres einzeln als Posten genommen.

3. Zur allgemeinen Sicherheit gehört nun:

2. daß

a. daß das Quartier so liegt, wie es zur Bildung und Bindung der, durch den Quartierstand formirten Vertheidigungs-Figur erforderlich ist.

b. Daß es nicht zu weit oder durch ein unsicheres, Defileen bildendes Terrain von der Masse der andern Quartiere getrennt ist.

c. Daß es übrigens so weit hinter den, den Quartierstand deckenden Haupt-Defileen liegt, daß es die daraus erwachsende Sicherheit mitgenießt.

4. Zer besondern Festigkeit jedes einzelnen Quartieres gehört:

a. Die sichere Communication mit andern, um leicht Unterstützung erhalten zu können.

b. Ein umliegendes Terrain, welches sich am besten zur Vertheidigung derjenigen Truppen-Art paßt, die in dem Quartiere liegt.

5. Dieses ist aber nicht immer der Fall, und kann es auch nicht seyn, indem die Cavallerie, wenn sie in einem Orte eingeschlossen ist, sich nicht darin geschwind formiren und gar nicht vertheidigen kann, sondern um dieß zu thun, wird sie vielleicht genöthigt, in einer großen Entfernung die hierzu nöthige Ebene zu suchen.

6. Man besitzt also nur bey der Infanterie die Möglichkeit, jedes Terrain durch Verschanzung, für sie vortheilhaft zu machen, wenn auch der Ort, an und für sich selbst, nicht zur Vertheidigung dienlich wäre.

7. Die Cavallerie und Artillerie muß man also, entweder niemals an solche Oerter legen, die einen Infanterie-Angriff zu befürchten haben, ohne daß man ihnen zeitig genug mit Infanterie zu Hülfe kommen kann, oder man muß diesen Truppen-Arten auch Infanterie zu ihrer Vertheidigung beygeben, oder sie sogleich zurück ziehen.

8. Dieses ist indessen, vorzüglich bey der Artillerie äusserst gefahrvoll, und daher die Lage der Quartiere fehlerhaft, wo dieß der Fall mit solchen Truppen werden müßte, die

der

der Natur ihrer Einrichtung nach, besonders Ruhe bedürfen.

9. Man muß daher nicht eigensinnig darauf bestehen, gewisse Oerter oder Posten zu Winter- oder Cantonnirungs-Quartieren haben zu wollen, sondern bey ihrer Wahl lediglich auf die Sicherheit der Truppen, und auf die künftigen Folgen Rücksicht nehmen.

10. Es giebt Gegenden, die zwar nicht durch große Flüsse, aber kleinere Bäche sehr gut gedeckt sind, weil beyde Ufer derselben mit Wiesen und Morästen in einer sehr großen Strecke umgeben sind.

11. Zuweilen ist es in einem gebirgigten Lande, schwerer als in ebenen Gegenden die Quartiere einer Armee in Sicherheit zu setzen.

12. Der Feind findet leichter Mittel, seine Bewegungen zu verstecken und sich durchzuschleichen. Vielleicht glückte es ihm, einen Posten aufzuheben, der zum Avertissement dient. Auch ist die Gemeinschaft zwischen den Quartieren sehr beschwerlich.

§. 89.

2. Regel. Anordnung der Quartierfronte in der Ebene.

1. In ebenen Gegenden, wo die Front- und Flankendeckung nur durch Flüsse, Moräste, oder dicke Waldung zu erhalten ist, werden die Cordonposten und Quartiere schon durch den Lauf dieser Defileen genau bestimmt, indem es hier blos darauf ankommt den Uebergang oder Durchgang zu verwehren.

2. Bey Flüssen und Morästen bricht man daher alle Brücken und Dämme ab, und zernichtet alle Furten.

3. Die sehr wenigen Passagen, welche man aber über diese Gegenstände stehen läßt, und die man vorzüglich zur Aussendung der Patrouillen nützet, verschanzt man sehr stark und legt eine kräftige Unterstützung in ihre Nähe.

4. Die Wege durch die deckenden Waldungen, werden ebenfalls zernichtet und der ganze Wald mit starken, hier, zur nöthigen Gemeinschaft der Cordonposten, sehr dienlichen Verhauen durchzogen.

5. Bey anhaltendem Froste müssen die deckenden Gewässer fleißig aufgeeiset werden.

6. Sollte dieß aber wegen zu starken Frostes dennoch unnütz bleiben, so müssen die Quartiere der Truppen, deren Ausdehnung vorher mit durch die Sicherheit bestimmt ward, welche die Defileen leisteten, nunmehr zusammen gezogen, und den vordern Posten ihre Unterstützung näher gebracht werden, indem jetzt die natürlichen Hindernisse, welche ihre Verbindung und die Deckung der Quartiere ausmachten, verschwunden sind.

7. Es ist alsdann beynahe der nämliche Fall, wenn man die Quartiere in einer ganz freyen unbedeckten Gegend bezieht, so daß nur die Vorposten die Sicherheitsmittel derselben seyn können.

8. Bey solcher übeln Lage, muß man jedoch die Vorposten so stark als möglich zu machen, und sich wenigstens zwey Meilen von den nähesten feindlichen Posten zu entfernen suchen, damit die Patrouillen weit genug vorgehen und den Anmarsch des Feindes zeitig genug entdecken können, auch die Vorposten eine hinlängliche Stärke besitzen, um ihn wenigstens doch so lange aufzuhalten, bis die Abtheilungen der Armee auf ihren Vertheidigungs-Posten zusammen gezogen sind.

9. Da des Feindes Vormarsch durch die schlechten Wege sehr erschwert wird, so kann man füglich annehmen, daß durch die Patrouillen, durch den Widerstand der Vor- und Hauptposten, doch gewiß eine Zeit von 6 bis 7 Stunden gewonnen wird, ehe der Feind einen förmlichen Angriff gegen die eigentlichen Quartiere unternehmen kann. Diese Zeit läßt sich also zum Avertiren und Versammeln verwenden.

10. Die

10. Die Quartiere einer Armee, welche also durch keine Haupt-Defileen gedeckt werden, deren größere oder geringere Anzahl von Durchgängen, die Ausbreitung derselben bestimmen, sondern die in offner Gegend liegen, wo nur die Festigkeit ihrer auf den Haupt-Straßen liegenden Vor- und Cordonposten ihre einzige Deckung ausmachen, können sich daher bey der obigen Voraussetzung, ohne Gefahr in ihren Quartieren 10 bis 12 Stunden ausdehnen.

11. Denn die volle Vereinigung der Truppen kann, wenn der Sammelplatz in der Mitte ist, in 6 bis 7 Stunden füglich geschehen, wenn man auch eine ganze Stunde zum Umlaufe der Signale und zum Ausrücken der Regimenter setzt, welches bey genauer Aufmerksamkeit das Höchste ist, was man annehmen kann.

12. Die Truppen haben noch immer Zeit genug sich zum Empfange des Feindes in Bereitschaft zu setzen, oder sich auch nach dem Hauptposten zu ziehn, welchen er vorzüglich mit einem Haupt-Angriffe bedroht.

13. In dieser Entfernung der Quartiere von einander, können sich auch bey jedem einzelnen Posten, gegen jeden partiellen Angriff eine hinlängliche Truppenzahl versammeln, um denselben bis zur Ankunft des Succurses behaupten zu können.

14. Sollte es aber ja die Lage des Landes und Krieges erfordern, daß man einen Posten besetzt halten müßte, bey dem die Beobachtung dieses Verhältnisses nicht möglich wäre, da ist es besser, wenn man ihn nicht mit in den Cordon nimmt, sondern daselbst einen abgesonderten Posten etablirt, sich damit vom nächsten Cordonposten aus, in gute Communication setzt, und in der Nähe am Cordon ein hinlängliches Truppencorps zu seiner Unterstützung bereit hält.

15. Der Haupt-Sammelplatz in ebenen Gegenden muß in der Mitte der Quartiere gewählt, und wenn es möglich ist, eine starke Stellung dazu genommen werden.

16. Sind die Quartiere durch Ströme und Defileen gedeckt, so müssen an denjenigen Stellen, wo sich in der

Nähe Furten oder Inseln befinden, oder wo das Ufer jenseits überhöhend, oder der Lauf des Defilees nach dem Feinde zu eingebogen ist, die zu vertheidigenden Verschanzungen aufgeworfen werden.

17. Bey solchen Deckungsmitteln werden den Truppen ihre Versammlungsörter nur an den durch die Signale angezeigten Stellen angewiesen, wo der Feind die deckenden Defileen etwa passiren will.

18. Dringt aber der Feind so stark über die Defileen vor, daß keine Vereinigung möglich ist, so zieht sich alles nach dem Haupt-Sammelplatze zurück.

§. 90.

3. Regel. Anordnung der Quartierfronte im Gebürge.

1. Wenn man den Cordon im Gebürge beziehen soll, so werden hier die Flügel da angelehnt, wo die unzugänglichsten Gebürgesgegenden, Schlüchte und dicke Wälder sind.

2. Nach der Zahl und Beschaffenheit der von des Feindes Seite, zwischen diese, so viel als möglich sich nahe liegenden Flügeldeckungen, herein führenden Wege, Straßen, Pässe und Zugänge, werden die Hauptposten bestimmt, zufolge welcher die Quartiere für die sie vertheidigenden Truppen gewählt, und endlich die Verlegung der übrigen Armee-Theile nach ihrer Stärke und Art, bestimmt.

3. Doch folgt man hier allein dem Verhältnisse der Stärke und Größe jener Posten.

4. Man muß sich auch genau erkundigen, wo etwa der Feind, entweder nur mit schwärmenden Partheyen oder mit Geschütz und in Colonne vorrücken kann. Welche Wege vielleicht bey schlechter Witterung ungangbar oder wieder wegsam werden, damit man sie sprenge, wenn sie zu gefährlich und dem Feinde nicht gut zu verwehren sind, oder sie doch mit eingewalzten Bäumen, durch Felsenstücke, u. s. w. so ungang=

ungangbar mache, daß sie ohne viele und langwierige Arbeit nicht zu eröffnen sind. Wo dem Feinde noch einiger Anschein zum Durchkommen bleibt, legt man Blockhäuser vor.

5. Läßt sich die Flanke der Postirung zugleich durch ein Defilee mit decken, welches den Fuß der Gebürge noch unzugänglicher macht, so beobachtet man zu dessen Behauptung die schon oben gezeigten Vorschriften.

6. Weil aber Gewässer in Gebürgen wegen ihrer häufigen und durch Höhen und Holzungen sehr versteckten Krümmen, auch wegen der vielen und sich von beyden Ufern her abwechselnd übersehenden Berge, schwerlich gut zu beobachten und zu vertheidigen sind; so werden hier die Hauptposten an solchen Stellen genommen, wo die über das Defilee vom Feinde herführenden Straßen zusammen fallen und Engen bilden.

7. Aus diesen kann das Vordringen des Feindes, wenn er auch, entweder mittelst eines Ueberfalles, oder bey strengen Frösten Mittel gefunden hätte, über das Defilee zu kommen, weniger verbreitet und vertheilt, folglich besser, auch so lange aufgehalten werden, bis Unterstützungs-Truppen anrücken.

8. Die am Defilee vertheilten leichten Vor- und Benachrichtigungs-Posten aber, ziehen sich alsdann von solchen auf die Hauptposten zurück, um nicht abgeschnitten zu werden, wenn sie etwa von letztern zu weit abstünden.

9. Hat man nun die Hauptstraßen, auf denen der Feind zu einer ernstlichen Unternehmung anrücken kann, erforscht; so gehet man denselben im Gebürge so weit nach, bis wo sie durch Berge und Defileen zusammen gedrängt, am schmälsten werden, in Schlüchte fallen, oder in einander laufen und Päße bilden; weil sie daselbst gemeiniglich am besten zu vertheidigen sind.

10. Dahin legt man nun die Hauptposten, und zwar lieber auf vortheilhafte und gut bestreichende Anhöhen, als auf

die höchsten Berge, wenn man anders dieß letztere nur irgend vermeiden kann.

11. Das Ueberhöhen der Berge, welche nicht mit dem Kartätschenschusse erreicht werden können, schadet hier so viel nicht, und läßt sich auch so leicht nicht verhindern. Ist dieß aber der Fall, so muß man die Pässe vorzüglich mit Blockhäusern befestigen.

12. Die höhern Berge, die man nicht besetzen kann, muß man suchen ganz unzugänglich zu machen, und ist Holz da, den Verhau bis auf die unzugänglichste Stelle derselben führen.

13. Diese Verhaue werden zwar nicht das Durchbrechen in einer so langen Strecke verwehren, aber es ist schon hinlänglich, daß man dieß früh genug durch die kleinen Wachen entdeckt und die Posten allarmirt werden.

14. Die höhern Berge nimmt man hingegen zur Dekkung der Posten, und weiset sie den Unterstützungs-Truppen zum Lärmplatze an.

15. Diejenigen Schleichwege und Durchgänge, welche uns nichts, dem Feinde aber etwas helfen können, werden gänzlich verhauen und zugeworfen.

16. Damit nun die auf diese Art festgesetzten Hauptposten des Cordons mit einander in Verbindung kommen; so ordnet man zwischen ihnen an vortheilhaften Oertern, wo man entweder weit um sich sehen kann, oder hinter irgend einem Zugange als Brücken, Dämme oder enge Wege, Blockhäuser an.

17. Zur Formirung dieser Communication von einem verschanzten Hauptposten bis zum andern, nutzt man nun so wie von einem Blockhause zum andern, tiefe Gründe, morastige Gräben, Bäche, und durch ein Holz, vorzüglich starke und dichte Verhaue.

18. Diese ganze verschanzte Postenkette läuft also vor den vordersten Quartieren her, und sind diese daher nicht selbst zur Etablirung der Hauptposten bequem, so müssen sie doch so liegen, daß sie davon gedeckt werden.

19. Bey

19. Bey Cordons im Gebürge, muß man sich auch ja auf das Fallen und Steigen der Gewässer gefaßt machen, weil dadurch oft ein Quartier vom andern gänzlich abgeschnitten werden kann.

§. 91.

4. Regel. Gemeinschaft innerhalb der Stellung.

1. Die vierte Regel fordert: die immer sichere Communication der Truppen zur gegenseitigen Unterstützung, innerhalb ihrer Stellung.

2. Daher müssen zur Gemeinschaft der einzelnen Quartiere untereinander, deren Lage immer so genommen wird, daß eines das andere unterstützen kann, die von dem einen zum andern führenden Wege, auf das beste ausgebessert, und vorzüglich die kürzesten so eingerichtet werden, daß die Truppen auf ihnen ohne Hindernisse und geschwind marschiren können.

3. Erfordert es die Noth und sind die alten zu schlecht oder zu weitschweifig, so legt man auch wohl noch ganz neue an, und vorzüglich muß dieß von dem Cordon als an die, ihn unterstützenden Quartiere geschehen, damit die Vereinigung der Deckungstruppen so geschwind als möglich ausgeführt werden kann.

4. Jedem Quartiere muß überdem der Weg vorgeschrieben seyn, den es sowohl gegen den Cordon als gegen den allgemeinen Sammelplatz zu nehmen hat.

5. Man siehet auch hieraus, daß es zur leichtern Communication nicht allein in einem Lager, sondern auch in einem Quartierstande, sehr vortheilhaft, und der Regel zur Wahl einer guten Stellung nach, richtig ist, wenn der Quartierstand von keinem, beträchtliche Defileen bildenden Gegenstande durchschnitten und getrennt wird, als z. B. von einem Flusse oder Gebürge, Moraste, oder von großen Landseen.

6. Ferner daß die Front und Lage der Quartiere keine vorspringende Winkel bilde, die nicht besonders durch sehr starke Posten an ihrer Spitze, oder auf ihren Schenkeln gedeckt sind. Denn könnte der Feind leicht, den einen Schenkel durchbrechen, so kommt er dem andern in den Rücken, und macht also die Vereinigung der da gestandenen Truppen, mit den mehr rückwärts liegenden ganz unmöglich.

C. Grundsatz. Mittel zur Offensive.

§. 92.

a. Lehrsatz. Leichtes Ausrücken der Truppen nach allen Seiten zu.

1. Dieser Lehrsatz fordert: die Möglichkeit des leichtesten Ausrückens der Armee aus ihrer Stellung.

2. Hier tritt derselbe Fall ein, dessen beym Lager erwähnt ist, nämlich: ist die Stellung vor der Front durch Natur-Hindernisse, besonders stark, das heißt, befinden sich vor derselben solche Gegenstände, die eine sich bewegende Armee zwingen, dieselben nur mit schmaler Front zu passiren, so wird das Anrücken der Armee, die in den, durch diese Defileen gedeckten Quartieren liegt, anfänglich auch nicht mit einer so großen Ausbreitung und Geschwindigkeit geschehen können, als bis die Truppen die Defileen passirt sind.

3. Hieraus folgt, daß man die aus dem Quartierstande gehenden Wege, so weit man das Land beherrscht, wenn man sonst die schon vorgefaßte Absicht hat, entweder zu einem Angriffe oder zur Benutzung eines zufälligen oder zu erwartenden Vortheiles hinaus zu rücken, im besten Stande zu erhalten, die deckenden Defileen aufs äußerste zu behaupten, und wenn man etwa einen Fluß zu passiren hat, die nöthigen Brückengeräthe bereit haben muß, um beym würklichen Ausrücken, so viel Ausgänge als möglich zu besitzen, und neue machen zu können.

II. Haupt-

II. Hauptgrundsatz. Sichere Ausführung des Vertheidigungssystems.

A. Grundsatz. Innere Sicherheit.

§. 93.

a. Lehrsatz. Truppenverlegung nach den Vortheilen des Quartierstandes.

1. Der zweyte Grundsatz zur Wahl einer Heeresstellung, fordert: eine Anordnung, welche den Truppen die Sicherheit gewährt, daß sie das entworfene Vertheidigungs-System noch früher in voller Kraft darstellen können, als der Feind im Stande ist, sie anzugreifen, also mit einem Worte, welche ihnen die Anwendung desselben zusichert.

2. Die Anstalten zur Sicherheit eines Quartierstandes sind nun, eben wie bey einem Lager zweyerley, nämlich innere, und äußere.

3. Zu den erstern gehört:

a. Die Art der Truppen-Verlegung in den Quartieren.

b. Die Anordnung beym Einrücken in die Quartiere.

c. Die Erhaltung der Polizeyordnung in den Quartieren.

d. Die Erhaltung der Dienstordnung.

4. Die äußere Sicherheit muß betrachtet werden.

a. In Rücksicht jedes einzelnen Quartiers.

b. In Rücksicht des ganzen Quartierstandes.

5. Die Truppenverlegung geschiehet nach der Ordre de Bataille, nämlich so, daß die erste Linie der Quartiere von den Truppen des ersten, die zweyte Linie von den Bataillons des zweyten Treffens, und die Quartiere auf den Flügeln auch von den, auf den Flügeln stehenden Truppen eingenommen werden.

6. Da aber die Cavallerie, wenn sie so in den Quartieren liegt, zwischen Terrain-Gegenstände vertheilt ist, wo sie gar nicht agiren, und dem vielleicht mit Infanterie angreifenden Feinde, keinen Widerstand leisten kann, sie auch ihrer ganzen Einrichtung nach, in den Quartieren besonders der Ruhe bedarf; so verlegt man dieser Ursache wegen die Cavallerie nicht in die Flügel-Quartiere, sondern in besondere Dörfer einer dritten, ganz hinter den beyden ersten Treffen liegenden Quartierlinie.

7. Diese Ruheplätze der Cavallerie, sind also von den Quartieren der ganzen Infanterie, vollkommen gegen allen feindlichen Angriff gedeckt.

8. Oft ist die Reiterey so abgemattet, daß man genöthigt ist, entweder aus dieser Ursache, oder damit man besser das vielleicht fehlende Futter erhalten kann, sie in Cantonnirungs-Quartiere zu verlegen, während die Infanterie, die jedoch zur äußern Sicherheit immer einige leichte Reiterey bey sich haben muß, noch campirt.

9. Tritt dieser Fall ein, so muß die Stellung der Infanterie so seyn, daß sie die Quartiere der Cavallerie vollkommen deckt, und von da aus eine sichere und ununterbrochene Communication mit dem Lager herrscht, so daß der Feind nicht von hinten in die Quartiere fallen kann.

10. Um diesen Zweck noch besser zu erhalten, richtet man auch wohl, zur Verbindung der Flanken beyder Stellungen auf den Flügeln stark verschanzte Posten ein, die im Lager, oder hinter sich in den Quartieren ihre angewiesene Unterstützungs-Truppen haben.

11. Uebrigens muß die Ausdehnung und Anlage der Cavallerie-Quartiere so eingerichtet seyn, daß wenn der Feind mit einem Angriffe gegen das, vom größten Theil seiner Reiterey entblößte Lager drohet, diese aus ihren verschiedenen Quartieren noch zeitig genug, nach erhaltener Ordre zum Aufbruche, auf denen ihr angewiesenen Plätzen anlangen kann, um auch das ihrige zum Zurückschlagen des Feindes mit beytragen zu können.

12. Die

12. Die Artillerie und übrigen Trains legt man noch mehr zurück, in noch sichrere Quartiere, indem diese ungleich weit weniger, und gar keine Vertheidigungs-Fähigkeit in einer solchen Lage besitzen, und von ihrer Erhaltung die ganze Wirksamkeit der Armee abhängt.

13. Ueberhaupt wird die Infanterie während der Winterquartiere, in Festungen, Städte und haltbare Posten, die Reiterey und die Pferde der Trains aufs Land in völlig sichere Dörfer verlegt.

14. Beziehet man aber Cantonnirungsquartiere, so cantonniren die Abtheilungen der Artillerie bey ihren Infanterie-Brigaden.

15. Da aber in jedem Quartiere Infanterie besser zur innern, und Cavallerie besser zur äußern Sicherheit dienlich ist, so erhält ein jedes Cavallerie-Quartier in einer Cantonnirung, oder in dem Cordon einer Winterpostirung, so viel Infanterie als es zur innern Sicherheit, und ein Infanterie-Quartier in einer solchen Lage, so viel Cavallerie, als es zu seiner äußern Sicherheit bedarf.

§. 94.

Fortsetzung.

16. Die Generale müssen in die Mitte solcher Quartiere verlegt werden, die von ihren unterhabenden Truppen besetzt sind.

17. Daher ist es eine Hauptregel, daß der Aufenthalt des Feldherrn, und der ganzen Heeresregierung, so viel als möglich in einen Ort gelegt werde, der sich in der Mitte des ganzen Quartierstandes befindet, damit alle Theile des ganzen Heeres einen gleich großen Weg bey Ueberbringung ihrer Meldungen, nach diesem Hauptpuncte haben.

18. Ist aber ein Theil der Quartierfront auffallend schwächer als der andere, und befürchtet man hier einen Hauptanfall, so legt man das Hauptquartier dieser gefährlichen Stelle näher.

19. Ueber-

19. Ueberhaupt werden die Flügelquartiere oder vielmehr die Gegend der Flügel, stärker als die andern Puncte mit allen Truppenarten belegt, indem dieß gerade diejenigen Oerter sind, nach denen man, wegen ihrer äußersten Entfernung von den andern, auch am langsamsten von diesen aus, Unterstützung schicken kann.

20. Es ist auch vorzüglich gut, wenn man die Gegend um das Hauptquartier mit einem ziemlich starken und leicht zu versammelnden Truppencorps belegt, damit der Feldherr gleich auf den ersten Wink, eine gehörige Macht zur Ausführung seiner augenblicklichen Entschließungen, in Würksamkeit setzen kann.

21. Da wo der Cordon durch wenige Posten behauptet werden kann, werden auch nicht so viel Truppen in der Nähe zusammen gelegt, als wo sie mehrere Durchgänge finden.

22. Wenn vor oder in der Front des Cordons eine Ebene ist, auf der Reiterey vortheilhaft zur Beschützung der Cordonposten gebraucht werden kann, so legt man auch welche mit reitender Artillerie versehen, in die Nähe dieser Gegenden, jedoch in Quartiere, die sicher sind.

23. Vorzüglich müssen die Haupt- und Nebenposten des ganzen Cordons ihre nöthigen Besatzungen immer dicht, und höchstens in der Entfernung von 5 bis 600 Schritten neben sich haben.

24. Wenn sich also nicht so viel Quartier in der Nähe findet, als die Besetzung eines Postens bedarf, so wird derselbe beständig durch ein Commando aus entferntern aber größern Quartieren besetzt gehalten, und das Commando alle zwey bis drey Tage abgelößt.

25. Findet sich aber ein Quartier von der gehörigen Größe in der Nähe des Postens, das aber nicht von demselben gegen den Anlauf des Feindes gedeckt ist, so muß man, wenn es unumgänglich das näheste ist, und daher bezogen werden muß, noch besondere kleine verschanzte Posten zu seiner Sicherheit vor dasselbe setzen.

26. Diese

26. Diese Posten werden alsdann verlassen, so bald der Hauptposten gehörig besetzt ist, und sie keine besondere Verstärkung desselben leisten, so daß man sie vom Hauptposten aus mit vertheidigen kann.

27. Uebrigens ist es sehr vortheilhaft, daß wenn ja solche Posten nöthig werden, man sie zugleich als die festen Vorposten der Hauptstellung nutzen kann, wozu aber ein sehr vortheilhaftes und umschlossenes Terrain gehört.

28. Was die einzelne Zertheilung der Truppen betrift, so läßt man sie wo möglich Bataillons- oder halbe Bataillons-, wenigstens aber Compagnie- und Esquadronsweise zusammen.

29. Damit man sicher in der Kenntniß des Raums sey, den ein Ort zur Belegung mit mehr oder weniger Truppen darbietet, so muß man hierbey nicht der Aussage der Einwohner trauen, wie viel Häuser, Scheuren und Höfe dieses oder jenes Dorf habe; sondern man muß dieses durch die Officiere des Generalquartiermeister-Staabes selbst untersuchen lassen, und die Landes-Regierung mit benutzen.

30. Ist es nöthig, daß die Truppen in enge Quartiere wegen der Nähe des Feindes, oder zur Ausführung einer vorhabenden Operation verlegt werden müssen, so daß oft ein ganzes Regiment, und in einigen Fällen auch wohl mehrere, nur ein einziges Dorf zum Quartiere erhalten, so müssen die Officiere sich auf alle Fälle aufs strengste behelfen, und ihnen nicht die geräumigsten und besten Häuser und Zimmer, worin vielleicht eine ungleich größere Anzahl Soldaten Schutz und Obdach finden könnten, eingeräumt werden.

§. 95.

b. **Lehrsatz.** Anordnungen beym Einrücken in die Quartiere.

1. Der zweyte Theil der innern Sicherheits-Anstalten in den Quartieren, umfaßt die Vorsichten, die man beym Einrücken in dieselben zu nehmen hat.

2. Unge-

2. Ungeachtet nun der ganz zertheilte Marsch der Truppen nach ihren Quartieren, durch besondere Corps und andere Mittel gedeckt seyn muß, so darf doch keine Truppen-Abtheilung als Garnison, so gleich in ein ihr angewiesenes Quartier einrücken, sondern, sobald der Commandeur mit seinen Truppen vor dem Orte angekommen ist, so schickt er zuerst ein Recognoscirungs-Commando hinein, mit welchen die Fouriers und Schützen gehen.

3. Diese machen und bestimmen nun die Quartiere und die Hauptwache, welche in ein gemauertes Haus, auf einen Kirchhof oder sonst an einen vortheilhaften Ort kommt.

4. Wenn es mit Sicherheit geschehen kann, so wird auch hier die Munition und Regiments-Artillerie herpostirt.

5. Uebrigens werden die Quartiere so regulirt, daß wenn ein Ueberfall zu befürchten ist, eine Compagnie nicht mehr als drey bis vier Häuser erhalten muß. Die Officiere müssen bey ihren Compagnien und der Adjudant beym Commandeur einquartiert werden.

6. Die Compagnien müssen nahe aneinander, und nicht weit von dem Lermplatze ihres Bataillons, den der Commandeur erwählt, abliegen.

7. Die Truppen marschiren nun nicht eher in den Ort hinein, als bis eine Hauptwache ausgezogen ist, und schon alle Ausgänge besetzt sind.

8. Die Stärke dieser Wache richtet sich nach der Größe des Orts und der Anzahl Truppen, und wird mit einem Compagnie-Officiere besetzt.

9. Die erwählten Lermplätze müssen so liegen, daß sie so viel als möglich zur Vertheidigung dienlich sind.

10. Der Obrigkeit des Ortes ist anzubefehlen, daß nicht geläutet werden, und nur die Schlag-Uhr gehen darf.

11. In catholischen Ländern müssen alle Processionen dem Commandeur vorher gemeldet werden.

12. Er muß sich ein Verzeichniß aller der Dorfschaften geben lassen, welche zur Stadt oder zum Amte gehören, und unter welcher Direction die nächstliegenden Dörfer stehen,

hen, auch wie viel Bauern und Fuhren in einem jeden sind.

13. Dem Schulzen und den Gerichten ist bey härtester Ahndung anzubefehlen,

a. daß sie einen täglichen Rapport abstatten was vorgefallen.

b. Daß sie die Deserteurs anhalten, und deswegen Posten aussetzen.

c. Daß sie gegen baare Bezahlung Lebensmittel bringen.

d. Und damit alles gehörig befolgt wird, so muß von jedem nicht belegten Dorfe einer zur Geißel aufbehalten werden, dem man aber des ungeachtet bescheiden begegnen muß.

14. In Ansehung der Einwohner, muß diesen in einer dieserhalb angestellten Versammlung durch den Magistrat oder überhaupt durch ihre Obrigkeit anbefohlen werden:

a. daß sich niemand bey der härtesten Strafe unterstehen soll, dem Feind Nachrichten zu geben, oder sie ihm auf eigene Art zukommen zu lassen.

b. Keiner darf ohne vorgängige Anzeige einen Bothen aus der Stadt schicken.

c. Alle sich einstellenden Fremden sogleich anzuzeigen.

d. Dasselbe ist nöthig, wenn der einquartierte Soldat zu einer unerlaubten Stunde aus dem Hause gehet, oder sich der Desertion verdächtig macht.

e. Leistet ein Einwohner einem Deserteur hülfreiche Hand, so soll jener statt diesem gehangen werden.

f. Daß in allen Quartieren des Nachts ein Licht brenne.

g. Wenn Allarm entstehet, so müssen Lichter vor die Fenster gesetzt werden,

h. Daß sich bey entstehendem Allarme kein Bürger oder einer der Seinigen aus seinem Hause begebe.

i. Daß

i. Daß kein Mensch ohne triftige Gründe nach dem Zapfenstreiche auf der Straße gehe, und geschiehet dieß, beständig eine brennende Laterne bey sich habe.

k. Alle Thüren der Hinterhäuser müssen verschlossen gehalten und die, welche nach dem Felde zugehen, verbarricadirt werden.

l. Daß sich die Bürger gegen die Einquartierung gut betragen, und ihr dasjenige geben, was Pflicht ist. Dahingegen aber müssen sie alle Bedrückungen zugleich melden, und diesen durch die strengste Gerechtigkeit abgeholfen werden.

15. In Ansehung der Obrigkeit selbst, sind folgende Puncte zu beobachten.

a. Wenn ein Magazin oder Vorrath von Ammunition vorhanden ist, so muß dieß so gleich abgeliefert werden.

b. Den Bürgern muß alles Gewehr abgenommen, und dasselbe dem Commandeur überliefert werden.

c. Die Obrigkeit muß den Vorrath der Victualien anzeigen, und wenn es daran gebricht, Schlächter und Ankäufer abschicken, damit es der Garnison an nichts fehle.

d. Ferner die Mühlen, welche der Stadt oder dem Orte gehören, und die Röhren, durch welche das Wasser dem Quartiere abgeschnitten werden könnte, müssen angegeben werden.

e. Sie muß eine Liste eingeben, wie viele Bäcker vorhanden sind, und wie viele Brodte in vier und zwanzig Stunden gebacken werden können.

f. Auch eine Liste von den Feuerstellen, Seelen und der Einquartierung eines jeden Wirthes.

g. Sie muß für die Tüchtigkeit der Brunnen jederzeit sorgen. Desgleichen:

h. für Bau- und Brennholz.

i. Es muß eine billige und feste Taxe aller Lebensmittel gemacht, und

k. Maaß und Gewicht untersucht und gestempelt werden.

l. Es muß ein Marktplatz festgesetzt und den Verkäufern die Versicherung gegeben werden, daß alles gegen baare Bezahlung gekauft, und die Excesse der Garnison exemplarisch bestraft werden sollen.

m. Für die Officiere wird ein Speisequartier ausgemacht, und wenn in einigen Quartieren die Wirthe nichts taugen, so müssen andere mit dazu behülflich seyn.

n. Für den guten Zustand der Wege und Brücken muß gemeinschaftlich mit der Obrigkeit gesorgt, und wenn es friert, so muß geeiset und die Brunnen vor dem Froste verwahrt werden.

o. Vor Feuers-Gefahr muß alle mögliche Vorsicht genommen, insbesondere müssen die Feuerstellen öfters gekehrt, die Feuergeräthe in guten Stand gesetzt und die zum Löschen bestimmte Mannschaft, in Voraus commandirt werden.

p. Alle Wagen und Pferde müssen angezeigt werden.

q. Stets müssen Fuß- und reitende Bothen gehalten werden.

r. Befindet sich in dem Orte eine Post, so müssen die verdächtigen Briefe geöfnet werden.

s. Die Policey muß übrigens die Straße beständig rein halten.

t. Bey dem Commandeur muß sich immer Jemand von der Orts-Obrigkeit aufhalten, der von allem Nachricht geben, und nöthigen Falls zur Geissel dienen kann.

§. 96.

c. Lehrsatz. Beobachtung zur Erhaltung der Ordnung.

1. Es gehört, drittens noch zur innern Sicherheit, die Beobachtungen zur Erhaltung der innern Ordnung.

2. Was nun diesen Punct anbetrift, so müssen die verschiedenen Besorgungen in Departements, und unter den Staabsofficieren und Capitains vertheilt werden, damit ein jeder für das seinige einstehen kann.

3. Alle Scheunen, Böden, öffentliche und andere Häuser müssen genau visitirt und was an Ammunition, Ration und dergleichen vorhanden ist, muß in Beschlag genommen werden.

4. Die Officiere müssen öfters visitiren, und die Soldaten nichts von den Wirthen erpressen, was diese nicht schuldig sind zu geben.

5. Religions-Vorwürfe müssen gar nicht geduldet, niemand darin gekränkt und kein Einwohner mit Schimpfworten beleidigt werden.

6. Alle Befehle müssen gehörig bekannt gemacht werden, und die Kriegsartikel müssen den Knechten jedesmal am ersten des Monates vorgelesen werden.

7. Kein Soldat oder Knecht muß weder auf der Straße noch in den Ställen Tabak rauchen, noch mit bloßem brennenden Lichte auf den Höfen und in den Ställen herum gehen.

8. Die Bagage muß an einen sichern Orte aufgefahren und alle Vorsicht vor Feuersgefahr genommen werden.

9. Das eigene Land muß man weder mit Fuhren noch mit Ordonanzpferden unnöthig beschweren, der Misbrauch der Estafetten unterbleiben, und keine als in wichtigen Fällen verschickt werden.

10. Auf Erhaltung sicherer und guter Nachrichten muß sich der Commandeur besonders legen, und alle eingezogne Nachrichten, müssen dem Brigade-Generale, den nächsten Quartieren, und nach den Umständen, auch dem Feldherrn gemeldet werden.

11. Ist der Quartierstand zu sehr überlegt und es gehen Sachen vor, die der Commandeur nicht selbst redressiren kann, so wird dieß ohne Verzug gemeldet.

12. Alle Excesse müssen gründlich untersucht, unpartheyisch bestraft, und der Dienst muß, ohne die Leute zu fatiguiren, genau beobachtet, auch zur Verhütung der Desertion müssen alle mögliche Mittel ergriffen werden.

13. Die fehlenden Montirungs-Stücke und was an der Equipage fehlt, müssen bey Zeiten herbeygeschaft, und die

die Gewehre und Feldequipage in gehörigen Stand gesetzt werden.

14. Und damit die Regimenter in diesem Stande der Ruhe, wieder zu künftigen Arbeiten organisirt werden können, so müssen alle Chefs, dem Feldherrn genaue Listen einschicken, welche ihren Verlust aller Art, und mit näheren Umständen anzeigen, damit dieser die nöthigen Ordres zum Ersatze geben kann.

15. Bessert man aber während der Cantonnirungsquartiere, etwas an der Artillerie, der Bagage oder dem übrigen Fuhrwekke, so muß man dieß doch so einrichten, daß das Uebrige zum Marsch immer bereit stehe, damit, wenn ja die Ordre dazu erfolgt, man nicht genöthigt sey, sehr wesentliche Sachen zurück zu lassen.

16. Auf die Ausbesserung der Artillerie, der Bäckerey, des Proviant- und Ponton-Trains, muß ein Feldherr während der Winterquartiere, einen großen Theil seiner Bemühungen richten, da dieses die Triebfedern sind, welche die sonst nutzlose Kraft der Truppen beleben, und sie zur Ausführung großer Zwecke tauglich machen.

17. Der Feldherr muß überhaupt auch streng darauf halten, daß nirgends geplündert wird, indem hieraus die größten Unruhen und schädlichsten Folgen für die Armee, wenn sie sich im feindlichen Lande befinden sollte, erwachsen könnten.

18. Es ist daher sehr gut, wenn er selbst zuweilen den Quartierstand bereist und untersucht.

§. 97.

d. Lehrsatz. Ordnungsmäßige Diensteinrichtung.

1. Was nun die Diensteinrichtung in den Quartieren betrift, so muß man bemerken, daß der Dienst in den Cantonnirungs- und in den Quartieren eines Winterpostirungs-Cordons, wie im Lager; in den eigentlichen Winterquartieren aber, wie im Frieden in der Garnison geschiehet.

2. Im Hauptquartiere wird also täglich die Parole während der Cantonnirung ausgegeben.

3. Von Brigade zu Brigade werden Ordonanzen verlegt, damit die Truppen so schleunig als möglich von den ergangenen Ordres benachrichtigt werden können.

4. Jede Brigade schickt gleich nach dem Einrücken in die Quartiere, einen Officier ins Haupquartier, welcher täglich vor Ausgebung der Parole, von einem andern abgelöst wird.

5. In jedem Quartiere befindet sich eine Hauptwache mit einem Officier, und sind Leute genug da, so legt auch der Commandeur an den Haupteingang eine, und läßt die anderen Eingänge bey der Nähe des Feindes, ebenfalls besetzen und verbarrikadiren.

6. Der Bagage einer jeden Brigade wird rückwärts ein sicherer Ort angewiesen, wo sie sich im Falle eines feindlichen Angriffes hinbegeben kann, weswegen sie auch immer zum Marsche bereit stehen muß.

7. Die Hauptwache muß wohl gewählt und stark seyn, damit bey dem ersten Lerme sogleich eine gute Mannschaft zum Widerstande bereit sey.

8. Es ist daher auch nicht nöthig, sie durch viele Schildwachen zu schwächen.

9. Auf der Hauptwache müssen Bothen seyn, die alle Wege wissen.

10. Bey Tage giebt man eine Thurmwache.

11. Stehet man nahe am Feinde, so ziehet man des Nachts die Garnison in einige wenige Häuser nahe an den Lermplätzen zusammen.

12. Soll dieß nun geschehen, so wird eine Stunde vor Untergange der Sonne Apell geschlagen und die Parole ausgegeben.

13. Die Compagnien werden gestellt, verlesen und die Gewehre nachgesehen.

14. Wenn alles richtig ausgesetzt ist, und alles Posto gefaßt hat, so beziehen die Compagnien ihr Nachtquar-

quartier neben dem Allarmplatze, und die Tagewachen, die man bey Nacht einziehen will, gehen ab.

15. Ein Staabsofficier visitirt die Wachen und Posten und unterrichtet einen jeden, was er bey entstehendem Allarme zu thun hat.

16. Die Wachen selbst müssen öfters und zu verschiedenen Zeiten verlesen werden.

17. Auf einer jeden Wache muß zum wenigsten ein guter Unterofficier seyn, der den Dienst versteht und aufmerksam ist.

18. Die Gewehre müssen trocken erhalten, gut verwahrt und so geordnet werden, daß ein jeder gleich das seinige im ersten Griffe hat.

19. Bey den Kanonen befindet sich beständig ein Kanonier mit brennender Lunte.

20. Die Posten werden zu unterschiedenen malen versetzt und umgetauscht, um alle Complots zur Desertion zu verhüten.

21. Die Schildwachen müssen alle Viertel-Stunden anrufen, und die Wache jederzeit rangirt seyn.

22. Bey der Ablösung muß der Officier oder Unterofficier sich nicht allein begnügen lassen, daß die Soldaten antworten, sondern er muß bey dem Ablösen nachsehen, ob ein jeder Soldat dahintritt wohin er nummerirt worden, weswegen auch bey jeder Wache eine Laterne seyn muß.

23. Wenn der Unterofficier oder Gefreyte mit seinem Posten abmarschirt, so muß er bey harter Strafe dahin sehen, daß jeder auf seinem Posten gehörig zu stehen komme, und sich alles genau überliefern lasse, auch daß die Ablösenden nicht selbst nach ihren Posten hinlaufen, sondern gehörig von den Aufführern auf- und abgeführt werden.

24. Ein Capitain thut zwey Ronden vor Mitternacht, und ein Subaltern zwey Ronden nach Mitternacht.

25. Die Officiere, welche die Ronde thun, müssen sich jederzeit auf der Hauptwache aufhalten, und alle zu-

rück kommenden Patrouillen haben sich bey denselben zu melden.

26. Uebrigens wird in den Cantonnirungsquartieren, eben so wie im Lager ein Picket commandirt und beständig in Bereitschaft gehalten.

27. Der vierte Theil einer jeden Compagnie muß stets munter und allart seyn. Ein Gleiches wird von einem Officiere und einem Unterofficiere von jeder Compagnie erfordert, welche die Leute beständig wach erhalten müssen.

28. Die Uebrigen der Compagnien können sich ohne Stiefletten niederlegen, doch müssen sie die Patrontasche um, und ihre Gewehre in der Nähe haben.

29. Die eine Hälfte der Wachenden ziehet eine Kette um den Lermplatz, besetzt die Zugänge der Häuser und giebt Posten vor den Gewehren.

30. Die andere Hälfte formirt ein Reserve-Picket, damit solches im Falle eines Ueberfalls dem ersten Choc Widerstand leisten kann, und die Compagnien Zeit gewinnen, sich zu postiren.

31. Mit den Wachenden wechselt es täglich ab, und die, welche gewacht haben, sind den andern Tag von allem Dienste frey.

32. Ein jeder Stabsofficier und Capitain erhält seinen angewiesenen Posten, und den Gemeinen muß bey Lebensstrafe anbefohlen werden, nicht eher als auf Befehl Feuer zu geben.

33. In den Stuben sowohl, als auf den Fluren, Diehlen oder Vorplätzen, müssen des Nachts Lichte brennen.

34. Wenn es völlig Tag ist, und man durch die Patrouillen Nachricht erhalten hat, ziehen alle Wachen wieder auf. Die Pickets werden eingezogen, und wenn alles wieder richtig Posto gefaßt hat, so beziehen die Compagnien ihre Tage-Quartiere, und man muß die Leute anhalten, daß sie sich niederlegen und ausruhen.

35. Die Wachparade ziehet um zehn Uhr auf.

36. So

36. So wie nun die Officiere die Compagnie-Wachparaden gehörig nachgesehen haben, so muß zur Uebung der Leute das kleine Exerciren gemacht werden. Ist die ganze Wachparade formirt, so wird auch die Chargirung gemacht. Bey übeln Wetter exercirt man in großen, dazu gut gelegenen Häusern.

37. An den Löhnungstagen muß, wenn es das Wetter zuläßt, die ganze Garnison, wenn sonst nichts zu befürchten ist, außer einigen kleinen Wachen, außer dem Quartiere auf dem Felde exxerciren, und sich da in mehreren Manoeuvres üben.

38. Uebrigens darf keiner ohne Erlaubniß des Commandanten, aus dem Quartierstande gehen.

39. Zur Erhaltung der innern Communication, müssen die nöthigen Oefnungen in den Hecken gemacht werden.

40. Auch muß man nie, zur Gemeinschaft mit den andern Quartieren und des Haupt- oder Brigadesammelplatzes, die Besserung und Anlegung der dahin führenden besten und kürzesten Wege vergessen, und diese müssen allen Officieren auf das genaueste, vorzüglich aber den Majors bekannt seyn.

41. Die wachthabenden Officiere und Unterofficiere, müssen die Ein- und Auspassirenden gehörig examiniren und an die Hauptwache melden, von da es der Commandant erfährt.

42. Es ist zwar schon gesagt, daß nach dem Zapfenstreiche die Garnison compagnienweise verlesen wird, allein es ist zur Erhaltung der Ordnung sehr gut, wenn man dieses auch des Tages zu unbestimmten Zeiten, und mehrere Male thun läßt, indem dadurch der Desertion am besten vorgebeugt wird.

B. Grundsatz. Aeußere Sicherheit des Quartierstandes durch den Cordon.

§. 98.

a. Lehrsatz. Einrichtung desselben im Allgemeinen und Dienst der darin liegenden Truppen.

Der zweyte Grundsatz gebietet Anordnungen zur äußeren Sicherheit zu treffen. Dieß wird nun durch einen sogenannten Postirungscordon erlangt; hierzu gehören aber auch Cordonquartiere. Man kann also diese einmal als die Dekkung des großen Quartierstandes, und auch wieder als einen eigenen Quartierstand betrachten.

1. Wenn ein Cordon bezogen werden soll, so wird die Armee so lange, bis dieß ganz von dem Avantcorps ausgeführt ist, in nahe Cantonnirung um das Hauptquartier verlegt, damit man sich sogleich wieder versammeln könne, wenn etwa der nahe Feind die Beziehung des Cordons hinderte.

2. Ist der Cordon besetzt, so geht die Armee aus ihren Cantonnements nun allmählig immer in ihre weitläufigern Quartiere aus einander.

3. Die Front des Sicherheits-Corps, nämlich der Truppen, welche zur Vertheidigung der Cordon-Posten dienen, wird nach den verschiedenen zu besetzenden Distrikten abgetheilt, und einer jeden Hauptabtheilung ein General-Lieutenant vorgesetzt.

4. Diese theilen ihre Linie wieder in Unterabtheilungen von 2 bis 4 Meilen Länge, welche sie einem Generalmajor oder Obristen übergeben.

5. Alle leichte Truppen des ganzen Cordons, stehen aber gemeiniglich außerdem noch unter den Befehlen ihres eigenen Generals.

6. Alle Feldwachen und ausgestellte Vorposten, melden täglich zweymal an ihre Commandeurs und diese wiederum dem Befehlshaber des ganzen Cordons, alle drey, auch zwey Tage und nach den Umständen täglich zwey und

mehrere

mehrere Male, was bey ihnen vorgefallen ist, was sie erfahren und ausgekundschaftet haben.

7. Alle Abtheilungen, Quartiere und Feldwachen werden zu dem Ende mit schriftlichen Instructionen versehen.

8. In jedem Quartiere und auf den Routen stehen Ordonanz-Husaren bereit, welche die Berichte an den Feldherrn, und von diesem die Ordres für die Truppen zurück bringen.

9. Der ganze Cordon selbst wird in zwey Theile, oder eigentlich in zwey Linien getheilt.

10. Die erste Linie begreift diejenigen Quartiere und Posten, durch deren Behauptung man eigentlich die Vortheile der den Quartierstand schützenden Defileen genießt.

11. Die zweyte Linie besteht blos aus den übrigen Quartieren des Sicherheitscorps, und die also den andern zur Unterstützung dienen müssen, darum sie auch **Unterstützungsquartiere** genannt werden.

12. Da nun die Posten der ersten Linie die eigentlichen Hauptpuncte und die Schützungsmittel der zurückliegenden Quartiere sind und nicht nach den äußersten Quartieren, sondern diese also nach den bestimmten Posten gewählt werden müssen, so müssen sie auch mit aller Aufmersamkeit nach den Vortheilen des Terrains verschanzt, und in ihnen der Dienst nach der größten Strenge beobachtet werden.

13. Die Unterstützungsquartiere können zwar an den Haupteingängen zur größern Sicherheit auch einige Blockhäuser anlegen; bey einem Angriffe gegen den Cordon müssen sie jedoch sich gleich außerhalb des Quartiers an einem bequemen, so viel als möglich erhabenen Platze versammeln, um sogleich auf die erste Ordre nach den ihnen angewiesenen Puncten hinzueilen.

14. Um dieß noch ordnungsmäßiger und mit mehr Effect bewürken zu können, so bestimmt man einem jeden Bataillon oder Esquadron in den Unterstützungsquartieren, außer ihrem besondern Waffen- oder Allarmplatze noch einen

andern dem Cordon näher liegenden Platz, der zur Unterstützung oder würklichen Mitvertheidigung der Schanzen, den Vortheilen des Terrains gemäß, am besten liegt und ziehet hier nun diese Truppen gewöhnlich in ganzen Brigaden zusammen.

15. Einer jeden derselben wird dann ein gewisser Theil der Cordonschanzen und Blockhäuser angewiesen, denen sie alsdann die nöthige Hülfe und Mitvertheidigung leisten muß.

16. Gebraucht man bey diesen Unterstützungs-Quartieren die reitende Artillerie, und eilt man damit schleunig zwischen die Posten des bedroheten vorliegenden Theiles des Cordons, so kann dieselbe, wenn sie gehörig von ihren Truppen bedeckt wird, hier zur Vertheidigung der Schanzen, entscheidenden Nutzen bewürken.

17. Sobald die Unterstützungsquartiere aufbrechen, so muß ein Theil der ersten Linie des Quartierstandes sogleich die Ordre erhalten, sich auf zwey oder drey Sammelplätzen, in der Gegend der verlassenen Unterstützungquartiere, in Corps von 4 Brigaden mit leichter Artillerie versehen, zu versammeln.

18. Diese Corps sind dann dem Cordon nahe genug, um jedem Hauptangriffe zu begegnen, dem leidenden Theile eine kraftvolle Unterstützung zu geben, dem aus seinen Quartieren aufbrechenden Heere Zeit zu verschaffen, sich auf den Hauptsammelplatz zu begeben, und bey einer unglücklichen Vertheidigung des Cordons, die geschlagenen und vereinzelten Schlachthaufen desselben aufzunehmen und ihnen einen sichern Rückzug zu verschaffen.

19. Da sich dann diese vor dem Feinde, gegen den Hauptsammelplatz zurückweichenden Corps, durch die zustoßenden Cordon-Truppen immer mehr vergrößern, so ist er alsdann gezwungen nur langsam und mit der äußersten Vorsicht vorzugehen, indem er immer vorher erst Anstalten treffen muß, damit ihm keines derselben auf der Flanke bleibe, und ihm wohl gar den Rückweg abgewinne.

20. Die

20. Die zur Formirung dieser Corps bestimmten Truppen müssen da abgetheilt seyn, wo die Truppen des neben stehenden Corps anfangen, damit wenn ein Theil der Postirung attakirt wird, nur das zu dessen Unterstützung bestimmte Corps sich auf seinem angewiesenen Sammelplatze vereinige, und nicht die übrigen der ganzen Linie beunruhigt zu werden brauchen.

21. Die Quartiere dieses Corps müssen sich zwar gleich versammeln, so wie die Unterstützungs-Quartiere ausrükken, aber nicht eher zu ihrem Sammelblatze aufbrechen, als bis man es sicher weiß, daß der Feind einen förmlichen Angriff unternehmen will.

22. Um jedoch den Weg dieser Truppen, beym Einlaufen der Ordre zu ihrem Sammelplatze zu verkürzen, so kann man ihnen den Befehl geben, daß so wie die hintersten Unterstützungsquartiere aufbrechen, sie sich etwas auf vorliegende Plätze brigadenweise vereinigen, und hier die Ordre zum allgemeinen Zusammenstoßen erwarten.

23. Wenn der Cordon nicht eine gar zu große Strecke einnimmt, und wenn man auf den Seiten mit guten Terrain-Hindernissen gedeckt ist, so ist meistens ein einziges, oder doch gewiß zwey solche Corps zur Aufnahme, Beschützung und Unterstützung der Cordon-Truppen hinlänglich. Man muß sich hier nach der Ausdehnung der Quartiere, den Vortheilen des Terrains und der Stärke der Armee richten.

24. Was nun die Quartiere des Gros d'Armee selbst anbetrifft, so müssen diese entweder den Befehl haben, nach dem allgemeinen Sammelplatze sogleich aufzubrechen, sobald die Unterstützung-Corps sich versammelt haben und gegen den Cordon vorrücken, wovon sie durch, an den Versammlungs-Plätzen, errichtete Fanale oder andere Signale benachrichtigt werden; oder wenn irgend ein gewisser Posten weggenommen ist, oder bis der besondere Befehl des Feldherrn erfolgt.

25. Die Vortheile aller dieser Anordnungen sind folgende:

a. Durch

a. Durch die Eintheilung in Corps und Cordonsabschnitte, erhält man für das Ganze einen regulairen Rückzug bis zum Hauptversammlungsplatze, wenn der Feind zwischen die Quartiere fallen will, und ist nicht durch jeden Lerm in der ganzen Kette fatiguirt.

b. Dadurch daß die Stärke der Posten stufenweise geht, werden die Truppen, welche die Stärke der Posten ausmachen, weniger, als sonst angegriffen und man riskirt nie einen bedeutenden Verlust.

c. Durch die Anordnung der verschiedenen Lermplätze der Corps und dadurch, daß der allgemeine Lermplatz rückwärts liegt, ist eine jede Abtheilung vor Aufhebung der Quartiere sicher; dem Feinde wird es unmöglich sie zu trennen und ihre Versammlung durch forcirte Märsche zu hindern.

26. Nur müssen bey allem diesem, die Fanal- und Signal-Anordnungen sicher getroffen und auch mehrere Male probirt seyn, damit ein jedes Quartier und jede Abtheilung aufs genaueste von der Bedeutung des Zeichens unterrichtet wird, und damit man sicher weiß, ob auch diese Signale an den nöthigen Orten gehörig gesehen, deutlich unterschieden oder gehört werden können.

§. 99.

b. Lehrsatz. Anordnung zur Sicherheit jedes Quartiers einzeln genommen.

1. Regel. Nothwendigkeit der Fanale.

1. Die äußere Sicherheit der Quartiere einer Armee, ist wie schon oben bemerkt, in zwey Rücksichten zu betrachten, doch kömmt es bey beyden darauf an:

a. Daß man die Ankunft des Feindes bald erfährt;

b. Daß man ihm beym Angriffe Hindernisse in den Weg legt, damit man Zeit gewinnt unter die Waffen zu kommen;

c. Daß

c. Daß man auch eine Anordnung treffe, um dieß geschwind erhalten zu können.

2. Ueberhaupt ist es bey allen Quartieren eine Hauptsache, daß man nur, ehe der Feind in den Ort dringt, zusammen kommt. Alsdann kann man bey Tage leicht seine Maaßregeln treffen.

3. Ist der Feind uns überlegen, so ziehet man sich zurück (wenn man nicht Befehl hat seinen Posten zu behaupten); und ist er schwächer, so widersetzt man sich ihm. In jedem Falle werden die andern Quartiere avertirt.

4. In der Nacht ist die Sache gefährlicher, weil man da nicht die Stärke des Feindes wissen kann; ist man indessen beysammen, ehe der Feind herankommt, so findet sich das Uebrige. Denn man widersteht in der Nacht dem Feinde leichter als am Tage und sobald die andern Quartiere avertirt sind, kommt auch bald Unterstützung.

5. Es kommt also jetzt vorzüglich darauf an, daß dieses Avertissement geschwind geschiehet. Zu dem Ende errichtet man vor jedem Quartiere auf einer Anhöhe ein Fanal, das ist: eine hohe Stange, auf welcher sich oben Pech mit Stroh vermischt oder andere brennbare Materialien befinden, und die durch einen an der Stange herunterlaufenden Feuerleiter, angezündet werden können.

6. Auch eine hellerleuchtete Laterne, auf dem Thurm ausgesteckt, ist, wenn es die Lage des Orts erlaubt, ein gutes und sicheres Signal.

7. Am Tage, wo man jedoch diese Feuer nicht so leicht entdeckt, wäre es vortheilhafter einen Haufen brennbarer und angefeuchteter Materialien anzuzünden, weil alsdann der dadurch entstehende starke Rauch gewiß nicht unentdeckt bleibt.

8. Bey diesen Fanalen und Signal-Orten, wird eine Schildwache postirt, welche verhindert, daß sie nicht ünnöthig, sondern nur auf ausdrückliche Ordre des Quartier-Commandanten angezündet werden.

9. Ueberhaupt muß alles Lermmachen streng verboten seyn, und die Beunruhigung der nahen Quartiere muß nicht ohne die dringendste Ursache geschehen.

10. Hat der Feldherr die Anzündung des Fanales auf den Fall befohlen, wenn der Feind mit einer überlegenen Macht anrückt, und es dabey auf einen Generalangriff aller Quartiere ankommen sollte, so muß man sich hüten, das Fanal nicht sogleich bey einem ersten Angriffe anzuzünden, sondern sich vorher versichern, daß der vorgeschriebene Fall vorhanden sey, damit nicht alle Quartiere ohne Noth allarmirt werden.

11. Es ist daher auch nöthig, das andere Signale als die Fanale zwischen den nächsten Quartieren verabredet werden, um sich einander von einem partiellen Angriffe zu benachrichtigen.

12. Man braucht dazu die Raketen. Diese müssen des Abends fest gemacht und jemand bestellt werden, der sie bey der Ordre des Commandeurs anzündet.

13. Der Benachrichtigte giebt jedesmal ein Signal zurück, um zu zeigen, daß er das Zeichen gesehen habe.

14. Die Commandeurs der besondern Quartiere, müssen auch fleißig mit einander correspondiren, und sich alles gegenseitig melden, was die Sicherheit ihrer Quartiere angeht.

§. 100.

2. Regel. Mittel zur besondern Sicherheit der einzelnen Quartiere.

Erstens. Ausstellung der Feldwachen.

Zweytens. Aussendung der Patrouillen.

1. Was nun die äußere Sicherheit der besondern Quartiere anbetrift, so muß man hier bemerken, daß wenn man weit vom Feinde entfernt ist, jedes Quartier insgemein nur eine Hauptwache, oder außer ihr einige Wachen an den Aus-

gängen

gängen des Ortes, nöthig hat, welche eine Kette von Schildwachen nahe um den Ort ziehen.

2. Alsdann zeigen Detaschements, welche nach dem Feinde zu, in einiger Entfernung von uns, ausgestellt sind, schon seine Annäherung so früh an, daß man Zeit genug hat, andere Maaßregeln zu treffen.

3. Stehet man aber mit dem Quartiere nahe an dem Feind, oder doch nur 4 bis 6 Meilen weit von ihm entfernt; so muß man die genaueste Aufmerksamkeit zu seiner Sicherheit anwenden.

4. Damit man nun die Ankunft des Feindes bald erfahre, so bedient man sich hierzu wieder:

a. Der Feldwachen.

b. Der Patrouillen.

5. Um dem Feinde Hindernisse gegen das schnelle Vordringen in den Weg zu legen, ist die Besetzung vortheilhafter Pässe, und die Anlegung der dienlichsten Befestigungen nöthig.

6. Die besondere Sicherheit der Quartiere hängt also ab:

a. Von der guten Anstellung der Feldwachen und Posten auf allen Wegen, wo der Feind gegen das Quartier anrücken kann.

b. Von der gehörigen und klugen Aussendung der Patrouillen nach allen Gegenden, wo der Feind herkommen kann.

c. Von der guten Einrichtung des Quartieres zur Vertheidigung gegen allen Ueberfall und offenbaren Angriff.

d. Von der Kriegeszucht, womit der Commandant die unter sich habenden Truppen jede zum Dienste gehörige und von ihm befohlene Verrichtung thun läßt; wobey er aber die Truppen niemals unnöthiger Weise und aus zu großer Aengstlichkeit abmatten muß.

7. Die Ausstellung der Feldwachen geschiehet nach eben den Grundsätzen, die beym Lager gezeigt sind.

a. Nur ist hier noch zu bemerken, daß über 1500 Schritte ausgestellte Wachen, Kanonenschläge bey sich haben,

ben, oder zwischen dem Quartiere und der Wache sich Posten befinden müssen, welche ihre Pistolen losfeuern, sobald sie das Feuer der Wache hören. Ohne diese Vorsicht würde man die Ankunft des Feindes bey der Wache, zu spät in den Quartieren erfahren.

b. In flachen Ländern, wo sich kein hohes und unwegsames Gebürge, kein großer Fluß, lange Seen, unzugängliche Moräste und Wälder befinden, werden die Cavallerie-Feldwachen des Cordons 1 Meile vor die Quartiere gestellt, und sie schicken ihre Patrouillen über Meilen weit vor.

c. Ist daher der feindliche Cordon eben so angeordnet, so ist die Entfernung beyder Heere so groß, daß eine würkliche Ueberumpelung der einzelnen Quartiere fast unmöglich ist, sobald die Cavallerie-Feldwachen hinlänglich stark nahe neben einander stehen und alles vorliegende Terrain gehörig abpatrouillirt wird.

d. In durchschnittenem und gebürgigem Terrain werden die so weit vorwärts ausgestellten Cavalleriefeldwachen mit ihren so weit verschickten Patrouillen in Gefahr seyn, aufgehoben und abgeschnitten zu werden.

e. Man pflegt sie daher selten über eine halbe Meile vor die Infanterie-Quartiere hinaus zu stellen, und sie treiben ihre Patrouillen nicht viel über eine halbe Meile vorwärts.

f. Wenn es das Terrain manchmal erfordert, daß diese Regel überschritten werden muß, so setzt man zwischen den Feldwachen und den nächsten Infanterie-Quartieren, noch ein Commando van 50 bis 100 Mann Infanterie in ein Schloß, großes Gehöfde, auf einen Kirchhof u. s. w., worauf sich die Feldwachen im Falle der Noth retiriren, und mit diesem Commando zogleich, wenn der Feind zu überlegen ist, sicher nach den nächsten Quartieren zurückziehen können.

g. Auch werden in diesem Falle, Bereitschaften von 30 bis 60 und mehrern Dragonern und Kürassiern in einen solchen Orte gegeben, welche zwar ihre Pferde in den Stall ziehen, wovon aber beständig die Hälfte gesattelt stehet,

damit

damit bey dem ersten Allarme sogleich aufgesessen und der weiter vorwärts ausgestellten Feldwache zu Hülfe geeilt werden könne.

h. In flachen Gegenden werden die Quartiere des Cordons mit Infanterie und leichter Cavallerie belegt. In Gebürgen aber mit Infanterie allein. Man giebt nur kleine Husaren-Commandos, zum patrouilliren und rapportiren mit in die Infanteriequartiere. Die nächsten rückwärtsliegenden Unterstützungs-Quartiere werden dann mit der übrigen Cavallerie belegt.

i. Man muß, zumal bey einzelnen Quartieren, den Feind nicht allein von vorne und von den wegsamsten Gegenden her erwarten. Die Regel, daß der Feind im Rükken mehr als vorn zu fürchten ist, und daß ein Soldat dadurch kommen kann, wo eine Ziege durchkriecht, muß nie aus der Acht gelassen werden.

k. Ist es nicht möglich den besetzten Ort mit Feldwachen zu umgeben, oder hält man es nicht nöthig: so setzt man doch wenigstens in der Nacht um denselben, bey der Infanterie eine Kette von Schildwachen, die bis auf 400 Schritte, und bey der Cavallerie eine Kette von Vedetten, die bis auf 600 Schritte von dem Dorfe abstehen.

l. Außer dieser Vorsicht muß man befürchten, daß bey einem glücklichen Unternehmen des Feindes, derselbe in den Ort dringt, ehe man aus den Häusern kommt.

m. Es ist vortheilhaft, wenn man eine Kette von weit ausstehenden Wachen hat, weil man doch nicht sicher ist, daß nicht der Feind durch einen Zufall oder durch eine Nachlässigkeit, eine Wache überfällt.

n. Diese Kette stellt daher das vor, was bey einem Lager, die Fahnen- und Standartenwachen mit ihren Schildwachen sind, daher sie auch jedes Quartier haben muß.

8. Um durch Patrouillen die Ankunft des Feindes zu erfahren, so müssen diese, stehet man nahe vor dem Feinde:

a. Sich immer zwischen unsern und des Feindes Quartieren in der Nacht durchkreuzen und oft horchen, damit der Feind nichts unternehmen kann, was wir nicht erfahren.

b. Stehet man aber weit vom Feinde, so hat man zwey Arten Patrouillen.

Erstens. Die kleinern von 3 Mann. Sie gehen nur einige 1000 Schritt vor die Feldwachen, durchsuchen alles und richten ihren Marsch, besonders in der Nacht, gegen die Oerter, wo der Feind am ersten herkommen kann.

Zweytens. Die, welche 1 bis 3 Meilen gehen, nachdem der Feind weit entfernt ist. Sie sind schwächer oder stärker, nachdem die Umstände es erfordern, und die Stärke des Quartieres es zuläßt.

c. Die Ausschickung dieser Patrouillen geschiehet sowohl von den Wachen, als von den in die Häuser vertheilten Compagnien, und damit erstere nicht zu sehr durch die immer auf einander folgenden Patrouillen von Unterofficiers entblößt werden, so müssen sich daher, besonders zum Patrouilliren, commandirte Unterofficiers an den Wachen befinden.

§. 101.

Drittens. Anlage der Befestigungen.

Viertens. Anordnung zur geschwinden Ergreifung der Waffen.

1. Um dem Feinde Hindernisse in den Weg zu legen, welche seinen Marsch aufhalten, so muß man die Lage des Ortes benutzen.

2. Liegt ein Dorf an einem Gehölze, so legt dieß dem Feinde, durch ein einfaches Verhau schon einiges Hinderniß von dieser Seite in den Weg.

3. Dann aber muß das Verhau nicht nahe am Dorfe seyn, sondern einige 100 Schritte davon, damit wenn das Geplacker am Verhaue zwischen dem Feinde und den Wachen angehet, das Quartier noch einige Zeit habe, ehe der Feind an das Dorf kommt.

4. Führen Defilees nach der Seite des Feindes, so macht man sie impractikabel und bewacht sie. Alsdann halten sie den Feind auf, und wir erhalten unterdessen Nachricht.

5. Liegt ein Dorf oder offener Flecken im Freyen, und sind die Häuser nahe bey einander: so kann man es bey Quar-

tieren

tieren von einem oder mehreren Bataillons, mit einem Verhaue, wenn Bäume in der Nähe, oder mit Wolfsgruben, (wenn jene nicht da sind oder man das Holz schonen will,) oder auch mit Palisaden einschließen und von Distanz zu Distanz, Blockhäuser in denselben anlegen.

6. Diese Verhacke, Wolfsgruben, Palisaden und Wachthäuser, dienen alsdann wenigstens dazu, den Feind eine kurze Zeit aufzuhalten, damit die im Quartiere liegenden Leute Zeit haben auf dem Lermplätze zusammen zu kommen.

7. Es würde hier sehr gefährlich seyn, wenn man an den Verhacken den Truppen ihren Lermplatz anweisen, und sich im Dorfe gegen den Feind vertheidigen wollte. Dieser würde irgendwo durchdringen und dann wäre alles zersprengt.

8. Kann man daher nicht ein ganzes Dorf einschließen, so schließt man nur einen Theil ein.

9. Man kann auch bey Dörfern, die sich nicht gut einschließen lassen, eine Schanze anlegen, worein man sich im Falle eines Angriffes ziehet. Allein dieß hat in der Nacht seine Schwierigkeiten.

10. Man muß daher die Anstalten treffen, daß Leute, wenigstens gegen den ersten Anfall ein hinlänglicher Theil, auch des Nachts sich in derselben befinden, und sich vor übler Witterung, Nässe und Kälte darin gehörig decken können.

11. Sowohl die Verhacke, als Wolfsgruben und Schanzen, die um das Quartier angelegt werden, setzen eine große Arbeit voraus, zu der man selten Zeit genug hat.

12. Ueberdieß muß man bey ihnen die Unternehmungen des Feindes doch nicht aus der Acht lassen, sonst wird man immer gegen einen stärkern Feind eben so, als gegen einen schwächern verfahren und nie wissen, wie man daran ist.

13. Doch ist hiervon der Fall ausgenommen, wo man einen Ort bis auf den letzten Mann zu vertheidigen Befehl hat. Da muß man auf der Stelle alle Vertheidigungsmittel anwenden, und da ist eine gute Schanze, in die man sich ziehen kann, von großem Nutzen.

14. Wie sie angelegt, und überhaupt wie ein Quartier- oder Feldposten entweder selbst wider den Angriff vor-

 theil=

theilhaft befestigt, oder wie er durch nahe dabey zu erbauende Verschanzungen zu sichern ist und vertheidigt werden muß, zeigt die Feldfortification.

15. Stehet Infanterie in einer Stadt, die mit Mauern und Gräben umgeben, oder auf irgend eine Art fest ist, so können zwey Fälle Statt finden:

a. Man hat Befehl sich zu halten bis Unterstützung ankommt.

Erstens. In diesem Falle setzt man den Ort in einen guten Vertheidigungsstand.

Zweytens. Soll man sich in einem Orte halten, der für die Besatzung sehr groß ist, so setzt man einen Theil in Vertheidigungsstand, wenn er sich nämlich separiren läßt.

Drittens. Gehet dieß nicht an, so erbauet man eine feste Schanze bey demselben.

Viertens. Lassen dieß alles Zeit, Gegend und andere Umstände nicht zu, so bewacht man den Umfang, etwa die Mauern des Ortes, und versammelt sich auf einem oder zwey Plätzen und greift dann den Feind wo er eindringt und die Mauern ersteigt, selbst an.

b. Oder man soll sich bey einem überlegenen Feinde zurückziehen.

Erstens. Jetzt setzt man den Ort gegen den ersten Anfall in Vertheidigungsstand, und zieht sich bey Tage, sobald der Feind überlegen kommt, und in der Nacht in jedem Falle aus demselben.

Zweytens. Hier gebraucht man die Befestigung also nur als ein Mittel gegen den Ueberfall, der etwa möglich wäre, wenn es dem Feinde glückte zwischen unsern Wachen unentdeckt durchzukommen.

16. Was übrigens die Ordnung zur geschwinden Ergreifung der Waffen betrift, so gründet sich diese ganz auf die innern Sicherheits-Anstalten, oder ist vielmehr mit denselben einerley.

17. Befolgt man daher das, was hierüber gesagt ist, so wird die Garnison immer sehr zeitig und an den gehörigen Orten zum Empfange des Feindes bereit seyn, und man

braucht

braucht hier nur noch zu bemerken, was man im Fall eines abzuschickenden und eines zu erwartenden Succurses zu thun hat.

18. Im ersten Falle muß die Garnison in drey Theile abgetheilt werden.

19. Geschiehet der Angriff des Nachts, so eilt ein Drittheil dem angegriffenen Quartiere zu Hülfe, und zwey Drittheile bleiben im Quartiere.

20. Bey Tage wird aber die Hälfte nach den angegriffenen Posten zum Succurs geschickt, und die andere Hälfte bleibt zur Besatzung.

21. Ehe man aber aus einem Quartiere Succurs abschickt, muß man durch Patrouillen vollkommen versichert seyn, daß der Angriff nicht dem eigenen Posten gilt, und daß, wenn er auf das Nebenquartier gerichtet ist, derselbe keine falsche Attake sey.

22. Will man nun bey einem angewiesenen andern Quartiere selbst um Succurs anhalten, so muß man ebenfalls versichert seyn, daß der Angriff ernstlich gemeinet und nicht verstellt sey.

23. Es müssen daher beständig einige Cavalleristen besonders dazu commandiret, oder reitende Bothen bey der Hand seyn, die gehörig instruirt sind, auf verschiedenen Seiten abreiten und den Succurs auf jeden Fall benachrichtigen.

§. 102.

c. Lehrsatz. Allgemeine äußere Sicherheitsanstalten des ganzen Quartierstandes.

1. Regel. Wenn der Cordon in einem durchschnittenen Terrain bezogen wird.

Die eigentliche Anordnung zur allgemeinen Sicherheit eines Cordons ist folgende:

1. Man setzt den Hauptposten, feste verschanzte Vorposten so vor, daß sie die Straßen, auf welchen sich der Feind mit Colonnen und Geschütze denselben nähern kann, bestreichen, und daß derselbe, wenn er einen Hauptposten angreifen will, solche vorher nothwendig erobern und also seinen Angriff damit anfangen muß.

2. Je weiter nun diese Vorposten, die man mit aller Vorsicht verschanzen muß, mit Sicherheit den Hauptposten und den Quartieren vorgesetzt werden können, in welchen sich ihre Besatzungen befinden, und je längere Zeit sich diese festen Vorposten, welche die leichtern decken, selbst halten und dem Feinde bis zur Ankunft der Unterstützung widerstehen können, um so mehr Zeit gewinnt man zur Zusammenziehung der, die Hauptposten vertheidigenden und unterstützenden Truppen.

3. Im Gebürge setzt man die festen Vorposten, den Hauptposten vorzüglich in den Pässen dahin vor, wo sich die Fahrstraßen wieder anfangen zu vertheilen.

4. Doch müssen sie hier auf ihren Flanken so gedeckt seyn, daß sich nichts hinten herum schleichen und sich zwischen den Haupt- und festen Vorposten setzen oder durchgehen kann.

5. Die Oerter dieser festen Vorposten müssen, so wie die der Hauptposten beschlossen seyn, an den Eingängen der durch die Gebürge führenden Defileen oder doch wenigstens so liegen, daß man weit um sich sehen und den Eingang der Pässe bedecken und bestreichen kann.

6. Man befestigt diese Posten mit Blockhäusern, Verhauen und Schanzen und es ist äußerst vortheilhaft, wenn man zu ihrer Vertheidigung aus den zurückliegenden Hauptposten durch Kanonenfeuer mitwürken kann.

7. Die Entfernung dieser festen Vorposten von den Hauptposten entscheidet das Terrain. Denn wo es an den Seiten beschlossener ist, da können sie auch weiter vorgesetzt werden, als wo dieß nicht ist.

8. In Gegenden, wo schwer zu passirende Gründe mit den Hauptposten vor der Front parallel laufen, da setzt man diese Vorposten an die wenigen überführenden Passagen, wenn sie dadurch nicht von den vielleicht bessern Vortheilen einer andern Lage verlieren.

9. Laufen die Defileen gegen die Hauptposten, so stützt man ihre festen Vorposten daran, um dadurch ihre Flanke und die Gemeinschaft mit ersteren desto besser zu sichern.

10. Die Schanzen der Vor- und Hauptposten umgiebt man mit einem starken Verhaue, und sucht sie dadurch, wenn kein günstiges Terrain da ist, mit einander zu verbinden.

11. Zwischen den festen Vorposten zieht man nun eine Kette von leichten Truppen, die truppweise an die zwischen liegenden Zugänge so postirt werden, daß immer eine gewisse Strecke von ihnen beobachtet und dem Feinde dadurch alles heimliche Durchschleichen versagt wird.

12. Zur Sicherheit dieser Zwischenposten, erbauet man für sie an den wichtigsten Stellen Block- und auf Pfählen stehende Wachthäuser, und umgiebt die ganze Postenkette mit einem starken Verhaue, das noch vor dem besonden Verhaue der Vorposten sich herum zieht; so daß wenn der Feind auch ersteres durchbricht, er dadurch noch nicht in den Stand gesetzt wird, sogleich hinter die zu kommen, welche die Vor- und Hauptposten mit einander verbinden.

13. Wo kein Holz ist, sucht man die Kette durch Gründe, Defileen oder steile Abschüsse zu decken, wenn man auch dabey etwas aus der Linie geht.

14. Je stärker nun solche Gegenden sind, je weniger braucht man Zwischenposten, und oft gar keine. Dann wird eine solche Strecke blos durch Patrouillen von den festen Vorposten aus, beobachtet.

15. Wo aber ein ganz ebenes Terrain sich zwischen den festen Vorposten findet, da kommen Cavallerie-Feldwachen hin, die sich des Nachts zu beyden Seiten an die Posten zurückziehen, und das verlassene Terrain blos patrouilliren lassen.

16. Ihre Tagesstellung muß nie über die Linie der Vorposten hinaus gesetzt werden, und sich nicht nahe an einem Grunde oder nach dem Feind zu laufenden Dorfe oder Gebüsche befinden.

17. Auch müssen alle Ausgänge eines nahen Holzes stark verhauen, und ist das Holz licht, so muß der ganze Rand desselben nieder geschlagen werden.

18. Von solchen Oertern, wo etwas durchkommen kann, rückt man die Feldwachen ab und setzt hier einen Posten hin.

19. Ueber Defileen, Dämme und lange Holzstriche hinaus, müssen sie niemals gesetzt werden, wenn sie nicht in der Nähe einen Infanterie-Posten haben.

20. Kann man sie nicht durch vortheilhaftes Terrain gedeckt, über die Richtung der festen Vorposten hinaus setzen, so muß man zur frühern Entdeckung des Feindes, kleine Avertissementsposten vorsetzen und die Vedetten und Patrouillen gebrauchen.

§. 103.

Fortsetzung.

21. Des Nachts werden die Vedetten und Schildwachen von den Anhöhen, auf denen sie am Tage zur Beobachtung der in dieser Zeit leicht zu übersehenden Gegend standen, herunter genommen, und so in die Thäler, Schluchten, Wege und Zugänge gestellt, daß der anrückende Feind nahe an ihnen vorbey und entdeckt werden muß, wenn auch einige Posten hierzu mehr erfordert werden.

22. Des Nachts aber kommen, vorzüglich vor den festen Vorposten, kleine Avertissementsposten, so an vortheilhafte Terrain-Gegenstände zu stehen, daß sie dadurch gedeckt, bey Anbruch des Tages ihren Rückzug sicher unternehmen können.

23. Diese Nachtposten patrouilliren nun die ganze Nacht hindurch das vorliegende Terrain und längst dem äussersten Verhaue.

24. Sie werden überhaupt den Vorposten etwa auf 1500 Schritte vorgesetzt, wenn in dieser Weite ihre Flanken gut gedeckt sind.

25. Besonders geschiehet das Patrouilliren von hier aus zur Visitation der Verhaue und Befestigungen, 1 bis 1½ Stunden vor Tage.

26. Fehlt aber die Mannschaft zu solchen Nachtposten, so müssen die Patrouillen von den Vorposten selbst aus geschehen.

27. Was die Mannschaft der zwischen den Vorposten gezogenen Chaine betrift, so wird diese in Trupps von 10 bis 16 Mann vertheilt, nachdem das Terrain, welches

durch einen solchen Trupp beobachtet werden soll, mehr oder weniger Zugänge hat.

28. Der Posten selbst kommt an die Stelle, wo man den Durchbruch am wahrscheinlichsten vermuthet, und des Nachts auf jede Flanke eine Schildwache. Dann gehen zwischen diesen Cordonwachen auch fleißig Patrouillen von 2 Mann.

29. Die von feindlicher Seite herein laufenden Schlüchte und Ravins, werden ungangbar gemacht. Stoßen diese Eingänge aber auf die Postenkette selbst, so müssen sie ausserdem noch von einer besondern Wache besetzt werden.

30. Da diese Posten nur zum avertiren dienen, so hat man bey ihrer Ausstellung auf weiter nichts als auf eine verhältnißmäßige Entfernung unter einander, und auf einen, so viel als möglich gegen den Feind verdeckten Standort zu sehen.

31. Wenn man zwischen zwey mehrere Meilen von einander entfernten Quartierständen, oder überhaupt zwischen zwey wichtigen Posten eine Gemeinschaft zur sichern Ueberschickung der Couriere, der Transporte, und zur Sicherheit des hinterliegenden Landes vor streifenden und brandschatzenden feindlichen Partheyen sichern will, so zieht man zwischen ihnen einen sogenannten Communications-Cordon.

32. Dieser Cordon besteht aus einer Kette von, so viel als möglich festen Posten in Städten, Dörfern oder Schlössern, die $1\frac{1}{2}$ bis 2 Meilen von einander liegen.

33. Diese Posten werden mit beyden Truppenarten versehen, und wenn sie gerade an wichtigen Pässen und Straßen liegen, ihnen auch wohl Geschütz mitgegeben.

34. Die Zahl der Zugänge, das mehr offene oder durchschnittene Terrain, und die Stärke ihres besetzten Postens, bestimmen die Anzahl der Infanterie und Cavallerie, die man in solchen Ort legt.

35. Die Infanterie dient vorzüglich zur innern Vertheidigung, und die Cavallerie zum Patrouilliren und zur äußern Bewachung der Quartiere.

36. Man muß in den Wohnplätzen vorzüglich ein gut gemauertes Haus, eine Kirche oder ein Schloß aussuchen, in welchem eine förmliche Vertheidigung geleistet werden kann.

37. Doch muß der Lauf eines solchen Cordons, so viel als möglich, vom Feinde an 5 bis 6 Meilen abgezogen werden, damit die in die vordere Gegend geschickten Patrouillen, früh genug die Annäherung desselben erfahren können.

38. Hat ein solcher Cordon heftige Angriffe zu befürchten, so wird in den Dörfern hinter der Mitte desselben, ein zur nöthigen Unterstützung hinlängliches Corps verlegt, das jedoch alle Vorsichten ebenfalls beobachten muß, als wenn es dicht vor dem Feinde läge, denn dieser könnte sich aller Mühe ungeachtet, dennoch wohl zwischen den Cordonposten durchgeschlichen haben.

39. Um sich also so viel als möglich zu sichern, so müssen dieselben beständig zu beyden Seiten, bis auf die Hälfte Weges zum nächsten Posten patrouilliren, und in den nahe hinterliegenden Dörfern Avertir-Reiter angestellt seyn.

§. 104.

2. Regel. Aeußere Deckung eines ganz freyliegenden Quartierstandes.

1. Will man die äußere Sicherheit des Quartierstandes im Ganzen genommen nicht durch einen schützenden Cordon bewürken, und ist die vordere Gegend offen und frey und ohne viele Vertheidigungs-Mittel zur Beschützung der Quartiere, so gebraucht man die Truppen, die eigentlich zur Besetzung des Cordons bestimmt waren, dazu, daß man mit ihnen vereinigt sich an alle die Orte geschwind hin begiebt, wo Gefahr ist, den Feind bedrohet und ihn dadurch zwingt, nur langsam und mit aller Vorsicht vorzugehen, wenn er auch noch so überlegen anrückt.

2. Hat man aber eine viel Sicherheit darbietende Gegend vor sich, und liegt daher schon die größte Deckung der hinterliegenden Quartiere in der Behauptung derselben, so wird dieses Corps hierzu besonders angestellt, und daher längst der

der ganzen zu beschützenden Linie ein Postirungscordon von ihm eingerichtet.

3. Die Regeln, welche man nun bey der Bestimmung und Verlegung dieses Corps zur Erreichung der ersten Absicht befolgen muß, sind folgende:

a. Dieses Corps wird nicht ganz nahe vor den Feind gelegt, damit es nicht zu viel leidet.

b. Es muß so stehen, daß es seine nach allen Regeln ausgestellten Vorposten, so weit vor sich haben kann, daß jedes Quartier desselben, wenn Lärm bey den Vorposten entstehet, noch die Zeit hat, ehe der Feind es erreicht, sich zu versammeln und alle Sicherheitsmaaßregeln zu nehmen. Daher müssen wohl die vordersten Quartiere wenigstens $\frac{3}{4}$ bis 1 Stunde vom Feinde entfernt seyn.

c. Ferner muß das Ganze seiner Quartiere so liegen, daß der Feind bey einem zu unternehmenden Hauptangriffe, entweder gerade darauf zu, und sie vorher übern Haufen werfen muß; oder kann er daneben weggehen, dieß doch nur höchstens in einer Weite geschehen muß, welche das Corps in einen mäßigen Tagemarsche zurück zu legen im Stande ist, oder wenigstens in seinem Rücken dann noch zeitig genug denjenigen Weg versperren kann, auf welchem er sich zurückziehen muß.

d. Dieß Corps bestehet, wenn die Gegend nicht zu sehr durchschnitten ist, meist aus Cavallerie, damit es sich geschwind bewegen könne. Reitende Artillerie ist hierbey von großem entscheidenden Nutzen.

e. In coupirten Gegenden kann man zwar nicht so viel Cavallerie nehmen, aber da haben dann auch Infanterie und Cavallerie Gelegenheit, den Feind im Vordringen von Zeit zu Zeit aufzuhalten und der Armee Zeit zu verschaffen, sich zu versammeln.

f. Der Versammlungsplatz des Corps liegt rückwärts, aber doch zwischen den Quartieren, damit man, wenn der Feind kommt, auf jeden Fall, doch geschwinder als er, nach demselben hinkommen kann. Denn läge er, wie gewöhnlich vorwärts, so ist dieß nicht möglich.

g. Das

g. Das vorliegende Corps muß sich geschwind versammeln können. Man darf es daher nicht zu weit aus einander legen, und die weitesten Quartiere dürfen sich von dem Sammelplatze höchstens 1 bis 1½ Stunden befinden. Uebrigens ist es, wie schon gesagt, Hauptsache für jeden Befehlshaber eines Quartieres, mehrere Wege nach diesem Platze zu kennen und Oeffnungen zu machen, damit man aller Orten durchkommen kann.

h. Man legt bey den vorliegenden Corps die Infanterie in durchschnittene, die Cavallerie in ebene Gegenden.

i. Ist die Gegend vermischt, so legt man Infanterie und Cavallerie zusammen, damit beyde Arten Truppen einander wechselsweise, beym Rückzuge nach dem Versammlungsplatze beystehen können.

k. Eine Hauptsache ist, daß die Infanterie am nächsten bey dem Sammelplatze liege und daß sie, wo dieser Fall nicht statt findet, rückwärts durchschnittenes Terrain habe.

l. Um gleich das vorliegende Corps bey seiner Retirade unterstützen zu können, muß nicht allein die Infanterie der Armee nahe bey dem Versammlungs-Orte liegen, sondern sie muß beständig einen Theil auf demselben versammelt haben.

m. Dieser, welcher mit dem aus den nächsten Quartieren und dem vorliegenden Theile der Cavallerie einen ansehnlichen Theil der ganzen Armee ausmacht, kann alsdann bey den schleunigsten Unternehmungen des Feindes, doch sicher bey einander seyn, ehe der Feind bis an den Versammlungsplatz vordringt.

n. Da die beständig auf dem Platze versammelten Bataillons, Hütten zu ihrem Schutze haben müssen, so ist es höchstnöthig die Compagnien mit Hülfe ihrer Zimmerleute zur Erbauung solcher Hütten mit darin angebrachten Schornsteinen, und sie so anzuweisen, daß die ganze Anlage dem Zwecke und der Bequemlichkeit entspreche, und daß so wenig als möglich, und nur diejenigen Baumaterialien dazu genommen werden, die am leichtesten zu erhalten sind.

§. 105.

§. 105.

3. Regel. Sicherheitsanstalten eines entfernten Quartierstandes.

1. Wenn die Armeen im Winter so weit von einander entfernt sind, daß sie die oben beschriebenen Vorsichten nicht ganz nöthig haben, welches gewöhnlich der Fall ist; so stellt man eine Kette von kleinen Avertissementsposten, so weit als möglich nach dem Feinde zu, so daß sie wenigstens ein Paar Stunden vor den Quartieren der Armee stehen, damit diese immer Zeit behalte, wenn der Feind die ersten Posten zurückwirft, sich überhaupt oder corpsweise zu versammeln.

2. Damit indeß dieß nicht bey jedem Lerme und unbedeutenden Angriffe nöthig sey, so wird die vorderste Postenkette von stärkern Posten unterstützt, welche jedem Angriffe sich entgegensetzen und nur dann erst das Signal zur Versammlung der Armee geben, wenn sie sehen, daß der Feind mit einer großen Macht anrückt.

3. Deckt ein breiter Fluß die Front der Quartiere, so muß man alle Brücken, welche über denselben gehen, in seiner Gewalt haben. Diejenigen, welche man nicht brauchen kann, müssen abgeworfen oder auf sonst eine Art verderbt werden.

4. Um aber doch jenseits des Flusses recognosciren zu können, oder um den Feind nach den Umständen in seinen eigenen Quartieren zu überfallen, müssen die nöthigsten beybehalten, gut besetzt und verschanzt werden.

5. Die Furten des Flusses, durch welche man mit Cavallerie und Infanterie kommen kann, müssen genau untersucht werden. Da es Fälle geben kann, wo es nicht möglich ist sie zu verderben, so müssen sie gut besetzt werden, damit man wenigstens gleich Nachricht erhalte, wenn sich der Feind etwa durchschleichen wollte.

6. Der Posten-Cordon läuft nun am diesseitigen Ufer des Flusses her, und die Patrouillen gehen die ganze Nacht von einem Posten zum andern und in kleinen Kähnen auch an das jenseitige Ufer, das jedoch besser von den jenseits stehenden Cavallerie-Wachen, die des Nachts ihren Platz bey den verschanzten Brücken nehmen, untersucht werden kann.

7. Ist

7. Ist die Front durch andere Defilees gedeckt, so sind diese stark besetzt und der Cordon läuft von dem einen zum andern.

8. Die Cavallerie-Feldwachen werden dann dicht vor diese Defileen gesetzt, wenn sie der Feind sonst nicht umgehen kann.

9. Denn kommt der Feind überlegen, so passiren sie geschwind das Defilee, nehmen es dicht vor sich, und können sich hier nun gegen eine große Anzahl so lange halten, bis der bedrohete Theil des Quartierstandes völlig versammelt und zum Empfange des Feindes bereit stehet.

III. Hauptgrundsatz. Die Truppen müssen in den Quartieren mit den nöthigen Bedürfnissen versehen werden können.

§. 106.

Ausführung der dritten Grundregel. Anordnungen zur Erhaltung der Bedürfnisse.

Die dritte Grundregel zur Wahl einer Heeresstellung ist endlich: daß die Truppen hinreichend und auf eine leichte Art mit den ihnen nöthigen Bedürfnissen versehen werden können.

1. Da nun das Heer ungleich weiter als in einem Lager auseinander gezogen ist, so würde es dem größten Theile desselben viel zu beschwerlich fallen, wenn der Unterhalt nur von einem Orte aus, geholt werden sollte.

2. Um dieß also zu vermeiden, werden hinter den Quartierlinien des Cordons und der drey Treffen, von Weite zu Weite Depots von kleinen Magazinen angelegt, bey welchen sich immer ein Theil der Bäckerey befindet, und bey denen die nahe liegenden Quartiere ihre Portionen und Rationen empfangen. Eine oder zwey Brigaden müssen auch zu diesem Entzwecke ihren Commissarius haben.

3. Die Transporte nach den Corps werden auf diese Weite äußerst erleichtert, und das Proviantfuhrwesen kann die kleinen Magazine, aus dem Hauptmagazine zeitig ge-

nug

nug immer anfüllen und während dem Winter wieder in den Stand setzen, da die Compagnie-Brodwagen, den Unterhalt aus dem nicht weit hinter der Front ihrer Quartiere liegenden Magazine, selbst holen.

4. Im Hauptquartiere befindet sich die Kriegeskasse, von welcher die Regimenter alle Monate ihre Gage empfangen.

5. Die Truppen auf dem Cordon müssen übrigens so wenige Bagage als möglich bey sich haben, und diese muß im Falle eines Angriffes sogleich von einem, aus den hintern Quartieren abgeschickten Commando in Empfang genommen werden.

6. Was die übrige Verpflegung und Erholung der Truppen betrift, so geschiehet dieß auf zweyerley Art. Man macht nämlich in Ansehung der hierzu erforderlichen Bedürfnisse, sowohl unter die Oerter wo die Truppen einquartiert sind, als auch unter das flache Land, welches von diesen Oertern abhängt, und unter das benachbarte feindliche Land, eine gewisse Vertheilung, worauf alsdann diese Bedürfnisse, theils in Natur theils in Gelde geliefert werden.

7. In Natur werden geliefert: Quartier, Getreide, Fourage, Stroh, Betten; die kleinern Bedürfnisse als Stroh, Licht u. s. w.

8. Was die Wiederherstellung der Truppen erfordert, wird an Gelde geliefert, und dieses muß, um so viel als möglich die Schatzkammer des eigenen Staates zu schonen, aus dem feindlichen Lande, vermittelst eines Vertrags mit demselben gehoben werden.

9. Die besondern Verträge, welche die Truppen wegen guter Mannszucht mit den Oertern, in welchen sie einquartiert sind, machen, sind nach dem Reichthum des Landes mehr oder weniger beträchtlich.

10. Gemeiniglich kann das flache Land mehr in Natur liefern als die Oerter, in welchen die Truppen im Quartiere liegen. Diese hingegen sind eher in Stande alles an Gelde abzutragen. Man nehme es nun als Ausrüstungs-Geld oder als Sold oder als Quartiergeld für die Truppen an.

11. Ueber-

11. Ueberhaupt muß man sich in Ansehung des Aufwandes der Bedürfnisse, welche sowohl in Natur, als an Gelde geliefert werden, nach der Zeit, welche man in den Quartieren zu bleiben gedenkt, und nach dem Vermögen des Landes richten.

12. Denn gehet man nicht sparsam mit dem um, was zum Unterhalte der Truppen gehört, so würde vielleicht am Ende ein Mangel entstehen, und die Armee nicht die gehörige Zeit in den Quartieren aushalten können.

13. Der Feldherr und der Intendant müssen sich daher bey Zeiten eine richtige Kenntniß des Landes verschaffen, in welchem Quartiere, vorzüglich aber Winterquartiere genommen werden sollen, und die Lieferungen so anordnen, daß sie das Land gehörig abtragen kann, und die Armee die ganze Zeit über mit allem Nöthigen gehörig versehen wird.

14. Nimmt man die Winterquartiere im eigenen Lande, so übergiebt der Feldherr seiner Regierung einen genauen Bericht von dem Zustande der Armee, und von den Sachen die ihr fehlen, damit diese die nöthigen Anordnungen zur völligen Complettirung des Heeres treffen könne.

Nach Endigung dieses Abschnittes, lese man die Beschreibung der Postirungen auf dem 3ten und 4ten Plane durch. Der 3te Plan zeigt die Deckung und Befestigung eines Cordons durch große Schanzen. Der 4te Plan zeigt die Vertheilung einer ganzen Armee in ihren Quartieren.

Erklärungen der Plane.

Plan II.

zeigt die Stellungen der Truppen nach dem Terrain-Vortheilen.

I. Stellung der Waffe an sich.

Erstens. Infanterie.

In a a stehen 2 Bataillons leichter Infanterie mit einem einwärts gehenden Winkel zur Behauptung des Morastdammes. Das eine hat dabey das kleine Gehölz zu seiner bessern Deckung benutzt. Beyde bleiben 150 bis 200 Schritte von dem Debouschè ab. Sie umfassen in dieser Stellung die Flanke des durchlaufenden Feindes, und schicken ihm ein kreuzendes Feuer entgegen.

In b b zeigt sich eine ähnliche Infanterie-Stellung zur Behauptung eines Hohlweges, der weiter vor noch durch ein Commando gesperrt wird, welches den Feind locken soll, und das sich nachher gegen den rechten Flügel zieht. Die beyden Seitenhöhen dieses Defilees sind, so wie das rechts liegende Holz zur Deckung der Flanken hier ebenfalls nothwendig zu besetzen, da von ihrem Besitze der Besitz des Passes abhängt.

In c c steht eine Linie Infanterie zur besten Benuzzung der vorliegenden Terrains, als kleines Gewässer, Hohlweg und Hecken, welche sie sämmtlich 150 Schritte vor ihrer Fronte läßt, und nicht den Scheinvortheil, weiter zurück auf der Höhe 42 zu stehen, vorzieht. Auf dieser Höhe stehend, würde der Feind nicht das geringste von ihrem Feuer, bey der Passage der nun 400 bis 500 Schritte vor der Fronte liegenden Hindernisse, zu erdulden haben, sondern sich formiren und in Ordnung den nun weit schwächern Vortheil bekämpfen können, welchen die Infanterie auf der Höhe 42 haben würde. — Sie setzt also nicht einmal ihr zweytes Treffen ganz auf diese Höhe, sondern rückt es auf den Abhang hinunter, damit es nicht über 300 Schritte von der ersten Linie entfernt, und der Vortheil der Anhöhe noch immer übrig bleibe.

In d d sind die vor der Fronte von c c liegenden Hekken von der leichten Infanterie besetzt, um die Annäherung des Feindes an die Hauptlinie so viel möglich zu erschweren. — Denselben Zweck leistet auch die am äußern Abhange eines vor der Fronte herlaufenden Hohlwegs, in w w postirte leichte Infanterie.

In e e steht leichte Infanterie hinter einem Bache, in f f auf dem linken Flügel des ganzen Heers längst einer tiefen Schlucht in Haufen postirt.

In g g ist ein großes Dorf längst seinen äußersten Hecken von 5 Bataillons besetzt, welche hinter sich auf dem Hauptwege des Dorfes noch 2 Bataillons zur Unterstützung in Linie aufmarschirt, und 1 Bataillon in Colonne zum schnel: Zurückwerfen des Feindes haben. Die Hecken an dem Hauptwege hinunter sind weggerissen, damit die Bataillons schnell in die Gärten vorrücken können.

In h h zeigt sich ein auf ähnliche Art mit leichter Infanterie besetztes Dorf.

In i i ist ein großer Busch, welcher längst seinem äußersten Rande von 5 Bataillons so besetzt wird, daß die Leute durch das Buschwerk eben dem feindlichen Auge entzogen, selbst aber nicht am Feuern gegen die Ebene gehindert werden.

In

In kk, l, oo, pp, qq und rr sind auf ähnliche Art die nach dem Feinde zu liegenden Ränder von Gehölzen durch leichte Infanterie besetzt.

In nn ist queer durch ein ansehnliches Holz eine starke Kette leichter Infanterieposten gezogen, welche zu ihrer Verbindung vor und zwischen sich eine Menge Plänkerer haben.

In mm ist ein Schluchtdorf und dessen Seitenhöhen durch leichte Infanterie besetzt, um es gegen den über den Morast angedrungenen Feind noch wegen des Rückzugs zu behaupten.

In ss ist ein Berg mit 7 Bataillons besetzt. Dieser Berg hat zwey Absätze, die durch einen tiefen Hohlweg von einander getrennt werden. Um nun diesen zur Deckung bestmöglichst zu nutzen, den ersten Absatz des Bergs auf das vortheilhafteste zu bestreichen, das von der zu weit zurück und zu hoch liegenden Spitze des Bergs nicht angeht, und um den Vortheil dieser höchsten Höhe noch immer übrig zu behalten; so setzt sich das erste Treffen nicht unmittelbar selbst auf diese letztere, sondern 50 Schritte hinter den Hohlweg parallel mit demselben, und postirt die 3 Bataillons des 2ten Treffens 250 Schritte hinter sich auf die höchste Kuppe des Berges. Ein Bataillon dieser letztern bleibt mit Divisionen in Colonne, nicht allein um den linken Flügel zu sichern, sondern auch um sogleich mit einer unwiderstehlichen Gewalt sich auf den, den Hohlweg passirenden Feind, zu stürzen, oder ihn in Flank zu nehmen, wenn das erste Treffen durch das zweyte durchweichen muß. Diese Colonne steht deswegen nicht auf dem höchsten Orte, damit sie der Feind nicht sogleich entdecken oder sie auch denselben in dem oder um dem Hohlwege selbst anfallen kann.

In tt ist ein ansehnlicher Berg mit 6 Bataillons Infanterie auf eine von der vorigen in etwas verschiedene Art besetzt. Er hat so wie jener zwey Abhänge, die aber größer und steiler sind. Der vordere Absatz geht so weit vor, daß er einer ihn dominirenden Höhe 17 auf 900 bis 1000 Schritte nahe kommt, dahingegen die höhere Kuppe 1300 bis

bis 1400 Schritte von diesen Bergen entfernt ist und sie selbst dominirt. Auf dem vordern Absatze würde also die Infanterie durch die, auf den gegenüber liegenden Höhen aufgefahrene, feindliche Artillerie entsetzlich viel leiden, während man ohne Noth den grossen Vortheil der zurück liegenden Höhe, die uns aus diesem viel würkenden feindlichen Schuß rückt, uns über ihn sogar erhebt, aufopfert. Uebersdem kann die Infanterie von der Spitze des Bergs nicht über den 400 Schritte entfernten vorliegenden Absatz wegfeuern, daher wird ihre Würkung unmittelbar, durch diesen vorliegenden Absatz auf den in der Ebene anrückenden Feind, nicht geschwächt, sondern im Gegentheil noch verstärkt, da der Feind jetzt zwey Absätze ersteigen muß und man ihm auf dem beschwerlichsten derselben, während der ganzen Schußweite der Flinte in Feuer hat. — Aus diesen Gründen wird daher das erste Treffen nicht so wie bey dem vorigen Berge, der im würksamen Kanonenschusse nicht dominirt wird, auf dem ersten Absatze, oder auf dem Abhange, sondern gleich auf die höchste Kuppe, und das zweyte Treffen so wie es der Raum gestatten will, 150 bis 200 Schritte dahinter am Rande des zurück liegenden Abhangs postirt. Die Flügel sind zu besserer Sicherheit etwas zurück gezogen, das mittelste Bataillon rückt, so bald der Feind den ersten Absatz erstiegen hat, an den Abhang der obern Kuppe vor. Bis dahin hat es auf der Mitte desselben gestanden, um sich gegen das feindliche Geschütz mehr zu sichern. Das mittelste Bataillon des zweyten Treffens bildet eine Colonne um den, den Berg würklich erstiegenen, Feind, mit einem unwiderstehlichen Choc wieder hinunter zu werfen.

In u zeigt sich derselbe Fall, den wir eben betrachtet haben. Es ist ein allein liegender mit 6 Bataillons besetzter Berg. Der linke Flügel wird durch den mit leichter Infanterie besetzten tiefen Grund und den daran liegenden Busch gedeckt. Der rechte steht in der Ebene. Beyde Flügel sind etwas zurückgezogen, und um ihnen mehr eigene Stärke zu

geben,

geben, so stehen die Flügel-Bataillons des zweyten Treffens am Abhange des Berges so in Colonne, daß sie nicht vom feindlichen Feuer getroffen werden können, selbst aber schon in ihrer Stellung die Flanken sichern, und auch bereit stehen, dem den Berg ersteigenden Feinde in die Flanken zu fallen.

In DD stehen zwey Linien Infanterie hinter einem kleinen Flusse. Würde sich das erste Treffen auf den Absatz 48, und das zweyte auf die Spitze 49 setzen, so verlöhren sie ganz den Vortheil, die Unordnung, welche bey der Passirung des Flusses in der feindlichen Ordnung entstehen muß, entscheidend benutzen zu können, weil das erste Treffen auf dem Absatze 48 über 400 Schritte vom Ufer absteht. Da nun hier die Benutzung des Flusses größere Vortheile als die der Höhe in der Vertheidigung gewährt, überdem die letztere noch immer unser bleibt; so rückt aus diesem Grunde das erste Treffen den Abhang so weit hinunter, daß es nur noch 150 bis 200 Schritte vom Ufer steht, und also den Fluß recht unter seinem Feuer hat. Das zweyte Treffen hingegen setzt sich auf die Kante des Absatzes 48, und hat also gleich die näheste vortheilhafteste Stellung, wenn das erste Treffen zurück geschlagen und zum Weichen auf die Höhe 49 genöthigt würde.

In 46 ist ein ähnlicher Fall. Hier setzt man das erste Treffen UU eben auch auf den ersten Absatz, und das zweyte auf die Höhe 46 selbst. Doch kann dieß nur geschehen, wenn der Feind den Berg 38 noch nicht in Besitz hat, denn dieser dominirt den ersten Absatz, und da er nur 1000 Schritte davon abliegt, so würde feindliche Artillerie hierher postirt unserer Infanterie in UU zu schrecklich werden. In diesem Falle müßte also das erste Treffen gleich unmittelbar auf die 300 Schritte weiter von 38 abgerückte und fast gleich hohe Kuppe 46 gesetzt werden. In beyden Stellungen hat man übrigens von den Bergen 12 und 40 nicht viel zu fürchten. Denn beyde liegen 1600 Schritte von UU und 2000 Schritte von 46 ab. Der Absatz 51 wird aber selbst ein wenig von UU aus dominirt, und kann also nicht schaden, obgleich er nur 900 Schritte entfernt ist.

Zweytens. Cavallerie.

In xx stehen 14 Esquadrons leichter Reiterey in der Ebene. Die linke Flanke wird durch einen tiefen Grund, die rechte durch einen hohen Berg und Hohlweg gedeckt. Die erste Linie, aus 8 Esqadrons bestehend, steht mit 30 Schritt großen Intervallen. Das zweyte Treffen wird aus 6 Esqadrons gebildet, wovon eine über den rechten Flügel des ersten Treffens ganz hinaus steht, theils um denselben beym Choc zu verlängern, theils um dem, etwa rechts durch den Hohlweg kommenden, Feind in die Flanke zu fallen. Zwey andere Esquadrons des zweyten Treffens stehen 50 Schritte hinter der Fronte der beyden Flügelesquadrons des ersten Treffens. Sie sind bestimmt diesen immer zu folgen und beym Choc dem Feinde in die Flanken zu fallen. Die übrigen 3 Esquadrons des zweyten Treffens stehen mit Esquadronbreiten Intervallen 200 Schritte hinter der Mitte des ersten Treffens.

In yy stehen 10 Esquadrons zwischen einem Moraste und einem großen Teiche. Der linke Flügel biegt sich etwas zurück, um die Deckung des Morastes zu erhalten. In das zweyte Treffen sind nur 2 Esquadrons als Rückhalt postirt. Diese Stellung taugt nichts. Die Cavallerie muß bekanntlich, wenn sie kraftvoll fechten will, sich von ihrer Stelle gegen den Feind bewegen, sie kann dabey ihre vorigen Flankendeckungen nicht mit nehmen, sondern wenn diese nicht in derselben Richtung oder auch sich verengend vorlaufen, so muß sie die Sicherheit ihrer Flanken in ihrer eigenen Anordnung finden, und plötzliches Verlängern der Linien sich gegen die Ueberflügelung schützen. Die in yy stehende Reiterey kann beydes nicht. Zum ersten Treffen ist so viel verwendet, daß keine hinlängliche Verstärkung der Flügel mehr übrig bleibt. Da sich das Terrain schon dicht vor ihrer Fronte öffnet, so verliert sie beym Choc sogleich ihre Flan-

ken-

kendeckung; über dem hat sie einen nicht unbeträchtlichen Bach mit einem etwas hohen Ufer dicht im Rücken, und riskirt also bey einem Rückzuge eine völlige Niederlage. — Aus diesem Grunde wäre es viel besser gewesen, sich mit zwey halb vollen Linien 200 bis 250 Schritte hinter dem ersten Bach zu setzen, den Choc beym Hinüberkommen des Feindes anzufangen und ihn nicht über den Bach hinaus fortzusetzen. In dieser Stellung behält man die Deckung der Flügel, kann mit zwey Linien agiren, besitzt über den zweyten aber flachen Bach einen hinlänglich sichern Rückweg, und man hat vor der Front ein Hinderniß, das die Feinde nicht in fester Ordnung anzugreifen erlaubt.

In 23 steht ein großes aus 36 Esquadrons bestehendes Cavalleriecorps. Die Flügel werden durch hohe Berge und Schlüchte gedeckt. In erster Linie stehen 7 Esquadrons schwerer Reiterey, in zweyter 8 Esquadrons derselben. Hinter dem linken Flügel des ersten Treffens befindet sich, zum Verlängern der Fronte und zum Ueberflügeln des Feindes bestimmt, eine Colonne von 1 schweren und 4 leichten Esquadrons. Da sich aber das Terrain etwas weit vor mehr auf dem rechten als auf dem linken Flügel öffnet, so wäre diese Colonne hier dienlicher. Nun steht zwar hier hinter dem zweyten Treffen in 28 eine solche Colonne, allein sie stände hinter dem ersten Treffen besser bey der Hand, wenn nicht dieser Flügel vielleicht dem Feuern des Feindes etwas mehr als der andere ausgesetzt wäre. In 25 haben 4 Esquadrons leichter Reiter 2 Treffen als vorgehende Flanke auf der Hauptlinien formirt, und drohen dem zu weit vorgehenden Feind mit dem zerstörendsten Flankenangriffe, während ihre Flanke selbst durch den hohen Berg und die Schlucht gegen Reiterey gedeckt wird. Die noch übrigen 8 Esquadrons leichter Reiter stehen in 26 und 27 in zwey Treffen zu beyden Seiten des Dorfes, damit sie sogleich vorrücken, die Flügel unterstützen, und den zwischen dem Holze k k und dem Berge t t vielleicht herumkommenden Feind sogleich selbst in die Flanke

 nehmen

nehmen können, während er hier von der sich wendenden Colonne 28 in Front angegriffen würde.

In 29 stehen 3 Esquadrons leichter Reiter in einem einwärtsgehenden Winkel, um dem durch das Defilee, von welchem sie 300 bis 400 Schritte entfernt sind, vorbrechenden Feind, durch anfänglich größere Nähe nicht vortheilhaftere Würkung seiner Artillerie jenseits zu gestatten, und ihm beym würklichen Durchgang konzentrisch auf Front und Flank fallen zu können.

In 31 hat eine Esquadron eine ähnliche Flankenstellung zwischen dem Moraste und einem kleinen Gehölze, 200 bis 250 Schritt vom Damme entfernt, um dem herüber kommenden Feind sogleich in die Flanke zu fallen.

In 30 stehen zwischen beyden Posten 4 Esquadrons queer über die Ebene mit großen Zwischenräumen, um den aus dem Holze in die Ebene und den beyden Posten in Rücken gehen wollenden Feind, sogleich wieder in das Holz zurück zu werfen. Um sich aber dem Feuern aus demselben nicht auszusetzen, so steht die Linie 300 bis 400 Schritte vom Rande des Holzes ab, und wartet mit ihrem Choc, bis der Feind 60 bis 100 Schritte aus demselben vorgerückt ist.

In 34 und 35 stehen 8 Esquadrons zwischen einem hohen Berge und einem Holze in zwey Colonnen 300 Schritte hinter einem großen Dorfe, durch welches der Feind mit Reiterey vorbrechen will. Die Colonne 35 kann auch links zwischen dem Dorfe und dem Berge 40 durchgehen, und dem Feind in die rechte Flanke fallen, oder ihm in den Rükken gehen, wenn er über die Höhe 39 geht, um unsere linke Flanke zu gewinnen, wobey die Colonne 34 zu zwey Esquadrons, die von 35 aber zu drey Esquadrons aufmarschirt und die 4te Esquadron hinter die Flügel theilt, oder auch 8 halbe Esquadrons in zwey halbvolle Linien formiren kann. Ist das Holz 41 von unserer Infanterie besetzt, so kann diese Reiterey in dieser Stellung auch dem feindlichen Fußvolke

den

den Durchgang durchs Dorf, wenn es keine Artillerie bey sich hat, unmöglich machen.

In 36 und 37 stehen zwey Cavalleriecolonnen, jede von 4 Esquadrons, zwischen Bergen, 200 Schritte in Schluchten, die ziemlich weit sind zurück gezogen, und wo angenommen wird, daß die Berge 9, 10 und 12 keinen Choc der feindlichen Reiterey erlauben. Der Feind müßte also nur in den Schluchten vorgehen, und hier wird er von 4 Treffen Reiterey zurück geworfen. Will er über 39 und um 12 herum in die Flanken kommen, so gehen ihm gegen beyde Seiten die beyden hintersten Esquadrons beyder Colonnen jede in 2 Trupps entgegen, und decken ihre Flügel durch das Holz k k, den Berg t t, den Hohlweg 9 und den Berg 40.

In 32 und 33 steht ein Corps Cavallerie von 8 Esquadrons schwerer und 4 Esquadrons leichter Reiterey. Die schwere Reiterey hat zwey Treffen auf der Mitte einer Erhöhung so gemacht, daß sie vor dem feindlichen Artilleriefeuer aus der Ebene gedeckt ist und 200 bis 300 Schritte vom Rande der Höhe zurück steht. Sie fängt ihren Choc an, sobald der Feind auf die obere Fläche der Höhe tritt, und also durch das Ersteigen des Abhangs ermüdet ist. Das zweyte Treffen hat 100 Schritte große Zwischenräume, damit sich das erste gut durchziehen kann. Auf dem linken Flügel des ersten Treffens halten die 4 Esquadrons leichter Reiter in Esquadronbreiter Colonne, um dem Feinde durch eine plötzliche Verlängerung des linken Flügels in die rechte Flanke zu kommen, und ihm den Ausgang zwischen den Hecken d d und dem Holze 41 nach dem Dorfe 47 so zu sperren, daß er gegen die Hindernisse d d und w w getrieben wird, bey deren Passirung ihm nun eine völlige Niederlage bevorsteht. Doch muß der Feind entweder keine Infanterie haben, oder die unsrige muß das Holz 41 und den Ausfluß des Flusses D D besetzt halten, und so die Flanken der Reiterey sichern.

Drittens. Artillerie.

Die Batterien 1, 2 und 3 zeigen die Stellung der Artillerie hinter Hecken, Ravins und Bäche. Die Batterien 2 und 3 stehen 150 bis 200 Schritte hinter den Hindernissen, die Batterie 1 aber dicht hinter dem Bache, weil sonst dessen hohes Ufer das Feuer auf der nahen Ebene unmöglich machen würde, wenn die Batterie 150 Schritte vom Ufer abgerückt würde.

In 4 steht eine Batterie auf der Kante einer flachen Höhe, um die Oefnung zwischen den Hecken dd und der Holzspitze bey 5, welche beyde Gegenstände 300 Schritte vor ihr liegen, zu bestreichen, auch den Durchgang des 500 bis 600 Schritte entfernten Dorfes 47 dem Feinde beschwerlich zu machen. In dieser Rücksicht wäre es zwar besser, mit der Batterie ganz am Abhange des Berges hinunter, also 200 bis 250 Schritte vorzurücken, allein alsdann würde sie von den, zu beyden Seiten des Dorfes liegenden Auhöhen dominirt, die sie so in ihrer Stellung 4 selbst etwas beherrscht.

In 5 und 6 ist die Kante eines Holzes mit Artillerie besetzt, welche die ganze vorliegende Ebene bestreicht, und dem, das von hier nur 500 Schritte entfernte Dorf 47 passirenden Feind in die rechte Flanke feuert.

In 7 steht eine Batterie zwischen den Dorfzäunen und dem Holze, um die Ebene nach 47 und die Dorfspitze zu bestreichen. Wenn dies keine reitende Artillerie und zu offensiven Bewegungen bestimmt ist, so steht sie hinter den Zäunen besser als vor denselben.

In 18 und 19 stehen zwey Batterien 150 bis 200 Schritte hinter Defileen, welche sie vertheidigen sollen, und gegen deren Oefnung sie also einwärts gehende Bogen formiren, um ein kreuzendes Kartetschenfeuer im Augenblicke des feindlichen Durchgangs zu erhalten, während die gerade gegen dem Passe stehenden Kanonen seine Colonne schon von ferne

ferne mit Kugeln begrüßt haben. Dasselbe thun auch die andern Kanonen, sobald die Seitengegenstände des Defilees flach sind, als bey dem Moraste 19 der Fall ist.

In 8 und 9 steht Artillerie am Abhange eines Bergs und größten Theils durch einen tiefen Hohlweg gedeckt. Von hier kann sie den ganzen vordern Abhang des Berges, der ihr Feuer am meisten begünstigt, so wie die Ebene in allen Puncten selbst bestreichen, welches nicht möglich gewesen wäre, wenn sie sich auf den Berg 39 oder gar auf die zwar alles beherrschende aber eingeschränkte Höhe 40 gesetzt hätte. Auf dem Berge 39 war der Feind zwischen dem Hohlwege 9 und einem 500 Schritte weiter vor liegendem Puncte unter der Feuerlinie, auch der Abhang bey 8 konnte nicht recht bestrichen werden. Stand aber die Artillerie gar auf dem Berge 40, so erstreckte sich ihr Würkungskreis nicht auf die äußere Dorfseite nach g, und nicht über den Bergrand von 39, also überhaupt nicht über 500 bis 600 Schritte, und der Feind war in seiner Passage des vorzüglichsten Hindernisses, welches hier der Hohlweg 9 giebt, völlig gegen alles Feuer von 40, durch den Berg 39 gedeckt, so wie in seinem Angriffe auf das Dorf g g durch dies Dorf selbst.

In 10 steht eine Batterie auf einer sanft anlaufenden Höhe. Sie würde zwar, wenn sie auf dem Berge 38 stände, sowohl den Berg 39 als die Höhe 10 dominiren, allein dann wäre es unmöglich das Anrücken des Feindes auf der Ebene bis auf den Berg 10 von dieser Batterie zu verhindern. Um daher dies zu erhalten, thut sie auf den höhern Standort in 38 Verzicht, und fährt dagegen am Rande der Höhe 10 auf, hier faßt sie auch die Absätze der Höhen 9 und 12 besser von der Seite, welches sie von 38 aus lange so gut nicht kann.

Die Batterie 12 wird durch die Würkung entgegen gesetzter Gründe nun gerade vermocht, nicht auf dem vordern Absatze, sondern auf der höchsten Kuppe sich zu stellen. Diese Gründe sind: der Feind hat durch Ersteigung beyder Absätze meh-

mehrere Beschwerlichkeit; von da an, wo er ins Kartetschenfeuer trifft, welches bey seiner Erscheinung auf dem vordern Absatze seyn wird, bleibt er noch beständig in der Feuerlinie; die Ebene rechts und links kann man auch von der Höhe 12 aus bestreichen; und endlich, der Berg 17 dominirt den vordern Absatz, wird aber selbst durch Artillerie von dem Berge 12 aus beherrscht.

In 13 und 14 steht reitende Artillerie in einem einwärtsgehenden Bogen zur Bestreichung der Ebene aufgefahren und wird auf den Flügeln durch die Berge geschützt. Die große Batterie 15 steht queer über dem obern Rand des Berges, und zieht ihre beyden Flügel etwas zurück, um die rechts liegende Ebene mehr in der Seite zu bestreichen, und links den in der Flanke des Feindes hinauflaufenden Grund unter ihrem Feuer zu haben.

In 16 und 17 endlich stehen zwey reitende Batterien so wie in 20, 21 und 22 auf den Flanken der Cavallerie, um die schwächsten Theile derselben in der Ebene zu sichern.

II. Stellung der drey Waffen zur gegenseitigen Unterstützung.

Erstens. Infanterie.

Hierbey ist zu betrachten, die Flankendeckung der Infanterie durch Cavallerie, die Rückzugsdeckung derselben durch letztere, und die Stellung der Unterstützungs-Cavallerie zum Durchbruch.

In x x deckt das große Corps leichter Reuter die linke Flanke des wichtigen Infanteriepostens zur Behauptung des Hohlweges. Derselbe Fall würde, durch die Setzung dieser Reiterey in der Linie 45, statt finden, wenn sie durch den Feind etwa aus x x vertrieben würde.

Die

Die Stellung der Esquadron in 31 deckt ebenfalls die rechte Flanke der Infanterie a a. Würde diese Infanterie genöthigt, ganz von dem Moraste ab in das Gehölz l und das Dorf m zu weichen, so würde die Schwenkung der Reiterey 30 in die Linie 44, so wie der Reiterey y y in die Linie 43, die Flanken der neuen Infanterie-Stellung sichern.

Eben so deckt die Cavallerie-Colonne 37 die Flanken der beyden Infanterieposten 10 und 12, so wie die Stellung des großen Cavalleriecorps in 23 und 25 die Flanke des Infanteriecorps in t t t sichert.

Die Cavallerie in 29 und 30, welche sich queer über die Ebene verbreitet hat, sichert den Rückzug der im Holze und in b b stehenden Infanterie, wenn dieselbe dem überlegenen Feinde nicht länger widerstehen kann.

Denselben Zweck leistet die Reiterey in 43, 44 und 45, wenn sie vom Feinde aus ihrer anfänglichen Stellung vertrieben wird. — Gleichmäßig deckt auch die Reiterey in 23, 24 und 25 den Rückzug des Corps auf dem Berge u über die demselben im Rücken liegende Ebene. — Auf gleiche Art sichert die Reiterey in 32 und 33 den Rückzug der Infanterie c c nach der Stadt F queer über die Ebene. Denselben Zweck leisten die beyden Cavallerie-Colonnen 34 und 35, in Rücksicht der Infanterie g g und i i.

Als Reserve zur plötzlichen Benutzung der durch das Infanterie- und Artilleriegefecht hervor gebrachten Unordnung, wird die Reiterey vorzüglich in den Stellungen 23, 24, 25 und 28 nützen, wenn der Feind die Berge u oder t t angreift, indem sie ihn auf der Ebene bey einem beginnenden oder abgeschlagenen Sturme in die Flanke fassen kann, da jetzt sein Artilleriefeuer schweigen muß.

In 33 steht hinter der Infanterie eine Cavalleriecolonne bereit, um den die Batterie 4 oder die Holzecke 5 stürmenden Feind in die Flanke zu nehmen und auf seinem Rückwege vom abgeschlagenen Sturm zu zernichten, oder den

Choc

Choc auf die Batterie auch sogleich zu thun, sobald der Feind dieselbe würklich erstiegen, und beyde dahinter stehende Bataillons sich zu beyden Seiten geöffnet haben.

Die Colonne 35 kann, wenn der Feind vom Angriffe der Spitze gg abgetrieben ist, bey 8 durchgelassen und dem Feinde in den Rücken geschickt werden.

In 36 und 37 stehen zwey Cavalleriecolonnen bereit, dem Feinde in Flank und Rücken zu fallen, welcher die Bollwerke 9, 10 und 12 attaquirt, oder eben von denselben abgetrieben ist.

Die beyden Cavallerielinien 32 sind ebenfalls als Reserven der Infanterie cc und 42 zu betrachten, von welcher letztern sie 200 bis 250 Schritte abstehen, und den Durchbruch des Feindes durch die Hindernisse dd, ww erwarten, um ihn nach dem Durchziehen der Infanterie, die sich wieder auf dem Abhange des Berges setzt, durch einen kräftigen Choc wieder über dieselben zurück zu werfen.

Die Cavallerie in 31 und 44 dient nicht allein zur Flankendeckung der hier stehenden Infanterie, sondern auch zum Choc auf die Seite des Feindes, der die Infanterie angreifen will, oder vor ihr sich in Unordnung gegen den Morast zurück begiebt.

Zweytens. Cavallerie.

Bey der Stellung der Cavallerie in Verbindung mit den Vortheilen der Infanterie ist zu betrachten: Flankendekkung der Reiterey durch Infanterie; Rückzugsdeckung derselben durch letztere; Deckung der zum plötzlichen Durchbruch bestimmten Cavallerie-Reserven durch Infanterie.

Was den ersten Gebrauch der Infanterie in Rücksicht der Cavalleriestellung betrifft, so zeigt er sich zuerst in ff, wo die linke Flanke der Reiterey xx durch die Besetzung des Grundes mit leichter Infanterie gesichert wird. — Dasselbe geschieht mit der Besetzung des Berges 17 und des Passes 18 durch

durch Infanterie, in Rücksicht der rechten Flanke dieser Reiterey.

Die Besetzung der Holzränder oo und al, so wie des Dorfes m, deckt die Flanken der Reiterstellungen in 43 und 44.

Derselbe Fall ist es mit der Cavalleriestellung in 45, deren Flanken durch den noch behaupteten Berg und Paß 17 und 18, so wie durch die leichte Infanterie vv, die sich am Abhange des Berges postirt hat, gedeckt wird. Auch wird die ganze Fronte dieser Linie von der Cavallerie 23 und dem wichtigen Infanterie-Posten u flankirt, und dem Feinde fast unzugänglich gemacht. — Diese Cavallerie kann sich auch, erforderlichen Falls, zwischen 17 und vv immer noch einige 100 Schritte weiter zurückziehen, um bessere Deckung zu haben, ohne daß dadurch ihre Angriffsvortheile auf der vorliegenden Ebene, oder die Verbindung zwischen vv und 17 verloren gehen.

Die Flanken der Hauptcavallerie-Stellung in 23 werden durch die Infanteriecorps tt, u und pp völlig gegen alle Anfälle sicher gestellt. Die Cavallerie 23 und 25 flankirt ihre Fronte selbst unter einander, und da sich diese Reiterey, ohne Furcht ihre Würksamkeit zur Unterstützung der Posten tt und u, auf der Ebene und vor den Fronten dieser Posten zu verlieren, immer noch einige 100 Schritte weiter zurückziehen kann, so ist es dem Feinde, ohne große Gefahr umzingelt und in der Flanke gefaßt zu werden, nicht zu rathen, diese Reiterei in der Fronte anzugreifen, und befindet sich Artillerie auf ihren Flügeln, auf den Bergen tt und u, von da die ganze Ebene und der zwischen beyden Bergen liegende Raum mit einem kreuzenden Feuer bestrichen werden kann, so wird dem Feinde aller Angriff dieser Reiterey völlig unmöglich.

Als Posten der Infanterie, welche den Rückzug der Cavallerie decken sollen, kann man die Detaschements der leichten Infanterie in ee hinter dem Bache ansehen, allein schon

schon oben haben wir gezeigt, daß die Cavallerie-Stellung in yy nichts taugt, und sie besser hinter dem Bache wäre.

In diesem Falle müßte die Infanterie sich hinter dem zweyten Bache setzen. — Der Rückzug der Cavallerie in 43 würde dann vorzüglich durch die leichte Infanterie in m, dd und ww gedeckt.

Die leichte Infanterie in vv sichert den Rückweg der Cavallerie in 45 zwischen die Berge durch. Denselben Zweck leistet die leichte Infanterie in dem Dorfe hh in Rücksicht der Reiterey 23 bis 28, so wie die leichte Infanterie in dem Gehölze kk den Rückzug der Cavallerie 37 gegen die Höhe 46, die Besetzung der Höhe 38 den Rückweg der Reiterey 36, und der Berg 40 den der Colonnen 34 und 35, so wie die Besetzung des Holzes 41 und des Flusses DD durch Infanterie den Rückzug der Cavallerie 32 nach F deckt.

Da die Cavallerie diejenige Waffe ist, welche eine unter dem Feinde eingerissene Unordnung, durch einen plötzlichen Anfall, am besten zur schnellen Entscheidung des Sieges benutzen kann, so muß sie an solchen Orten so viel wie möglich verdeckt und gegen feindliches Geschützfeuer gesichert gestellt werden, wo der heftigste Anfall des Feindes zu erwarten ist, in die Flanke gefaßt werden kann, und das vorliegende Terrain den Gebrauch der Reiterey erlaubt.

Zu diesem Gebrauch dienen die Cavallerie-Stellungen in 23 bis 25, in 29, in 32, 33, 35, 36 und 37. Um daher den Feind mit dem Gebrauche dieser Reiterey aus diesen Stellungen wo nicht zu überraschen, doch wenigstens dieselben zu sichern, so sind sie alle entweder durch Zurückziehung und Form ihrer Linien, so wie in 23 und 25, oder durch Terraingegenstände, wie in 36 und 37 durch Höhen, in 34 und 35 durch Holzung und Wohnörter, in 32 und 33 durch den vorliegenden Abhang des Berges und durch die Infanterie gegen feindliches Geschützfeuer gedeckt, und größtentheils auch dem feindlichen Auge entzogen, so daß ihr

Choc

Choc unvermuthet, und ohne vorhergegangene Schwächung ihrer Kraft, gegen die Flanken des Feindes geschehen kann, der gezwungen ist, die in ihrer Nähe befindlichen starken Spitzen der Stellung anzugreifen.

Drittens. Artillerie.

Die Artillerie ist bekanntlich blos eine Verstärkungswaffe der beyden vorhergehenden; bey ihrer Stellung in Rücksicht der verbundenen Würkung mit den beyden andern sind daher nur folgende drey Punkte zu betrachten: Stellung der Artillerie um die Flanken und Zugänge der durch die beyden andern Waffen gebildeten Fronte zu sichern. — Sicherung der Artillerie durch Infanterie. — Sicherung der Artillerie durch Cavallerie.

Was die Ausführung des ersten Punktes anbetrifft, so muß die Stellung der Geschütze unter sich so viel möglich in den Zugängen zur Fronte ein kreuzendes Feuer befördern, daher einwärtsgehende Winkel bilden.

Die Batterien 16 und 17 decken die Flanken der Reiterey x x. Denselben Zweck gewähren die Batterien 20, 21 und 22 in Rücksicht der Cavallerie y y.; ferner die Batterien 12, 13, 14, 15 für die Reuterei 23 und Infanterie t t t und u. Diese 4 Batterien bestreichen die ganze vor ihnen liegende Ebene durch ihre einwärts gehende Stellung, mit einem sich mehreremale und weit vorgehendem kreuzenden Feuer.

Die Batterie 12 dominirt den Berg 17, und mit den Batterien 11, 10 und 9 durch ein sehr kreuzendes Feuer die ganze Ebene bis an den Hohlweg 18, diesen selbst und zum Theil den rechts liegenden Holzberg. — Die Batterie 11 giebt das rasirende Feuer auf der großen Straße; die Batterie 10 giebt zugleich das Flankenfeuer auf die ihr zu beyden Seiten liegenden Bergabhänge vor 9 und bey 45.

Die Batterie 9 bestreicht die ganze Ebene von 45 und dem Holzrande bis 44, und giebt der ganzen Fronte von 45 bis g eine Flankenvertheidigung. Die Batterie 8 sichert den Hohlweg 9, und giebt das rasirende gesenkte Feuer auf der ihr links liegenden sanften Böschung, so wie längst den nach dem Moraste rechts führenden Wege, als Flankenvertheidigung der linken Dorfseite.

Die Batterie 7 erfüllt diesen Zweck auf der rechten Dorfseite, und gegen m und rechts am Holze herauf. Die Holzbatterien beherrschen die ganze Ebene bis 44, das Dorf 47, den Ausgang desselben, die Zugänge zur Batterie 4 bis gegen 43, und die rechte Seite des Dorfes g bis gegen 3a.

Die Batterie 4 deckt diesen beyden Holzbatterien die rechte Flanke, beherrscht den Ausgang des Dorfes 47, und die ganze Ebene von 44 bis 43, also alle Zugänge auf die Mitte des rechten Flügels.

Die Batterie 3 giebt der vorigen, über die Böschung des Berges bis zwischen die Holzspitze von 5 und das Dorf 47 durch, eine gute Flankenvertheidigung, macht den Durchbruch der Hecken d d nebst der Batterie 2, so wie mit dieser und der Batterie 1 den Uebergang über das Ravin und den Bach in ihrem Kartetschenfeuer fast unmöglich, während die Batterien 1 und 2 den rechten Flügel der Infanterie c c decken, und die ganze Ebene bis über y y hinaus, welche dem Feinde hier nur als Zugang dienen kann, mit einem kreuzenden Feuer bestreichen.

Die Deckung der Batterien in ihrer Würkung, geschieht schon durch die ihnen zur Seite oder hinter stehenden Truppenlinien, deren Fronte und Flanken gegenseitig durch ihr Feuer sichern und verstärken sollen, und die auf die Würkung desselben in der feindlichen Ordnung warten, um dieselbe durch einen plötzlichen Anfall gänzlich zu zernichten.

Die

Die Artillerie-Unterstützung und Deckung darf daher nur nicht zu weit von den Batterien abstehen, muß sich aber übrigens, so lange der Feind selbst nur gegen ihre Stellungen mit Geschütz agiren kann, vor dessen Würkung zu decken suchen, und nur dann plötzlich hervorrücken, wenn die Nähe des angreifenden Feindes die kraftvolle Würkung dieser Unterstützung erlaubt, und diese nun zweckmäßiger wird, als die der Artillerie, welche also jetzt so viel möglich der Unterstützung Platz macht. — Die Deckung der Unterstützung gegen das feindliche Artilleriefeuer, in Augenblicken wo sie noch selbst nichts würken kann, läßt sich in Hölzern, Dörfern, hinter kleinen Erhöhungen und auf Bergen leicht durch ein Zurückschieben der Linie von oft wenig Schritten, von dem äußersten Rande dieser Gegenstände bewürken. — In der Ebene ist diese Deckung aber nicht gut möglich; es müßte denn seyn, daß die festen Flügel eine hinlängliche Sicherheit der dazwischen stehenden Artillerie geben, und also eine weitere Zurückziehung der hinter letzterer befindlichen Truppenlinie erlaubte, die jedoch bey Cavallerie nicht über 300, und bey Infanterie nicht über 100 Schritte seyn darf.

In der Stellung der Batterien 13, 14 und ihrer Cavallerie Unterstützung 23 findet man den letztern Fall. Eben so auch bey der Batterie 11, und ihrer Unterstützung 37.

Alle übrige Batterien, die von y y und x x ausgenommen, sind von Infanterie gesichert, die sich 50 Schritte dahinter befindet. — Die Infanterie in 4, in s s, in 10, in 12 und in u ist dabey durch ein kleines Zurückziehen ihrer Fronte von der Kante des Berges auf die Mitte desselben, gegen alles feindliche Feuer aus der Ebene gedeckt, und steht dennoch nahe genug, beym Anrücken des Feindes und dem Schweigen seiner Artillerie, ihren Platz vor der nun zurückgezogenen Artillerie auf den Kanten der Berge einzunehmen. — Die hinter diesen Batterien am zurückliegenden Abhange stehenden Infanteriecolonnen

nen sind durch die Berge selbst gegen alles feindliche Artille- feuer gesichert.

III. Benutzung des Terrains zur Sicherheit und Verstärkung der Truppen-Stellung.

Erster Grundsatz. Die schwachen Theile eines zum Streite rangirten Corps, nämlich die Flanken und der Rücken desselben müssen gedeckt seyn, durch Natur oder Kunst.

In der Hauptstellung A A A wird der rechte Flügel des Corps durch den Landsee 52 und den Fluß DD, der linke Flügel aber durch die Schlucht pp, den Fluß 53 und das Holz qq gedeckt. Da diese Gegenstände sehr weit nach dem Rücken des Heers hinunter laufen, so verhindern sie Umgehung der Flügel und sichern also auch den Rücken. Doch müßte die Höhe 48 nicht vom Feinde genommen werden können, weil er sonst mit seiner Artillerie von hier dem rechten Flügel in den Rücken feuerte. Die Besatzung der Stadt F muß also nöthigen Falls dies abwenden können, oder man müßte dem Feinde gleich anfänglich zwischen der Holzspitze 49 und dem See 52 ein Corps Cavallerie mit 4 Bataillons leichter Infanterie und 2 bis 3 Batterien entgegen stellen.

Zweyter Grundsatz. Das Corps muß durch Benuzzung der Terrainvortheile seine Kräfte so viel möglich verstärken. — Dieserhalb muß der Zugang zur Fronte dem Feinde schwer fallen, und er plötzlich unter ein kreuzendes Feuer der Artillerie gerathen. — Die Fronte der Stellung muß für die Kraft des Corps zweckmäßig seyn. — Die Figur des Frontenlaufes muß eingebogen seyn, damit sie conzentrische Würkung gestattet.

Die erste Forderung wird in der Stellung A A A durch drey Mittel erlangt. Das erste besteht in der schon gewiesenen

senen zweckmäßigen Stellung der verschiedenen Waffen an sich zur Benutzung der Terrainvortheile, und zur gegenseitigen Unterstützung.

Das zwente Mittel besteht in der vorläufigen Verbergung der Hauptstellung durch die Position eines Avantcorps, und der so lange angeordneten Zurückziehung der Hauptlinie hinter verbergende Erhöhungen.

Das dritte Mittel ist die Setzung der Fronte und ihrer Batterien hinter solche Gegenstände des Terrains, die dem Feinde bis in die Weite des würksamen Kanonenschusses, also 1500 Schritte, unsere Anordnung verbergen, und ihn jetzt zwingen, ohne gegenseitige Vortheile, nur mit gebrochener Schlachtordnung sein Anrücken zu beginnen.

Das zwente Mittel wird durch die Stellung der Avantcorps BBB, das dritte aber durch die 1000 bis 1500 Schritte große Abrückung der Positions-Fronte AAA von den Defileen 18, 19, und dem Walde nn erlangt. — Ehe der Feind in die Ebene vorrücken kann, ist er gezwungen die starken Posten 18 und 19 mit dem Walde nn zu erobern. — Vertreibt er dabey vorher die Cavallerie xx, so setzt sie sich in 45 und der Feind erhält nun das Feuer der Hauptbatterie 15 in die Flanke. — Eben so setzt sich die Reiterey yy in 43. Ist der Paß 19 erobert, so kann das Corps in 43, m, l, 44 und oo wenigstens noch so viel Widerstand leisten, daß es seinen Rückzug sichert. — Die Infanterie al zieht sich dabey durch das Dorf, die Infanterie oo über die Ebene, die Cavallerie 43 und 44 zu beyden Seiten des Dorfes zurück. — Die 4 Esquadrons in 44 gehen durch 8 nach 36, die Cavallerie 43 vertheilt sich in 33 und 35. Die Cavallerie 45 deckt, indem sie sich rechts zurück schwenkt, den Rückzug der Infanterie in bb und 17, wenn dieser Posten nicht mehr zu halten ist, über die Ebene bis zwischen die Berge, wo sie sich setzt. Die ganze Cavallerie von 29 bis 16 geht in ihre Stellungen auf dem linken Flügel. Forzirt der Feind das Holz nn, und besetzt den Rand mit einer starken Macht, so daß er durch das Avantcorps nicht wieder daraus zu vertreiben steht, so muß sich die Infanterie desselben sogleich durch die Cavallerie bis auf 300 Schritte dahinter ziehen, die reitende Artillerie bey der Reitereyfronte lassen, und nun wieder das Durchziehen dieser letztern in schachförmiger Stellung ihrer halben Divisionen mit dazwischen und vorgesetzten Plänkerern, und verbunden mit der Artillerie decken, bis sich die Reiterey 300 Schritte wieder mit halbvoller Linie und in halben Schwadronen gesetzt hat, worauf diese nun den gänzlichen Rückweg der leichten Infanterie hinter die Linie vollenden läßt, und nun durch ein plötzliches Defiliren durch die Durchgänge der Stellung den Batterien derselben freye Würkung gegen den auf der Ebene nachgedrungenen Feind gestattet. — Dies Feuer ist jetzt kreuzend gegen alle Zugänge der Fronte, und trifft den Feind so wie er über die Ebenen x x und y y, oder durch die Defileen 18 und 19 und den Wald n n vorrücken will. Er wird hier aller Orten dominirt, und auf der Mitte der Ebene tritt er schon in das Kartätschenfeuer, so wie er an den Abhängen der Berge und überall 300 Schritte vor der Fronte stets von irgend einer Batterie ein Flankenfeuer, gleich darauf aber das kreuzende und rasirende Feuer, der bis dahin größtentheils gegen seine Artillerie bedeckt gestandenen, Infanterie zu erdulden hat.

Die zweyte Forderung ist eine zweckmäßige Ausdehnung der Stellung, die wenigstens eine vordere volle Linie und eine hinlängliche Reserve für unvermuthete Zufälle erlaubt. — Die Zeichnung beweist bey dieser Stellung die Befolgung dieser Regel. Im ersten Treffen befinden sich 30 Bataillons Linien-Infanterie, 1 Bataillon leichter Infanterie liegt in dem Hohlwege w w; 2 stehen in den Gärten d d, 3 derselben setzen sich in f f und p p, es bleiben daher noch 6 Bataillons leichter Infanterie, wovon 3 als Reserve ins Holz 41, und 3 zwischen den Busch k k und das Dorf h h gesetzt werden, um durch allenfalsige Besetzung dieser Gegenstände den Rückzug des linken

Flü-

Flügels zu decken. — Die noch übrigen 18 Bataillons Linien-Infanterie stehen im zweyten Treffen, und formiren von 6 Bataillons hinter den Durchgängen der Mitte 3, und hinter denen des linken Flügels auch 3 Colonnen, um den Feind durch ihre Kraft gleich da wieder zurück zu stürzen, wo er wahrscheinlich auch in Colonnen angreifen wird. Diese Colonnen sind durchs Terrain gegen alle feindliche Altillerie-feuer gesichert. Der rechte Flügel hat keine Colonnen, weil es hier mehr aufs Feuer ankommt, auch die hintern Linien genugsame Kraft zum Zurückwerfen des Feindes geben. — Die Cavallerie ist in dieser Stellung fast ganz als Reserve anstellt, selbst die in 23 kann als solche angesehen werden, weil sie selbst nicht angegriffen werden kann, nnd nur zur Vertheidigung der Berge t und u, so wie zum Choc gegen den von hier abgeschlagenen Feind, nicht aber zu einem anfänglichen Offensivchoc, etwa zur Eröffnung des Gefechts, dienen soll.

Die dritte Forderung ist, daß die Front der Stellung durch eingebogene Form, gegen alle Zugänge eine conzentrirte Würkung der Truppen gestattet. Hierzu sind aus- und einwärtsgehende Winkel erforderlich. Auf die Mitte des rechten Flügels kommt der Hauptzugang vom Dorfe 47 her, und führt auf die Batterie 4. Ein einwärts gehender Winkel der Stellung, der hier durch die Besetzung des Holzes angebracht ist, macht also diese Batterie unmittelbar selbst nicht gut angreifbar, und zwingt den Feind erst das Holz zu nehmen, wo er das Flankenfeuer der Batterien 4 und 7 und das Frontalfeuer der Batterien 5 und 6 empfängt.

Die beyden Batterien 1 und 2 können gegen den Bach e e ebenfalls ein kreuzendes Feuer machen, und also die rechte Flanke kraftvoll beschützen.

Das Dorf g g hat hier eine vorgehende Spitze, welche durch die beyden einwärts gehenden Winkel 7 und 8, wo leichte Batterien postirt sind, bestrichen und der hier angreifende Feind davon in die Flanke gefaßt wird. — Die

Flanken der einwärtsgehenden Winkel müssen, wenn es die Benutzung des Terrains irgend nur gestattet, nicht über die Kartetschenschußweite, das heißt nicht über 500 Schritte, lang seyn.

Die Batterie 9 ist ein Hauptbollwerk, und bestreicht die Fronten beyder Flügel, sie macht mit der Stellung 10 einen einwärtsgehenden Winkel, um den Weg und den zwischen beyden Bergen liegenden Eingang unter ein kreuzendes Feuer zu setzen.

Weil die Stellung 10 mit der Stellung 12 nicht gut einen einwärtsgehenden Winkel, wegen der Lage der Berge machen kann, und sonst der rechte Abhang des Berges 12 nicht gut zu bestreichen ist, so wird zur Erfüllung dieser Zwecke in 11 auf der großen Straße eine leichte Batterie in einwärtsgehendem Bogen aufgefahren.

Die Stellung des linken Flügels zwischen dem Berge t und u läßt wieder eine vortheilhafte einwärtsgehende Form der Linie zu, die sehr gut durch die beyden starken Posten t und u auf den Flanken gedeckt wird. — Die Flanken der Batterien 12 und 15 sind also am Abhange der Berge einwärts gezogen, und die Lücke ist auf der Ebene in Form eines einwärtsgehenden Bogens durch 3 leichte Batterien gefüllt, wovon die beyden in 14 reitende sind. — In 1 stehen 1½ Batterien 12 Pfünder, in 4 eine Batterie, in 6 eine halbe Batterie, in 9, 1½ Batterie, in 12 2 Batterien und in 15 auch 2 Batterien 12 Pfünder. In 2 stehen 1½ Batterie 6 Pfünder, in 3 eine Batterie, in 5 auch eine, in 6 eine halbe Batterie 6 Pfünder; in 7 eine reitende Batterie, in 8 eine 6 Pfünder-Batterie, in 10 eine 6 Pfünder, in 11 eine reitende, in 13 eine 6 Pfünder, und in 14 zwey reitende Batterien, und die letzte 6 Pfünder-Batterie steht hinter den Hecken der Dorfspitze gg. Für die Batterie 7 sind rechts durchs Holz Wege, zum Zurückzuge um das Dorf weg, gemacht.

Was

Was die innere Gemeinschaft der Heertheile in dieser Stellung betrifft, so ist sie völlig ungestört, und es giebt Posten darin, von da aus es leicht ist, wenn der Feind auch die vordere Linie durchbrochen hat, ihn aus den eingenommenen Vortheilen wieder zu vertreiben. — So ist der Besitzer des Holzes 41, der Berge 40 und 39 im Stande, den in das Dorf g g eingedrungenen Feind in die Flanke zu fassen, und mit einem dominirenden Kartetschenfeuer leicht zu vertreiben. — Eben so bestreicht der hohe Berg 38 die ganze Fronte von 11 bis 39, und eine hierher gestellte Batterie verhindert alle Festsetzung des Feindes in dieser Gegend. — Der Verlust der Batterien 12 und u kann zwar durch einen solchen Posten nicht wieder ersetzt werden und gebietet den schleunigen Rückzug des linken Flügels, der aber durch Besezzung des Holzes k, des Berges 38 und des Dorfes h h, wenigstens gut gedeckt werden kann.

Dritter Grundsatz. Die Stellung muß eigene Offensive erlauben, wozu erfordert wird, daß man dem Feinde so viel möglich unvermuthet, von gewissen Orten aus in die Flanke gehen kann, und daß der Ausmarsch aus dem Lager wenigstens vor- und rückwärts frey ist.

Die erste Forderung macht Eingänge in der Fronte der Stellung nothwendig, die vollkommen gedeckt seyn müssen; sie sind daher in den einwärtsgehenden Winkeln am besten angebracht. — Diese Regel ist daher durch die Stellung der Truppen in 4, in 8, links an s, in 11 und zwischen 12 und 15 so in Ausführung gebracht, daß die hierher gestellten Reserven sicher seyn, und dem Feind bey den gefährlichsten Angriffspunkten in die Flanken fallen können.

Die Deckung und Freyheit des Rückzugs aus den verschiedenen Theilen dieser Position, hängen von den Einbruchsorten des Feindes, und der Lage von Posten ab, welche die umliegende Gegend beherrschen. — Drängt der Feind den rechten Flügel zurück, so kann er sich zum Wiederangriff auf der Höhe 42 oder in CC oder in EE formiren. Im zweyten Fall ist die rechte Flanke durch den Fluß, im letztern durch die Stadt, und in beyden durch eine auf der Höhe 48 aufgefahrne Flankenbatterie gesichert. Sollte der Rückzug gleich beschlossen seyn, so müßte sich die Infanterie des rechten Flügels in DD, die Cavallerie aber in GG setzen, welche Stellung sie auch bey den Positionen der Infanterie in CC oder EE zu nehmen hat. — Ist das Holz 41 verloren, so wird die neue Linie in HH zur Wiedereroberung desselben vom Dorfe aus genommen. Ist das Dorf ohne das Holz verloren, so schließt man es durch die Linien K und LL ein, und steckt es durch die Batterie 40 in Brand, worauf die Colonnen von beyden Enden dieses Winkels wieder ins Dorf vordringen. — Ist das Holz und das Dorf verloren, so nimmt man die Linie JJ, K. Läßt sich JJ wegen des feindlichen Artilleriefeuers aus dem Holze 41 nicht gut behaupten, so setzt man die Infanterie in F und Y, und die Cavallerie in ZZ. — Ist der Berg 10 verloren, so nimmt man die Stellung NN, OO, und bestreicht das eingeklemmte Terrain von den Batterien 9, 38 und 12 mit einem solchen kreuzenden Feuer, daß sich kein Feind darauf setzen darf. — Ist die Batterie 9 verloren, so wird es auch bald das Dorf gg seyn, und dann nimmt man die Stellung MM, LL. — Ist der Berg 15 verloren, so nimmt die Infanterie die Stellung hh, und die Cavallerie die in QQ. — Geht tt verloren, so muß 10 verlassen werden, und die Cavallerie aus Q sich zurückziehen. — Dann nimmt man die Stellung OO, PP, kk, die Cavallerie setzt sich in RR, und die Infanterie aus 15 und hh in qq. — Setzte man die Cavallerie in RR noch zu sehr dem Feuer von tt aus, so zieht sie sich bis SS zurück, und die Infanterie aus tt, setzt sich in TT. Müßte aus demselben Grunde das Holz kk verlassen werden, so formirt sich die Infanterie in VV, UU, ist aber auch 38 verloren, in WW, und beym Verluste von 39, in LL, XX. — Der Berg 40 ist der Drehpunkt, ist dieser verloren, so weicht die ganze Fronte in zz,

rr und

rr und SS, qq zurück, und deckt den Rückzug. In allen diesen Stellungen steht die Reiterey hinten, und die Artillerie auf den Spitzen.

Plan III.

Anordnungen einer Armee zu ihrer Sicherheit.

I. Anordnung des Lagers an sich.

Das Lager liegt fast 4000 Schritte von einer Vestung entfernt, so wie es zugleich an dieser Seite 2000 Schritte von einer mit guten Mauern umgebenen Stadt abliegt, die 3000 Schritte von der Vestung entfernt ist, so daß also beyde Oerter den einen Flügel der Armee vollkommen sichern. Der andere Flügel erstreckt sich auf 13000 Schritte von der Vestung, und hat nur in seiner eigenen Stärke seine Deckung.

Das Hauptlager hat 4 Fronten und bildet nach dem Laufe der Höhen ein verschobenes langes Viereck.

Die Werke sind auf folgende Art besetzt:

Nro. 1.	hat 1½	Bat. Lin. Infant.	1	Batt. 12 Pf.	1	Bat. 6 Pf.
= 2.	= 1	= = =		= =	½	= =
= 3.	= ½	= = =		= =		= =
= 4.	= ½	= = =		= =	½	= =
= 5.	= ½	= = =		= =		= =
= 6.	= 1	= = =	1	= =		= =
= 7.	= ½	= = =		= =		= =
= 8.	= ½	= = =		= =		= =
= 9.	= 1	= = =		= =	½	= =
= 10.	= 1	= = =	1	= =		= =
= 11.	= ½	= Leicht. Inf.		= =		= =
= 12.	= ½	= = =		= =		= =
= 13.	= ½	= = =		= =		= =
Summa	9	Bat. Lin. Infant.	3	Batt. 12 Pf.	2½	Batt. 6 Pf
	½	Bat. Leicht. Infant.				

Sum

Summa 9 Bat. Lin. Infant. 3 Batt. 12 Pf. 2½ Batt. 6 Pf.
½ Bat. Leicht. Infant.

Nro.	14.	hat	1		Lin. Infant.		1	=	=		=	=
=	15.	=	1	=	=	=		=	=	½	=	=
=	16.	=	½	=	=	=		=	=		=	=
=	17.	=	½	=	=	=		=	=	½	=	=
=	18.	=	2	=	=	=	1	=	=		=	=
=	19.	=	2	=	=	=		=	=	1	=	=
=	20.	=	½	=	=	=		=	=	½	=	=
=	21.	=	½	=	=	=		=	=		=	=
=	22.	=	2	=	=	=	1	=	=	1	=	=
=	23.	=	½	=	=	=		=	=	½	=	=
=	24.	=	½	=	=	=		=	=		=	=
=	25.	=	½	=	=	=		=	=	½	=	=
=	26.	=	1	=	=	=	1	=	=		=	=
=	27.	=	½	=	Leicht. Inf.			=	=		=	=
=	28.	=	2	=	Lin. Infant.		1	=	=		=	=
=	29.	=	½	=	=	=		=	=		=	=
=	30.	=	1½	=	=	=		=	=	½	=	=
=	31.	=	½	=	Leicht. Infant.			=	=		=	=
=	32.	=	½	=	Linien-Infant.			=	=		=	=
=	33.	=	½	=	=	=		=	=		=	=
=	34.	=	½	=	Leicht. Infant.			=	=		=	=
=	35.	=	½	=	Linien-Infant.			=	=		=	=
=	36.	=	1	=	=	=		=	=	½	=	=
=	37.	=	½	=	=	=		=	=		=	=
=	38.	=	½	=	=	=		=	=		=	=
=	39.	=	} Bleiben bis zum Rückzuge unbesetzt.									
=	40.	=	}									
=	41.	=	}									
=	42.	=	jedes Werk ½ Bataillon Leichte Infanterie, auch werden die zwey Batterien reitender Artillerie darin vertheilt.									

Summa 28 Bat. Lin. Infant. 8 Batt. 12 Pf. 8 Bat. 6 Pf.
4½ Bat. Leichter Inf. 2 Batt. reitende Artill.

Es

Es bleiben also noch 20 Bataillons Linien = 7½ Bat. Leichter Infant. 2 reitende Batterien, und 96 Regiments-Stücke nebst der ganzen Cavallerie zur Reserve.

Die Regimentskanonen werden in 16 Divisionen, jede von 6 Stück getheilt, und zwischen die Reserve-Bataillons postirt, um damit gleich da zwischen die Werke zu eilen, und ein Flankenfeuer zu machen, wo der Feind angreift.

Hinter Nro. 1 bis 4 stehen zur Reserve 3 Bat. 2 Esquad. Leichter Reiter und 1 Div. Reserve-Artill.
- " " 5 bis 14 stehen 4 Bat. und 2 Div. Reserve-Artillerie.
- " " 15 bis 17 sind 1 Bat. 4 Esquad. Leicht. Reit. und 2 Div. Res. Art.
- " " 18 steht 1 Bat.
- " " 19 stehen 1 Bat., 2 Esq. Schwere Reiterei, 2 Div. Res. Art.
- " " 20 bis 25 stehen 3 Bat. mit 3 Div. Res. Art.
- " " 17 stehen 2 Esq. Schwerer und 1 Esq. Leichter Reiterey, 1 Div. Res. Art.
- " " 28 bis 30 stehen 4 Bat. mit 2 Div. Res. Art.
- " " 31 bis 33 stehen 3 Esq. Leicht. Reit. mit 1 Div. Res. Art.
- " " 33 bis 35 stehen 1 Bat., 2 Esq. Leicht. Reit., 1 Div. Res. Art.
- " " 36 bis 38 stehen 2 Bat., 4 Esq. Schwer. Reit. 1 Div. Res. Art.

Reserve 20 Bat., 8 Esq. Schwere = 12 Esq. Leicht. Reit. 16 Divis. Artillerie.

Die schweren Kanonen stehen in den Spitzen der Werke, die leichten aber auf den Flanken. Die erstern sind vorzüglich bestimmt die Zugänge zu bestreichen, die andern aber verbunden mit der Reserve-Artillerie, das nahe Flankenfeuer zu geben.

Die

Die 4000 Schritte lange Linie zwischen dem Lager und der Vestung A wird durch 5 Bollwerke, worin leichte Infanterie und reitende Artillerie, und wohinter in 43 von der schweren Reiterey 16 Esquadrons stehen. — Die Linie zwischen dem Lager und der Stadt B wird durch 2 Bollwerke mit leichter Infanterie und reitender Artillerie besetzt, und durch 8 Esquadrons schwerer Reiter in 44 geschlossen.

Die Vestung A ist mit 4 Bataillons Garnison Infanterie, die Stadt B mit 3 Bataillons derselben Infanterie und mit 24 Stück Geschütz aus der Vestung besetzt. — Die Mauern dieser Stadt werden aufs Beste in Vertheidigungsstand gesetzt, mit Schießscharten und Gerüsten versehen; die Thore zum leichten Verrammeln eingerichtet, und die umliegenden Brücken zum Theil abgebrochen oder durch Redouten gedeckt, damit die Gemeinschaft mit der Armee, mit der Vestung und auch nach dieser Seite mit dem freyen Felde, um Ausfälle machen zu können, offen bleibe.

II. Aeußere Sicherheitsanordnung.

In der Weite von 1500 bis 6000 Schritte vom Lager sind Hauptposten angeordnet, ohne deren Eroberung die Annäherung des Feindes unmöglich ist, und die den Vorposten zur Unterstützung dienen.

Als solche Hauptposten kann man die Vestung A und die Stadt B ansehen. Würkliche Hauptlagerposten sind aber:

1. Das Dorf C, welches mit 2½ Bataillons leichter Infanterie und ½ reitenden Batterie nebst 2 Esquadrons Husaren besetzt ist. — Wird dieser Posten angegriffen, so besetzen 2 Compagnien die Redoute, die reitende Artillerie setzt sich dabey, 2 Compagnien besetzen das Verhau c 2, und der Rest bleibt als Unterstützung im Dorfe stehen. Dieser Hauptposten stellt in a 1, a 2, a 3, a 4 und a 5 Infanterie-Wachen, jede von 160 Mann, die sich jede eine kleine Schanze oder Verhau zur Deckung machen, sie stellen zwi-

zwischen sich Schildwachen, und besetzen auch den ganzen Patrouillen-Verhau d d 1, mit solchen, wozu etwa 40 Mann gehören, die auf den Flügeln und in der Mitte kleine Unterofficiertrupps von 10 Mann hinter sich haben.

Des Tages steht in f 1, ein Husaren-Officier mit 32 Mann, vor ihm in g 1, ein Unterofficier mit 14 Mann, der 4 Vedetten aussetzt; zwischen beyden Trupps befindet sich in i eine doppelte Avertissementsvedette, die auch mit zum Versenden dient; Die ganze Feldwache ist also 1 Officier, 3 Unterofficiere und 48 Reiter stark.

In g 2 steht dem Dorfe zur Seite ein Unterofficier mit 1 Corporal und 16 Mann, die 4 Vedetten und 1 Zwischenvedette geben.

In f 2 steht ein Officier mit 2 Unterofficieren und 32 Reiter, die 2 Vedetten aussetzen. Dieser Officier hat noch in g 3 einen Unterofficier mit 12 Mann vor sich, die 3 Vedetten vor, und eine Zwischenvedette zurück stellen.

Werden diese Wachen angegriffen, so rückt die übrige Cavallerie aus dem Dorfe nach e 2, und aus der Vestung A gehen 4 Esquadrons nach e 1, vor.

In e 3 steht eine Esquadron, die folgende Posten besorgt. In f 3 steht 1 Officier mit 20 Mann, der in g 5 einen Unterofficier mit 20 Mann vor sich hat, die 7 Vedetten ausstellen. — In g 4 steht ein Unterofficier mit 12 Mann, die 4 Vedetten stellen. Vor dem links liegenden Dorfe endlich steht ein Unterofficier mit 12 Mann, die auch Vedetten haben.

Die Verhaue in d 2 werden durch eine Kette leichter Infanterie-Schildwachen besetzt, wozu etwa 40 Mann und zu 3 Unterstützungstrupps noch 30 Mann, also in allen 70 Mann erfordert werden.

In a 4 liegen zwischen diesen Verhauen 2 Redouten, jede ist mit 1 Compagnie leichter Infanterie besetzt, welche die Zwischenposten in d 2 geben, und der vorstehenden Cavallerie zur Rückzugssicherung dienen.

2. Das

2. Das Dorf D. Dieser Hauptposten ist mit $2\frac{1}{2}$ Bataillons leichter Infanterie und 4 Esquadrons Husaren nebst $\frac{1}{2}$ reitenden Batterie besetzt. Die Vorposten geben Zeit, daß sich dies Detaschement auf der vorliegenden Höhe so postiren kann, daß in jede Redoute 2 Compagnien, in das Dorf 1 Comp. und in das Holz c 3, 5 Comp., zwischen dieses und die Schanzen aber die Cavallerie mit der Artillerie kommt. — Dieser Hauptposten hat folgende Vorposten:

In a 7 liegt eine Redoute für 1 Compagnie, eben so in a 5 und a 6.

Von a 6 bis an der bey a 8 liegenden Brücke läuft zur Sicherheit der Schildwachen, und zur Markirung der Patrouillengänge ein Verhau d 3, welches etwa mit 50 Schildwachen und 4 Trupps, jeden von 10 Mann besetzt wird, wozu also 90 Mann gehören. Wird nun jede der beyden Schanzen a 6 und a 8 mit 1 Compagnie besetzt, welche diese Posten jede zur Hälfte geben, so bleiben noch 120 Gewehre in jeder Schanze.

Neben der Schanze a 8 steht in f 4 ein Officier mit 36 Mann und 2 Unterofficieren, welcher in g 6 einen Unterofficier mit 18 Mann vor sich hat, die in h h 6 Vedetten ausstellen.

Vom Officierposten bis an das Dorf ist ein Verhau d 4 gezogen, hinter welchem die Infanterie-Schildwachen stehen, wozu etwa 20 Mann erfordert werden, die durch zwey Trupps jeden von 10 Mann unterstützt sind; außerdem befinden sich im Dorfe noch 20 Mann, die ihre Schildwachen vor dem Dorfe haben.

Von diesem Dorfe bis nach d 5 stehen im Rande des Holzes 30 Mann leichter Infanterie mit 2 Trupps, jeden von 10 Mann. Also von f 4 bis d 5 sind 110 Mann leichter Infanterie vertheilt.

Zur Bewachung der vorliegenden Ebene stehen in f 5, 2 Officiere mit 3 Unterofficieren und 60 Husaren, die in g 7 und g 8 zwey Unterofficiere stehen haben. Der in g 7 hat

20 Mann

20 Mann, der in g 8, aber nur 15 Mann, der erstere stellt in h h 3 Vedetten, und in i i zwey doppelte Zwischenvedetten, der andere stellt 5 Vedetten aus.

Diese Posten sind nur detaschirte Vorwachen, der eigentlichen Vorposten in a 7, a 9 und a 10, wo Redouten liegen, deren jede mit 1 Compagnie besetzt ist. Diese Redouten setzen zwischen sich des Nachts in b b 2 hinter aufgeworfenen Brustwehren, Infanterie-Wachen von 1 Unterofficier, 1 Korporal und 16 Mann. Der Posten a 7 giebt 3 Wachen zu seiner Rechten bis an b 1, welche Brustwehr von a 4 aus mit 20 Mann besetzt wird. Der Posten a 9, giebt zu seiner Rechten 2 und seiner Linken 2 Wachen; der Posten a 10, giebt zu seiner Rechten 2 Wachen, zur Linken 1 Wache. In allen werden also 160 Mann zu diesen Wachen erfordert, die wieder längst dem Ufer zwischen sich Schildwachen ausstellen. — In der Schanze a 7, bleiben also noch 112 Gewehre, in der von a 9, 96 bis 100, und in der von a 10, wieder 112 Gewehre.

3. Das Dorf E. Dieser Hauptposten hat 1 Bataillon Leichter Infanterie und 2 Esquadrons Hussaren nebst ½ reitenden Batterie.

In c 3 liegt eine Brückenschanze für 2 Compagnien, vor welcher 1 Esquadron sich in 3 Feldwachen ausbreitet, und durch ihre Vortrupps und Vedetten die ganze Ebene beobachtet.

Hinter der zum Abbrechen in Stand gesetzten Brücke liegt ein anderes Werk für 2 Compagnien, welches beym Rückzuge besetzt und hier der Uebergang dem Feinde streitig gemacht wird.

Dem Posten zur Rechten steht bey a 11, in einer Redoute 1 Officier mit 100 Mann, der rechts zwey Wachen b 3 jede von 2 Unterofficieren und 16 Mann zur Seite hat, die so wie die Hussaren, am Flusse hinunter Schildwachen ausstellen. Links dem Dorfe stehen blos zwey Unterofficierswachen b 4, jede von 16 Mann.

4. Das Dorf F. Dieser Hauptposten ist mit 3 Bataillons Leichter Infanterie, 4 Esquadrons Hussaren und ½ Batterie reitender Artillerie besetzt. — Er giebt folge. de Vorposten ab.

In das Dorf N, 4 Compagnien Leichter Infanterie und 1 Esquadron. Jede der Schanzen a 12 wird mit 1 Compagnie und das Verhau d 6, mit der dritten Compagnie besetzt; die vierte rückt in die vor dem Dorfe liegende Schanze a 13.

In das Dorf O kommen 2 Comp., wovon die eine die Schanze a 14, und die Wache b 5, die andere die Schanze a 15, und die Wache b 6 besetzt, und zwischen diese Punkte Schildwachen anordnen.

Wird der Posten F angegriffen, so besetzen 2 Comp. den Verhau d 7, zwey andere das Dorf G, und zwey die Schanze c 4, so daß noch 6 Comp. zur Reserve bleiben; die Cavallerie nebst der Artillerie setzt sich zu beyden Seiten neben das Dorf.

Vor dem Dorfe N, in welchem sich 1 Esquadron befindet, steht in f 7, ein Officier, 2 Unterofficiere und 40 Hussaren, die in h h, 4 Vedetten, und in i eine Zwischenvedette aussetzen. Auf der rechten Dorfseite steht noch ein zu diesem Officier gehöriger Unterofficier g 10, mit 20 Mann, die in h h, 6 Vedetten, und in i eine Zwischenvedette aussetzen. — In f 6 steht ein Officier mit 30 Mann, die in g 9, einen Unterofficier mit 12 Mann vor sich haben, der in h h, 3 Vedetten besorgt.

Unmittelbar von c 4 aus wird die Schanze a 15 mit 1 Compagnie besetzt, die rechts in b 7 zwey Unterofficiers-Wachen jede von 16 Mann postirt, die wieder Schildwachen zwischen sich haben.

5. Das Dorf G. Dieser Hauptposten ist mit 1 Bataillon Leichter Infanterie und 2 Esquadrons besetzt.

In

In das Dorf M werden hiervon 1 Esquadron und 1 Comp. postirt. Die Infanterie besetzt das Dorf, und rückt bey einem heftigen Angriffe in die Schanze a16. — Die Cavallerie setzt in f8 einen Officier mit 50 Mann, der in hh vier Vedetten, und in ii drey Zwischenvedetten besorgt. Dieser Posten hat rechts, in g11, einen Unterofficier mit 15 Mann, die 4 Vedetten und einen Zwischenposten haben. — Links, in g12, steht ein Unterofficier mit 18 Mann, die 4 Vedetten und 2 Zwischenvedetten haben.

Vom Dorfe G aus wird überdem 1 Kompagnie in die Schanze a 17, detaschirt, welche die 16 Mann starken Unterofficierswachen b8 geben.

Wird der Posten G angegriffen, so besetzen 2 Compagnien die Verhaue c6, und zwey Compagnien die Schanze c5; die Cavallerie mit der reitenden Artillerie hält links neben dem Dorfe.

6. Die Stadt B. Dieser Posten kann sowohl als der Stützpunkt des einen Flügels, wie auch als ein vorliegender starker Vorposten angesehen werden. Es werden ihm 4 Esquadronen Husaren zugetheilt, wovon er folgende zwey Feldwachen auszusetzen hat.

Die erste steht in f9 und besteht aus einem Officier mit 30 Mann, die, in hh, 4 Vedetten und in i eine Zwischenvedette stellen. — In g13, hat dieser Officier einen Unterofficier mit 12 Mann vor sich, die 2 Vedetten in hh und eine Zwischenvedette in i stellen.

Die zweyte Feldwache steht in f10, und besteht aus einem Officier mit 36 Reitern, die in g14 einen Unterofficier mit 18 Mann vor sich haben, die 4 Vedetten in hh und eine doppelte Zwischenvedette in i ausstellen.

Die Garnison in B, die aus 3 Bataillons Garnison-Infanterie besteht, besetzt die Brustwehren b9, mit Infanteriewachen, legt auch wohl vor den beyden nach den Feldwachen führenden Brücken zwey Redouten jede für 100 Mann an, und sichert dadurch um so mehr den Rückzug der Reiterey. — Bey einem Angriffe wird die übrige Reiterey zur Unterstützung der Wachen auf die Ebene vorrücken, hat aber der Feind zu viel Geschütz bey sich, so nimmt sie die Stellung 47, und fällt von hier den über das Wasser setzen wollenden Feind an, so daß er bey dem würklichen Angriffe auf die Stadt B stets in die Flanke gefaßt wird.

7. Die Vestung A. Dieser Platz ist so wie der vorige in denselben Rücksichten zu betrachten. Er dient sowohl als Stützungspunkt des Flügels, wie als sichernder Hauptvorposten. Zur Sicherheit dieses Flügels werden dieser Vestung 2 Bataillons Leichter Infanterie, 8 Esquadrons Hussaren und 1½ Batterien reitender Artillerie zugetheilt, die auf folgende Art verwandt werden.

Nach dem großen Dorfe H wird 1 Bataillon, 6 Stück geschwinder Artillerie und 4 Esquadrons Hussaren detaschirt, um die dabey liegende steinerne Brücke so lange als möglich zu behaupten und die vorliegende Gegend zu beobachten.

Zu diesem Ende werden, in a 20, vier Wachtredouten jede für 100 Mann aufgeworfen, und auf der andern Seite der Brücke in c 6 eine große Redoute für 2 Compagnien erbauet, welche von einer Comp. aus der Vestung A besetzt wird. Wenn das Bataillon in H bey einem Angriffe nun die 4 Schanzen besetzt, so behält es noch an 300 Mann zur Reserve übrig. Zu aller Sicherheit kann es die Zwischenräume zwischen den Schanzen mit Palisaden versehen. — Die Cavallerie muß bey einem Angriffe so lange wie möglich mit der reitenden Artillerie auf der Ebene bleiben. Kann sie aber der Uebermacht nicht länger widerstehen, so setzt sie eine Esquadron in e, und die andern drey Esquadrons passiren die Brücke und setzen sich neben c 6. Zu Vorposten und Feldwachen detaschirt der Posten in H, zwey Esquadronen und 2 Comp. nach folgenden Stellen.

In

In a21 werden 4 Wachtredouten, jede für 50 Mann erbauet und dazwischen die Verhaue d 8 und d 9 angelegt, und das erstere mit 80, das andere mit 40 Mann besetzt.

Die Schanzen a 22 werden den Vorposten zur Unterstützung und zu ihrer Aufnahme angelegt, wenn etwa die Nähe des Feindes die Ausdehnung der Chaine bis a 21 nicht erlaubte. Diese Schanzen werden von H aus durch kleine Wachen besetzt gehalten.

In f 16 wird ein Officier mit 24 Hussaren postirt, die in i i zwey Zwischenposten aussetzen. Dieser Officier hat in g 20 einen Unterofficier mit 12 Mann, die 3 bis 4 Vedetten ausstellen.

In f 18 steht ein Officier mit 36 Hussaren, die in h h drey Vedetten und in i eine Zwischenvedette haben. Vor diesem Officier steht in g 21 ein Unterofficier mit 12 Mann, welcher in h vier Vedetten stellt, außerdem aber noch in g rechts dem Dorfe P einen Corporal mit 6 Mann stehen hat, die 2 Vedetten aussetzen.

In f 17 steht ein Officier mit 30 Mann, die eine doppelte Zwischenvedette in i setzen, in g 22 aber noch einen Unterofficier mit 15 Mann vor sich haben, welche 5 Vedetten in h besorgen.

In f 19 steht ein Officier mit 20 Hussaren, die in i i vier Zwischenvedetten stellen, und in g 21 einen Unterofficier mit 10 Mann vor sich haben, der in h eine doppelte Vedette und in c eine Zwischenvedette besorgt.

Zu diesen vier Feldwachen ist also eine Esquadron verwendet, denn sie machen 159 Husaren aus. In der Nähe des Feindes rückt eine zweyte Esquadron diesem Posten zur Unterstützung nach e 7, von da aus sie die drey Feldwachen f 16, f 18 und f 17 nach Beschaffenheit der Umstände unterstützen kann.

Vom Dorfe H aus wird auch eine Feldwache von einem Officier mit 24 Hussaren in f 15 gestellt, der in i i zwey dop-

 dop=

doppelte Avertissementsvedetten besorgt, in g19 aber einen Unterofficier mit 12 Mann stehen hat, der zwey doppelte Vedetten aussetzt.

Eine zweyte Feldwache steht auf dieser Seite des Flusses in f14 und besteht aus einem Officier mit 16 Mann, die zwey doppelte Avertissementsvedetten in ii stellen, außerdem aber noch in g17 einen Unterofficier mit 8 Mann zur Seite haben, der in i eine Avertissementsvedette besorgt. Zur Unterstützung der beyden Feldwachen f14 und f15, wird einer Esquadron ihr Lermplatz sogleich aus H in e6 angewiesen.

Das letzte Bataillon der Leichten Infanterie mit 6 Stück leichtem Geschütze und 4 Esquadrons Hussaren wird nach dem Dorfe J detaschirt. — Zwey Esquadronen, zwey Kanonen und eine Compagnie bleiben hier, zwey Esquadronen, 4 Stück Geschütz und 3 Compagnien rücken zur Bewachung des Defilees Q, wodurch die große Straße führt, nach **K**.

Sie ziehen rund um sich den Verhau d10, und besezzen ihn mit Infanterieposten, setzen in kk zur Bewahrung der Straßen Infanterietrupps und erbauen in Q eine Redoute für eine Compagnie und zwey Kanonen. Beym Angriffe bleibt die übrige Cavallerie und Artillerie in e4, um sogleich dem die Redoute umgehenden Feind in die Flanke zu fallen.

Die Compagnie im Dorfe J erbauet die Schanze a23 zur Deckung des Rückzugs, und setzt in b10 an den Bach zwey Infanteriewachen jede von einem Officier mit 20 Mann, so wie sie in das Verhau d11, auch noch einen Officier mit 20 Mann theilt, welche den Verhau oder den Bach mit Schildwachen besetzen. Jede der beyden Wachen erhält eine Kanone.

Die Cavallerie in J stellt drey Feldwachen aus. Die erste in f11 von 2 Officieren und 60 Reitern, die in i eine Zwischenvedette stellen, und die in g15 einen Officier mit 24 Mann

Mann vor sich haben, der in h h drey doppelte Vedetten und in i eine doppelte Zwischenvedette stellt.

Die zweyte Wache steht in f 12 und besteht aus einem Officier mit 24 Mann, der in h eine doppelte Vedette stellt, in g 16 aber einen Unterofficier mit 12 Mann stehen hat, welcher in h eine doppelte Vedette, in i eine doppelte Zwischenvedette stellt.

Die dritte Wache ist in f 13 und besteht aus einem Officier mit 36 Mann, die in g 18 einen Unterofficier mit 18 Mann vor sich haben, welcher in h drey doppelte Vedetten besorgt. Außerdem hat die Wache noch in i eine Avertissementsvedette rückwärts.

Zur Aufnahme dieses Avantcorps werden in a 24 zwey Redouten jede für eine Compagnie erbauet, und durch Pikets aus der Vestung besetzt, auch wird des Nachts zur Sicherheit der Wache f 11 in c 7 ein Piket von 100 Mann postirt, das aus der Stadt B gegeben wird.

Außerdem werden aus der Vestung die drey Redouten a 25 jede mit einer kleinen Wache und 4 Kanonen besetzt, so wie auch Posten an den umliegenden Gewässern ausgestellt.

III. Allgemeine Beobachtungen des Avantcorps.

Da die Sicherungsstellung des Vorcorps in lauter Hauptposten abgetheilt ist, so müssen die äußersten Feldwachen sich vorzüglich nur in Bezug auf die Sicherheit ihrer Hauptposten betragen, dabey aber immer die Verbindung mit den Wachen der nebenliegenden Hauptposten besorgen.

Da die erwählten Hauptposten als feste Punkte angesehen werden können, ohne deren Eroberung der feindliche Angriff auf das Lager unmöglich wird, so muß das Sicherungscorps alles zur Erhaltung dieser Posten anwenden, und dieser=

dieserhalb beym Rückzuge zwischen und in solchen gute Stellungen nehmen.

Da die Nähe des Feindes die zu große Ausdehnung der Postenchaine in der Nacht zu gefährlich machen könnte, und jeder Hauptposten eine doppelte Kette von Wachen vor sich hat, so ist es bey einigen vielleicht nöthig, die vordere Linie zu verlassen, und alles in der zweyten zu vereinigen.

Ein solcher Fall würde am ehesten mit dem Posten in H eintreten können, da dieser ganz seinen eigenen Kräften überlassen bleibt. Man müßte also die Linien d8 und d9 verlassen, die Infanterie-Wachen in a22 und die Cavallerie-Wachen dazwischen und zwischen die Ufer des Flusses setzen, wobey alsdann die vorliegenden Verhaue zur Patrouillen-Linie dienen würden.

Bleibt die vordere Linie besetzt, so ziehen sich doch die Cavalleriewachen g20, g21, g22 und g23 hinter die Schanzen a21 zurück, und lassen ihre Vedetten auf ein Paar hundert Schritte vor denselben stehen. Die Officierposten können auch des Nachts auf ihren Posten bleiben. — Der Unterofficiersposten in g19 zieht sich über den Bach nach b10, oder doch wenigstens dicht an denselben zurück.

Wird die Chaine d8 und d9 mit Gewalt zum Rückzuge gezwungen, so wirft sie sich in a22 und die Cavallerie stellt sich dazwischen, um die Ebene, so lange als möglich, zu behaupten. — Kann auch dieß nicht mehr seyn, so werden die Schanzen verlassen, und sobald die Cavallerie nachher ins Dorf zurück ist, wird dies mit aller Bravheit vertheidigt. — Sollte aber die feindliche Macht so stark und so dreust seyn, die Schanze c6 wegnehmen zu wollen, so würde man freylich genöthiget seyn, noch vor dem gänzlichen Falle derselben das Dorf H zu räumen, um die Besatzung nicht unnütz aufzuopfern. Doch wird der Feind die Schanze c6 bey der Stellung der ganzen Cavallerie in e5 nicht so leicht in große Gefahr setzen können.

Diese

Die Cavallerie ist diejenige, welche in K und J vertheilt wurde, und sie braucht natürlich sich nicht eher nach e5 zu begeben, bis alle vordere Posten gänzlich unhaltbar wurden, welches so leicht nicht ist.

Dringt der Feind über g19 und g18 vor, so daß /die Uebermacht zwingt den Bach zu verlassen, so kann die Sicherheit des Rückzugs von K in Gefahr kommen, und sobald der Feind die Schanze a23 anzugreifen drohet, so muß ihm das Bataillon in e4 etwas links durch den Verhau in den Rücken gehen. Die Cavallerie in J hält den Feind so lange als möglich zurück, und zieht wohl noch eine Esquadron von K an sich, allein dabey wird der Posten Q nur dann aufgegeben, wenn ein feindliches Corps zugleich über die Höhe R vorrücken, und den Rückweg von K nach B bedrohen sollte.

In diesem Falle setzt sich die Infanterie in a23 und d11, die Cavallerie halb rechts halb links neben das Dorf und das Nachtpiket für c7 eilt nach diesem Posten.

Muß a23 und b10 verlassen werden, so verstärkt die Infanterie c7, und die Reiterey setzt sich zu beyden Seiten der vordern Schanze a24 auf der Höhe, wobey der Busch d11 so lange als möglich besetzt bleiben muß. — Die Esquadron aus B muß jetzt wo möglich rechts um das Holz eilen und dem Feinde bey f12 in die Flanke fallen. — Müßte d11 verlassen werden, so wird mit der dasigen Infanterie die Schanze zu c6 verstärkt, und zwey Esquadronen setzen sich zwischen die Schanzen c6 und a24. Sollte der Angriff auf H das Zurücksenden von noch zwey Esquadronen nöthig machen, so vereinigen sich diese mit der in c6 und stellen sich in f14. — Ginge endlich auch die Schanze a24 verloren, welche so wie die hintere Schanze a24 von einer Compagnie aus der Vestung besetzt ist, so vereinigt sich die Reiterey in e5 und e6 und wendet alles an, um die zurückliegende Schanze a24, so wie in c6 zu behaupten, welches bey der Unterstützung der nahen Garnison von A nicht schwer ist. Sollte aber dennoch irgend ein Unglück den Rückzug gebieten, so werden die Schanzen a 25 jede mit einer Compagnie leichter Infanterie, der Wasserrand dazwischen von der übrigen leichten Infanterie besetzt, und die Cavallerie in 47 postirt.

Da der Busch c 7 des Nachts mit einem Hinterhalte besetzt wird, so rückt die Feldwache in f 12 links hinter die Holzspitze von h, die mit Infanteriewachen besetzt ist.

Der Unterofficier in g 16 kommt nun nach f 12, und die äußerste Vedette in h kommt in dem vor f 12 liegenden i. Die f 12 rechts stehende Avertissementsvedette in i auf der Höhe kommt links von derselben hinunter, die vor g 17 rechts stehende Vedette in i kommt etwas weiter links bis in die Linie von g 17 nach f 12. — Jetzt haben die Vedetten alle bey Nacht den in die Augen fallenden Rand einer Höhe vor sich, und können also gleich die Erscheinung des Feindes darauf entdecken. Weiter vor auf ihren Tagsposten würde dieser Vortheil fehlen.

Die Feldwache f 10 rückt in der Nacht links an den Abhang des kleinen Berges, rechts steht ein Piket vor den Brücken der Stadt. Der Unterofficier von g 14 geht nach f 10, und die Vedetten rücken alle zurück bis unten an den Abhang des Berges in die Linie von f 9 nach g 15.

Die Feldwache aus f 11 geht 1000 Schritte zurück bis zwischen die Höhe und den Busch. Der Unterofficier in g 15 zieht alle seine Vedetten ein, er stellt blos zwey doppelte Vedetten in die Tiefe bey g 15 und er selbst setzt sich mit dem Reste in f 11, oder links hinter die Holzspitze, wobey aber alsdann in f 11 noch eine doppelte Vedette stehen muß.

Die Wache f 9 zieht sich des Nachts rechts hinter das Dorf, den Unterofficier aus g 13 dicht vor dasselbe, und alle Vedetten von den Höhen an den Fuß derselben zurück, auch wird ein Avertissementsposten links gegen f 10 zugestellt.

Die

Die Wachen f9, f10 und f11 unterstützen sich einander, und lassen dabey ihre Unterofficiertrupps immer besonders um sich die Flanken zu decken, wobey die Vedetten als Plänker agiren. Sie fallen dem über g16 gegen das Dorf J anrückenden Feind in die Flanke, und suchen vorzüglich die Holzspitze bey f11 zu behaupten.

Dringt der Feind über R gegen sie an; und der Posten K ist nicht zu sehr mit sich selbst beschäftigt, so schickt er rechts eine Esquadron in 3 Trupps aus dem Holze, die dem Feinde in die rechte Flanke fallen, auch eilt die Cavallerie aus B zu Hülfe um die Festsetzung des Feindes auf der vordern Kante der Höhe B zu erschweren, da dies leicht den Rückzug von K nach sich ziehen könnte. — Bey einer gänzlichen Räumung der Vorposten setzt sich die Caaallerie in 45 rechts neben der Stadt B.

Der Officierposten in f8 setzt sich dicht vor das Dorf M, weil er beym Rückzuge durch dasselbe muß. Die Zwischenvedetten werden an den Fuß des Berges gezogen, die in h stehenden aber nach i, weil sie hier den bey h auf die Höhe tretenden Feind leicht entdecken können. Der Posten in g12 rückt zurück auf den Weg am Holze, und setzt rechts und links Zwischenposten; bey einem nothwendigen Rückzuge passirt er das Wasser in a17, wenn es ihm nicht gelingt den auf f8 andringenden Feind die linke Flanke zu fallen.

Der Unterofficier in g11 bleibt hier, nur zieht er seine Vedetten wie der vorige zurück, und stellt zu beyden Seiten Avertissementsposten.

Der Officier in f7 rückt dicht an die Schanze a13, und zieht die Vedetten von der vordern Kante der Höhe auf die hintere Kante. — Der Unterofficier in g10 bleibt stehen, der Officier in f6 geht etwas links hinter den Abhang und der Unterofficier aus g9 einige 100 Schritte bis neben die Schanze zurück.

Die ganze Feldwachenkette von f6 bis f11 muß sich wechselsweise unterstützen, die Cavallerie aus den Dörfern F und G muß zu Hülfe eilen, und macht dann die feindliche Uebermacht dennoch den Rückzug nöthig, so müssen die Wachen f6 und f7 sich so lange behaupten, bis die Infanterie aus d6 das Dorf N und die Schanze a15 erreicht haben. Die Brücken über das Wasser müssen dabey von den Letzten sogleich abgebrochen werden. — Sollte die Uebermacht des Feindes einen noch weitern Rückzug gebieten, so muß sich die Infanterie aus N und a15 in das Holz S werfen, während die Cavallerie auf der Ebene bey O bleibt, um den etwa nöthigen Rückzug des Postens in E zu sichern. — Die Schanzen a15 und a16 beym Dorfe M, so wie das Holz S können länger behauptet werden, besonders wenn die Reiterey aus F und G sogleich nach a16 eilt. — In den beyden Posten F und G thut endlich das Sicherungscorps dieser Fronte den letzten und Hauptwiderstand, und muß darin auf alle Art vom Lager aus unterstützt werden. — Läßt sich dabey die Verschanzung von a17 und b8 und b9 behaupten, auch wenn sie durch die Cavallerie von 44 unterstützt werden müßte, so erweitert dies den Spielraum der Truppen und sichert den Rücken von G. — Dränge aber auch der Feind bey a17 durch und gegen G vor, so muß er doch immer den Flankenangriff der Reiterey in 44 befürchten.

Wird der Posten E vom Feinde unmittelbar zum Rückzuge genöthigt, so wird sogleich alles rechts über N hinaus liegende Terrain verlassen, und mit den daselbst gestandenen Truppen das Holz S und die Schanze a14 stark besetzt. — Eben so zieht auch der unmittelbare Verlust von E die Verlassung der diesem Posten rechts liegenden Schanzen von a11 bis a9 nach sich, und gebietet die Besetzung des Hauptvorpostens c2, wobey das Verhau 50 von den Truppen aus E, und die Ebene zwischen 50 und c2 von einiger Cavallerie besetzt wird.

Dringt

Dringt der Feind mit Gewalt über a 10 vor, so wird die Verlassung von E und dann von O und a 12 bald nöthig werden können, in welchem Falle die Wachen f 4 und f 5 sich mit der Cavallerie aus E zwischen diesem Orte und c 2 auf der Höhe setzen, um diesen Rückzug zu decken.

Ist der Feind hier endlich das Wasser passirt und drohet den Hauptanfall auf c 2, so werden a 9, a 8, a 6, a 5 und d 3 verlassen, und alles davon sammelt sich bey a 7 auf der feindlichen linken Flanke. — Diese wichtige Höhe c 2 muß durch das Avantcorps auf das Aeußerste behauptet werden, wobey die noch im Lager stehende Reiterey zwischen den Werken 15 und 26 mit würken muß.

Wird dem ungeachtet diese Höhe erobert, so wirft sich die Infanterie in das Dorf D und das Holz 48 und thut hier den letzten und hartnäckigsten Widerstand. — Sobald die Verlassung der Höhe c 2 nöthig wird, müssen auch alle Posten von a 7 bis a 4 schleunig in die Schanzen 11, 12 und 13 zurück gezogen werden.

Da bey der Nähe des Feindes in der Nacht die Feldwache f 5 zu gefährlich stehen könnte, so rückt sie dicht bis vor a 10 zurück, und hat ihre Vedetten rechts und links nahe vor sich. Können die Hölzer T und U des Nachts durch Infanterie behauptet oder bewacht werden, so kann die Wache f 4 mit ihrem Vortrupp nur etwas weiter zurück gehen. — Müssen aber die genannten Hölzer verlassen und die Infanteriewachen an ihren innern Rand zurückgezogen werden, so müßte die Wache f 4 dichte vor a 9 und der Unterofficier aus g 6 dichte in die Mitte zwischen a 9 und a 7 rücken, wo ihm eine kleine Brücke gelegt wird. — Eben so ist es mit der Wache in f 3. Bleiben die Verhaue d 2 besetzt, so kann sie stehen bleiben, muß aber g 5 dicht vor sich setzen. Wird d 2 des Nachts verlassen, so setzt sich die Wache aus f 3 dicht vor b 1, und der Trupp in g 4 dicht vor a 4, oder hinter diese Schanze. Die Hölzer werden nun mit Infanterie-Schildwachen versehen.

Zwingt

Zwingt die Nähe des Feindes den Verhau d1 des Nachts zu verlassen, so wird der innere Verhau besetzt, und die Wachen g1 und g3 ganz neben a1 und a3 zurückgezogen. Die Officierposten in f1 und f2 können stehen bleiben. — Ist man aber gezwungen das ganze Holz V mit den daran liegenden Schanzen zu verlassen, so zieht sich die Wach aus f1 bis an den Busch c2 zurück, welcher nun von der Infanterie so wie das Dorf C besetzt wird, während zwey Esquadronen sich in 4 Trupps auf der Ebene 21 verbreiten. Die Wache f2 geht in die gerade Linie von C nach 11 zurück und zieht ihre Vortrups so an sich, daß dieselben zwischen ihr und dem Werke 11 stehen. — Dies leichte Corps muß alles anwenden, um sich in dem Dorfe C und dem Busche c2 zu behaupten, worin es auf das beste von der Reiterey 43 unterstützt werden kann.

IV. Allgemeine Beobachtungen der Armee zur Behauptung des Lagers.

Sobald das Avantcorps sich in die Hauptposten von B, C, 48, D, c2, 50, F und G zurück begeben hat, muß es hier den kräftigsten Widerstand leisten, denn hier fängt schon die Vertheidigung der Hauptzugänge des Lagers an. —

Der Feind wird wahrscheinlich den Berg 26 oder 28 zum Hauptangriff wählen, in welchen Fällen ihm die Höhe c2 und das Holz S nöthig und vortheilhaft sind; sollte daher seine Uebermacht diese Posten uns aus den Händen reißen, und seine Artillerie die Dörfer D und F in Brand stecken, so müssen sich die daraus gezogenen Truppen nach 48 and 49 und so ins Lager zurückbegeben, daß sie von da aus leicht wieder in ihre verlassene Posten vordringen können. Daher setzt sich die Cavallerie aus F und E hinter das Werk 27 in die

die zweyte Linie, wohin sich auch die leichte Infanterie aus E begiebt.

Greift der Feind die Spitzen 28 und 22 an, so sind hier 7 Bataillons und 7 Esquadrons zur Unterstützung, und während die erstern den eindringenden Feind mit dem Bajonett zurück stürzen, fallen ihm die andern durch die Zwischenräume in die Flanken.

Sollte der Feind würklich das Werk 27 erobern und in dem Grunde vordringen, so wird er hier von den Werken, 28, 26 und 41 umklammert, und ein kreuzendes mörderisches Kartetschenfeuer wird ihn zu Grunde richten.

Derselbe Fall kann es werden, wenn der Feind das Werk 22 erobert, da er hier von 21 und 22 in die Flanke und von der starken Schanze 26 in die Front gefaßt wird; wozu noch die Anfälle der Reserve um beyde Seiten dieses Berges kommen. — Ueberhaupt muß alles angewandt werden, diesen Berg mit seinen Verschanzungen zu behaupten, denn so lange dieser Berg noch unser ist, hat die Armee noch immer einen festen Stützpunkt.

Doch dieselbe und fast noch eine größere Aufmerksamkeit erfordert der Berg 41, denn bey seiner gänzlichen Eroberung ist die eine Fronte des Lagers ganz gebrochen und die andere in dem Rücken gefaßt, so wie von der Schanze 40 aus die Mitte des Lagers völlig dominirt, und die Verlassung von 26 könnte leicht nöthig werden.

Aus diesen Gründen ist der Berg 41 auch so verschanzt, daß wenn der Feind irgendwo durchbricht, man auf demselben noch immer neue, auf den Flanken durch Schanzen gesicherte Linien zur Wiedereroberung besetzen kann.

Da dieser Berg auch das ganze Thal zwischen 26 und 18 beherrscht, so ist er auch gegen diese Seite verschanzt, und ein über 19 eindringender Feind wird also leicht durch conzentrisches Feuer von 26, 18 und 41; so wie durch die

An=

Angriffe der zwischen diesen drey Punkten stehenden Truppen zurückgeworfen werden können.

Sollte der Berg 26 mit allen Werken gar verloren gehen, so muß 19 freywillig verlassen und eine Linie zwischen 40 und 18 formirt werden, worauf die Artillerie von 41, 28 und 18 den auf und neben 26 vordringenden Feind auf das stärkste bekämpft, worauf die Infanterie unverzüglich wieder zum Sturme auf 26 anrücken und die Cavallerie auf den über 27 eingedrungenen Feind chockiren muß. — Die Behauptung der Punkte 28 und 18 erfordert dann alle Anstrengung und Kraft, denn gehen auch sie beyde verloren, so werden die etwanigen letzten Stellungen nur allein zur Deckung des Rückzugs dienen können.

Geht indessen nur 18 verloren, so kann allenfalls noch eine Wiedereroberung der vordern Posten Statt finden, wenn nur der Berg 41 mit allen seinen Werken gehörig behauptet, und aus der neuen Linie zwischen 16 und 40 sogleich ein Anfall auf 18 unternommen wird. — Die Behauptung der jetzt sehr weit vorgehenden Spitze in 28 wird indessen keine kleine Arbeit seyn, da sie der Feind bald mit einem starken umringenden Angriffe so beschäftigen wird, daß sie hinlänglich mit ihrer eigenen Erhaltung zu thun und nicht Zeit hat, zur Vertheidigung anderer Gegenden zu würken. — Sobald aber der Feind einmal vom Sturme darauf an der innern oder äußern Seite abgeschlagen ist, so muß die Reiterey unverzüglich die Unordnung durch einen heftigen Choc benutzen, denn so kann der Feind leicht zwischen den eingenommenen Werken vertrieben, und diesem nun allein gegen unsere anlaufenden Colonnen, alle Unterstützung schnell genommen werden. Oft ist hier die plötzliche Benutzung des ersten günstigen Augenblicks entscheidend, und da man immer auf seine Entstehung gefaßt seyn muß, so darf sie auch nicht vergessen werden.

Da der Feind in der Nähe des Avantcorps das Verhau 50 aufräumen, und gleich darauf in die sehr würkbare Kanonen=

nonenschußweite von 28 bis 22 tritt, so kann und muß das Artilleriefeuer dieser Fronte sein Vorrücken auf die Ebene äußerst blutig machen.

Derselbe Fall ist es auf der Fronte 28 bis 36 in Rücksicht des Holzes und Dorfes 49, welches bey einer solchen Nähe am Lager auf das Aeußerste von dem Avantcorps behauptet werden muß. — Ueberhaupt wird es dem Feinde fast zu gefährlich werden von M und L aus über das Wasser gegen diese Fronte in der Nähe eines zahlreichen Vorcorps und der Cavallerie in B und 44 mit seinem Geschütze vorzurücken, obgleich ein Sieg in dieser Gegend die höchste Beschwerlichkeit des Rückzugs der Armee über A gegen H oder K entscheiden müßte.

Die Wiederoberung von Nro. I kann durch eine Linie zwischen 3 und 37 und durch den Flankenanfall der Reiterey leicht wieder bewürkt werden. — Der Feind kann hier bey richtiger Benutzung der Garnisons von A und B der Cavallerie und der Reserven zwischen 34 und 6, nie große Fortschritte machen, da er stets umringt ist, und leicht gänzlich zernichtet werden kann, sobald die Wiedereroberung von G gelingt.

Die Fronte von A B wird der Feind nicht angreifen, da er hier die größten und wohl unbezwingliche Schwierigkeiten zu überwinden hat. Greift er dennoch B an, so kann sich der linke Flügel der Armee von 34 bis B leicht bis a 17 ausdehnen, und durch diese Bedrohung der feindlichen Flanken leicht alle ernstliche Anfälle auf B zernichten.

Greift der Feind von der Höhe vor D die Front von 10 bis 22 an, so hat er hier das stärkste und kreuzendste Feuer auszuhalten. Er kann leicht durch Ausfälle aus dem Holze 48 eine gänzliche Niederlage erleiden, und dieses Holz selbst zu erobern wird zwar, obgleich sehr schwer, doch möglich

 seyn,

seyn, dasselbe aber zu behaupten durch unser concentrisches Feuer von 18 bis 12 fast unthunlich seyn.

Wollte der Feind von hier aus mit der Hauptcolonne gegen 18 agiren, so muß er die Flankenangriffe von 16 aus befürchten, und nach der Eroberung von 18 läßt sich wie schon oben gezeigt immer noch ein starker Versuch zur Behauptung des Lagers und zur Wiedereinnahme von 18 machen. — Leitet aber der Feind seinen Hauptangriff gegen 10, und man kann ihn durch alle Anstrengung und durch die Flankenanfälle der Reiterey 43, das Avantcorps von C und der Reserve bey 16 nicht von einem glücklichen Erfolge und der Eroberung von 14 und 10 abhalten, so ist die größte Gefahr für die Sicherheit des Rückzugs da, indem von hier aus der ganze linke Flügel der Armee in den Rücken gefaßt und das Innere der Stellung dominirt wird.

Wenn also der Feind durch einen schnellen Anfall der Linie, die sich am Fuße des Berges formirt hat, durch einen Choc der Reiterey gegen den vielleicht in der Ebene von C stehenden linken feindlichen Flügel, oder durch einen plötzlichen allgemeinen Angriff der Reserven von 17 bis 26 gegen D und c2, wenn der Feind hier etwa nicht sehr thätig und angreifend ist, — nicht für seinen Rücken besorgt gemacht, seine Einschließung gedroht, oder seine angreifende Tete gebrochen werden kann; so ist es wohl jetzt nothwendig den Rückzug aus 26 und 41 anzutreten. Doch nur in dem Falle, wenn er nothwendig nur über A und B genommen werden muß, und ein feindliches bey M N postirtes Corps in Gegenwart der feindlichen Hauptarmee auf der Höhe von c2 und in dem Walde S ihn unmöglich machte.

Wollte der Feind die Fronte von 1 bis 10 zum Angriff wählen, so nimmt er die stärkste, die das Lager hat. Denn nicht zu rechnen, daß er hier mit einer starken Reserve, einem sich vielfach kreuzenden Feuer und dem Ersteigen ansehnsehnlicher Höhen zu thun hat, so muß er auch fast ganz ohne Sicherheit seines linken Flügels vorrücken, den wichtigen Posten C in der Nähe einer zahlreichen Reiterey erobern, diese Reiterey selbst gänzlich vertreiben und sich bey allem dem immer noch den zernichtenden Rückenanfällen der Garnison aus A aussetzen.

Plan IV.

Dieser Plan zeigt 4 bis 5 Meilen einer Grenze, längst welcher der Cordon eines Quartierstandes angeordnet ist, und worin sowohl die Anordnungen eines einzelnen Quartiers als die verbundene Vertheidigung mehrerer zu sehen ist.

Zwischen A und B führen 12 für Geschütz und Reiterey brauchbare Wege durch. Alles übrige Terrain ist für Infanterie zugänglich. Von B bis C geht die Grenze über einen ziemlich hohen Gebürgsrücken, und wird nur von 8 meistens engen Wegen durchschnitten. Die Grenze macht hier einen Bogen, und von A bis B ist das Terrain sehr offen. — Der Feind kann also hier den Cordon von mehrern Seiten anfallen, und darum wird er desto stärker besetzt, und dies einem Corps von 12 Bataillons und 15 Esquadrons aufgetragen.

Das Gebürge D ist unzugänglich; der linke Flügel des Cordons, der sich daran stützt, wird also, so wie der Rükken desselben, davon gedeckt.

In dem großen Dorfe E liegen 2 Bataillons. Der Waffenplatz des ersten ist in 21. Es giebt hier nur eine Wache, und rückt beym Allarme ganz hinein.

Das zweyte Bataillon hat keinen Waffenplatz, es rückt in 22 auf den Lermplatz, wo es die Waffenplätze 21, 23 und 24 unterstützt.

Bey 25 ist ein Blockhaus für einige 20 Mann. Es sieht die Wege 26 und 27 ein, damit sich der Feind um so weniger längst dem Fuße des Gebürges hinschleichen, und die Höhe 28 gewinnen könne. Auch sind die Wege 26 und 27 zum Theil mit geschleppten Verhauen unzugänglich gemacht.

Im Walde und auf dem Berge 29, ist ein Blockhaus für etliche 20 Mann. Es bestreicht den Verhau, deckt die Gemeinschaft zwischen den beyden Waffenplätzen 21 und 23, und sperrt zugleich die auf beyden Seiten des Waldes befindlichen Wege.

Im Dorfe F liegt 1 Bataillon, dessen Waffenplatz auf der Höhe 23 ist.

Im Dorfe G liegt ebenfalls, 1 Bataillon, und sein Waffenplatz ist in 24.

Im Dorfe H und J liegen 2 Bataillons, die nur einen Sammelplatz in 30 haben. Zu dessen Gemeinschaft mit dem in 24, und zur Sperrung der Wege, die in dem Grunde sich vereinigen, wird das Blockhaus 31 für 20 Mann erbauet.

Die Blockhäuser 32 und 33 decken die Schlafquartiere für das Bataillon, welches bei Tage bis fast an das obere Ende des Dorfes liegt, in der Nacht sich aber in den kleinen Theil desselben hinter die Blockhäuser zieht. — Außerdem bleibt man dadurch um so mehr Meister der Höhe, im Fall dem Feinde aus den Quartieren N und O, aus 39 durch den Wald in den Rücken gegangen werden soll.

In den Dörfern K und L liegen 2 Bataillons zur Unterstützung der Waffenplätze 23, 24 und 30. Sie haben ihre Lermplätze in 34 und 35. Diese Gegend ist also mit

8 Ba=

8 Bataillons besetzt, wovon 4 auf den Postirungen, in 21, 23, 24 und 30, die 4 andern aber in den Unterstützungsquartieren E, K und L stehen.

Wegen des hier offenen Terrains ist diese Stärke nöthig, indem der Feind hier die mehrsten Angriffe machen, und auf die Stadt M losgehen wird. Die Grenze von M bis C längst dem hohen und mit dichten Walde bewachsenen Gebürge ist dagegen unzugänglicher.

Die mehrsten der hier befindlichen engen Wege können verderbt werden; daher wird auch nur das Dorf N mit 1, und das Dorf C mit 2 Bataillons belegt. Ersteres hat seinen Waffen Platz in 36, die beyden andern in 37 und 38.

Das Blockhaus 39 deckt den Eingang des Waldes und die Gemeinschaft durch denselben bis nach 33, auch die Schlafquartiere im Dorfe N.

In der Stadt M liegt 1 Bataillon zur Unterstützung dieser beyden Quartiere, zur Deckung der Bäckerey und des Magazins, welches beydes in der Stadt zur Unterhaltung der Cordontruppen angelegt ist.

Diese Stadt ist, wie alle herum liegende Dörfer, wegen der niedrigen Lage, keiner Befestigung fähig. Damit aber doch die Magazine gedeckt werden, so ist in 41 für das Bataillon ein Waffenplatz gebauet, welcher diese Seite der Stadt deckt.

In die Schanze 40 rückt im Fall der Noth das Bataillon aus L. Die Blockhäuser 43, 44 und 45 müssen dem Feinde das Auffahren der Haubitzen zur Verbrennung der Heu- und Strohmagazine verwehren.

Die besondere Lage der großen und kleinen Schanzen gehört übrigens in die Feldfortification, und hier kommt es nur darauf an, die Verbindung des Ganzen zu zeigen.

Hätte man weniger Truppen, so könnten allenfalls die Unterstützungsquartiere in E und J wegfallen, das Dorf

 O nur

O nur mit einem Bataillon belegt, und statt der Schanzen 37 und 38 nur starke Blockhäuser hingelegt werden.

Bey 46, ungefähr 800 Schritte über 25 steht ein Officier mit 30 Pferden in einem flachen Grunde. Er hat 2 Vedetten bey 47 und 48 ausgestellt. Die zur Linken sieht den Grund bis b der Länge nach ein, auch kann sie den Weg und den Grund 2 beobachten. Die andere in 48 steht auf dem Wege, der von 5' kommt und macht Front nach dem Walde.

Weil beyde Vedetten über 1200 Schritte von ihrer Feldwache abstehen; so befindet sich bey a ein Avertissementsposten, welcher von der Feldwache und beyden Vedetten gesehen werden kann.

Der Officier schickt eine Patrouille auf den Weg 1 bis auf 500 Schritte gegen die Grenze. Sie geht wieder zurück bis 2, ferner zurück durch das Dorf und diesseits demselben bis 4, 5 und 6 und so durch den Wald nach der Feldwache.

Bey 49 etwa 1000 Schritte über 23 steht die zweyte Feldwache; sie ist von gleicher Stärke, und hat 3 Vedetten in 50, 51 und 52. Bey 53 steht ein Officier mit 40 Pferden; er detaschirt einen Unterofficier mit 16 Pferden nach 54. Die noch 24 Pferde starke Feldwache stellt 3 Vedetten in 55, 56 und 57 aus.

Der Unterofficier hat in 58, 59 und 60 ebenfalls 3 Vedetten stehen. Die Vedette in 59 ist zugleich ein Avertissementsposten, weil sie von dieser Höhe zugleich die beyden andern übersehen kann.

Der Officier schickt Patrouillen nach 10, 11 und 12 längst der Grenze nach 13 und so zurück, welches eine Tour von ungefähr $1\frac{1}{4}$ Meile beträgt.

In 61 steht eine Feldwache von 60 Pferden. Der eine Officier mit 20 Pferden kommt nach 62; ein Unterofficier mit 12 Pferden nach 63, und der erste Officier mit 28 Pferden bleibt in 61 stehen.

Die

Die Feldwache 62 stellt 3 doppelte Vedetten in 64, 65 und 66 und hat bey d einen Avertissementsposten. Die Hauptfeldwache in 61 hat eine doppelte Vedette bey 67, und bey e einen Avertissementsposten, welcher diese Vedette und den Posten in d sehen kann. Bey hellem Wetter sieht sie auch die Vedetten 64, 65 und 66. Der Unterofficier in 63 hat 3 doppelte Vedetten in 68, auf der Landstraße und in 69 stehen.

Die Patrouillen gehen von 61 aus; die eine über 39 über die Grenze in 14. Sie ist 6 Pferde stark, und die eine Hälfte schleicht sich durch den Wald längst der Grenze nach 13, über die Vedette 60 und weiter nach der Feldwache zurück. Die andere Hälfte geht von 14 rechter Hand nach 15 und 16, über die Vedetten 66 und 17 und so zurück. Eine zweyte Patrouille von 3 Pferden wird auf 18, 19 und 20 geschickt, und sie geht um die Schanze zurück.

Wegen des Handels werden die Straßen 10 und 20 offen gelassen, und die Vedetten 57 und 58 müssen alles, was einpassirt, an die Feldwache einschicken. Da nun an andern Orten keine Passage gestattet wird, so ist durch die Patrouillen um so leichter zu entdecken, wenn hier etwas durchgekommen ist.

Beym Einbruche der Dunkelheit ziehen sich die Feldwachen zurück. Die in 46 hinter die Häuser in 70; die in 49 nach 71, wo ihr ein Schuppen gebauet wird. Die in 53 zieht den Posten aus 54 an sich, und setzt sich an den Hof 72; — und so verhalten sich die übrigen.

Die Besatzung von E wird des Nachts in engere Schlafquartiere hinter die Wache 70 verlegt; die im Dorfe F bis hinter das Verhau; die im Dorfe H bis hinter die beyden Blockhäuser 32 und 33. Die im Dorfe N bis zwischen 39 und 36. In die letzten unbelegten Häuser begiebt sich ein Piket.

Mit anbrechender Nacht schicken die Feldwachen kleine Patrouillen von 3 Mann nur einige 1000 Schritte um ihre Quartiere herum; denn wenn auch der Feind durch kleine Schlupfwinkel einbricht, so ist dies kein Zeichen eines Hauptangriffs, denn dieser kann nur gegen Morgen mit Vortheil anfangen. — Man muß daher nicht sogleich die Lermstangen anzünden, da dies die Truppen zu sehr abmattet.

Nach Mitternacht aber schicken die Cavalleriefeldwachen die größeren Patrouillen bis an die Grenze vor, und außerdem schicken noch die Wachen in den Schanzen und Blockhäusern kleine Patrouillen von 3 Mann eine zur andern.

Alle Dorf- und Schanzenwachen werden in den langen Winternächten des Morgens 3 Stunden vor Tage abgelößt. Wenn die neue Wache aufgezogen, so bleibt die alte bis zum Tagesanbruch, bis die Patrouillen zurück sind und alles ruhig ist. Außerdem werden beym Aufziehen der Wachen alle Schlafquartiere mit munter gemacht.

Alle Monate werden die Truppen in den Cordonquartieren von frischen ersetzt; und dann in Unterstützungs- den zweyten Monat aber in würkliche Winterquartiere verlegt.

Da im Winter alle Colonnen- und Patrouillenwege durch den Schnee von Zeit zu Zeit ungangbar werden, so müssen den Bauern der nahen Dörfer alle die besondern Communications- und vorführenden Wege bestimmt werden, die jede Gemeine rein zu halten hat, worauf sehr scharf gehalten werden muß, da hiervon die ganze Vertheidigung des Cordons abhängen kann.

Die den Cordon beygegebene reitende Artillerie liegt in Dörfern, welche sich dicht hinter den Unterstützungsquartieren befinden. Die Cavallerie liegt in Dörfern, und die reitende Artillerie vertheilt und lößt von da aus ihre Feldwachen ab.

Sie

Sie eilt mit der reitenden Artillerie den Quartieren und Posten zu Hülfe, sobald die Signale gegeben werden. Die Kanonen der vordern Bataillone stehen in den Waffenplätzen, die der hinterliegenden und der reitenden Artillerie, werden vorläufig bey tiefem Schnee auf Schlitten gesetzt, um damit geschwinder an Ort und Stelle zu kommen.

Plan V.

Zeigt den Entwurf eines Quartierstandes im Paderbornischen. Die Armee, welche ihn beziehen soll, habe die im Werke angegebene Stärke, ihr gehöre ganz Westphalen bis an die Ems und an die Dimel; auch die Vestungen Emden, Meppen, Münster und Lippstadt.

Der Feind hingegen besitze Wesel, Arensberg und Kassel. Der größte Theil seiner Armee, welche der unsrigen überlegen ist, hat die Quartiere hinter der Fulda und Eyder bezogen, welche durch Kassel und das stark befestigte Fritzlar gedeckt werden. Hinter Wesel liegt ein besonderes Corps, und von hier bis an die Hauptarmee wird hinter der Roer ein Communicationscordon gezogen.

Unsere Armee nimmt ihre Quartiere nun dieser feindlichen entgegen zwischen Lippstadt und der Weser, hat aber noch ein besonderes Corps vor Münster und ein anderes zwischen der Weser und der Vestung Göttingen.

Da der Feind so nahe ist, so werden die Quartiere so angelegt, daß sich die Armee in einem Tage versammeln kann. Die Fronte derselben wird durch die Dimel und durch den längst derselben gezogenen Cordon gesichert. Die eigent-

eigentlichen Quartiere des Heers befinden sich aber zwischen der Weser, der Dimel, dem Bache bey Ettelen, der Alme, Neuhaus, Horn, Blomberg und Pyrmont.

Weil nun die Gegend von Stadtbergen und Lippstadt frey und der rechte Flügel daher unbedeckt ist, so wird ein besonderes Corps, welches mit von den Cordontruppen zu nehmen ist, zwischen Lippstadt und Stadtbergen an beyden Seiten der Alme bis an den Bach von Ettelen und die Lippe verlegt. Die Cordonquartiere des linken Flügels hingegen befinden sich zwischen der Dimel, dem Beverbache, Willebadessen und Lichtenau.

Die erste Linie der eigentlichen Winterquartiere läuft von Beverungen und Borkholz über Fronhausen, Neuhaus, Wolsen, Willebadessen, Lichtenau und Hausen über die Dörfer am Ettelenbache nach Paderborn und Neuhaus.

Alle Dörfer, welche nun zwischen dieser Linie, Axelshausen, Marienlohe an der Lippe, Neubecken, Driburg, Istrup, Riestel, dem Rentebache und der Weser liegen, sind von dem ersten Treffen Infanterie, welches aus 24 Bataillons besteht, belegt. In Paderborn, wo sich ein Magazin, und in Driburg, wo sich das Hauptquartier befindet, liegen 3 Bataillons, nämlich in Paderborn zwey und in Driburg eins.

Die übrigen 21 Bataillons werden so vertheilt, daß sich zwischen der Weser und dem Gebürge 14, zwischen dem Gebürge und dem Ettelenbache aber 7 befinden. Die Linie der Wohnplätze, die eben als die Grenze der Quartiere des ersten Treffens oberwärts angegeben ist, wird schon von 12 Bataillons, woraus das 2te Treffen der Infanterie besteht, besetzt.

Die

Die Quartiere dieses Treffens reichen bis an die erste Linie der Cavalleriequartiere, die nämlich von Schladen, Emerborn, Langeland, Merlsen, Nieheimb, Bredenborn nach Vörden und Albaxen laufen. Diese Cavalleriequartiere erstrecken sich nun bis Horn, Steinheim, Lothe, Schwalenberg, Valkenhagen nach Polle. Alle diejenigen Dörfer, welche hinter dieser Linie bis Blomberg, Eschenbruck, Pyrmont und Helen liegen, werden von den Trains besetzt.

Das leichteste Feldgeschütz ist indessen in Driburg und Paderborn aufgefahren, um es gleich den zu vertheidigenden Posten so nahe als möglich zu haben, und die nöthigen Pferde werden in der nahen Gegend untergebracht. Die Bäckerey steht halb in Paderborn und halb in Holzminden, wo sich ebenfalls ein Magazin befindet, aus welchem die Truppen des linken Flügels verpflegt werden.

Der Hauptsammelplatz, der zwischen der Weser und dem Gebürge stehenden Truppen, welche also aus 26 Bataillons und 40 Esquadrons schwerer Cavallerie bestehen, ist bey Borkholz. Die 3 Bataillons zwischen der Lippe und dem Gebürge haben ihren Sammelplatz bey Paderborn. Dies Corps rückt aber, so wie es versammelt ist, sogleich bis Nordborken vor, um von hier aus das vorstehende Cordoncorps zu unterstützen oder seinen Rückzug zu decken, weshalb auch eine Batterie 6 Pfünder mitgenommen wird.

Die übrigen 7 Bataillons versammeln sich bey Lichtenau und nehmen 2 Batterien 6 Pfünder mit. Sie besezzen auch Kleinenberg, Bulheim und die Dörfer am Ettelenbache. In dieser Stellung nehmen sie das Cordoncorps auf, oder rücken aus derselben Stadtbergen zu Hülfe. Lichtenau und Kleinenberg müssen von diesen Truppen bis aufs äußerste behauptet werden. Hat der Feind aber schon alle Quartiere durchbrochen und dringt mit seiner

seiner Hauptmacht gegen Dringenberg oder Paderborn vor, so ziehen sich alle Theile des ganzen Heers nach ihrem Wiedervereinigungsposten bey Driburg oder auf den Höhen von Dringenberg zusammen.

In diesem Falle wird Paderborn mit 1 Bataillon leichter Infanterie und einer Esquadron Hussaren besetzt; zwischen Paderborn und Driburg aber auf der Höhe von Buche wird ein Corps von 2 Bataillons leichter Infanterie, 9 Esq. leichter Reiterey und 1 Brigade Feldinfanterie nebst einer reitenden und einer 6 Pfünder-Batterie postirt, um nöthigen Falls Paderborn und auch Lippstadt gegen ein mäßiges Corps zu Hülfe zu eilen, und der Armee sowohl den Rücken als den Marsch nach Paderborn zu sichern.

Hörter bleibt mit 1 Bataillon leichter Infanterie und zwey Esquadrons leichter Reiter, die Gegend zwischen Brakel und Riestel aber mit einem Avantcorps von 13 Esquadrons leichter Reiter, 4 Bataillons leichter, und 6 Bataillons Linieninfanterie nebst zwey reitenden Batterien besetzt.

Die Hauptarmee von 2 Bat. leichter - 39 Bat. Feld-Infanterie, 40 Esq. schwerer und 15 Esq. leichter Reiter, nebst einer reitenden Batterie und dem ganzen übrigen Feldtrain steht dann in einem festen Lager bey Driburg oder Dringenberg bereit den Feind zu empfangen, oder zur Unterstützung der Seitencorps herbey zu eilen.

Sobald der Feind mit seiner Armee einen Uebergang über die Dimel erzwungen hat, rückt unser Heer sogleich in seine Wiedervereinigungsposten, wenn der Feind weiter vorzudringen sucht, und ein kräftiger Versuch, ihm den erzwungenen Paß wieder zu entreißen, misglückt ist.

Erscheint der Feind mit seiner Hauptmacht an dem Ufer der Alme oder der Dimel, so rückt die Armee ungesäumt

gesäumt auf ihre Sammelplätze, um von hier dem, von einer Uebermacht angegriffenen Cordon zu Hülfe zu eilen, und ihn so lange als möglich zu behaupten. — Ein anderer Fall, in dem die Armee, außer denen an der Dimel, am linken Flügel des Cordons stehenden Truppen, sogleich auf ihre Wiedervereinigungsposten eilt, tritt ein, wenn der Feind mit einer überlegenen Macht die Cordonposten zwischen Lippstadt und Stadtbergen überwältigt, Salzkotten nimmt und bis in den Winkel vordringt, den die Lippe und Alme bey Elsen bildet.

Das Corps bey Paderborn sucht in diesem Falle die Alme und Neuhaus so lange als möglich zu behaupten. — Was nun die allgemeine Befestigung und Vertheidigung des Cordons betrifft, so ist sie folgende.

Von Lipstadt bis Rhuden werden längst dem Bache alle Gehölze stark verhauen und durch Blockhäuser geschützt. Dasselbe geschieht mit dem ganzen Walde, der sich von Rhuden über die Alme an der Dimel hinunter bis nach Kleinenberg erstreckt und der hier der Hauptschutz des rechten Flügels ist. Blos die Straßen von Büren, Wunenberg und Essentho bleiben durch diesen Wald offen. In den Wäldern längst den beyden Ufern der Dimel werden ebenfalls zur Sicherheit der Vorposten starke Verhaue angelegt.

Das Corps, welches nun zwischen der Lippe und Dimel um die Alm liegt, um die Verbindung mit Lipstadt und dem rechten Flügel zu erhalten, besteht aus 20 Esq. leichter Reiter, einer reitenden und einer 6 Pf. Batterie, 4 Bataillons leichter, 6 Bataillons Linieninfanterie.

Salzkotten, Geseke, das hochliegende Dorf Berge, Hemmern, Steinhausen, Rhuden, Buren, Wevelsburg, Wunenberg und der Paß von Stadtbergen werden gut verschanzt, und mit

8 Ba=

8 Bataillons leichter Infanterie nebst dem nöthigen leichten Geschütze besetzt.

Diese Posten ordnen in Melrich, Belike, Kaltenhart, Sinkhausen, Blywesche, Matfeld, Breideler und Beringhausen gute und verschanzte Vorposten an. — In dieser äußersten Kette der Quartiere werden 10 Esquadrons leichter Reiter vertheilt, welche unausgesetzt von Lippstadt bis an die Dimel und Ruhr patrouilliren. Die Infanterie-Dorfwachen haben dies Geschäfte in den nahen und zwischenliegenden Holzungen und Gründen längst den Bächen und Verhauen zu besorgen.

Die übrigen Truppen liegen vermischt in den Dörfern hinter und um Salzkotten und dem Sandfelde. Sobald die Patrouillen den Feind an der Alme oder bey Rhuden entdecken, oder wenn der Feind die festen Posten in Wunenberg, Buren oder Geseke attaquirt, so versammelt sich das Corps halb auf der Höhe von Haaren, halb bey Salzkotten, und rückt von da den angegriffenen Posten sogleich zu Hülfe.

Ist dies zu spät, so setzen sich 2 Bataillons leichter Infanterie, 5 Esqugdrons leichter Reiter und die halbe reitende Batterie zwischen Salzkotten und dem Moraste. Der Rest des Corps aber bey Wevelsburg oder in die Position bey Lichtenau, nach dem Anrücken des Feindes. Vorzüglich muß das ganze Corps sich die Behauptung von Stadtbergen mit zum Hauptzwecke vorsetzen. Das Hauptquartier dieses Corps ist in Wevelsburg, und desjenigen an der Dimel in Borgentrick.

Der Cordon längst der Dimel wird auf folgende Weise bezogen. Karlshaven, Dringelburg, Liebenau, Warburg und vorzüglich die Pässe hinter Stadtbergen, werden aufs beste verschanzt und in Vertheidigungsstand gesetzt. In jeden dieser Oerter kommen 2 Esquadrons leichter

leichter Reiter, vier 6 Pfünder vom Train und ein Bataillon leichter Infanterie zu liegen.

Da bey jedem dieser Hauptposten sich eine Brücke befindet, so müssen alle vorliegende Gehölze, Gründe und Ortschaften bis Volkmissen und Grebenstein beständig durchsucht und des Tages in den nähesten Dörfern und Gehölzen, Vorposten gehalten werden.

Da der Paß von Stadtbergen so wichtig ist, so wird in Essentho und Fürstenberg ein ganzes Bataillon leichter Infanterie gelegt, das nach Matfeld und Westen Commandos giebt, welche die Flanken des Hauptpostens beobachten. Die zwey übrigen Bataillons leichter Infanterie werden compagnieweise in die Dörfer längst der Dimel zwischen den 5 Hauptposten vertheilt.

Diese Posten ziehen mit den Besatzungen der Hauptposten an der ganzen Dimel hinunter eine Kette von kleinen Commandos, die aus einem Unterofficier und 10 Mann bestehen und 1000 Schritte von einander entfernt sind.

Bey jedem Dorfposten wird hingegen eine Redoute aufgeworfen, in welche die Truppen beym Angriffe rücken. Kommen diese Schanzen über 2000 bis 3000 Schritte auseinander, so werden in diesen Weiten Blockhäuser dazwischen erbauet, die dann beym Angriffe besetzt bleiben.

Die hinterliegende leichte Reiterey setzt beständig 3000 Schritte hinter diese Postenkette, Commandos von 30 Pferden 3000 Schritte aus einander, welche sich beym Ueberfalle dahin wenden, wo es Noth thut und den Unterstützungsquartieren die Zeit zum Ausmarsche sichern.

Diese Truppen, welche noch aus 6 Bataillons, 2 reitenden Batterien und 10 Esquadrons bestehen, liegen vermischt und versammeln sich beym Allarme vor ihren Quartieren,

tieren, aber nur diejenigen, deren vorliegender Theil des Cordons bedroht wird.

Rückt aber der Feind zum Angriffe an, so versammelt sich der rechte Flügel bey Kleinenberg die Mitte bey Lutheneder und der linke bey Langenthal. Von hier aus gehen sich die Corps nach Verhältniß der Gefahr zu Hülfe.

Wird aber der Cordon durchbrochen, so besetzt das rechts stehende Corps Lichtenau und Willebadessen. Der Rest zieht sich durch die Gehölze nach Beverungen und Borkholz zur Armee, die so eine starke excentrische Stellung besetzt hält.

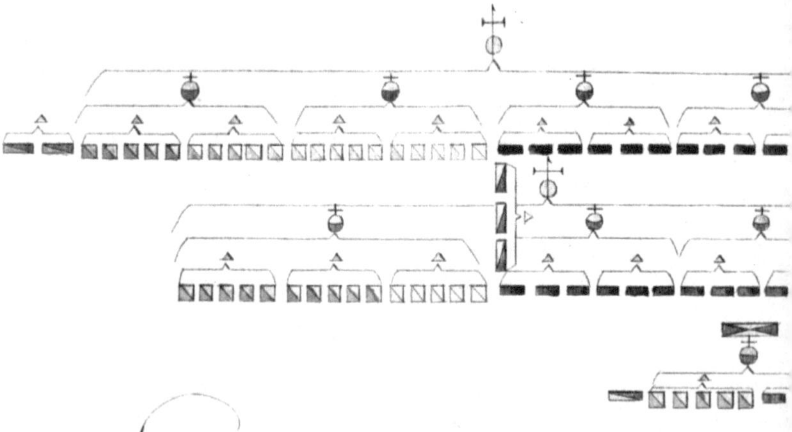

Schlacht Ordnung

einer

Armee.

Band I. Plan I.

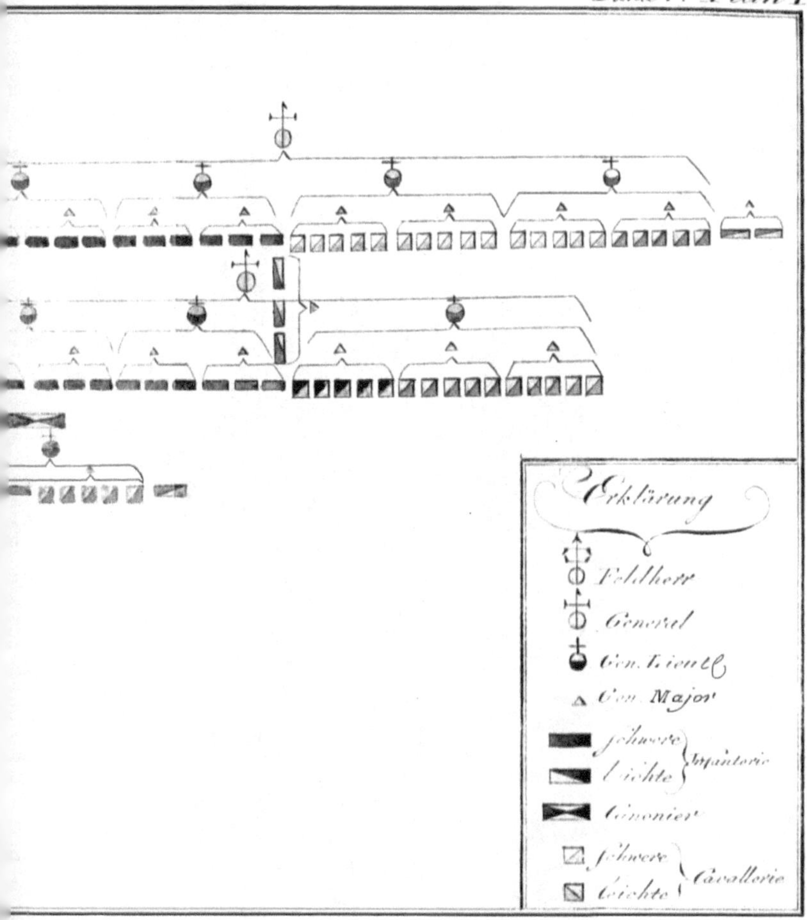

Erklärung
Feldherr
General
Gen. Lieutl
Gen. Major
ſchwere
leichte
Infanterie
Canonier
ſchwere
leichte
Cavallerie

500
1000
1500
2000 Schritte.

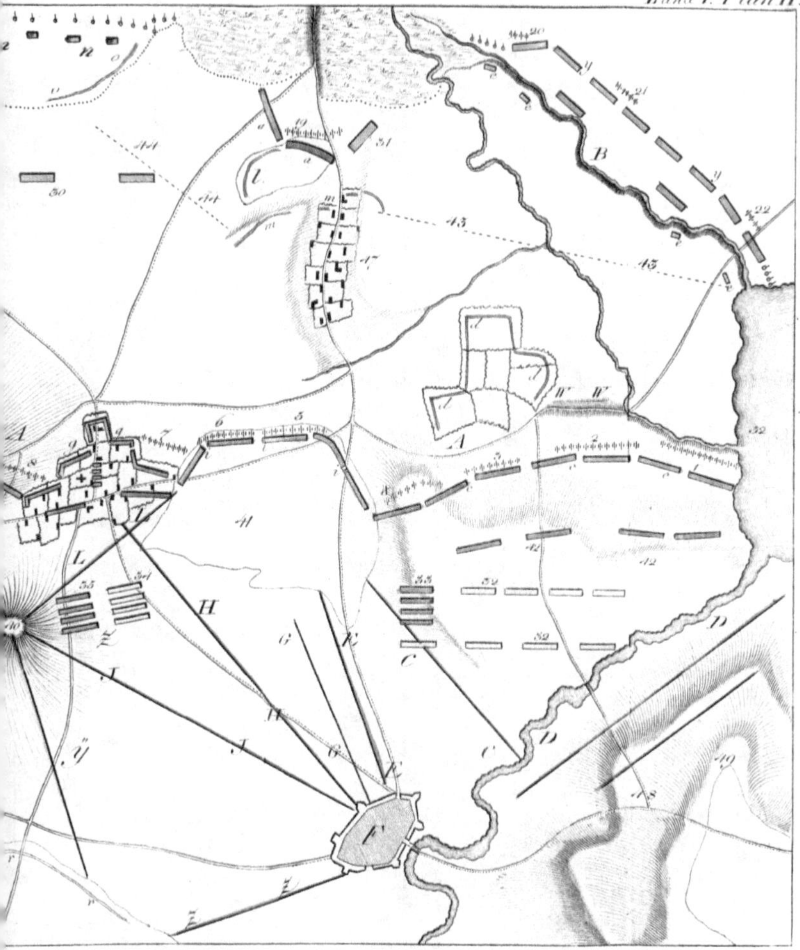
A
B
C
D
E
F
G
H
L
W W
19
20
21
22
30
31
32
33
34
35
40
41
42
43
44
47
48
49

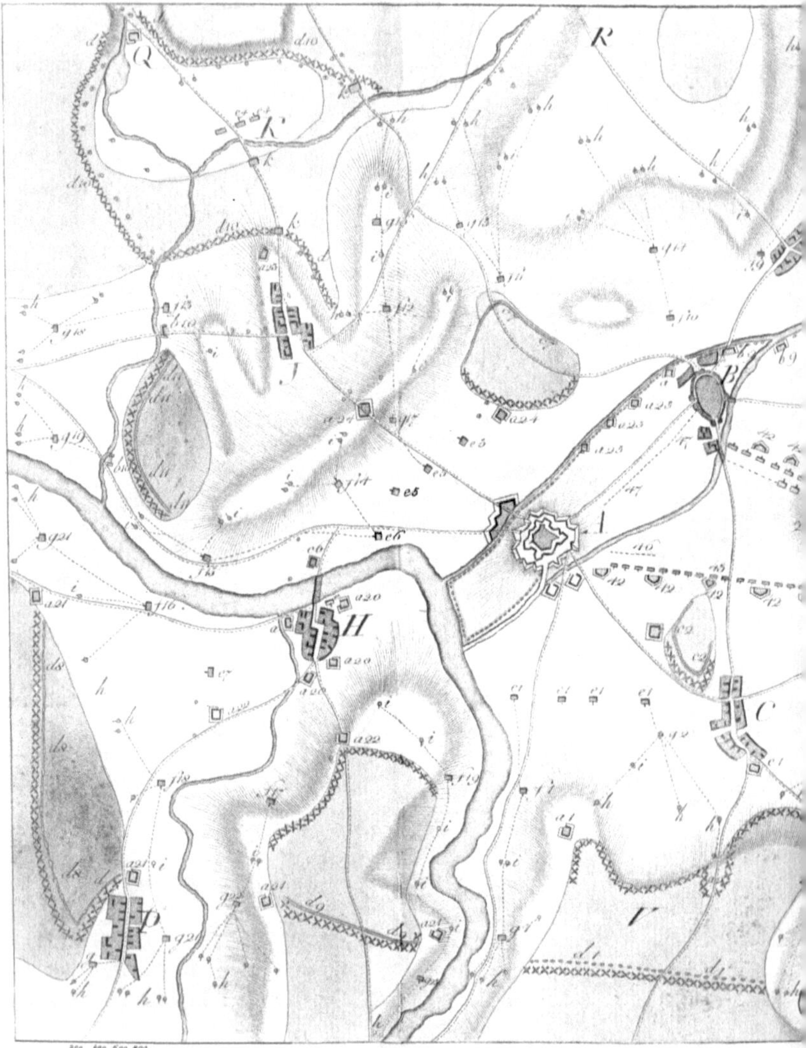
Q
R
K
J
A
B
H
C
P
V
1000
2000
3000
4000
5000 Schritte.

Band 1. Plan III

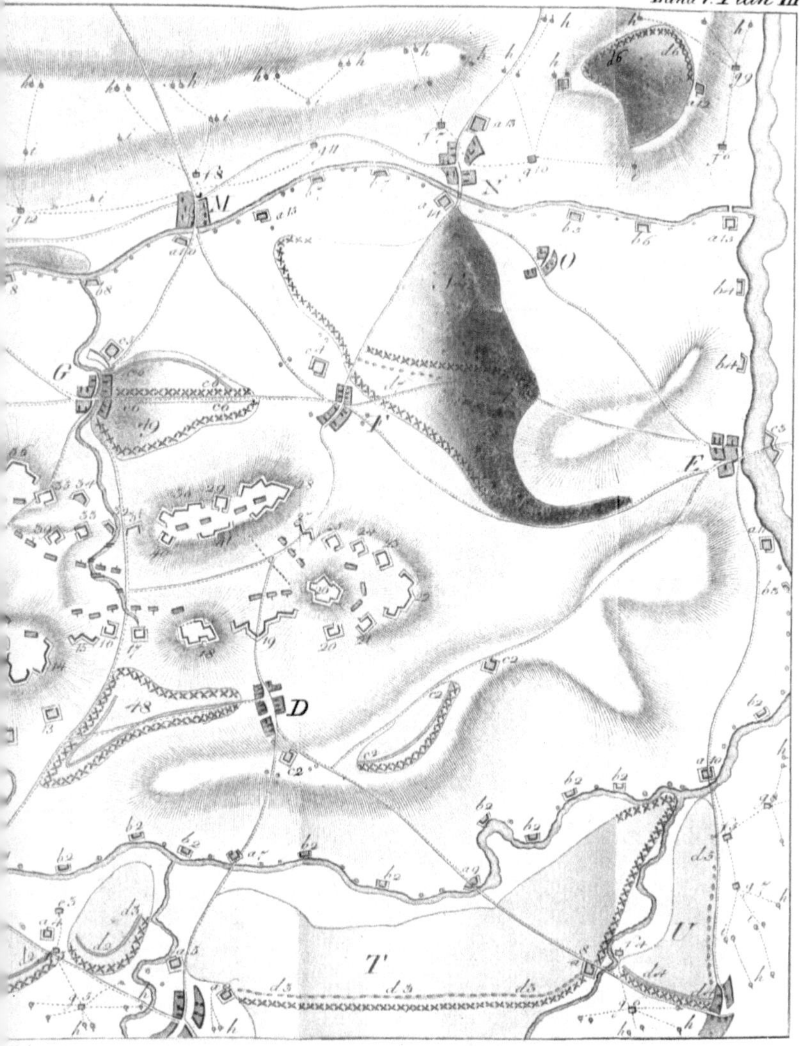

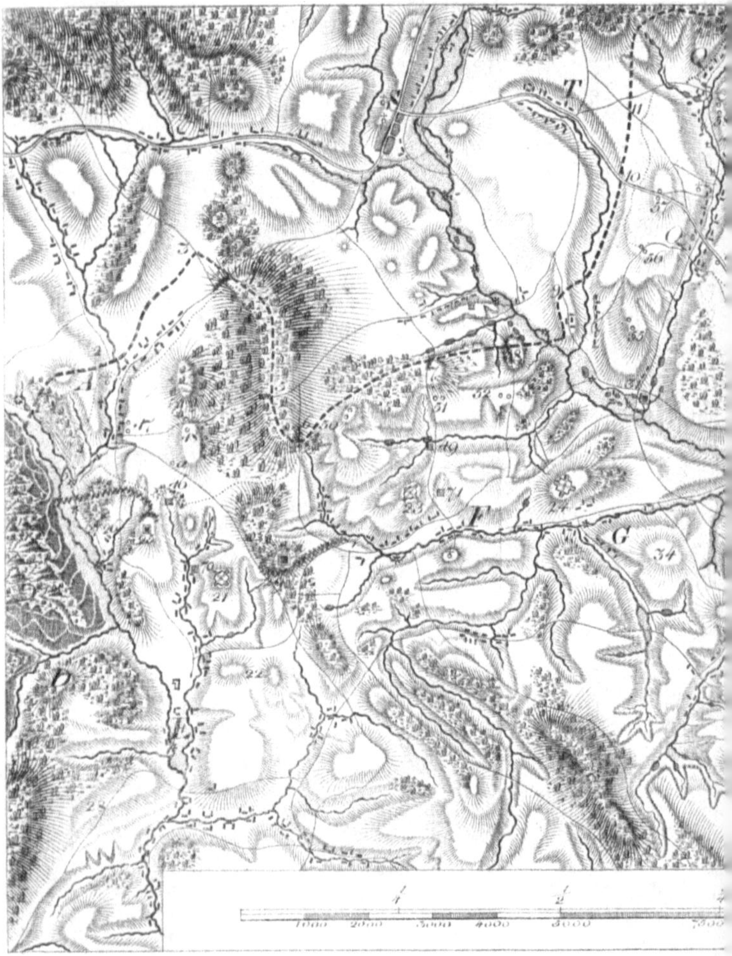
T
F
G
34
22
27
1/4
1/2
1000
2000
3000
4000
5000

Band 1. Plan IV.

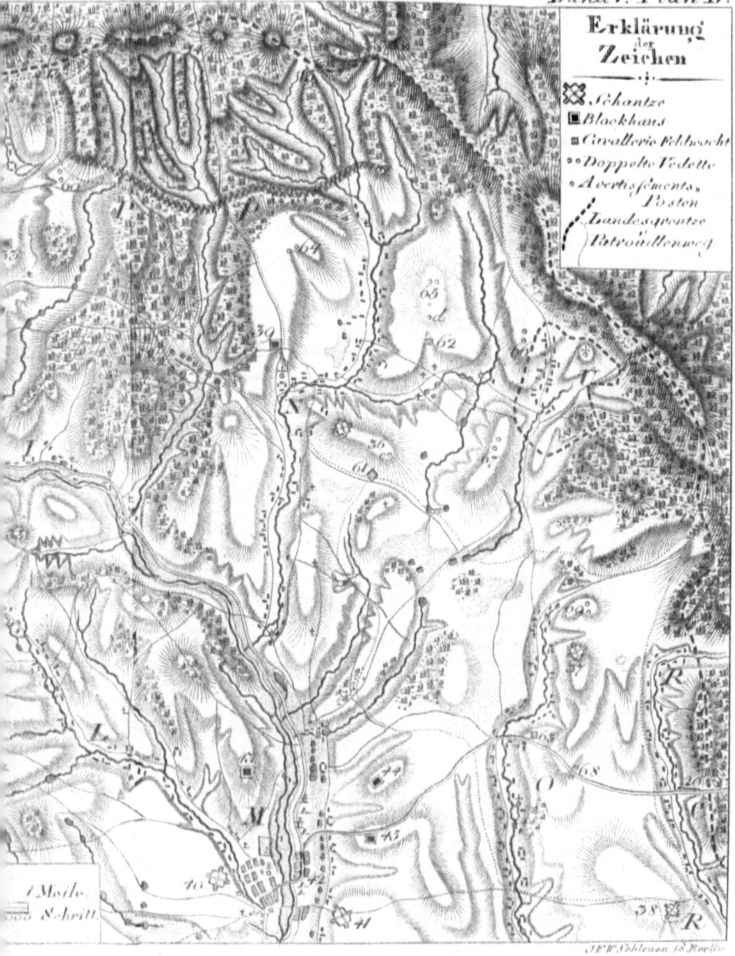

J.F.W. Schleuen sc. Berlin

KARTE
von
PADERBORN
Zur Erleuterung eines auf diesem Terrain entworfenen
Quartierstandes.
Maasstab von 2 deutschen Meilen

Band 1. Plan V.

gest. von J.F.W. Schleuen

www.ingramcontent.com/pod-product-compliance
Lightning Source LLC
La Vergne TN
LVHW092111300926
849161LV00002B/102